2022年电气学术交流会议论文集

中国水力发电工程学会电气专业委员会
水利水电电气信息网 编

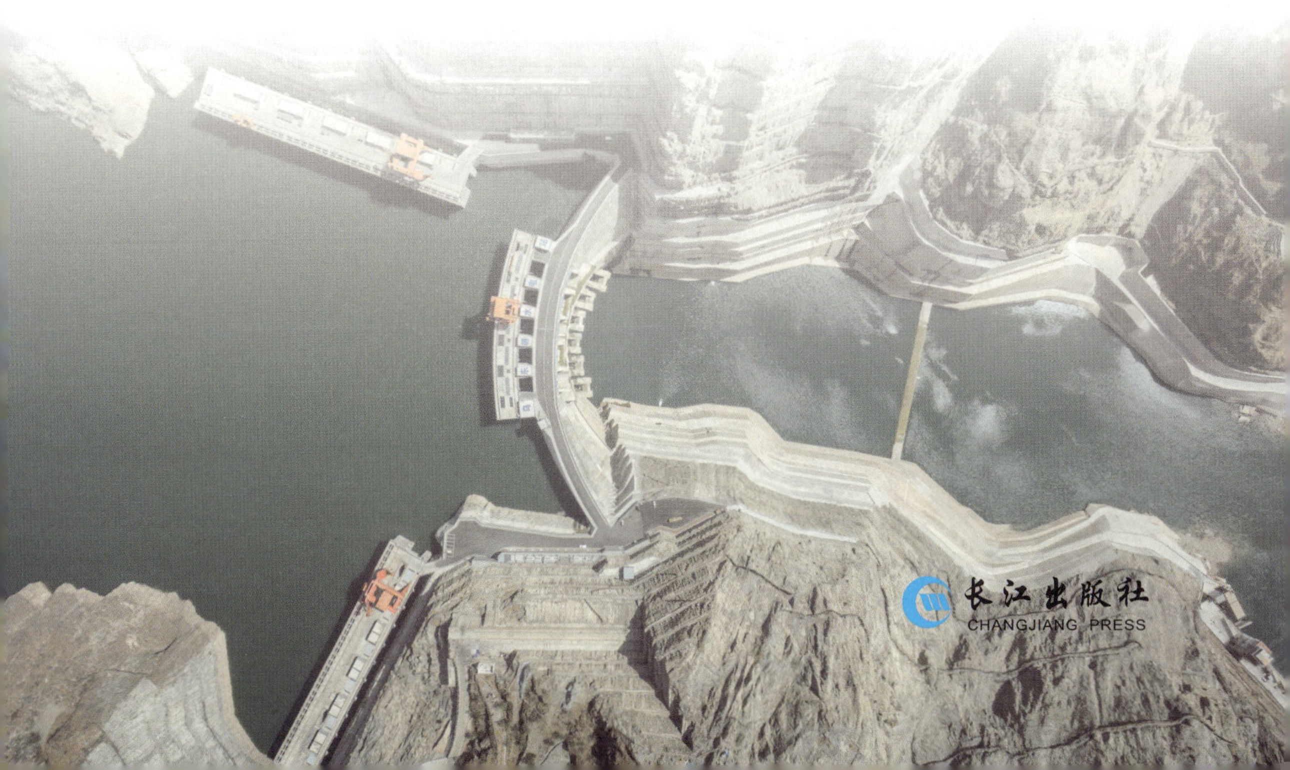

长江出版社

图书在版编目（CIP）数据

2022年电气学术交流会议论文集 / 中国水力发电工程学会电气专业委员会，水利水电电气信息网编.
—武汉：长江出版社，2022.9
ISBN 978-7-5492-8510-5

Ⅰ．①2… Ⅱ．①中… ②水… Ⅲ．①电工技术－学术会议－文集 Ⅳ．① TM-53

中国版本图书馆 CIP 数据核字 (2022) 第 169749 号

2022 年电气学术交流会议论文集
中国水力发电工程学会电气专业委员会 水利水电电气信息网　编

责任编辑：	郭利娜　杜鹏
装帧设计：	刘斯佳
出版发行：	长江出版社
地　　址：	武汉市江岸区解放大道1863号
邮　　编：	430010
网　　址：	http://www.cjpress.com.cn
电　　话：	027-82926557（总编室）
	027-82926806（市场营销部）
经　　销：	各地新华书店
印　　刷：	武汉科源印刷设计有限公司
规　　格：	787mm×1092mm
开　　本：	16
印　　张：	22.75
字　　数：	560 千字
版　　次：	2022 年 9 月第 1 版
印　　次：	2023 年 3 月第 2 次
书　　号：	ISBN 978-7-5492-8510-5
定　　价：	158.00 元

（版权所有　翻版必究　印装有误　负责调换）

目 录

水电站防水淹厂房对策及应急 ……………………………… 贾超　于庆贵　范磊(1)

35kV 电缆集电线路的电压损失简易估算方法 ……………………… 范永威　孙照鹏(11)

"整县推进"分布式屋顶光伏项目关键问题的研究 …………………… 常颖　梁帅成(15)

电力系统中各类继电保护用电流互感器的选配要点 ………… 周海霞　孙立宁　张宵晗(23)

马来西亚沙捞越州 Bunut(500)/275/(132)/33kV 变电站电气一次设计 ………………
　　　　　　　　　　　　　　　　　　　　　　　　… 衣得武　李青　严龙阳(31)

天池抽水蓄能电站发电电动机 …………………………… 陈冶修　杨滔　徐立佳(36)

电晕电流法在大型水轮发电机定子线棒电晕放电检测中的应用 ……………………
　　　　　　　　　　　　李岩　李强　李勇　李寅伟　汪江昆　胡建林　谭恢林(41)

两河口电站电气一次设计要点 ……………… 秦莹　李寅伟　王心琦　李勇(54)

某变电站并联电容器异常动作原因分析 ………………… 荆雪龙　庞元勍　李强(60)

浅谈孟加拉达舍尔甘地污水处理厂的电气设计 …………………………………
　　　　　　　　　　　　　　　　　庞元勍　荆雪龙　杜沛林　李丽娜　穆煜(65)

浅析光照水电站水光互补电气关键技术研究 ………… 陈丹燕　王勇　刘涛　张光成(72)

基于微观形态检测的水轮发电机定子线棒绝缘故障诊断技术研究 ……………………
　　　　　　　　　　　　　　　　胡波　刘雁　张跃　杨帅　马素德　张小俊(80)

大型灯泡贯流式水轮发电机组的轴承润滑油系统设计 ……… 贾小平　夏瑜婷　席波(88)

尼日尔 KDJ 水电站电气一次设计 …………………………………… 孙照鹏(97)

基于功率圆图的抽水蓄能机组抽水调相容量简析 ………… 顾坤鹏　王朝平　陈俊璞(104)

国外非标准电压等级大中型水电站过电压分析与绝缘配合研究 ……………………
　　　　　　　　　　　　　　　　　　　　　　　　… 杨建　姚帅　刘晓梅(110)

中压充气开关柜在小浪底管理区供电改造工程中的选型与应用 ……………………
　　　　　　　　　　　　　　　　　　　　　　　　… 常学军　杨建　史红丽(120)

乌东德水电站 GIL 出线设计方案 ··· 徐则诚　杨志芳(129)
龙羊峡水电站 330kV 电缆改造设计 ··· 王欣刚(140)
水电站电气主接线可靠性比较评估 ···················· 杨杰　靖峰　王嘉琨　路秀丽(149)
白鹤滩水电站出线 GIL 设计特点 ······················ 黄晓敢　陈钢　冯真秋(161)
潮间带区风电场集电线路设计研究 ···················· 袁歆　汪赞斌　黄久强　吴凡(170)
复杂地形地质条件下山地光伏设计优化关键技术探讨 ········ 尹冲　刘秋华　汪赞斌(177)
水泵机组状态在线监测与故障诊断系统的设计与应用 ············ 田玉柱　祝景东(186)
浙江海上风电出力特性分析研究 ··· 甄浩庆(193)
某岸电应用工程 220kV 陆缆分段长度优化方案研究 ········ 杨城回　谢勇　李伟豪(202)
某电站调试期机组自用电变压器跳闸原因分析及思考 ········ 吴宝栋　谢勇　杨城回(210)
水利枢纽工程风光互补视频监视系统设计与选型 ·································· 徐进军(215)
泵站大容量卧式电动机型式与启动方式选型研究 ······················ 樊智军　姜睿(231)
水轮发电机碳刷选型研究 ······································ 刘德龙　徐文峰　陈代祥　李学龙(241)
水轮发电机转子磁极绝缘低问题浅析 ···················· 张超　徐文峰　陈代祥　王飞(251)
10kV 三相共箱 GIL 设计与应用 ············ 陈浩杰　陈晓鸣　杨涛　周秋文　李海强(257)
水电站三维照明深化设计 ·· 苑正阳(265)
滇中引水工程水源泵站电气主接线及主要电气设备参数研究 ··· 杨杰　刘登峰　胡勇(274)
白河水电站电气设备选型及布置方案研究 ·································· 洪玮　董政华(282)
构建新型电力系统水电电气面临的挑战与机遇 ·································· 王耀辉(289)
全功率变频抽水蓄能机组工程设计与认识 ························ 杨梅　梁国才　易忠有(296)
宗格鲁水电站电气一次设计简介 ·· 黄福超　陈文斌(312)
水力发电厂消防应急照明设计 ·· 陈文斌　王晨凯(321)
水电工程电气设计标准化和智能化实施 ························ 辛杨　吴胜　唐波　邓双学(329)
±800kV 锡泰线特高压直流输电线路迁改设计要点
　··· 胡凯　陈嘉龙　刘耀湘　王小兵(338)
国内某水电站发电机出口设备改造选型设计 ·············· 吴胜　潘峤　左成　黄璜(343)
三板溪水电站低温水治理隔水幕墙试验工程供电方案 ······ 黄璜　王翔　廖辉　吴胜(351)

水电站防水淹厂房对策及应急

贾超[1]　于庆贵[1]　范磊[2]

(1. 水电水利规划设计总院,北京,100120;

2. 中国华能集团有限公司,北京,100031)

摘　要: 本文针对水电站水淹厂房事故影响,通过统计调研和典型案例分析,从风险辨识、事故模拟计算、对策措施三个方面入手,提出了相应的应急逃生和建议。

关键词: 水电站;水淹厂房;对策;应急

1　统计调研

水电工程水淹厂房事件时有发生,造成了较大的经济损失,严重威胁电站运行安全和人身安全。

经统计整理了国内外近年来68起水淹厂房事故,因地震、强降雨、泥石流等自然灾害导致的事故47起,占69.1%;因设备设施缺陷或运行维护不到位、误操作等人为风险导致的工程本质类事故19起,占27.9%;因周边水库漫坝、溃坝造成超标准洪水导致的事故2起,占3%。可见,水淹厂房事故多数由自然灾害引发,这是由于水电站所处环境复杂,极易受到地震、洪水、强降雨等外部自然灾害的安全威胁。其次是由设备设施、运行维护等原因导致的水淹厂房事故,表明水电站在运行过程中应高度重视隐患排查和缺陷治理工作,确保及时处理问题,切实避免违规违章操作。

水淹厂房事故运行期发生有56起(其中,检修期发生6起),施工安装阶段有12起,运行期防范水淹厂房的任务艰巨。

1　典型案例

案例一:运行期水淹厂房

2021年3月1日,位于河南省济源市的小浪底水利枢纽大坝左岸西沟上游石板沟内的西沟水库发生漫坝,坝体发生局部垮塌,库水流入小浪底水电站地下厂房,造成6台机组停机。小浪底水电站全厂失电,直接经济损失2363.38万元。

西沟水库为小(2)型水库,最大坝高39m,坝顶长170m,库容41.59m³。西沟水库大坝下游坡垮塌约40m(1/4),库水淹没范围仅限于水库管理范围,未发生人员伤亡和失踪情况。

国务院安委办、应急管理部通报西沟坝"3·1"漫坝事故是一起较大生产安全责任事故。事故直接原因是黄河水利水电开发集团有限公司对闸门启闭机维修养护和管理不到位,事故发生前闸门控制系统可编程控制器存在电气故障,处于功能紊乱状态,致使闸门非正常自行开启。

案例二:检修期水淹厂房

2022年1月12日13时43分,甘孜州丹巴县关州水电站3号机组闷头在水压力作用下发生爆裂,并迅速向开裂点两侧发展,爆裂部分闷头体完全脱离,上游水流高速涌入厂房,造成水淹厂房,致9人死亡,直接经济损失约4435.5万元。

关州水电站位于四川甘孜州丹巴县境内的小金川(小金河)干流上,取水枢纽位于半扇门乡关州大桥上游约550m,于右岸取水后经长17.727km的引水隧洞至小金川河口厂址区。关州水电站为低闸坝引水式电站,正常蓄水位为2124m,电站设计水头229m,额定引水流量120m³/s。电站装机3台,单机容量80MW,总装机容量240MW。

四川省人民政府事故提级调查组通报,关州水电站"1·12"透水事故是一起较大生产安全责任事故。事故的直接原因是闷头体未按照承压设备制造、检验,出现严重质量缺陷,在压力钢管内水压的作用下爆裂失效,大量水流高速涌入厂房,导致人员溺水死亡,设备及厂房受损。

案例三:施工期水淹厂房

2014年7月,新疆布尔津河遭遇百年一遇洪水,水位暴涨,叠加上游水库泄洪,洪水冲垮克孜勒塔斯水电站尾水围堰,洪水从尾水管倒灌至主厂房,厂房水轮机导水机构、高压开关柜和电气设备、二次屏柜被淹。

电站处于施工安装阶段,主体厂房施工完毕,上游进水闸门及机组流道施工完毕,下游尾水闸门及其他设备未安装。至抢险结束,洪水最高水位离主厂房安装间地面以下0.5m。

电站施工期遭遇超标准洪水导致围堰垮塌,水淹厂房。科学有效地做好汛期水情监测工作,对防水淹厂房事故发生至关重要。

2 风险辨识

水的势能转化成电能的同时,也带来了诸多风险。水体一旦发生大量泄漏,会造成水淹厂房事故,不仅会导致机组停机、全厂停电,还会导致水工建筑物损坏,带来重大的人身和财产损失。

水淹厂房事故的风险隐患致灾因子多,风险点源多,水淹厂房的风险分为外部风险和内部风险。

2.1 外部风险

(1)超标准洪水

流域上游普遍强降雨,或上游发生溃坝、溃堰事故,上游电站泄洪,造成下游洪水超设计水位,造成水工建筑物损坏、尾水倒灌、厂房进水等。

(2)局地强降雨、山洪、泥石流等

短期强降雨造成雨水聚集,或造成山洪、泥石流,洪水通过交通洞、通风洞、出线洞等大量涌进厂房。

(3)地震、滑坡体等地质灾害

地震可导致挡水建筑物损坏,输水系统漏水,排水系统故障;滑坡体可能导致堰塞湖,壅高尾水致水淹厂房。

(4)外力破坏

战争、恐怖袭击、网络攻击等导致电力、网络、控制系统瘫痪,水淹厂房。

2.2 内部风险

(1)输水系统

压力钢管、坝后背管、调压室出现裂缝、破损,连接阀破裂,灌浆孔击穿,导致水喷涌而出,导致水淹厂房。

(2)水工建筑物

厂房、坝体漏水严重,挡水墙、堵头质量缺陷导致较大漏水,自流排水洞坍塌、堵塞等。

(3)金属结构

闸门变形、腐蚀、漏水,进水阀密封失效,启闭机等误操作导致水淹厂房。

(4)机组及附属设备

水轮机顶盖螺丝断裂、蜗壳、尾水进入门漏水、技术供水、消防管道劈裂,机组控制保护设备失效,机组抬机导致水淹厂房。

(5)排水系统

排水系统故障,管道阀门破裂,全厂停电,导致排水系统瘫痪,水淹厂房。

(6)运行管理

水情、气象信息预报不准确,水库调度失误,巡视检查不到位,监测系统预警不及时,应急措施不到位等。

3 事故模拟计算

结合水电站的现场实际,建立三维分析模型,呈现水淹厂房事故场景,对不同部位引起水淹厂房的情况进行事故工况模拟演算,为电站安全预警和应急处置提供依据;模拟多种拦、泄水方案,为后续电站的防水淹厂房设计提供参考。

(1)建立三维模型

建立某电站的厂房及建筑物全过流三维计算模型,并转化导入 Fluent 软件,如图 1 所示。

主厂房廊道层地板高程设为水位 0 点,水轮机层为 14.9m;中间层为 20.9m;发电机层为 26.9m。

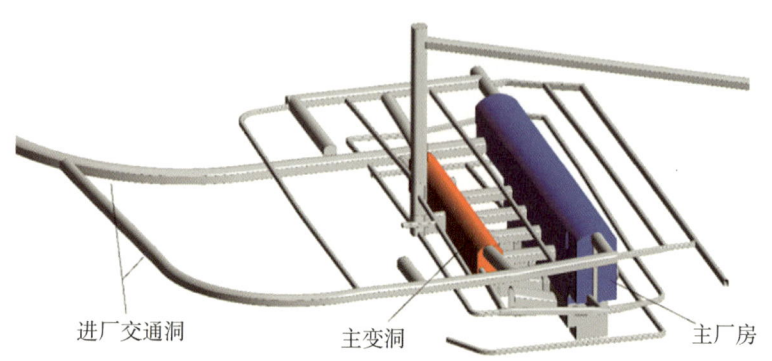

图 1 某电站三维计算模型

(2)状态边界确定

对三维模型进行结构处理,布尔合并结构各段,主副厂房、复杂硐室及局部通道网格划分。如图 2 所示。选定进尾水闸门倒灌作为进水工况,检修排水泵和渗漏排水泵的排水能力 4320m³/h,对应流量 1.2m³/s。

数值计算模型:对流项为二阶迎风格式;扩散项为中心差分格式;速度压力的耦合方式为压力的隐式算子分割算法(PISO);湍流模型为 Realizable k-ε 湍流模型。

主要边界条件:尾水管出口处设置质量流量进口边界,值恒定,以模拟水从尾水管倒灌进厂房;母线洞出口,进厂交通洞出口,通风兼安全洞出口设置为压力出口边界,设静压为外界大气压,表示与大气直接连通。

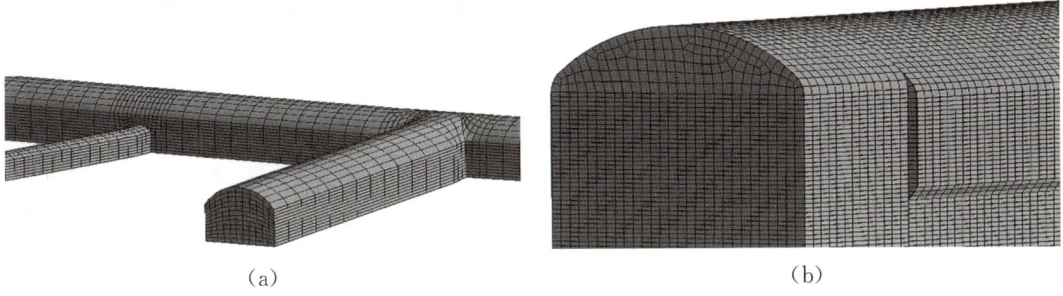

图 2　网格划分

(3) 瞬态数值仿真分析

对尾水闸进水进行三维瞬态数值仿真分析，选最严重的情况进行工况叠加分析，取 500m³/s 的流量（忽略检修、渗漏排水），研究水位上升的规律，进行水流动紊乱区辨别分析。模拟在设置自流排水洞后的水淹厂房的数值仿真分析（图 3）。

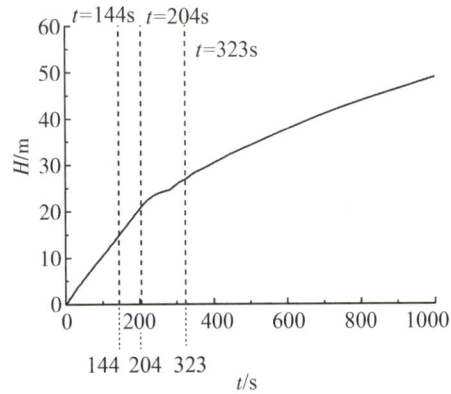

图 3　倒灌流量 500m³/s 时，主厂房水位变化图

倒灌流量 500 m³/s 主厂房水位变化水位达到各层时间：水轮机层为 144s；中间层为 204s；发电机层为 323s（图 4）。

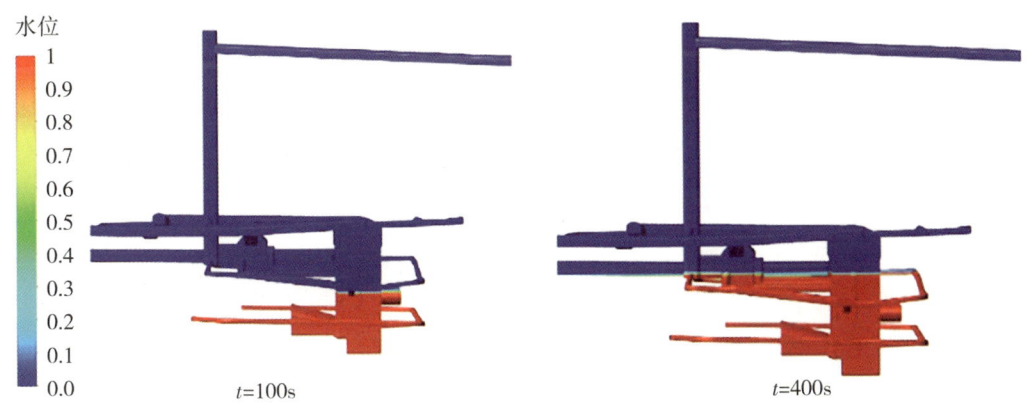

图 4　水位两相变化图

主厂房廊道底板层的水流速最大为0.5m/s,水流对人员逃生影响不大(图5)。

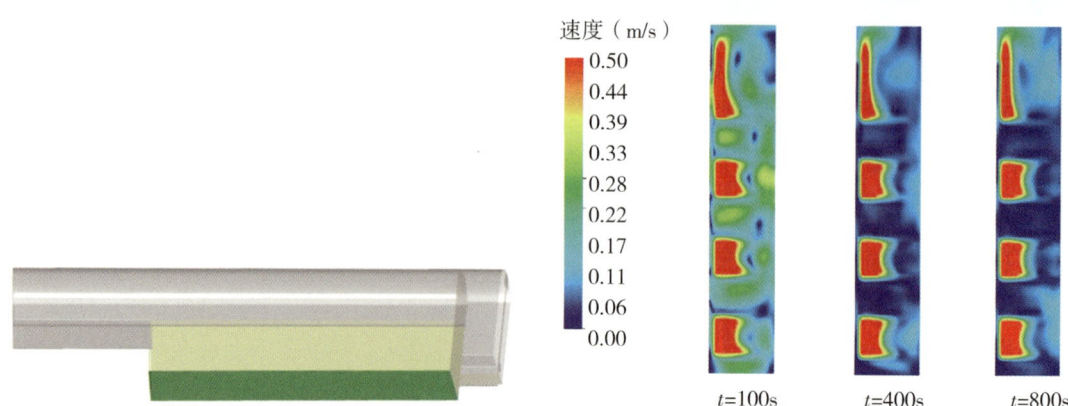

图5 主厂房廊道层地板平面(左上图绿色面)速度变化图

倒灌流量500m³/s时,进厂交通洞出口水位达到进厂交通洞底板(与发电机层相通)时间为323s。约560s时,进场交通洞被灌满时间约4分钟。进场交通洞底板的水流速最大为4.5m/s,逃生条件很差(图6,图7,图8)。

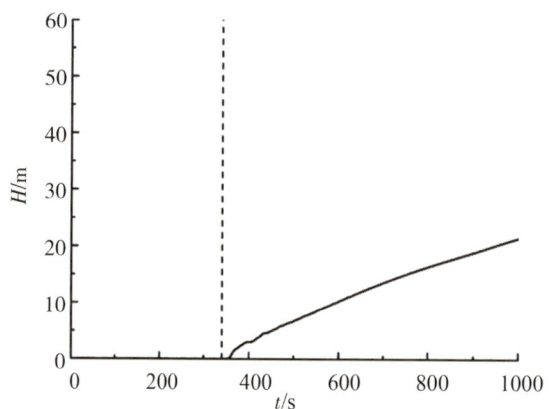

图6 倒灌流量500 m³/s时,进场交通洞水位变化图

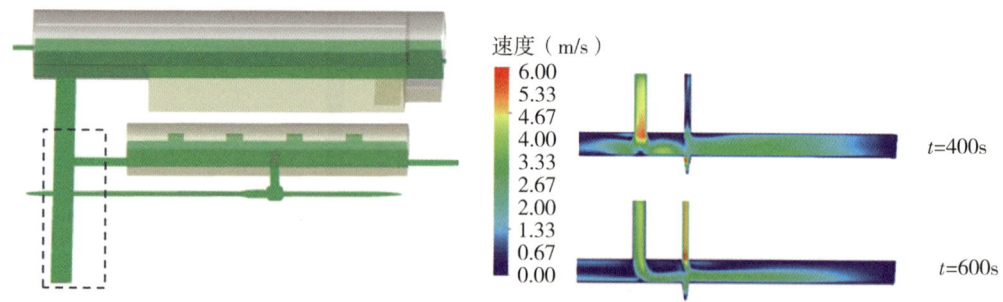

图7 进厂交通洞出口底板平面(左上图图虚线框中所示)速度变化图

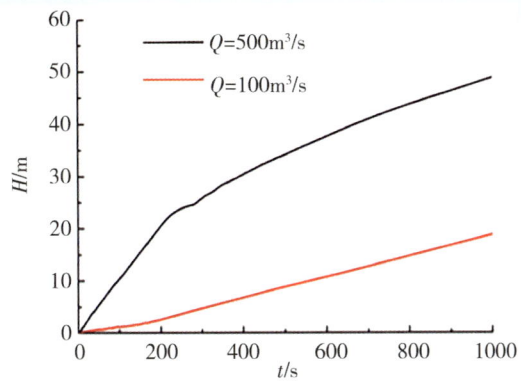

图8 倒灌流量 100m^3/s、500m^3/s 主厂房水位对比

(4)应急逃生与安全设计

此电站在尾水闸进水事故仿真中,水到达发电机层时会先淹没进场交通洞,且进场交通洞逃生条件差,所以进场交通洞不宜作为首选的逃生路线,应通过出线竖井的楼梯间疏散。

可在后续的模拟中比较多种工况下水先期到达的点位,在此处设置水淹厂房报警水位计。水位计每处宜采用两种不同原理的装置,以防误动作。

在三维模型上增加厂房设置自流排水洞的情形,仿真表明,对尾水进水的情况,设置自流排水洞效果明显,能有效地控制水位。但在引水系统漏水的情况下,设置自流排水洞在事故前期对大流量水流也难以有效控制,需结合进水口事故闸门或蝶阀截断水流才能有效控制水位。

4 对策措施

在水淹厂房的事故中,在第一时间发现事故并及时处理是解决事故的最有效办法。

4.1 发现事故

(1)加强安全检查与维护

定期开展防水淹厂房安全专项检查,加强对涉水建筑物、管路、阀门、螺栓、闸门的监测与维护,发现异常和隐患缺陷,要及时处理。

(2)改善水淹厂房报警装置

目前,大多数水电站参照《水力发电厂自动化设计技术规范》(NB/T 35004)的要求,仅在厂房最底层设置了3套水位信号器。部分电站为适用"无人值班"的要求,在厂房较低处、管道密集区、交通洞入口、水轮机室、蜗壳与尾水管检修进人门等处设置了多达69套水位信号器。水位信号器设置过少,不满足无人值班需求,无法在第一时间发现水淹厂房事故;设置过多,增大了装置误动、紧急停机的概率,给正常运行、检修带来很大的困难。应根据现场的实际情况和事故的模拟的来水情况,合理地设置信号器,用最少的报警装置发挥最大的功效。

(3)完善工业电视系统

随着各电站智慧电厂的建设,工业电视系统能实现自动巡屏功能,摄像头逐步具备了AI识别功能。经机器学习,能初步识别设备异常、厂房渗漏等工况,能快速发现水淹异常。

(4)完善水情测报系统

根据水库来水的日、旬、月、季、年测报资料进行水情预报,提前对极端暴雨天气进行预警,对暴雨可能导致的滑坡、山洪等二次灾害进行预防、预报,可有效防止或减轻极端天气导致的水淹厂房事故。

(5)加强检修期涉水安全管理

针对涉水设备的采购、监督、验收环节加大投入,确保设备质量,避免一洞多机涉水设备带隐患运行。

4.2 处理事故

1)排水系统。目前,随着 TBM 技术的不断升级,"平江号"将自流排水洞的施工工期从4年缩短到8个月,大大缩短了施工工期。在防水淹厂房设计时应优先考虑设置自流排水洞,其能有效地缓解水淹厂房的危害,减少损失,降低运行费用。水电站厂房一般设置了渗漏排水系统和检修排水系统。没有设置自流排水洞的条件时,应注意排水泵电源的高程和备用电源的可靠性,将水泵电源设置在高位,防护等级采用 IP65 及以上。

2)紧急停机系统。在中控室和发电机层逃生通道处设置硬布线的紧急操作按钮,用于机组停机、关闭事故闸门。中控室、厂房、闸门距离超过 1km 时,为减少铜芯电缆的对地电容干扰,应采用光缆传输信号。

对于一管多机系统,在水淹厂房保护动作跳机时考虑球阀、导叶关闭时间,避免同一时间多机组同时甩负荷造成高压管道压力急剧上升,破坏高压管道,使事态扩大,在水淹厂房保护动作时应设置延时。

3)调速器双回路冗余控制。电站调速器设置 2 套独立电源供电,每套独立电源采用交/直流两回电源输入。调速器设置有"得电动作"的紧急停机阀和"失电动作"的掉电停机阀。紧急情况下,可通过使紧急停机阀"得电动作",控制主配压阀关闭导叶,实现紧急停机;掉电停机阀同时失电时,调速器也可控制主配压阀关闭导叶,实现调速器掉电停机功能。

4)水淹厂房对水电站造成的影响和破坏程度相当严重,抢险阶段保证临时电源的正常使用至关重要。临时照明和抽水电源为抢险的顺利进行提供了保障。

洪水期时水中含有大量的泥沙,抢修设备第一步清除泥沙,再进行干燥,为下一步恢复措施提供保障。电气一次设备经清理烘干后,经绝缘试验和论证后方可投入使用;二次设备元器件修复可能性较小,属于全厂控制、保护关键设备,需进行整体更换。

5 应急逃生

1)厂房发电机层、母线层、水轮机层、蜗壳层、底层廊道应有清晰、明确的应急疏散指示图,疏散路线应畅通。

2)发生水淹厂房报警后,应立即执行水淹厂房应急预案,人员迅速向高处撤离,按下紧急停机按钮,尽快停机、落故障门、切断输水水源,并开启一切可开启的排水设施。

3)在水位上升过程中,被淹的配电盘柜、设备极可能造成短路跳闸或烧毁、控制系统瘫痪,使厂房的供电系统受到严重威胁,因此需要提前隔离带电设备,防止短路、漏电,保护人身安全。

4)在关键的逃生路线上布置应急逃生扬声器,根据模拟计算分析,当某部位进水后,反复播报最坏情况下发电机层、水轮机层人员的逃生时间,并告知逃生路线及注意事项。

6 建议

(1)关注极端气候情况

极端天气变化、地震、地质等自然灾害有可能导致洪水在短时间内大量涌入厂房,应对水情预报系统、地震台网、滑坡体监测引起高度重视,在进场交通洞、厂房入口等处配备防汛物资。

(2)开展事故模拟

对水电站,特别是有地下厂房的电站,建议开展水淹厂房事故模拟。根据不同工况,模拟水淹厂房内水流大小、方向、水位上升时间等。以此为基础来布置水淹厂房报警装置,绘制应急疏散路线。

(3)完善管理制度

为提高电站防水淹厂房能力,根据实际情况,将制定针对性的巡检、维护内容及计划,通过制度的管理进一步提高设备的可靠性。

由于在把合螺栓断裂工况导致的水淹厂房事故中,淹没流量和速度均较快,需加强对机组主要受力部件的定位监控,对螺栓的疲劳情况、松动情况、无损探伤等作为重点进行切实有效的监控和维护,避免事故的发生。

(4)加强应急预案演练

在应急预案编制前应开展风险评估和应急资源调查工作,定期开展水淹厂房应急预案的演练工作,组织专业人员开展应急预案流程讨论、方案制定及动态演练。加强人员的应急能力和水平,重点落实人员和设备保全方案。

(5)购买保险转移风险

财产一切险为除保险条款规定的责任外的任何自然灾害或意外事故造成的物质损坏或

灭失,通过购买保险来转移因水淹厂房带来的巨大损失。

参考文献

[1] 杜德进.水电站水淹厂房典型案例及风险识别[J].电力安全技术,2019,21(1):16-21.

[2] 王民浩,杨志刚,刘世煌.水电水利工程风险辨识与典型案例分析[M].北京:中国电力出版社,2010.

[3] 河南省应急管理厅.小浪底水利枢纽附属工程西沟坝"3·1"漫坝较大事故调查报告[R].2022.

[4] 甘孜州丹巴县关州水电站"1·12"较大透水事故提级调查组.甘孜州丹巴县关州水电站"1·12"较大透水事故调查报告[R].2022.

[5] 吴伟.关于水电站水淹设备处理的探讨[J].中文科技期刊数据库(全文版)工程技术,2016,20(4).

[6] 田树平,何江.抽水蓄能电站水淹厂房风险分析及应急措施[J].内蒙古电力技术,2019,37(6):21-25.

[7] 陈源,胡清娟,蒋明东,等.大型抽水蓄能电站防水淹厂房事故演算与风险分析[J].水力发电,2019(4).

[8] 陶荣.水电厂水淹厂房事故防范措施的探讨[J].电力安全技术,2018,20(6):5-8.

[9] 宗和刚,杨祥.无人值班模式下乌弄龙电站防水淹厂房保护系统建设[J].云南水力发电,2022,38(6):251-254.

[10] 李伟伟,曹光伟."无人值班"水电站防止水淹厂房的难点及防范措施[J].贵州水力发电,2012,26(1):101-102.

[11] 张春生,姜忠见.抽水蓄能电站设计[M].北京:中国电力出版社,2012.

[12] 吕惠青,张甜,蔡智勇.杨房沟水电站防水淹厂房控制保护回路设计[J].四川水利,2021(4):83-85.

35kV 电缆集电线路的电压损失简易估算方法

范永威[1]　孙照鹏[2]

(1. 上海能源科技发展有限公司,上海市 200233;
2. 上海勘测设计研究院有限公司,上海市,200434)

摘　要:目前 35kV 电缆集电线路在风里发电项目中广泛应用,为了降低风电场集电线路电压损失,必须在集电线路选型设计时校核线路压降。通过分析 35kV 电缆集电线路电阻和电抗的规律,提出了一个相对简易的电压降估算方法,具有实践指导意义。

关键词:集电线路;有功损耗;优化设计;经济截面

目前,电缆输电线路被广泛应用于风力发电等新能源项目。根据风力发电相关设计规范,新能源场内集电线路的电压损失不宜超过 5%。虽然相关设计手册中也有具体的计算公式,但是因为涉及不同电缆截面的电阻和电抗计算,相对比较繁琐。笔者就以全电缆集电线路为例,在分析 35kV 电缆线路电压损失公式的基础上进一步分析其电阻和电抗与截面的关系,进而得到不同电缆线路电压损失的简易估算公式,具有一定的实践指导意义。

1　线路电压损失公式

三相平衡线路电压损失的计算公式为[1],

$$u = \frac{1}{10U_n^2}(R'_0 + X'_0 \tan\varphi)PL \tag{1}$$

其中

$$R'_0 = \rho_\theta C_j \frac{1}{S} \tag{2}$$

$$X'_0 = 0.1445 \lg \frac{D_j}{D_z} \tag{3}$$

式中,$\tan\varphi$ 为功率因数正切值;u 为线路电压损失百分数,%;U_n 为标称线电压,kV;R'_0、X'_0 为线路单位长度电阻和电抗,Ω/km;P 为线路有功功率,kW;L 为线路长度,km;ρ_θ 为温度为 θ 时的电阻率,Ω·mm;C_j 为绞入系数,单股为 1.0,多股为 1.02;D_j 为几何均距,对

于圆形线芯电缆为 $d+2\delta$，其中 d 为线芯直径，δ 为绝缘厚度，均为 mm；D_z 为线芯自几何均距，圆形线芯电缆为 $0.389d$。

2 电压损失估算

2.1 电缆阻抗相关计算

根据上述式（2）和式（3），35kV 电缆截面为 $50\sim630\text{mm}^2$ 时标准绝缘厚度 δ 均为 10.5mm，ρ_0 取 75℃ 时的电阻率，则电缆电抗和电阻计算如表 1 所示。

表 1　35kV 铝合金和铜电缆阻抗计算值

S/mm^2	d/mm	δ/mm	$X'_{s0}/(\Omega/\text{km})$	铜芯电缆 $R'_0/(\Omega/\text{km})$	$\tan\beta_{铜}$	铝合金电缆 $R'_0/(\Omega/\text{km})$	$\tan\beta_{铝合金}$
50	7.98	10.5	0.140	0.702	0.200	0.428	0.327
70	9.44	10.5	0.133	0.501	0.265	0.306	0.434
95	11.00	10.5	0.126	0.369	0.342	0.225	0.560
120	12.36	10.5	0.122	0.292	0.416	0.178	0.682
150	13.82	10.5	0.117	0.234	0.501	0.143	0.822
185	15.35	10.5	0.113	0.190	0.598	0.116	0.980
240	17.48	10.5	0.109	0.146	0.744	0.089	1.220
300	19.54	10.5	0.105	0.117	0.898	0.071	1.472
400	22.57	10.5	0.101	0.088	1.146	0.054	1.879
500	25.23	10.5	0.097	0.070	1.386	0.043	2.272
630	28.32	10.5	0.094	0.056	1.689	0.034	2.769

根据表 1 计算结果，将铜电缆和铝合金电缆 $\tan\beta$ 值与电缆截面分别做拟合分析得到公式如下：

$$\tan\beta_{铝合金}=0.0074S^{0.8419} \tag{4}$$

$$\tan\beta_{铜}=0.0121S^{0.8419}，\tan\beta_{铜}=1.635\tan\beta_{铝合金} \tag{5}$$

拟合值与实际计算值之间的误差比较分析如表 2 所示。

表 2　35kV 铝合金和铜电缆 $\tan\beta$ 计算值与拟合值误差分析

S/mm^2	铝合金电缆 $\tan\beta_{铝合金}$	拟合值	误差/%	铜芯电缆 $\tan\beta_{铜}$	拟合值	误差/%
50	0.200	0.199	−0.50	0.327	0.326	−0.46
70	0.265	0.265	0.00	0.434	0.433	−0.25
95	0.342	0.342	0.00	0.560	0.560	−0.08
120	0.416	0.417	0.24	0.682	0.681	−0.08
150	0.501	0.503	0.40	0.822	0.822	0.04
185	0.598	0.600	0.33	0.980	0.981	0.12

续表

S/mm²	铝合金电缆			铜芯电缆		
	tanβ铝合金	拟合值	误差/%	tanβ铜	拟合值	误差/%
240	0.744	0.747	0.40	1.220	1.221	0.11
300	0.898	0.901	0.33	1.472	1.473	0.04
400	1.146	1.148	0.17	1.879	1.877	−0.10
500	1.386	1.385	−0.07	2.272	2.265	−0.30
630	1.689	1.683	−0.36	2.769	2.751	−0.64

由表2可知,拟合计算的偏差很小,可以用于工程计算。

2.2　不同电缆规格电压损失估算

由式(1)可知,不同电缆规格的电压损失百分数之比为:

$$\frac{u'_2}{u'_1} = \frac{S_1}{S_2} \times \frac{(1+\tan\beta_2\tan\varphi)}{(1+\tan\beta_1\tan\varphi)} \tag{6}$$

式中,u'_1和u'_2为线路的单位负荷距情况下的电压损失百分数;S_1和S_2为电缆截面积,mm²;$\tan\beta_1$和$\tan\beta_2$为线路的感抗与电阻比值;$\tan\varphi$为功率因数角度正切值。

一般项目中电缆截面和功率因数均为容易获得的设计数据,则根据式(4)、式(5)和式(6),在已知某一基准电缆规格单位负荷距的电压损失情况下,可以快速地获得另一个电缆规格单位负荷距的电压损失。由于在工程设计中,集电线路选型设计时一般功率因数取0.9,故以功率因数$\cos\varphi=0.9$为例,对电缆集电线路的单位压降及负荷距分析如表3所示。

表3　35kV 铝合金和铜电缆单位压降及负荷距分析

S/mm²	功率因数 cosφ	铝合金电缆			铜芯电缆		
		ΔUp /(%/(MW·km))	5%压降负荷距 /(MW·km)	截面倍数	ΔUp /(%/(MW·km))	5%压降负荷距 /(MW·km)	截面倍数
50	0.9	0.0628	79.57	1.59	0.0405	123.49	2.47
70		0.0462	108.29	1.55	0.0302	165.52	2.36
95		0.0351	142.26	1.50	0.0234	213.82	2.25
120		0.0287	174.35	1.45	0.0194	258.18	2.15
150		0.0237	210.68	1.40	0.0163	307.06	2.05
185		0.0200	250.42	1.35	0.0139	359.03	1.94
240		0.0162	307.95	1.28	0.0116	431.76	1.80
300		0.0137	364.91	1.22	0.0100	501.14	1.67
400		0.0111	448.98	1.12	0.0083	599.32	1.50
500		0.0096	522.22	1.04	0.0073	681.24	1.36
630		0.0083	604.88	0.96	0.0065	770.13	1.22

由表3可知,95mm² 铝合金电缆和400mm² 铜芯电缆5%压降对应的负荷距均为其电缆截面的1.5倍,分别以95mm² 铝合金电缆和400mm² 铜芯电缆为各自电缆基准截面,利用前述分析的式(4)至式(6),分别选取另外截面进行单位负荷距压降计算,则其计算值及误差分析如表4所示。

表4　　　　35kV 铝合金和铜电缆单位压降简易估算误差分析

电缆	S/mm^2	截面倍数	5%压降负荷距/(MW·km)	$1+\tan\beta\tan\varphi$	单位压降估算 U_p/(MW·km)	实际单位压降 U_p/(MW·km)	误差/%
铝合金电缆	95*	1.5	142.5	1.17	0.03500	0.03515	0.42
	400	/	/	1.56	0.01110	0.01114	0.37
铜芯电缆	400*	1.5	600	1.90	0.00830	0.00834	0.52
	95	/	/	1.27	0.02332	0.02338	0.29

注:表格中带"*"电缆规格为铝合金和铜电缆单位压降计算的基准截面。

由表4分析可知,以基准截面下的单位负荷距电压损失百分数为基础,利用式(4)至式(6)可以方便地计算其他任意截面的单位负荷距下的电压损失百分数,且误差很小,在此基础上考虑线路传输的功率 P(MW)和电缆长度 L(km)便可以很方便地得到线路运行的电压损失。

3　结论

本文通过对35kV电缆集电线路阻抗、阻抗角以及单位压降负荷距的分析,总结得出了估算电缆在不同截面规格下单位电压损失的简便公式,以此为基础结合考虑线路传输的功率和线路的长度,便可以很方便地获知线路传输的电压损失,从而方便工程设计人员在无需查阅设计手册或相关资料的情况下对于集电线路电压损失进行校核,具有较好的实践应用价值。

参考文献

[1] 任元会,卞铠生,等. 工业与民用配电设计手册[M]. 北京:中国电力出版社,2005.

[2] 邓长胜,等. 电缆[M]. 北京:中国标准出版社,2009.

[3] 吴春利,等. 电力工程设计手册:电缆输电线路设计[M]. 北京:中国电力出版社,2019.

"整县推进"分布式屋顶光伏项目关键问题的研究

常颖　梁帅成

（中水北方勘测设计研究有限责任公司，天津，300222）

摘　要：对"整县推进"分布式屋顶光伏的特点进行了论述，对屋顶资源及当地配电网情况的摸排、接入系统的方式、综合电价的确定和收益模式几个关键问题和难点进行了分析和研究。以举例的方式介绍了对电站综合电价较为准确的计算，以及五种收益模式的说明和比较。

关键词：整县推进；单点接入；多点接入；综合电价；收益模式；屋顶光伏项目

随着我国双碳目标的提出，国家和地方政府均加大了对新能源产业的扶持，各省、市、县地区分别颁布了相关政策并积极推进新能源产业的发展，标志着我国新能源产业建设进入了一个新的发展阶段。2021年6月20日，国家能源局综合司发布了《关于报送整县（市、区）屋顶分布式光伏开发试点方案的通知》，为响应国家的号召，各级政府和地区管理部门对"整县推进"分布式屋顶光伏项目的建设加大了推动力度。

1 "整县推进"的特点

"整县推进"分布式屋顶光伏项目（以下称"整县推进"项目）的特点有：比较普通分布式屋顶光伏项目，"整县推荐"项目总体建设规模大，一般为整区、整县、整村安装，总装机容量都在几十至几百兆瓦之间，项目包含了上百至上千个分布式发电单元；单体项目容量小，组件安装位置分散，容量各异。由于建设区内建筑物为分散布置，并且单体建筑物可利用建设面积不同，每一个光伏单元的容量各有不同，需要逐个统计；组件和逆变器型式多样，由于各屋顶面积和结构均不相同，应选择不同型号（尺寸）的组件，充分利用大小不一的屋顶面积，尽量在可利用的面积中安装尽量大容量的组件，并匹配相应容量的逆变器。接入电网点位多，接入方式多样，用户类型多，消纳方式多样。需要根据当地负荷和电网的情况，因地制宜地制定接入系统方式和消纳方式。

综上所述，"整县推进"项目在工程建设中有诸多制约因素，在计算工程总概算及收益率时,应充分考虑不确定因素所带来的风险,并在前期做大量的摸排、统计、分析工作,将边界条件一一落实。与其他型式光伏项目相比,"整县推进"项目难度较大,工作量大大提升。

2 关键问题

在规划"整县推进"项目建设过程中,有几项关键性的问题值得研究和探讨,这对于项目的投资决策的正确性和收益率保障具有重要的意义。

2.1 屋顶资源及当地配电网情况摸排

此项工作为整个"整县推进"项目最基础也是难度最大、耗时最长的一项工作。在工程前期,由于人力物力有限,可先对建设区域内进行无人机航飞,完成航测影像数据采集,初步掌握建设区内房屋屋顶情况。根据航拍图片资料可基本确定屋顶结构并统计出光伏建设面积和屋顶的遮挡阴影面积,继而计算出光伏装机容量。此方式由于无法对屋顶光伏建设型式做出甄别,也不能判断房屋是否满足荷载情况,且阴影遮挡情况与无人机飞行时段太阳照射角度有直接关系,因此仅适用于工程前期的初步计算和分析。

如果要精确计算装机规模和造价,需要投入大量的人力到现场进行地毯式测量、摸排现场情况。测量摸排情况和统计数据包括:将房屋按照产权归属,如按照党政机关、公共事业、居民住宅等不同属性进行房屋分类,统计建筑物数量及屋顶面积;按照屋顶结构类型,如混凝土平屋顶、彩钢瓦屋顶、砖瓦结构屋顶进行分类,统计建筑物数量及屋顶面积(与统计的数量可能有重合);摸排当地供电电网情况,包括地区变压器的分布、数量、容量、电压、是否具有改造可能性等情况;统计低压配电箱数量、位置、接入空间等情况;甄别建设房屋荷载情况,判断光伏建设是否会对房屋结构造成破坏等情况。

只有对以上工作进行逐步落实,编制完成资源摸排统计表(包含产权单位类型、名称、地址、户号、产权分类、提供方、屋顶类型、面积、变压器类型等内容)后,才能依此开展下一步工作。

2.2 接入系统的方式

在确保电网和分布式光伏安全运行的前提下,综合考虑分布式发电项目申报装机容量和远期规划装机容量等因素,合理确定接入系统的电压等级和接入点。

2.2.1 单点接入方案

1)按照接入电压等级,分为接入 10kV、380/220V 两类。

2)按照接入位置,分为接入变电站/配电室/箱变/开闭所/配电箱、环网线和线路 4 类。

3)按照消纳方式,分为"全额上网"和"自发自用,余电上网"方式。

4)按照接入方式,分为专线接入和 T 接两类。

5)按照接入产权类型,可分为接入用户电网和接入公共电网两类。

以上的几种分类方式可以相互组合,一般可根据光伏组件安装容量、当地电网情况、用电负荷情况等进行综合考虑,选用合适的接入方案。

单点接入的几种典型方案可见表 1(由于方案较多,仅展示几种常用方式):

表 1　　　　　　　　　　　单点接入的几种典型方案

方案编号	接入电压	运营模式	接入点	方式	单点容量
1	10kV	全额上网(接入公共电网,统购统销)	接入公共电网变电站 10kV 母线(图 1)	专线	1～6MW
2			接入公共电网 10kV 开关站、配电室或箱变	专线	300～6MW
3			T 节公共电网 10kV 线路	T 接	300～6MW
4		自发自用,余电上网(接入用户电网)	接入用户 10kV 母线(图 2)	专线	300～6MW
5	380V	全额上网(接入公共电网,统购统销)	公共电网配电箱/线路		≤100kW,8kW 及以下可单相接入
6			公共电网箱变或配电室低压母线(图 3)		20～300kW
7		自发自用,余电上网(接入用户电网)	用户配电箱/线路(图 4)		≤300kW,8kW 及以下可单相接入
8			用户箱变或配电室低压母线		20～300kW

要注意的是考虑 220V 无序接入将引起三相不平衡等问题,未经供电企业三相不平衡校核不应采用 220V 接入。一般情况下单点最大接入容量不应超过 8kW。

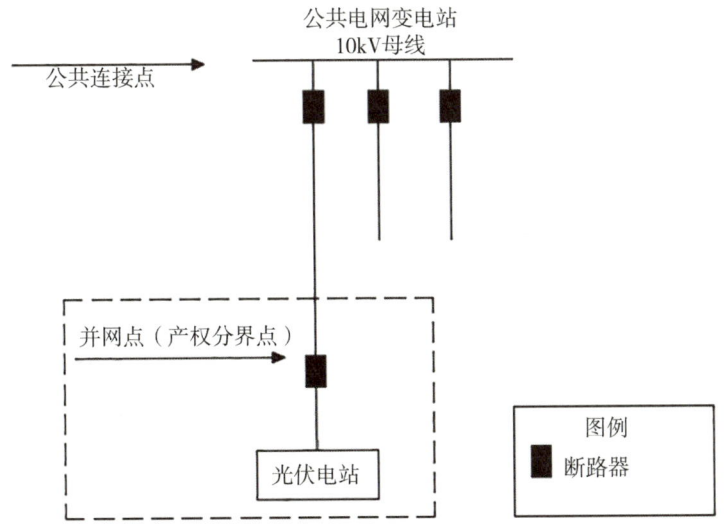

图 1　全额上网,接入公共电网变电站 10kV 母线

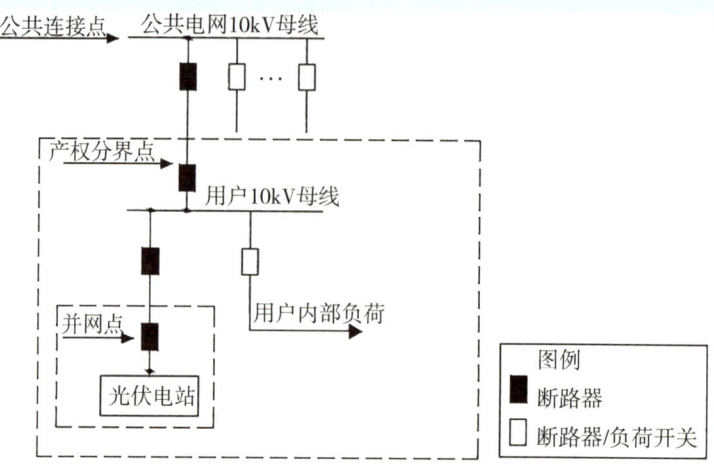

图 2 自发自用,余电上网接入用户 10kV 母线

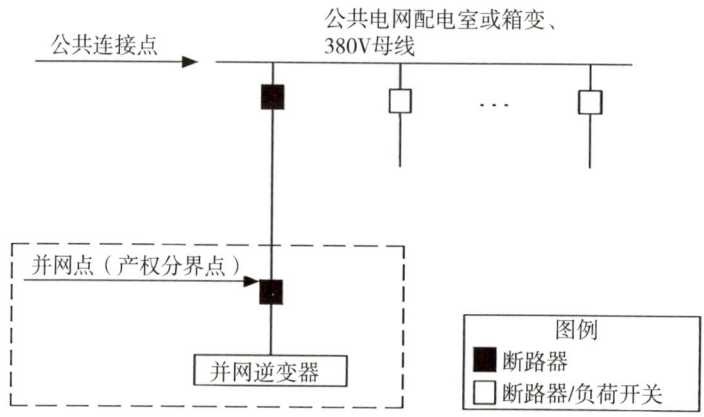

图 3 全额上网,接入公共电网配电室或箱变低压

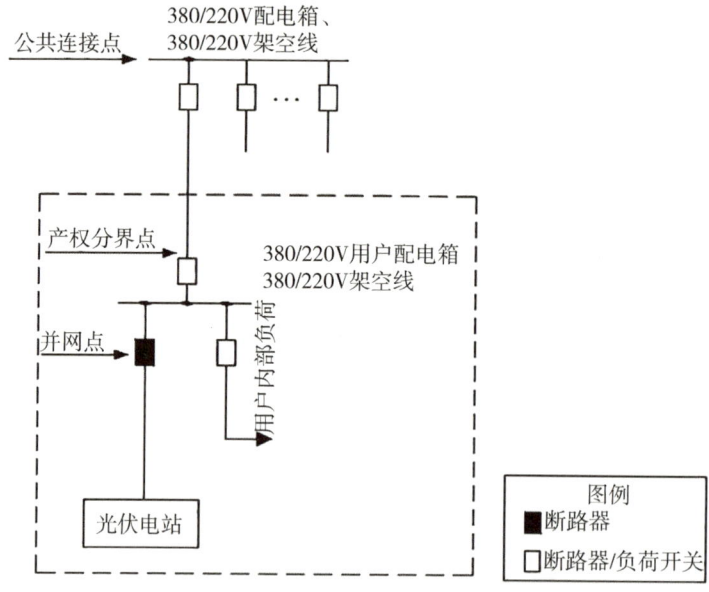

图 4 自发自用,余电上网,接入配电箱/线路

2.2.2 多点接入方案

考虑单个项目多点接入用户电网,或多个项目汇集接入公共电网情况,设计多点接入组合方案。

按照接入电压等级,分为多点接入 380V 组合方案、多点接入 10kV 组合方案、多点接入 10kV/380V 组合方案 3 类。

按照接入产权,分为接入单一用户组合方案、接入公共电网组合方案两种。

多点接入的几种典型方案如表 2 所示。

表 2　　　　　　　　　多点接入的几种典型方案

方案编号	接入电压	运营模式	接入点
1	380V/220V	自发自用,余电上网（接入用户电网）	多点接入配电箱/线路、箱变或配电室低压母线(用户)
2	10kV		多点接入用户 10kV 母线,用户箱变或配电室(用户)
3	10kV/380V		以 380V 一点或多点接入配电箱/线路、箱变或配电室低压母线(用户),以 10kV 一点或多点接入用户 10kV 母线、用户箱变或配电室(用户)
4	380V/220V	全额上网（接入公共电网）	多点接入配电箱/线路、箱变或配电室低压母线(公用)
5	10kV/380V		以 380V 一点或多点接入配电箱/线路、箱变或配电室低压母线(用户),以 10kV 一点或多点接入用户 10kV 母线、用户箱变或配电室(公用)

2.3 综合电价的确定

"自发自用,余电上网"模式的综合电价,是计算电站收益率的基础数据。计算综合电价,其核心工作是确定"自发自用"的电量占总发电量的比例。在装机容量已确定的前提下,统计出建设区内各用电企业或单位日间用电负荷情况,分析其用电规律。一般大工业企业习惯在夜间电费低谷时段进行大规模生产经营活动,光伏电站的建设可有望改变这一习惯,企业的生产时间可根据日间发电量进行相应调整,使企业或单位尽可能多地使用光伏系统所发出的电力,提高"自发自用"比例。

表 3 以位于天津蓟州区的一个砖厂 2021 年 10 月用电负荷统计。举例说明综合电价的计算方法。

表 3　　　　　　　　　综合电价计算示例

2021 年 10 月	电费单价/元	用电量/(kW·h)	电费/元
峰段电费	0.9087	63484	57689.94
谷段电费	0.3537	299907	106086.71
平段电费	0.6232	166905	104020.53

由表 3 可知,用电峰谷平的分段时间为:高峰为 8—11 时和 18—23 时之间,时长为 8 个小时;平段为 7—8 时和 11—18 时之间,时长为 8 个小时;谷段为 23—7 时,时长为 8 个小时。工厂生产时间为 8—4 时之间,为了便于统计每小时用电情况,不考虑设备基本用电负荷所消耗的电量,按照峰、谷、平时段每小时用电量相等考虑,则工厂 24 小时的用电量统计如表 4 所示。

表 4　　　　　　　　时段用电量统计

时段/时	用电量/(kW·h)	时段/时	用电量/(kW·h)	时段/时	用电量/(kW·h)	时段/时	用电量/(kW·h)
7—8	0	13—14	695.44	19—20	264.52	1—2	1249.61
8—9	264.52	14—15	695.44	20—21	264.52	2—3	1249.61
9—10	264.52	15—16	695.44	21—22	264.52	3—4	1249.61
10—11	264.52	16—17	695.44	22—23	264.52	4—5	0
11—12	695.44	17—18	695.44	23—24	1249.61	5—6	0
12—13	695.44	18—19	264.52	0—1	1249.61	6—7	0

根据该工厂屋顶面积,安装容量为 1.5MWp 的光伏系统,多年平均年发电量约为 194.37kW·h,每日平均发电量约为 5325.36kW·h,由 PV 软件可模拟出光伏发电系统日间每小时发电量,将每小时发电量与用电量进行对比,结果列入表 5。

表 5　　　　　　　　分时段光伏发电量与工厂用电量

时段/时	用电量/(kW·h)	发电量/(kW·h)	自用/(kW·h)	时段/时	用电量/(kW·h)	发电量/(kW·h)	自用/(kW·h)	时段/时	用电量/(kW·h)	发电量/(kW·h)	自用/(kW·h)
5—6	0	7.26	0	11—12	695.44	743.30	673.00	17—18	695.44	88.98	88.98
6—7	0	63.14	0	12—13	695.44	736.45	673.00	18—19	264.52	18.86	18.86
7—8	0	181.93	0	13—14	695.44	691.29	673.00				
8—9	264.52	361.29	264.52	14—15	695.44	578.41	578.41				
8—10	264.52	548.37	264.52	15—16	695.44	404.27	404.27				
10—11	264.52	678.00	264.52	16—17	695.44	223.83	223.83				

由表 5 可知,日间总用电量(5—19 时),为 5926.16kW·h,日间总发电量(5—19 时),为 5325.3kW·h,日间自发自用电量(5—19 时),4126.91kW·h,自发自用比例为 4126.91/5325.36=0.775,建设方与企业之间的协议电价为 0.6 元/(kW·h),脱硫煤上网电价为 0.365 元/(kW·h),则综合电价的计算方法为:0.775×0.6+0.26×0.365=0.560 元。

2.4　收益模式的比较

分布式光伏电站有多种收益模式,受益群体可分为资源方(即房屋产权所有者,可以是家庭用户、企业业主、企事业单位等)、投资方(即电站投资建设者)、银行(向建设方提供光伏贷款)等。建设方可根据自己手中的资源情况,确定投资方式和收益模式。

建设和收益模式一般可分为:①业主自投全额上网模式,即用户自己花钱来安装建设一座光伏电站,25年的发电自用和全额上网的全部收益,减去前期的成本计算得出用户所得收益,收益高,回收周期短,适用于户用业主自主开发;②业主办理光伏贷投资上网模式,与第一种模式不同的是,光伏贷需要偿还借款利息,收益中要将利息扣除,从根本上还是属于业主自投模式;③共建电站模式,用户只出租屋顶,只获得出租屋顶的固定收益,其余全归投资方,用户不对电站负责,不承担电站经营风险;④合同能源管理模式,此模式适用于耗电量较大的生产性工商企业。由于企业生产运营需要从电网购买大量电力,导致生产经营成本居高不下。建设方可将电力以低于电网的价格出售给企业,做到双方盈利的效果。企业可按照25年节省的电费来计算发电收益,发电收益的多少与协议电价、电网电价和企业自发自用比例相关。

以第1种建设模式为业主自投模式,以一个30kW的光伏电站为例,光伏单位造价4元/W,每年有效日照小时数为1320h,脱硫煤电价为0.3949元/(kW·h),25年光伏电站总发电量约为89万kW·h,全额上网收益约35.15万元,扣除投资成本12万元,25年的收益约为23.15万元。

第2种建设模式为业主办理光伏贷模式,建设条件同上,业主可以向正规银行办理8~10年的中长期光伏贷,按照10年期贷款利率6.5%来计算,累计的还款总额可达数十万元,25年的收益约为35.15万减去12万,再减去贷款利息。

对于"整县推进"项目来讲,前两种模式并不适用,容易造成资源的无序开发,且无法掌控项目总体成本和建设时间。"整县推进"项目一般由资信良好,具有相应建设资质的大型工程企业承揽建设。

第3种建设模式为共建模式。此模式已大量应用于家庭式户用光伏电站,也非常适用于"整县推进"项目。用户只出租屋顶,只获得出租屋顶的固定收益,其余全归投资方。仍以一个30kW的户用式光伏电站为例,大约使用60块500Wp的光伏组件,建设条件同上,按每年每块光伏板租金为40元计算,那么租用屋顶25年周期内的收益约为60000元,建设方25年获得收益17.15万元。

第4种建设模式为合同能源管理模式。仍以30kW光伏电站为例,假设建设方与企业协商电价为0.6元/(kW·h),装设光伏系统之前,企业的峰(包括尖峰时段)、谷、平3个时段的平均购电价格为0.8元/(kW·h),其他条件同上。若发电量全部自发自用,则电站25年发电量为89万kW·h,企业可节省电费17.8万元,建设方可获利41.4万元。

以上计算均不考虑资金的时间价值。

综上所述,对于户用式光伏电站,作为屋顶资源方,自建模式的收益是投资回报率最高的方式,贷款模式收益次之;共建电站适用于"整县推进"规模的光伏电站建设,屋顶资源方与投资方签订屋顶租赁协议,不承担风险,互惠互利;合同能源管理模式适用于高耗能并有大面积闲置屋顶的工商企业,其收益率与原始购电价格和自发自用比例相关。

3 总结

经过近几年的快速发展,分布式屋顶光伏技术和产品已相当成熟,技术方面并无难点。"整县推进"项目的难度仍在于前期大量的统计和摸排工作,对于不同型式的屋面和不同性质的建筑物,光伏系统安装型式、接入系统方式、综合电价、运营模式均不相同,需要一事一议,根据工程情况制定合理方案,而非一概而论,因此"整县推进"工程在前期设计规划阶段工作量巨大,耗时较长。

参考文献

[1] 苏剑,周莉梅,李蕊. 分布式光伏发电并网的成本/效益分析[J]. 中国电机工程学报,2013,33(34).
[2] 陈铭,韩淳,马顺. 分布式光伏投资效益边界[J]. 技术经济,2018,37(12).

电力系统中各类继电保护用电流互感器的选配要点

周海霞　孙立宁　张宵晗

（中水北方勘测设计研究有限责任公司，天津，300222）

摘　要：电力工程中对于系统稳定有着越来越高的要求，选择正确的保护用电流互感器对电力系统稳定起着至关重要的作用。因此，无论是国内还是国外的电力系统对如何选择保护用电流互感器都有严格的标准和要求。结合多项工程的选型经验，总结了 P 类、PX 类及 TP 类保护用电流互感器的应用条件和计算要点，供今后在不同的电力工程中对保护用电流互感器选型、配置提供参考和借鉴。

关键词：电流互感器；极限电动势拐点电压；性能校验系数

随着科学的不断进步及我国经济社会的发展，无论是我国电网还是国外电网，对电力系统稳定性更加重视，这也对继电保护提出了新的更高要求。作为电网继电保护系统重要基础设备电流互感器的选择是决定电力系统稳定的关键环节之一。这就要求互感器具有灵敏的响应特征，能够真实有效地反映出故障信号变化，从而保证继电保护装置能够正确地反映电力设备的现状，保证不拒动、不误动。由于保护用电流互感器作为继电保护装置的主要采集装置，与继电保护装置配合，在输电线路、电力元件发生短路、过载等故障时，向继电保护装置提供信号，保证继电保护装置能立即切断故障电路，保护电力系统的稳定、安全运行。因此，我国及国外电网对电流互感器的选择计算非常重视，选择计算书往往需要严格的审查才能批准。本文重点介绍了保护用电流互感器的工作原理、分类、适用范围、变比计算等一些选择方法。

1　保护用电流互感器的工作原理及分类

1.1　保护用电流互感器的工作原理

目前，电力系统中主要使用的电流互感器为电磁型电流互感器，其保护用电流互感器的工作原理和测量用电流互感器的工作原理相同,均基于电磁感应原理将一次侧大电流转换成二次侧小电流,电流互感器由闭合的铁芯和绕组组成,它的一次侧绕组匝数很少串联在一次电路中。二次侧绕组匝数较多,串联在保护回路中。

但保护用电流互感器与测量用电流互感器的工作条件却不相同。测量用电流互感器在正常一次工作电流范围内使用,保证有合适的准确精度即可。当有故障短路电流流过时,互感器铁芯达到饱和,可以保护测量仪表不受短路电流损害。而准确精度等级对保护用电流互感器却不适用,因为当电力系统发生故障而引起继电保护动作时,流过的互感器二次侧的电流将比其工作电流值大许多倍。短路电流愈大,其二次侧感应电势愈高。当短路电流倍数高于电流互感器伏安特性中的直线运用部分时,铁芯开始饱和,励磁阻抗随饱和的加深而急促降低,励磁电流迅速增大,使电流互感器的误差增加以致危及继电保护的灵敏度或选择性。因此在选择继电保护用电流互感器时,首先应保证其性能满足继电保护正确动作的要求,在稳态对称短路电流下的误差不超过规定值,考虑当电力系统故障而流过很大短路电流情况下的准确性。对于短路电流非周期分量和互感器剩磁的暂态影响,应根据所在系统暂态情况的严重程度、保护装置的特性、由于暂态饱和可能引发的后果等因素综合考虑。

1.2 保护用电流互感器的分类

保护用电流互感器主要分为 P 类和 TP 类。P 类电流互感器包含 P 级、PR 级和 PX 级。TP 类电流互感器包含 TPS、TPX、TPY、TPZ 类。

P 类电流互感器主要体现稳态短路电流的稳态保护准确级,其中 P 级电流互感器为一般保护用电流互感器,其特点是具备准确限值系数,即电流过载到规定倍数,互感器输出还是成线性,确保继电保护装置准确动作。主要是以规定准确限制系数下的复合限制误差值来标称。PX 级为特殊要求的保护用电流互感器,其特点是对互感器剩磁提出要求,是用二次励磁特性来标称。

TP 类电流互感器为暂态保护用电流互感器,主要体现暂态短路电流的暂态保护准确级,是用二次励磁特性及匝数比误差来规定互感器的性能。

TPS 型电流互感器具有闭路铁芯,它要求漏磁很小,一次与二次匝数比值误差在 $\pm 0.25\%$ 范围内,准确度限值条件由磁化特性确定,不对剩磁进行限制。

TPX 型也同样具有闭路铁芯,要求其二次回路电流能在磁化特性规定的限值内准确地反映出与一次故障电流成比例的交、直流分量,提供给继电保护装置。

TPY 型电流互感器其铁芯为带小气隙的电流互感器,磁路气隙指之和一般不超过 1mm。特点是稳态剩磁不大于饱和磁通的 5%~10%。

TPZ 型电流互感器的铁芯气隙较大,特点是在二次回路中尽可能地不产生一次故障电流直流分量。稳态剩磁接近于零。

2 各类保护用电流互感器的变比选择

对于发电机变压器组厂用分支的电流互感器,当用于发—变组或主变差动保护时,原则上应与主回路互感器变比一致。

1)应按一次设备(发电机或变压器)的额定电流或线路最大工作电流。

$$I_{pn} = 120\% \sim 150\% I_b \tag{1}$$

式中,I_{pn} 为电流互感器的额定一次电流;I_b 为一次设备(发电机或变压器)的额定电流或线路最大负荷电流。

2)对于 Y/△接线组的变压器差动回路的 Y 侧电流互感器,按下式选择:

$$I_{pn} \geq \sqrt{3} I_b \tag{2}$$

式中,I_{pn} 为电流互感器的额定一次电流;I_b 为变压器的额定电流;

3)进行保护性能验算,上述参数不合适时应进行适当调整。

4)中性点有效接地系统或中阻抗接地系统的变压器中性点接地回路的电流互感器、大型发电机组零序电流型横差保护用电流互感器等,正常情况下一次电流为 0,应根据实际情况、不平衡电流的实测值或经验数据,并考虑接地保护灵敏度和电流互感器的误差限制以及冻、热稳定等因素,选定适当的额定一次电流。

对主变高压侧中性点电流互感器额定一次电流通常按以下公式选择。

$$I_{pn} = 0.25 \sim 0.3 I_b \tag{3}$$

对经放电间隙的零序电流互感器一般选 150~200A。

(5)对高阻抗母线差动保护,原则上各测电流互感器应选择统一的最大变比。

3 P 类或 PR 类保护用电流互感器的选配

3.1 P 类或 PR 类保护用电流互感器的精度选择

220kV 及以上电压线路,300MW 以下发电机和发—变组主回路通常采用 P 类或 PR 类电流互感器。110KV 及以下电流互感器选用 P 类电流互感器。

P 类及 PR 类电流互感器标准准确级为 5P、10P、5PR、10PR。

发电机和变压器主回路、220kV 及以上电压线路宜采用复合误差较小的 5P 级或 5PR 级电流互感器,其他回路可采用 10P 级或 10PR 级电流互感器。

P 类及 PR 类电流互感器准确限制系数 K_{alf} 一般可取 5、10、15、20 和 30,K_{alf} 的选择应满足保护性能验算要求。

后备保护一般采用 P 类电流互感器。

3.2 P 类或 PR 类保护用电流互感器的容量选择

P 类或 PR 类保护用电流互感器的容量 S_{bn} 应大于实际二次负荷 Z_b,S_{bn} 产品标准值有

2.5VA、5VA、7.5VA、10VA、15VA、20VA、30VA。

$$Z_b = \sum K_{rc}Z_r + K_{lc}R_l + R_c \qquad (4)$$

式中，Z_r 为继电器电流线圈的阻抗，Ω；R_l 为连接导线阻抗，Ω；R_c 为接触电阻，一般为 0.05Ω～0.1Ω；K_{rc} 为仪表接线的阻抗换算系数；K_{lc} 为连接线的阻抗换算系数。

一般电流互感器接线方式为三相星形，因此单相短路接地故障时，有最大连接导线阻抗换算系数 $K_{lc}=2$，$K_{rc}=1$。

3.3 保护性能验算

（1）一般选择验算

通常情况下，按一般选择验算，验算方法如下：

电流互感器的额定准确限值一次电流 I_{pcl} 应大于保护校验故障电流 I_{pcf}，即按以下公式验算。

$$K_{alf} \geqslant KK_{pef} \qquad (5)$$

式中，K 为暂态系数，K_{pef} 为故障校验系数。

100～200MW 级机组外部故障的给定暂态系数 K 不宜低于 10，即取 $K=10$；220kV 系统的给定暂态系数不宜低于 2，即取 $K=2$。110kV 及以下系统一般按稳态条件选择，不考虑暂态系数。

$$K_{pef} = I_{pef}/I_{pn} \qquad (6)$$

式中，I_{pcf} 为保护校验故障电流；I_{pn} 为电流互感器额定一次电流。

对于过电流和距离保护等 I_{pcf} 应为在保护区末端故障时流过互感器最大短路电流 $I_{sc\max}$；对于电流差动保护 I_{pcf} 应为保护区外短路时流过电流互感器的最大短路电流 $I_{sc\max}$；对于方向保护的 I_{pcf} 应为可能使方向元件误动的保护反方向故障流过电流互感器的最大短路电流 $I_{sc\max}$。

（2）二次极限电动势校验

当采用微机型保护装置时，若一般选择验算 K_{alf} 不够，则按二次极限电动势校验，以便更合理地选用电流互感器，验算方法为：

$$E_{st} \geqslant E_s \qquad (7)$$

式中，E_{st} 为二次极限电动势，E_s 为二次感应电动势。

E_{St} 和 E_{vs} 的算法如下：

$$E_{st} = K_{alf}I_{sn}(R_{ct}+R_{bn}) \qquad (8)$$

$$E_s = KK_{pef}I_{sn}(R_{ct}+R_b) \qquad (9)$$

式中：R_{ct} 为电流互感器二次绕组电阻，R_{bn} 为电流互感器额定负荷，二次负荷仅计及电阻；R_b 为电流互感器二次实际电阻，I_{sn} 为额定二次电流。

4　PX 类保护用电流互感器的选配

PX 级是一种低漏磁型电流互感器。适用于 5P 和 10P 准确限值不适应的特殊场合，如对互感器变比和励磁特性有严格要求的高阻抗母线保护。PX 级电流互感器是国外标准中用于装置主保护特别是针对高阻抗保护的一类电流互感器，PX 类电流互感器的性能规定了几个参数：

额定拐点电压，额定拐点电压下的最大励磁电流，75℃或运行时最高温度两者较高温度下的二次绕组电阻的最大值，匝数比误差。

拐点电压作为保护装置重点采集信息，它的计算至关重要。在 IEC 中规定拐点电压的计算公式为：

$$V_k \geqslant K \times I_n \times (R_{CT} + R_b) \tag{10}$$

式中，K 为 CT 设计尺寸，继电保护装置厂家提供；I_n 为继电器额定电流；R_{CT} 为 CT 二次内阻，一般制造厂提供，如为制造厂提供，可假定每 100 匝变比为 0.4Ω；R_b 为电流互感器连接的二次实际电阻。

拐点电压也可根据不同继电保护装置厂家样本提供的公式计算。

差动保护用 PX 类电流互感器，原则上设备各侧互感器拐点电压应一致。

5　TP 类保护用电流互感器的选配

在超高压电网及大容量发电机变压器组的继电保护中普遍采用了具有暂态误差性能的 TPY 级电流互感器。

(1) TP 类保护用电流互感器的精度选择

TPX 级、TPY 级、TPZ 级电流互感器额定电阻性负荷值以 Ω 表示。额定电阻性负荷标准值宜采用 0.5、1、2、5、7.5、10 等。

(2) TPY 级电流互感器的准确度条件

TPY 级电流互感器的准确度条件包括：电流互感器的额定一次电流 I_{pn}，额定二次电流 I_{sn}，额定对称短路电流倍数 K_{ssc}，一次时间常数 T_p，额定二次时间常数 T_{sn}。

对于工作循环，单次通电，$C-t'-O$；双次通电，$C-t'-O-t_{fr}-C-t''-O$；t' 为第一次通电时间，t_{fr} 为无电流间隙时间，t'' 为第二次通电时间。T_s 为实际二次时间常数，$T_s = \dfrac{R_{ct} + R_{bn}}{R_{ct} + R_b} \times T_{sn}$。

对于 $C-t-O$ 工作循环，所需暂态面积系数计算公式为：

$$K_{td} = \frac{\omega T_p T_{sn}}{T_p - T_{sn}} (e^{-\frac{t'}{T_p}} - e^{-\frac{t'}{T_{sn}}}) + 1 \tag{11}$$

对于 $C-O-C-O$ 工作循环，暂态面积系数计算公式为：

$$K_{td} = \left[\frac{\omega T_p T_{sn}}{T_p - T_{sn}}(e^{-\frac{t'}{T_p}} - e^{-\frac{t'}{T_{sn}}}) - \sin\omega t'\right] \times e^{-\frac{t_{ft}+t''}{T_s}} + \frac{\omega T_p T_{sn}}{T_p - T_{sn}}(e^{-\frac{t''}{T_p}} - e^{-\frac{t''}{T_{sn}}}) + 1 \quad (12)$$

电流互感器额定等效二次感应电动势,计算公式为:

$$E_{al} = K_{td} K_{ssc} I_{sn} (R_{ct} + R_{bn}) \quad (13)$$

式中,R_{bn} 为额定二次负荷电阻;R_{ct} 为互感器二次绕组电阻。

电流互感器实际二次感应电动势计算公式为:

$$E'_{al} = K'_{td} K_{ssc} I_{sn} (R_{ct} + R_b) \quad (14)$$

$$E_{Sl} \geqslant E'_{Sl} \quad (15)$$

峰值误差验算标准为:

$$\varepsilon < 10\%, \varepsilon = 100 \times K_{td}/\omega T_s \quad (16)$$

实际工程中,容量相对较小工程接入超大电网,计算出电流互感器参数可造成互感器尺寸过大,无法安装,此时可根据厂家要求修改相应参数。

6 电流互感器性能计算实例

P类及PR类电流互感器、TP类电流互感器的计算在《电流互感器和电压互感器选择及计算导则》(DL/T 866—2017)中均有详细说明,本文不再举例。现仅以PX类电流互感器进行计算。

某变电站主变压器参数为:容量60MVA,Y/△接线,275/33kV,额定电流126/1050A;系统参数为 $X/R=4.9647$,时间常数 $T=16ms$,变压器最大外部短路电流 $I_F=2.15kA$;变压器主保护:一套纵联差动保护(87T),另一套零差保护(64REF),主接线如图1所示。

1)对于Y/△接线组的变压器差动回路的Y侧电流互感器,按下式选择:

$$I_{pn} \geqslant \sqrt{3} I_b = \sqrt{3} \times 126 = 218$$

初选主变压器275kV侧电流互感器变比为250/1A。

2)根据式(4),得实际电阻 $R_b = Z_r + 2R_l + R_c$。

一般保护屏柜CT单相负荷容量小于1VA(保护厂家提供数据),如果CT二次测额定电流为1A,则保护屏柜负荷电阻 $Z_r=1\Omega$,连接导线以200m、2.5mm² 截面铜芯电缆线计,$R_l = \frac{\rho l}{s} = 200 \times 0.0175/2.5 = 1.4\Omega$(铜电阻率 $\rho = 0.0175\Omega \cdot mm^2/m$,导线截面积:$S=2.5mm^2$),接触电阻 $R_c=0.1\Omega$,则 $R_b = 1+2\times1.4+0.1=3.9\Omega$。

3)根据GE厂家样本,系统参数范围为 $I_n < I_F \leqslant 40I_n$,$5 < X/R \leqslant 20$,$K=20$(样本最小值);根据经验 $R_{CT}=1\Omega$。

4)拐点电压根据式(10)计算 V_k:

$$V_k \geqslant K \times I_n \times (R_{CT} + R_b) = 20 \times 1 \times (1+3.9) = 98V$$

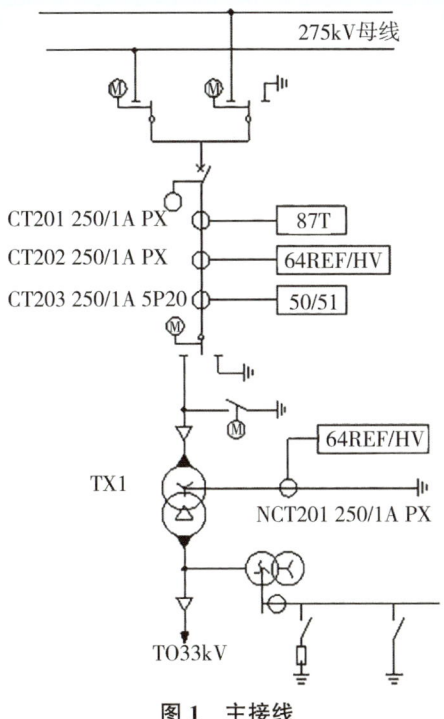

图 1 主接线

5)根据电流互感器厂家资料及特性曲线最终选取纵联差动用高压侧电流互感器参数为:变比 250/1A,拐点电压为 150V,1/2 拐点电压下的励磁电流为 40mA,内阻为 1Ω。

针对 PX 类电流互感器,如用作高阻抗保护装置,同电压等级侧所选电流互感器的变比、拐点电压等参数必须保持一致,如图 1 中零差保护用电流互感器 CT202 和 NCT202 参数。高阻抗线路差动保护用电流互感器本站侧参数也需与对侧站配合一致。

7 结语

保护用电流互感器是继电保护装置正确动作的重要组成部分,直接影响电力系统安全稳定运行,正确的选择、配置继电保护用电流互感器对电网运行、电力系统设备安全至关重要。本文系统总结了保护用电流互感器的分类、区别、使用范围、计算要点等选配方法,希望对相关专业的工作提供帮助和借鉴。

参考文献

[1] 水电站机电设计手册编写组. 水电站机电设计手册:电气二次[M]. 北京:水利电力出版社,1984.

[2] 电流互感器和电压互感器选择及计算规程:DL/T 866—2015[S]. 北京:中国计划出版社,2015.

［3］沙玉洲,袁国胜,安作平,TPY级电流互感器参数选择与准确度验算[J].华北电力技术,2022.

［4］能源部西北电力设计院.电力工程电气设计手册:电气二次部分[M].北京:水利电力出版社,1990.

马来西亚沙捞越州 Bunut(500)/275/(132)/33kV 变电站电气一次设计

衣得武　李青　严龙阳

(中水北方勘测设计研究有限责任公司,天津,300222)

摘　要:马来西亚 BUNUT 变电站是当地电力公司的高端项目,对设计文件质量要求极高。为总结变电站的设计经验,供类似变电站设计参考,变电站电气主接线方案、管型母线选择、短路电力动力对构架的影响、防雷保护接地等方面的设计进行了介绍。

关键词:马来西亚;变电站;电气主接线;管型母线;短路电动力

1　工程概述

马来西亚 Bunut(500)/275/(132)/33kV 变电站项目位于马来西亚沙捞越州 Miri 省北部,由沙捞越能源公司(Sarawak Energy Berhad)出资建设。该变电站是马来西亚东北地区的输电主要干网的重要枢纽站。

Bunut 变电站共采用(500)/275/(132)/33kV 四个电压等级,一期工程为 275/33kV 两个电压等级,6 回 275kV 出线,2 回 275kV 主变进线,主变规模为 2×60MVA。

2　接入系统和电气主接线

2.1　接入系统

根据砂拉越 SEB 能源公司接入系统要求,Bunut(500)/275/(132)/33kV 变电站一期共 8 回 275kV 进出线,其中 2 回架空线路接入 Marudi Junction 变电站、2 回架空线路接入 Lawas Town 变电站、2 回架空线路接入 Similajau 变电站。

2.2　电气主接线

275kV 配电装置采用户外管型母线中型布置,275kV 侧采用双母线接线。

33kV 配电装置采用室内开关柜布置,单母线分段接线。

站用电源引自站内 33kV 接地变压器,采用 2 台油浸式 33/0.415kV 的双绕组变压器,容量 400kVA。415V 母线采用单母线分段接线方式,2 回 415V 进线与母联设置 1 套备自投装置。电气主接线如图 1 所示。

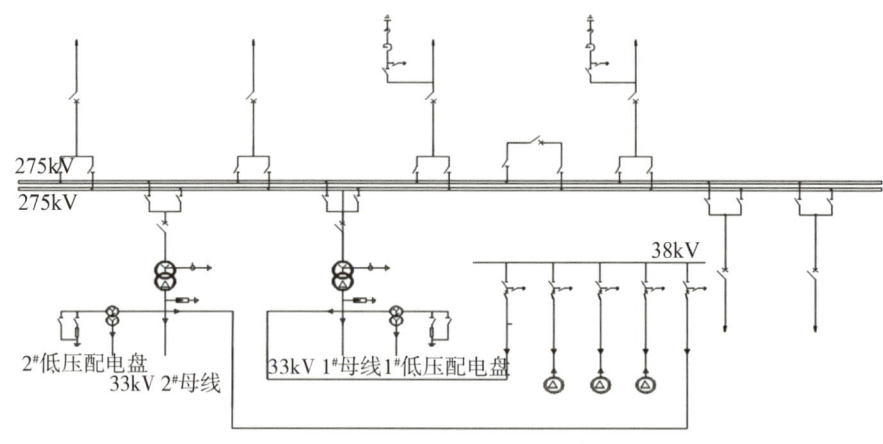

图 1 电气主接线

3 管型母线的选择

本工程选用支持式单管圆型管母线,管母尺寸 250×6mm,跨距 $L=17$m。

管型母线计算主要包括不同荷载组合条件下母线产生的弯曲应力、载流量及热稳定校验计算、挠度校验、电晕影响计算等。

(1)管母在正常设计荷载下由导体自重引起的应力

首先计算固有静荷载力 $F_{str,k}$ 和设计静荷载力 $F_{str,d}$,然后根据应力计算公式求得由固有静荷载力产生的弯曲应力 $\sigma_{st,m,k}$ 和设计静荷载力产生的设计弯曲应力 $\sigma_{st,m,d}$;最后验证设计弯曲应力是否大于材料屈服点的应力。对于导体材料的屈服点应力 f_y,标准通常以最大值、最小值给出的范围,这里计算取最小值。

(2)管母在特殊工况下设计荷载由导体短路力引起的应力

首先计算对称三相短路时中间管母的受力 F_{m3};然后在计算主导体间作用力产生的弯曲应力 $\sigma_{m,d}$(设计值);再计算导体的总应力 $\sigma_{tot,d}$(设计值);最后验证设计弯曲应力 $\sigma_{tot,d}$ 是否大于材料屈服点的应力。

计算短路情况下的弯曲应力应考虑是否有/无三相自动重合闸,特别注意相应系数的选取,确定管母的跨数及固定方式以及用到的导体材料屈服点应力 f_y 应取最大值。

另外需要注意的是,如果采取简单算法得到的管母弯曲应力不满足要求,应该采用精确的计算方法。精确计算先计算相应的自振频率 f_{cm},然后再进行相应系数的计算。

(3)截面积的计算

根据导体截面选择计算公式,计算在短路电流下管母热稳定所需最小截面。

(4)热短路强度的计算

首先计算热等效短路电流的有效值 I_{th},然后求出热等效短路密度 S_{th},再通过导体温升计算出额定短时耐受电流密度 S_{thr},最后利用 S_{th} 与 S_{thr} 的关系式校验导体的热短路强度。

(5)挠度的计算

在运行中,挠度主要影响管母线在伸缩金具中的工作状态,挠度太大,正常热胀冷缩时管母在滑动金具中会被顶住,引起滑动金具工作失常。为确保管母线工作的正常运作,一定要保证管母线具有良好的直线度,确保管母线在金具里可随意滑动,消除温差而形成的温度应力。一般而言,挠度越小,管母线运行越安全。各国采用支持式管母的挠度表达方式和控制标准有所不同。一般可分为两类:一类是用管母外径表示;另一类用管母线跨度表示。本工程母线的挠度标准值不大于 $L/200=85\text{mm}$。管母的挠度应根据实际的支撑方式和跨数而定,用结构力学的相应公式求出最大挠度值。

(6)管母电晕影响的计算

当导体表面及其附近的电场强度超过空气击穿强度时,会在导体表面产生放电现象,一般户外电场强度的允许值 E_0 取 19kV/cm。

首先根据管母的布置求出管母中心距地面的三相等效高度 h_e,然后计算出管母表面的平均电场强度 E_a,再求出管母表面最大电场强度 E_m,最后判定满足运行条件要求:E_m 必须小于 E_0。

4 短路工况下软导线张力的计算

软导线拉力为变电站构架设计的基础条件。按照国内规范《220 kV ～750 kV 变电站设计技术规程》(DL/T 5218—2012)有关规定,构架设计主要考虑包括导线自重、风荷载、冰荷载以及安装检修上人和工具荷载等,对软导线一般可不计及短路电动力对架构及支架的影响。仅对组合导线挂线板和节点的强度应满足短路电动力的要求。但是在本项目变电站设计中,咨询工程师要求短路工况下短路电动力对软导线拉力的影响必须考虑。IEC 60865 规范,主要内容包括:短路时短路摇摆产生的导线张力 $F_{t,d}$ 的计算,短路后导体回落的张力 $F_{f,d}$ 的计算,以及导线束箍缩效应产生的张力 $F_{pi,d}$ 的计算。

在软导线连接的设备中,两相短路及三相对称短路产生的应力近似相等。两相短路时导体摆动将导致最小净距减小。对称三相短路时,由于惯性及作用在导线上的交变双向力,中间导体仅有很小的位移。因此,计算 F_{td}、F_{fd}、$F_{pi,d}$ 是针对两相短路的,选取三者短路工况下最大导线张力作为构架设计的依据。

1）短路电动力及特征参数计算。

区分两种情况单位长度软导线的特征电磁力 F' 的计算：一种是无论有无引接线，电流流过主导线整个跨距；另一种是电流流过主导线一半跨距并沿引接线引出两种情况的计算。

在计算短路时作用于导体电磁力与重力之比重要参数 r 时，注意应将集中质量之和转化成全跨距的单位长度附加质量。

2）短路时由于摆动引起的短路张力 $F_{t,d}$。

计算短路时导体摆动引起的张力 $F_{t,d}$ 应注意区分跨中有无引接线情况，跨距内引接线对主导线位移有影响，恰当长度的引接线阻碍了主导线的摆动，且使其最大摆角达不到无引接线的主导线的最大摆角。

3）短路后导体回落引起的坠落力 $F_{f,d}$。

4）对导线束的影响，由子导线相互接触引起的箍缩力 $F_{pi,d}$。

本工程经过短路电动力的计算分析，软导线因短路工况所产生的导线张力一般为正常工况下导线张力的 3～4 倍。在变电站设计中注意导线分裂间距和间隔棒平均距离的选取，减子导线之间的间距和增大间隔棒间距可以降低导线的箍缩力，有助于控制构架的成本。

5 主要设备布置

电气总平面布置依据站址的总体规划、各级电压的出线方向以及站址的地形情况进行布置。

275kV 户外配电装置设备主要包括：主变压器、SF6 断路器、隔离开关、电流互感器（CT）、电压互感器（PT）、避雷器等。开关站电气设备采用户外分相中型布置，构架挂线点高度为 16m，母线采用地面支持式管型硬母线，母线高度约为 8.45m。各设备之间的连接采用铝绞线或管型硬母线，进出线均采用架空铝导线。275kV 配电装置共分 9 个间隔，其中 2 个主变进线间隔、6 个出线间隔和 1 个母联间隔，每个间隔 17m。一期工程站地总面积约 200×230m。

预留 2 个 275kV 主变进线间隔，预留 132kV 和 500kV 配置装置场地，作为二期建设。

33kV 配电装置采用户内开关站布置，配电装置采用 36kV 气体绝缘金属中压开关柜，其中 2 面进线柜、2 面母联柜、8 面馈线柜，采用 33kV 高压电缆进线，布置在变电站 33kV 控制楼内。

6 防雷保护及接地

6.1 防雷保护装置配置

全站在每回架空出线上均装设避雷线对其进行直击雷保护。防雷保护基于 IEEE Std

998—2012滚球法进行计算。

1)滚球半径的计算。首先计算不同类型、不同高度导线的波阻抗,然后计算冲击电流。通过计算得知,在满足电晕条件下,不同类型、不同高度导线的波阻抗基本相同。

2)被保护高度设备下避雷线最大水平保护间隔的计算。

3)两个避雷线直接垂直雷击最大距离的计算。

6.2 接地系统

本工程接地系统采用软件CDEGS进行建模仿真分析设计。

变电站主接地材料采用36 mm × 5mm扁铜,区域水平接地体铺设于地面下0.6m深的土壤中,垂直接地体埋入底部土壤或基岩中并在其周围回填黏土,接地网面积约为319.6m×230m(长×宽),网孔尺寸约为20m×20m。接地系统计算结果如表1所示。

表1 接地系统计算结果

序号	名称	计算结果	允许值	备注
1	总接地网接地电阻/Ω	0.204	1	
2	入地电流/kA	22.94	无	
3	地电位升/V	4673.56	无	
4	接触电势/V	533	671	满足安全要求
5	跨步电势/V	136	2193	满足安全要求

7 结语

马来西亚Bunut变电站位于马来西亚沙捞越州,业主为SEB公司。该项目被誉为当地电力公司(SEB)范围内的高端项目,全部设计标准遵循IEC、IEEE等国际规范,审批团队对设计文件质量要求很高,对设计细节极为关注。在项目执行阶段,组建项目团队先后数次进驻现场,与SEB审批团队充分沟通,充分理解业主的设计习惯和设计要求,进行了大量的现场修改和设计文件细化工作。设计文件在6个月内全部获得SEB审批通过,高质量的现场设代和技术服务,获得了SEB审批团队的一致好评,与SEB工程师建立了良好的互动关系,为后续项目在疫情中顺利推进发挥了重要作用。

天池抽水蓄能电站发电电动机

陈冶修　杨滔　徐立佳

（中国电建集团中南勘测设计研究院有限公司，湖南长沙，410014）

摘　要：天池抽水蓄能电站共装设4台单机容量300MW的水泵水轮机电动发电机组。对发电电动机的主要参数和结构型式比选进行了分析和总结，以供类似工程参考。为了选择最优的发电电动机，在招标设计阶段，业主与国内主要生产厂家进行了技术交流，通过招标文件比较了各家方案的优劣性，确定了发生电动机的主要技术参数。

关键词：发电电动机；参数；结构；抽水蓄能电站

1　概述

天池抽水蓄能电站位于河南省南阳市马市坪乡境内,距郑州、南阳和南召县城分别为182km、90km和33km。电站总装机容量1200MW,装机4台,单机容量300MW。计划首台机组2022年投产发电。

2　发电电动机结构型式和主要参数选择（招标设计阶段）

在机组招标设计阶段,就发电电动机主要参数和结构型式与东芝水电设备(杭州)有限公司(简称"东芝")、哈尔滨电机厂有限责任公司(简称"哈电")、阿尔斯通水电设备(中国)有限公司(简称"阿尔斯通")、东方电气集团东方电机有限公司(简称"东电")、上海福伊特水电设备有限公司(简称"福伊特")、安德里茨(中国)有限公司(简称"安德里茨")进行了技术交流。

2.1　发电电动机结构型式

发电电动机的结构型式对发电电动机技术经济指标、电站厂房高度、机组运行稳定性和检修维护等有影响。伞式、悬式结构各有优缺点。根据交流情况,东芝推荐半伞式结构,哈电、阿尔斯通、东电、福伊特和安德里茨均推荐悬式结构。

因此,招标文件规定发电电动机型式为立轴悬式或半伞式结构。

2.2 额定电压

发电电动机额定电压是一个综合性参数,与发电电动机的容量、冷却方式、合理的槽电流和额定转速等有关。额定容量300MW机组,额定电压可取15.75kV或18kV。发电电动机槽电流与电压对应关系如表1所示。

表1　　　　　　　　发电电动机槽电流与电压对应关系表

序号	项目	数值			
1	单机容量/MW	300			
2	额定功率因数	0.9			
3	额定容量/MVA	333.33			
4	额定转速/(r/min)	500			
5	极数	12			
6	额定电压/kV	15.75		18	
7	额定电流/A	12219		10692	
8	并联支路数	3	4	3	4
9	槽电流/A	8146	6110	7128	5346

天池抽水蓄能电站机组额定转速500r/min,定子绕组可选取3支路或4支路并联,额定电压15.75kV对应的槽电流分别为8146A或6110A;额定电压18kV对应的槽电流分别为7128A或5346A。目前,空冷机组合理槽电流允许范围5000～7500A,对于8146A的槽电流需采用半水冷。由于半水冷系统比较复杂,对于300MW的机组不予推荐,因此额定电压15.75kV时可选支路数为4,对应槽电流6110A;额定电压18kV时可选支路数为3或4,对应槽电流7128A或5346A。天池抽水蓄能电站发电电动机额定电压采用15.75kV或18kV均可。根据国内已建类似抽水蓄能电站的经验和交流时制造厂的推荐意见,发电电动机额定电压采用18kV。

2.3 冷却方式

天池抽水蓄能电站发电电动机额定电压采用18kV时,槽电流7128A或5346A,可采用全空冷方式。对于地下厂房,可减少辅助设备布置场地,减少开挖量,节省投资。交流时制造厂均推荐全空冷方式。

2.4 额定功率因数

额定功率因数是发电电动机的重要参数之一,对发电电动机本体造价、系统无功功率平衡以及电站相关电气设备的选型等均有一定的影响。

作为发电机运行时,与天池抽水蓄能电站机组容量接近的机组额定功率因数一般为0.9～0.95。随着电网的加强,以及快速励磁的采用,电力系统稳定性大大提高,发电电动机功率因数有提高的趋势。因此,天池机组作为发电机运行时,额定功率因数可取为0.9～0.95。当发电电动机有功功率一定时,选用较高的额定功率因数,可减轻发电电动机重量,降低造价;而选用较低的额定功率因数,发电电动机视在功率增大,其尺寸和材料消耗相应增加,造价增大。

作为电动机运行时,为了减小无功损耗,机组额定功率因数一般都取值较高,通常只考虑补偿电站主变压器的无功损耗,额定功率因数可取为0.975～1.0。发电电动机在抽水电动工况时,机组作为电力系统的负荷,此时电力系统对机组的无功功率要求不大,所以,该状态下电动机的额定功率因数可取得高一些,以减少电动机的设计容量,尽可能使发电机容量与电动机设计容量相等。

2.5 推力轴承

推力轴承的支撑结构对推力轴承性能有很大影响。推力轴承的主要功能是控制瓦的变形和均衡瓦的受力,不同的制造厂有各自的设计特点和经验,因此招标文件没有作硬性规定,制造厂可根据自己的经验推荐。推力轴承的冷却方式根据推力轴承油冷却器的布置位置可分为内循环和外循环两种方式,两种方式均在大型机组推力轴承上有运行实例,均可用于天池抽水蓄能发电站发电电动机的推力轴承。

因此招标文件规定发电电动机采用三导轴承结构,推力轴承布置在上机架或下机架上,采用钨金瓦。

招标设计阶段发电电动机主要参数及结构形式汇总如下:

型式:三相立轴悬式(具有上下导轴承)或半伞式、密闭循环空冷、可逆式同步电机;

额定容量/功率:发电工况(电气输出)300MW;电动工况(轴输出功率)325MW;额定电压:18kV±5%;发电工况:0.9(滞后);电动工况:0.975(发感性无功);额定转速:500r/min;额定频率:50Hz;绝缘等级:F;飞轮转矩(GD^2):3600t·m²;纵轴暂态电抗(X_d'):≤0.35;纵轴次暂态电抗(X_d''):≥0.20;短路比(SCR):≥0.9;冷却方式:全空冷。

3 中标厂家发电机主要参数及结构型式

3.1 中标厂家发电电动机主要技术参数

天池抽水蓄能电站中标厂家发电电动机主要技术参数如表2所示。

表 2 发电电动机主要技术参数表

项目内容		项目单位要求值	投标人保证值
额定容量	发电工况（电气输出）/(MW/MVA)	300/333.3	300/333.3
	电动工况（轴输出）/MW	≤325	≤325
	额定电压/kV	18±5%	18±5%
	额定转速/(r/min)	500	500
	额定频率/Hz	50	50
额定功率因数	发电工况	0.9（滞后）	0.9（滞后）
	电动工况	0.975（吸收有功，发感性无功）	0.975（吸收有功，发感性无功）
额定效率	发电工况/%	≥98.4	98.89
	电动工况/%	≥98.5	99.00
加权平均效率	发电工况/%	≥98.3	98.74
	电动工况/%	≥98.4	98.96
不饱和直轴瞬变电抗（X'_d）		≥0.30	0.29
饱和直轴超瞬变电抗（X''_d）		≤0.19	0.19
短路比		≤0.95	1.04
上机架最大垂直挠度/mm		≤1.5	1.46
发电电动机 GD^2/(t·m²)		≥3600	≥3600
噪声/dB		<80	<80
冷却方式		全空冷	全空冷
定子槽电流/A			5346
定子绕组并联支路数			4
推力负荷/t			611
定子重量/t			324
转子（带轴）重量/t			347
发电电动机总重量/t			865

3.2 中标厂家发电电动机主要结构特点

天池抽水蓄能电站中标厂家发电电动机主要结构特点如表 3 所示。

表 3　　发电电动机主要结构特点表

总体结构	立轴悬式结构；主轴采用一根轴结构
定子	定子机座分 2 瓣运输，在工地进行组圆焊接；定子机座高度 4567mm，定子机座内径 5880mm，定子机座外径 7470mm，发电机风罩内径 10200mm
	定子绕组采用 4 支路并联、"Y"形连接，采用 360°换位方式；绝缘材料采用真空压力浸渍(VPI)绝缘技术；少胶粉云母带、浸渍树脂、内防晕和外防晕材料绝缘
	定子铁芯材料采用 M230－50A 硅钢片；定子铁芯总高度 3414mm，定子铁芯有效长度 2850mm，定子重量 324t
转子	无轴圆盘式结构，由中心体和支臂(外环组件)组成，支臂分为 6 瓣运输；转子重量 347t
推力轴承	采用巴氏合金瓦推力轴承，推力轴承与上导轴承结合，推力轴承采用弹簧束支撑结构
	推力轴承布置在上机架中心体上面的油槽内；共有 10 块巴氏合金推力瓦，油循环冷却方式为外加泵外循环；推力负荷 611t
上机架	上机架直支臂结构，由中心体和 6 个支臂组成；上机架重 51t；上机架最大垂直挠度不超过 1.46mm
下机架	下机架直支臂结构，由中心体和 6 支臂组成；下机架重 19t

4　结语

由于抽水蓄能电站发电电动机双向运行，起停频繁，对其设计制造提出了更高的要求。通过公开招标，天池抽水蓄能电站 4 台发电电动机由上海福伊特水电设备有限公司设计和制造，合同于 2017 年 12 月签订。目前机组正在安装，首台机组转子于 2022 年 1 月吊装完成，计划首台机组 2022 年投产发电。

电晕电流法在大型水轮发电机定子线棒电晕放电检测中的应用

李岩[1] 李强[1] 李勇[1] 李寅伟[1] 汪江昆[2] 胡建林[3] 谭恢林[3]

(1. 中国电建集团成都勘测设计研究院有限公司,四川成都,610072;

2. 雅砻江流域水电开发有限公司,四川成都,610051;

3. 输配电装备及系统安全与新技术国家重点实验室(重庆大学),重庆,400044)

摘　要：大型水轮发电机定子绕组的绝缘结构复杂,绕组的电晕放电会导致线棒绝缘劣化,引起发电机绝缘故障。传统的定子线棒电晕检测手段主要是暗室目测法和紫外成像法。这两种方法具有一定的主观性和分散性,且对电晕放电起始的判据没有统一的标准,因此,提出采用电晕电流法检测定子线棒电晕放电。由于在定子线棒放电的过程中可能存在表面放电及内部放电现象,因此首先设置了4种固体表面放电、6种内部气隙放电模型,从放电脉冲频率、放电相位分布图谱(PRPD)对典型的放电类型进行了区别,确认检测到的信号为电晕放电信号。之后通过对电晕放电信号进行统计分析,提出电晕放电起始判据的量化指标,便于更准确地判断定子线棒电晕起始电压,为更科学的定子线棒电晕放电检测手段提供了有益探索。

关键词：定子线棒；电晕电流法；电晕放电；内部放电；电晕起始电压

1　引言

随着我国水电开发的进展,水电工程逐步向高海拔地区转移,水轮发电机的单机容量及电压等级不断提高,对发电机的绝缘性能提出更高的要求。水轮发电机长期运行中,由于定子复杂的电场分布,线棒端部、槽部、槽壁和主绝缘之间的气隙内、绝缘层内部气隙内等位置容易发生电晕及局部放电,最终导致机组绝缘寿命的降低。

为检测线棒的绝缘性能,需要对线棒进行电晕试验,通过测量电晕起始电压来判断定子线棒的防晕效果。目前主流的发电机电晕检测方法为暗室目测法和紫外成像法,然而这两种方法均具有一定的主观性和分散性,并且对电晕放电起始的判据没有统一的标准。本文采用电晕电流法检测放电信号，并对放电信号进行降噪、统计、变换等分析处理，相对而言可以对电晕放电进行更深入的研究。另外定子绕组的制作要经过绝缘垫块的处理、线棒的嵌入、绝缘垫块的嵌入、绑扎及打磨刷漆等流程，制作工艺较复杂，在定子线棒发生电晕放电的同时，也可能发生内部放电，而内部放电会影响对电晕起始电压的判断，因此需要对两种放电信号进行分析判别。目前大多数学者偏向于对定子线棒槽部电场磁场分布情况，定子线棒电场薄弱点、海拔、湿度对起晕电压的影响等研究，而对电晕过程中测量信号的分析研究相对较少。

本文采用电晕电流法检测定子线棒的电晕放电，并设计了固体表面放电和内部气隙放电模型，从放电脉冲频率和局部放电相位分布图谱（PRPD）对典型的放电信号进行了区别。之后，经过对电晕电流法检测信号的统计分析，对电晕起始判据进行了量化，获得较客观的电晕起始电压值，进而更科学地判断电晕起始电压。

2 电晕电流法实验方案

2.1 试验试品

本文以某水电站的 18kV 定子线棒为研究对象，采用 3 根上层线棒和 3 根下层线棒，总计 6 根。单根线棒长度为 4544±3 mm，如图 1 所示。

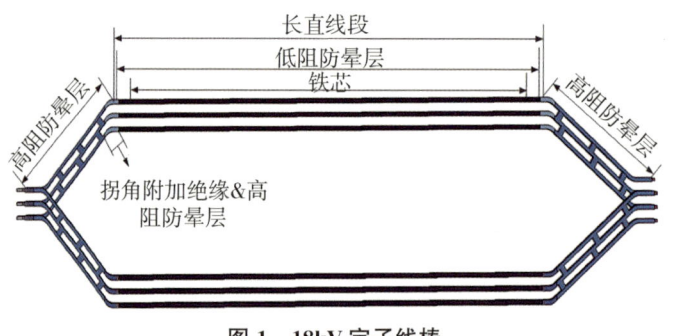

图 1 18kV 定子线棒

在厂家的指导下，将定子线棒安装到特制的模拟铁芯上后，进行垫块、填充、绑扎、打磨和刷漆等一系列与真机一致的绝缘处理工序，之后对试品进行电晕试验。

2.2 试验方案

本文采用电晕电流法检测电晕，试验接线如图 2 所示。通过测量定子绕组的泄漏电流来检测电晕，模拟铁芯经一检测电阻接地，并在检测电阻上测量电晕电流的信号。电晕放电脉冲为高频信号，检测电路要进行阻抗匹配，检测电路采用 50Ω 同轴电缆和 50Ω 无感电阻可达到检测段阻抗匹配。

本文采用的示波器为 DPO7354C 高速数字荧光示波器。该示波器的检测带宽为

3.5GHz,最大采样率 40GS/s,最大记录长度 500M。

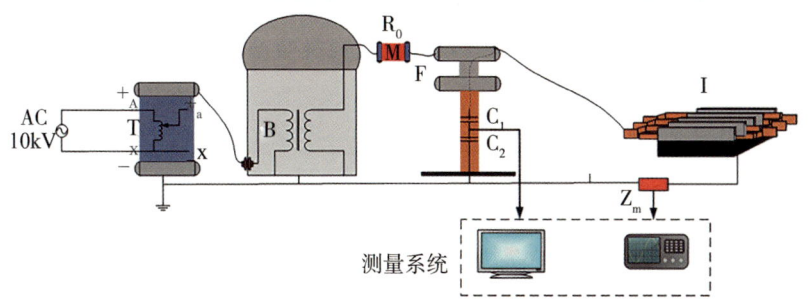

T:调压器;B:交流试验变压器;R_0:保护电阻;F:交流分压器;I:模拟工装铁芯

(a)试验总接线

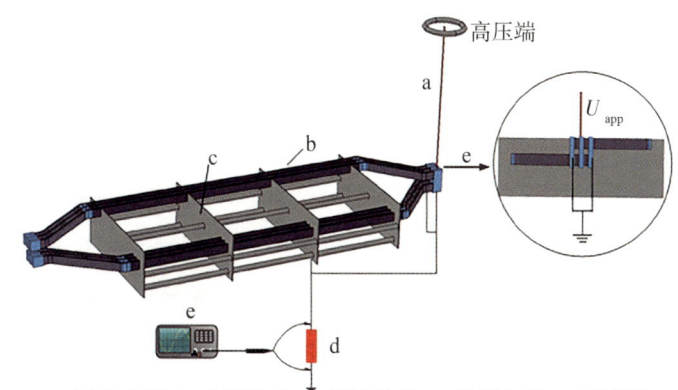

a.试验电源;b.定子绕组;c.模拟铁芯;d.检测电阻;e.示波器

(b)试品具体试验设置

图 2 试验方案

2.3 测量方法

试验电压参照规范《发电机定子绕组端部电晕检测与评定导则》(DL/T 298—2011)实施,逐步升高外施加电压,在各电压下保持 10s。当绕组表面发生电晕放电时,电晕电流信号将叠加在泄漏电流波形上,电晕电流信号稳定持续存在。因此,在出现电晕电流信号前后升压幅度要尽可能小,这样可以更加准确地获得电晕起始电压,$\Delta U 1 \sim 2$ kV,控制台采用自动升压的方式进行实现。

电晕电流法检测过程中,由于定子绕组结构和工艺较复杂,容易同时测得电晕放电信号和内部放电信号,因此在进行电晕检测时有必要首先鉴别电晕放电和内部放电。本文采用如下的试验方案来研究鉴别电晕放电和内部放电。

3 电晕放电和内部放电特性研究

3.1 电极和试样

试验样品分为表面缺陷样品和内部缺陷样品两大类。样品模型选用 CIGRE method Ⅱ 模型,以环氧树脂板作为固体介质,以模拟各种缺陷,如图 3(a)所示。试验样品直径为 80mm,模拟内部气隙放电时,采用 3 层 1mm 厚环氧树脂板进行堆叠;模拟表面放电时,采用 3mm 厚的环氧树脂板进行试验,保持两种类型试验样品厚度一致。试验电极和样品的配合如图 3(b)所示,试验高压电极采用直径和高为 25mm 的圆柱铜电极,低压电极采用直径为 40mm、高为 15mm 的厚平板电极。

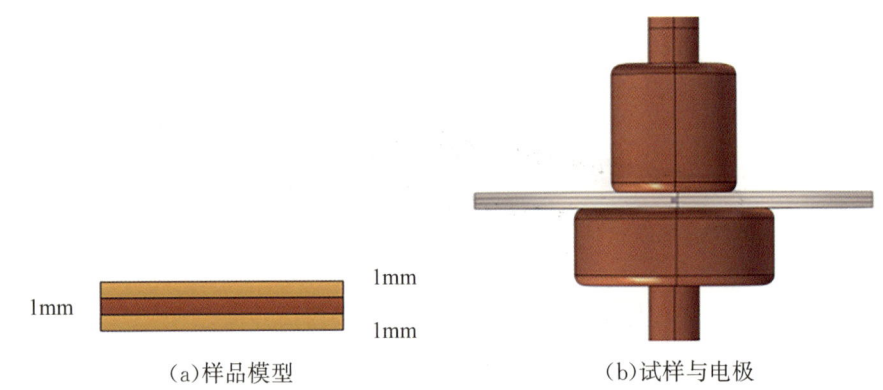

(a)样品模型　　　　　　(b)试样与电极

图 3　试验样品与电极

(1)表面缺陷样品

表面缺陷样品共分为表面金属毛刺、表面绝缘毛刺、表面划痕及完好模型 4 种,如图 4 所示。其中,金属毛刺和绝缘毛刺分别采用铜贴和绝缘胶带进行模拟。表面缺陷的试验在空气中进行。

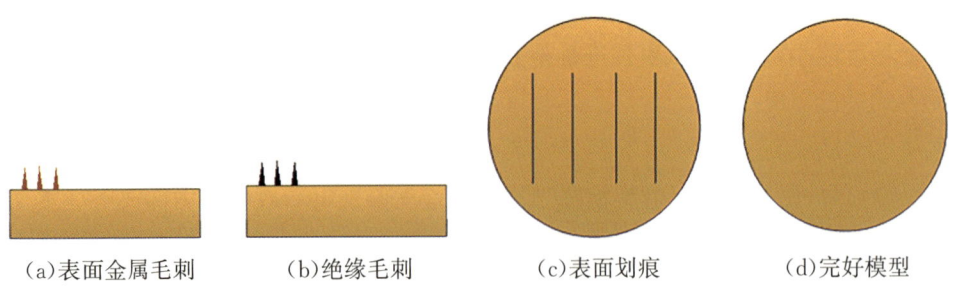

(a)表面金属毛刺　(b)绝缘毛刺　(c)表面划痕　(d)完好模型

图 4　表面缺陷样品

(2)内部缺陷样品

内部缺陷样品分别设计了孔隙直径为 1mm、2mm、3mm、5mm 的模型,如图 5(a)所示。

模拟固体分层模型,分层厚度为 0.5mm,如图 5(b)所示。模拟不同介质接触内的气隙模型,用铜贴贴在 3mm 厚的环氧树脂板上,并特地在接触部位留有气隙,如图 5(c)所示。对于内部缺陷的试验,将电极整体浸入油中进行试验,确保电极与试样接触部分不发生放电。

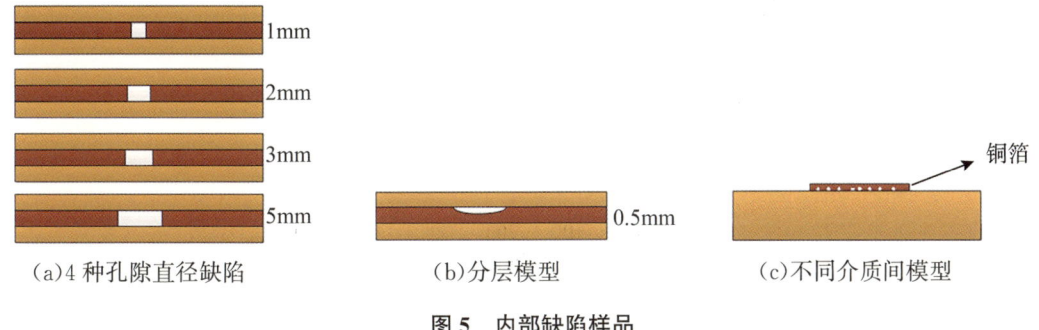

图 5　内部缺陷样品

3.2　测量方法

检测电晕放电和内部放电的试验电路如图 6 所示。试验电压参照《发电机定子绕组端部电晕检测与评定导则》(DL/T 298—2011)施加,逐步升高外施电压,在各电压下保持 10s。采用 DPO7354C 高速数字荧光示波器检测放电信号。

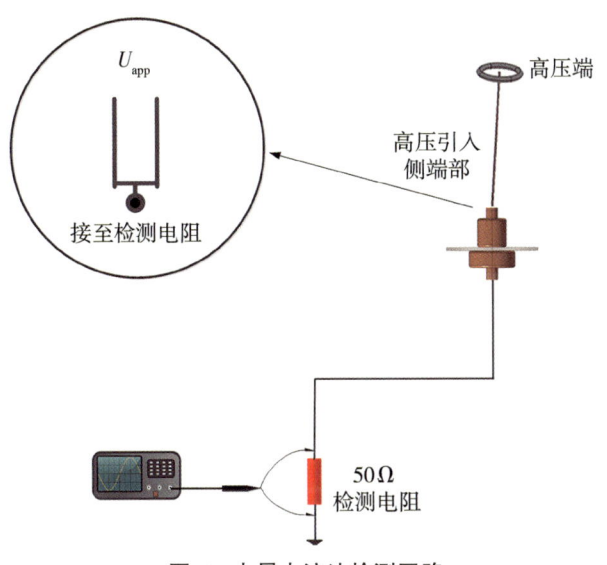

图 6　电晕电流法检测回路

3.3　实验方法

使用阶梯升压法对两种缺陷模型进行试验,试验电压每升高 0.2kV 后等待 10s,确认无放电信号波形后再继续升压。由于放电存在极性效应,工频电压下负脉冲首先产生放电。图 7 为产生放电时示波器采集到的负脉冲。

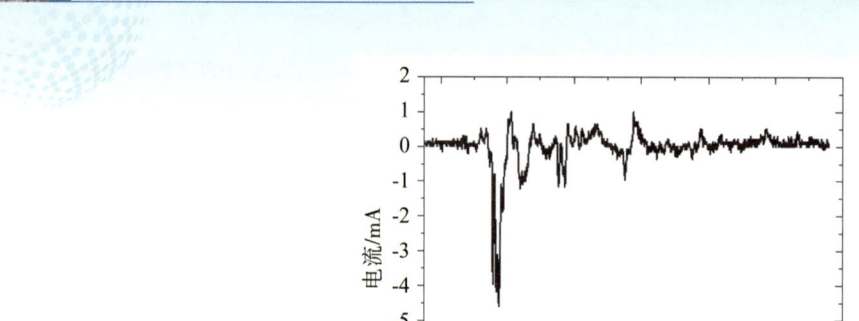

图 7 典型放电负脉冲波形

首次检测到稳定的负脉冲时,外施电压幅值为该缺陷模型的放电起始电压,并调整采样周期,记录缺陷放电的脉冲幅值、相位和形状。

4 实验结果及分析

4.1 表面缺陷

图 8 为不同缺陷下表面电晕起始电压值。为规避偶然因素,在升压等待 10s 后脉冲稳定时记录电压值,每次试验进行 5 次,对记录的电压值求平均值。

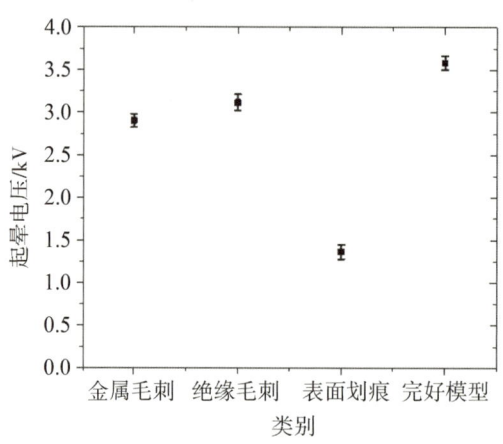

图 8 不同表面缺陷下的起晕电压

由图 8 可知,划痕缺陷的电晕起始电压值最低,金属毛刺和绝缘毛刺分别次之,完好模型的电晕起始电压最高。可见,试样的缺陷部位首先发生电晕放电,而不是在高压电极和试样接触位置放电,由此可以进一步分析不同缺陷下的电晕幅频特性。

图 9 为表面划痕、金属毛刺、绝缘毛刺和完好模型的幅频特性曲线。由图 9 可知，在本文的测量系统下，在空气中的环氧树脂表面放电不同缺陷类型表现出来的幅频特性趋于一致，其主峰频率在 2～3 MHz 附近，因此判断为电晕放电频率特征峰。

(a)表面划痕

(b)金属毛刺

(c)绝缘毛刺

(d)完好模型

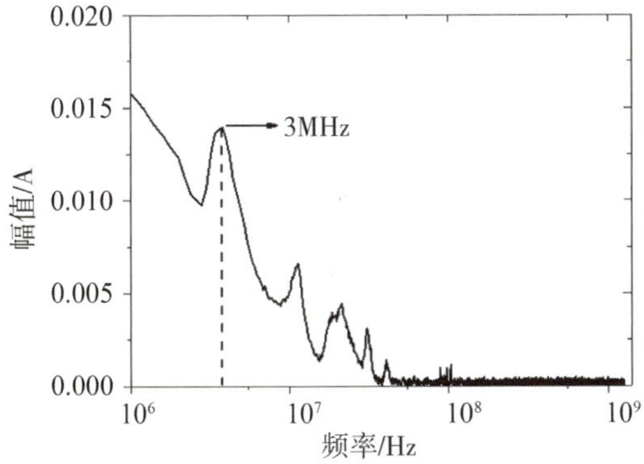

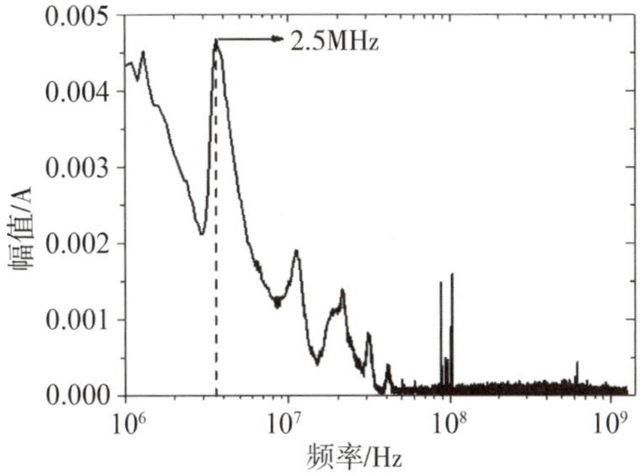

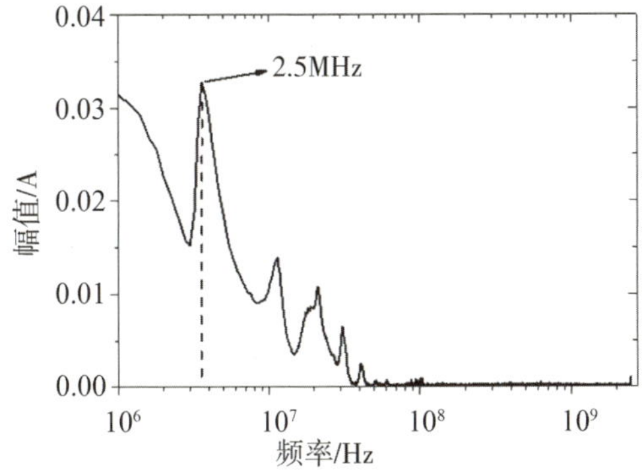

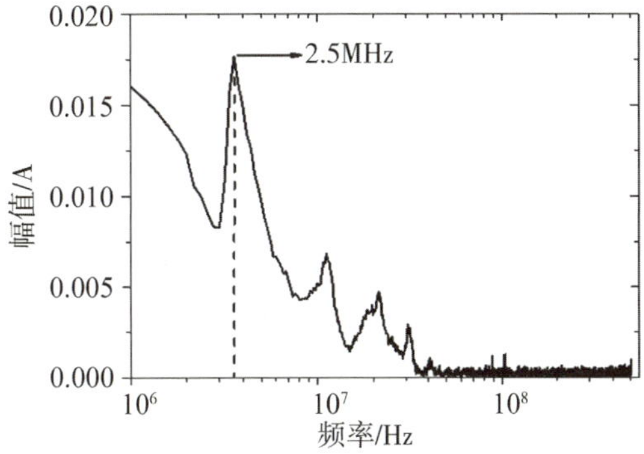

图 9　表面缺陷幅频特性

将示波器采集的 200 组以上的放电信号处理成 PRPD 图谱，图 10 为本文设计的几种表面放电缺陷的 PRPD 图谱。

(a)表面划痕

(b)金属毛刺

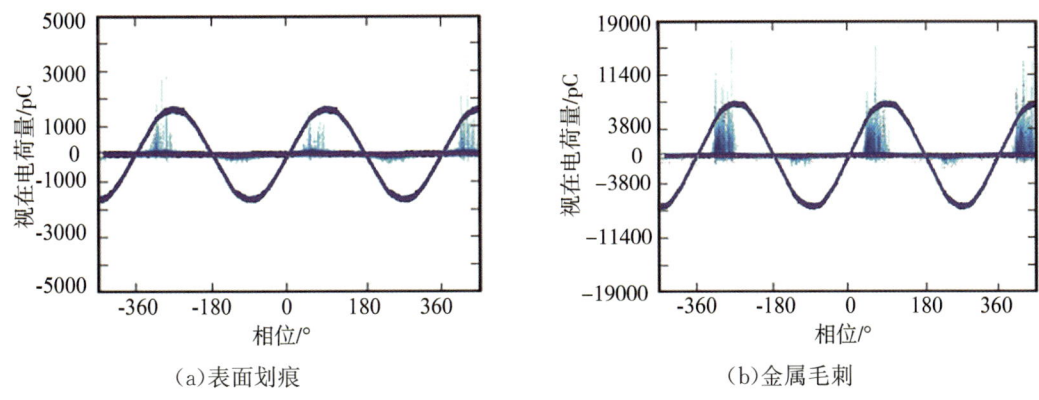

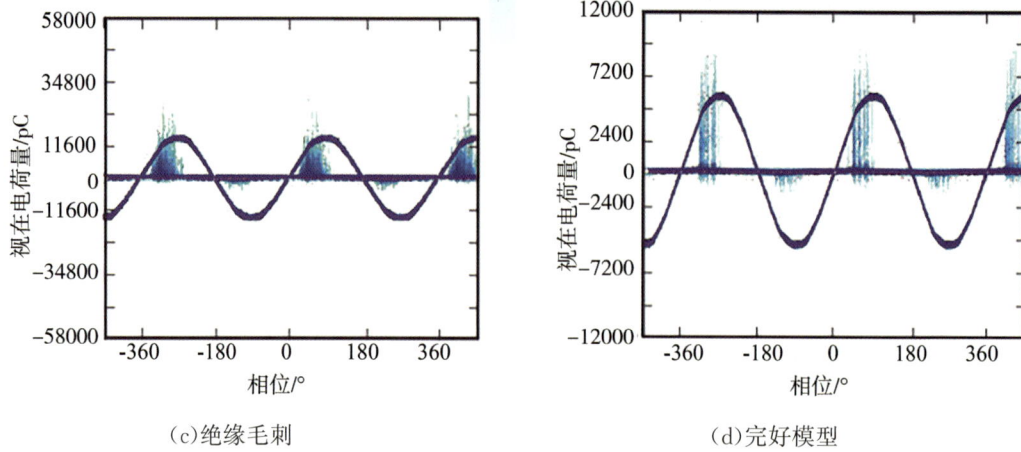

(c)绝缘毛刺　　　　　　　　　　(d)完好模型

图 10　各种类型表面缺陷模型的表面放电图谱

由图 10 可知,以上这几种表面缺陷放电模型,正脉冲均远高于负脉冲,具有明显的极性效应,并且在 0°和 180°位置没有出现放电脉冲。区别在于放电相位略微有所区别。

4.2　内部缺陷

如图 11 所示,不同内部缺陷类型的局部放电起始电压,与气隙类型及其直径大小有关。随着气隙直径增大,局部放电起始电压逐渐降低。而分层和不同介质缺陷模型的放电起始电压值与气隙模型缺陷不一致。由不同内部缺陷局部放电起始电压可见,在不同内部缺陷的试验中,试样的缺陷部位首先发生局部放电。

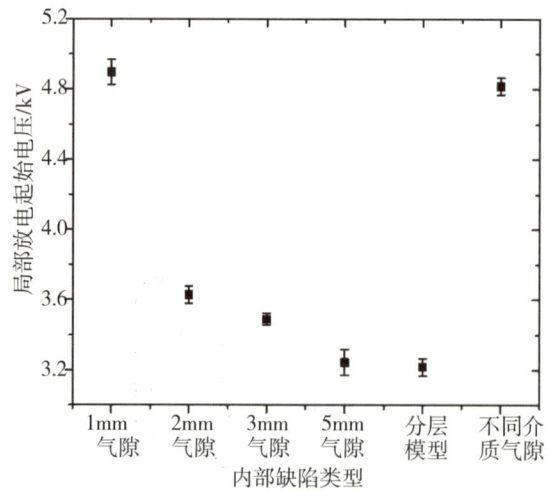

图 11　内部不同缺陷类型局部放电起始电压

图 12 为本文设计的几种内部缺陷模型的典型幅频特性曲线。从图 12 中可知,在本文的测量系统下,环氧树脂内部气隙放电不同缺陷类型表现出的幅频特性也趋于一致,在

10～30MHz 附近出现了明显的特征峰。

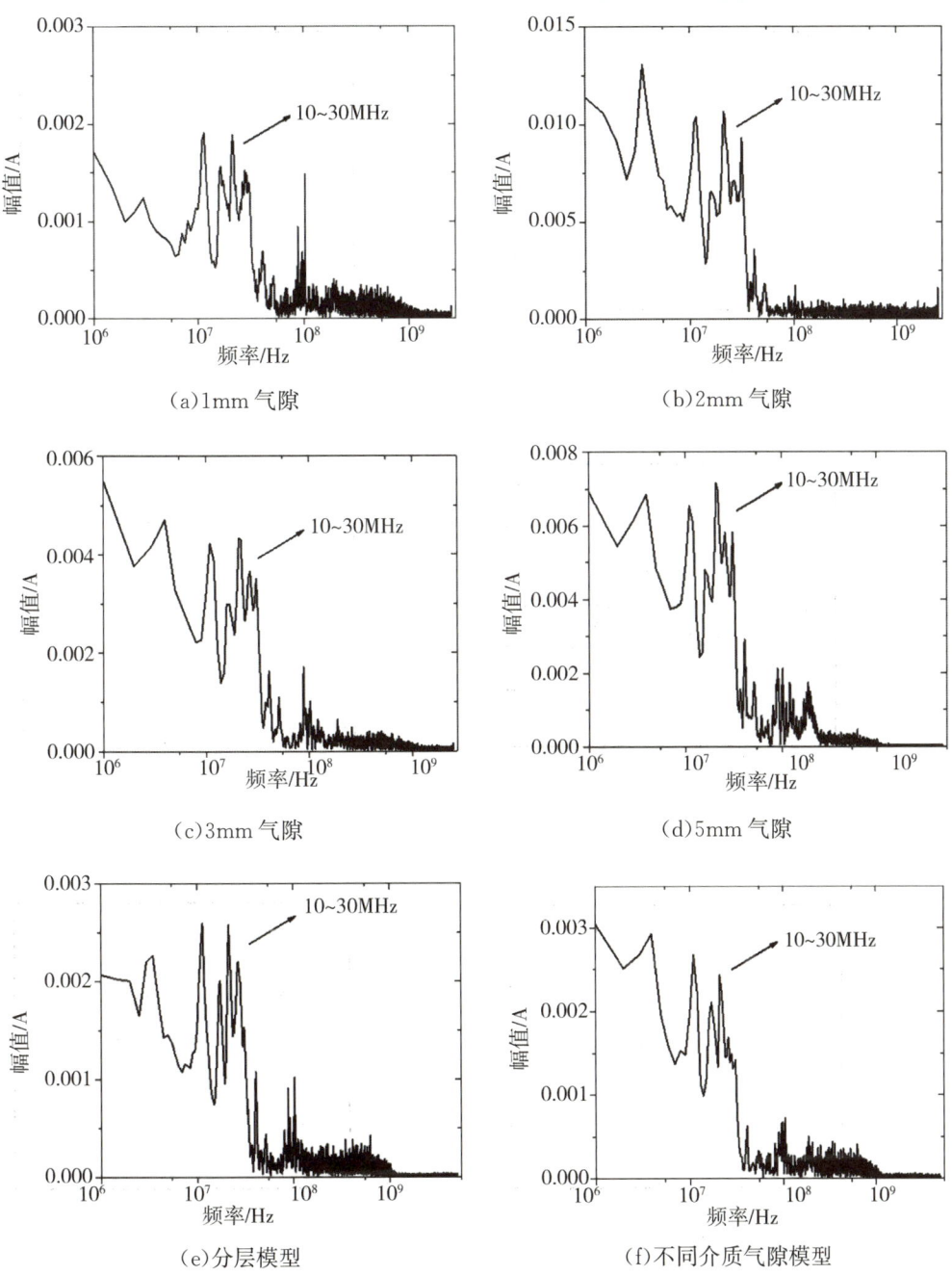

(a) 1mm 气隙

(b) 2mm 气隙

(c) 3mm 气隙

(d) 5mm 气隙

(e) 分层模型

(f) 不同介质气隙模型

图 12　内部缺陷幅频特性

图 13 为本文设计的 6 种内部缺陷典型局部放电 PRPD 图。

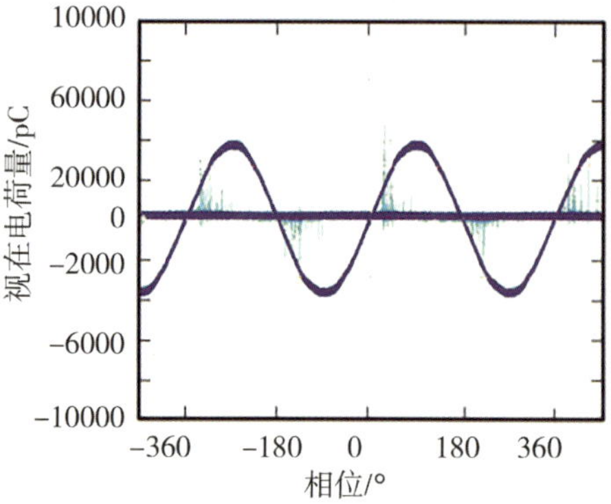

(a) 1mm 气隙缺陷

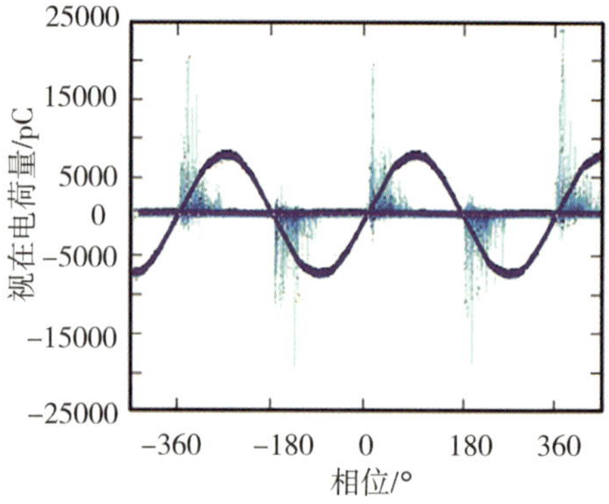

(b) 2mm 气隙缺陷

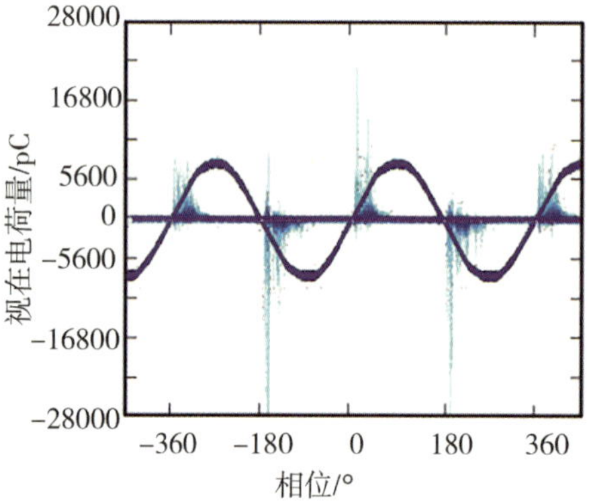

(c) 3mm 气隙缺陷

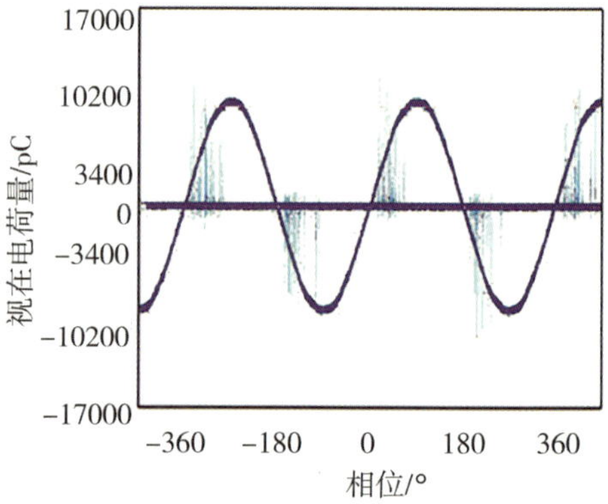

(d) 5mm 气隙缺陷

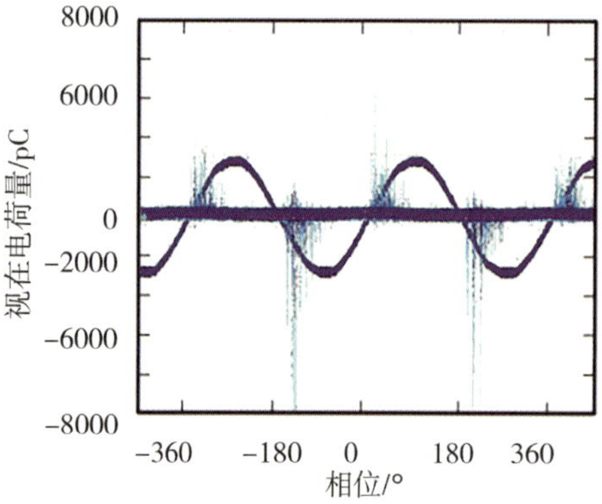

(e) 分层模型缺陷

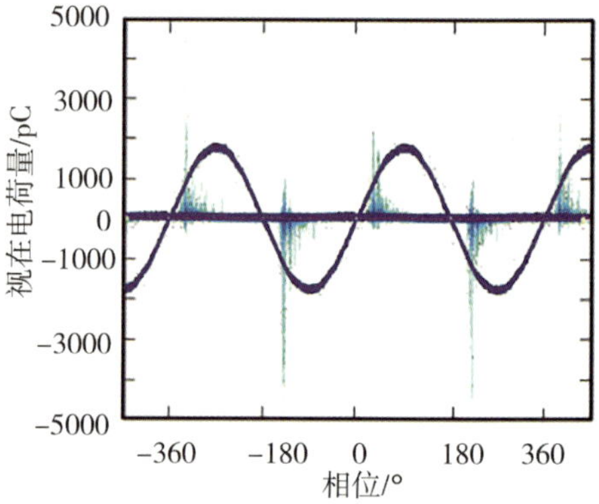

(f) 不同介质间气隙模型缺陷

图 13 各种类型内部缺陷典型局部放电图谱

由图 13 可知,1mm、2mm、3mm、5mm 和分层模型的 PRPD 图均属于一类放电,在放电初期其放电相位较窄,在 36°~72° 及 198°~216°。但随着外施电压的增加,放电程度加剧后,放电相位逐渐扩宽,除较小的 1 mm 直径的气隙外,其余扩展到 0°~90° 及 180°~270°,并且在工频电压极性转换(0°,180°)位置的脉冲幅值最高,到工频峰值的脉冲较低。而对于不同介质间的气隙模型缺陷,到放电严重阶段,其放电相位区间在 18°～90°及 216°～270°,靠近 18°和 216°相角位置的脉冲幅值较高。

从表面缺陷和内部缺陷的脉冲频谱特征及放电 PRPD 图可知,表面电晕放电和固体绝缘内部放电两者容易区分。在本文的测试系统中,表面电晕放电的频率特征峰主要集中在 2～3 MHz 附近,而固体内部放电的频率在 10～30 MHz 附近。并且从 PRPD 图中明显可知,表面电晕放电正脉冲较为明显,而负脉冲较微弱,并且放电相位不过 0°和 180°;固体绝缘内部放电正负脉冲都较为明显,在多次试验中发现负脉冲幅值超过正脉冲,并且放电相位可能过 0°和 180°。据此可判断电晕电流法检测到的放电信号是否为电晕放电。

4.3 电晕起始电压判定

本文对示波器存储的 150 个电晕放电波形进行了统计分析,统计其电晕起始时刻的电晕电流最大幅值。如图 14 所示,得到了其电晕起始信号的概率密度分布曲线和概率密度分布直方图。由 14 图可知,在统计得到的样本信号中,电晕电流幅值产生在 1.0～1.2mA 的概率最大,统计得到的次数最多。

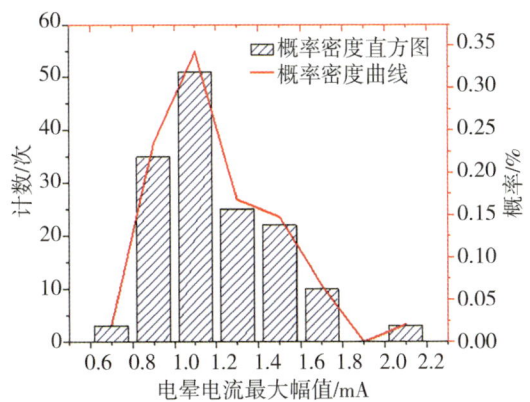

图 14 电晕起始信号的概率密度分布曲线和概率密度分布直方图

结合 IEEE 电晕脉冲电流法的判定标准,本文判定电晕起始的原则为:①某一电压下在工频负半周持续出现电晕信号;②电晕电流幅值超过 1.2mA。两个条件如需要同时存在,判定此时的外施电压为电晕起始电压。重复试验 5～8 次,求其平均值。

本文针对试品在几种环境条件下,分别采用暗室目测法、紫外成像法和电晕电流法检测的结果进行对比,如表 1 所示。

表 1　不同环境条件下各检测手段的结果对比

RH($T=25℃$ $P=98.8$ kPa)/%	电晕电流检测		暗室目测法		电晕起始电压相对误差/%
	电晕起始电压 U_{c1}	紫外光子数 N_1	电晕起始电压 U_{c2}	紫外光子数 N_2	
70	22.7	462	25.8	4200	13.7
60	24.0	1037	26.1	4325	8.75
45	23.9	1400	25.7	4224	7.53
30	23.0	2350	25.3	3953	10.0

如表 1 所示,在各环境条件下,电晕电流法得到的电晕起始电压均小于暗室目测法的检测结果,表明电晕电流法比暗室目测法可更早发现电晕放电,具有更高的灵敏度。

综合考虑,电晕电流法具有更强的客观性和更高的灵敏度,并可在实际中方便地实施,可尝试在判定定子线棒电晕起始电压时推广应用。

5 结论

本文搭建了电晕电流法检测定子线棒电晕的试验平台,提出了电晕电流法的试验方案。考虑到定子线棒结构复杂,可能会同时存在表面缺陷和内部缺陷,因此对表面缺陷和内部缺陷的放电特性进行对比分析,鉴别了电晕放电信号。最后采用统计分析的方法,对电晕起始电压的判据进行了量化,并就几种检测手段的检测结果进行了对比分析。形成的主要结论如下。

1)表面电晕放电的频率特征峰主要集中在 2～3MHz 附近,而固体内部放电的频率在 10～30MHz 附近。

2)从 PRPD 图中明显可知,表面电晕放电正脉冲较为明显,而负脉冲较微弱,并且放电相位不过 0°和 180°。

3)固体绝缘内部放电正负脉冲都较为明显,在多次试验中发现负脉冲幅值超过正脉冲,并且放电相位可能过 0°和 180°。

4)电晕电流法可结合统计分析的手段,对电晕起始的判据进行量化,从而更科学地判断定子线棒的电晕起始电压。

5)相对于传统的暗室目测法和紫外成像法,电晕电流法检测定子线棒电晕放电具有客观性好、灵敏度高的特点,可考虑采用电晕电流法检测定子线棒的电晕放电。

由本文分析可见,电晕电流法可为判断定子线棒表面产生电晕放电和确定电晕起始电压提供更客观和科学的探索。

参考文献

[1] 贺正杰. 发电机定子线棒绝缘烧损原因及对策[J]. 高电压技术,2004,30(4):61-62.

[2] Dymond J H,Stranges N,Younsi K,et al. Stator winding failures:contamination,surface discharge,tracking[J]. IEEE Transactions on Industry Applications,2002,38(2):577-583.

[3] Stone G C,Warren V. Objective methods to interpret partial-discharge data on rotating-machine stator windings[J]. IEEE Transactions on Industry Applications,2006,42(1):195-200.

[4] Emery F T. Partial discharge,dissipation factor,and corona aspects for high voltage electric generator stator bars and windings[J]. IEEE Transactions on Dielectrics and Electrical Insulation,2005,12(2):347-361.

[5] 刘权. 定子线棒的电晕试验和耐压性试验[J]. 东方电机,2002,30(3):237-240.

[6] 王清亮,张璐,李舟,等. 空气湿度对导线电晕起始电压的影响[J]. 电力建设,2009,30(8):38-41.

[7] 惠建峰,关志成,王黎明,等. 正直流电晕特性随气压和湿度变化的研究[J]. 中国电机工程学报,2007(33):53-58.

[8] 林锐. 直流正极性下导线电晕放电特性及影响因素的研究[D]. 重庆:重庆大学,2009.

[9] 田晓雷. 高压电机定子线棒绝缘结构的电场研究[D]. 上海:上海交通大学,2014.

[10] 张瑞钧,刘上椿. 高压大容量发电机定子线圈槽部电场的数值分析[J]. 大电机技术,1994(4):26-30.

[11] 吴鹏,刘丽兵,陈志勇,等. 发电机定子线棒绝缘老化后不同部位参数比较[J]. 高电压技术,2004(5):23-24,49.

[12] 胡建林,赵禹来,刘剑,等. 海拔和湿度对电机定子绕组相间绝缘起晕电压的影响及校正试验研究[J]. 中国电机工程学报,2020,40(22):7460-7468.

[13] 严璋,朱德恒. 高电压绝缘技术[M]. 北京:中国电力出版社,2002:137-140.

[14] 发电机定子绕组端部电晕检测与评定导则:DL/T—298—2011[S]北京:中国电力出版社,2011.

两河口电站电气一次设计要点

秦莹　李寅伟　王心琦　李勇

(中国电建集团成都勘测设计研究院有限公司,四川成都,610072)

摘　要:主要介绍了地处高海拔地区的两河口电站电气一次设计的特点,在设计过程中发现和解决的一些问题。在招标设计过程中,根据项目的特殊性将产品的特殊要求与制造厂沟通,从而推动设备制造的不断进步。

关键词:高海拔;定子线棒防晕;外绝缘修正;谐振过电压;两河口电站

1　两河口电站概况

两河口电站位于四川省甘孜藏族州雅江县境内的雅砻江干流上,为我国大型水电能源基地雅砻江干流中游的控制性水库电站工程,对整个雅砻江干流梯级电站的整体开发影响巨大。

电站的开发任务以发电为主,兼顾防洪。电站水库为雅砻江中游龙头水库,具有多年调节性能,正常蓄水位 2865.00m,死水位 2785.00m。电站安装 6 台单机容量为 500MW 的立式混流式水轮发电机组,总装机容量 3000MW。

在甘孜特高压变电站建成前,两河口电站过渡接入系统方案为以 500kV 一级电压接入系统,电站出线 2 回,至新都桥 500kV 变电站,线路长度约 2×80km。电站预留 2 回出线,1 回至牙根一级水电站,1 回备用。

电气主接线为 6 台发电机—变压器,为单元接线,500kV 侧进出线回路共 10 回,采用 3 串 4/3 断路器接线加一串双断路器,设置一台母线高抗;预留在 4/3 串回路的断路器间隔及双断路器串本期未采购,仅预留用于今后扩建间隔的设备接口(两侧的隔离开关与接地开关)。

两河口水电站正常蓄水位以下库容 101.5 亿 m^3,调节库容 65.6 亿 m^3,库容系数 31%。水电出力特性为枯多丰少且规模巨大,是改善四川电网电源结构的重要电源点。另外,作为雅砻江干流两河口—江口河段梯级电站的龙头水库,两河口水库补偿效益十分显著。通过水库调节可使坝址处设计枯水年枯水期平均流量提高168%;可增加下游雅砻江梯级电站多年平均年发电量102.0亿kW·h、平枯期电量224.87亿kW·h,设计枯水年平枯期平均出力444.7万kW,从而使四川电网水电站群的枯水年枯水期平均出力大幅增加。

2 两河口电站电气一次设计的特点和重点

两河口电站地处高海拔地区,发电机层海拔2608.00m,地面开关站海拔2875.00m。发电机额定电压18kV,以500kV电压接入系统,在招标阶段是2500m海拔以上水轮发电机额定电压最高的电站。在电气设备选择时应充分考虑高海拔因数对外绝缘的影响。

电站地处甘孜藏族州所在区域负荷低,周围系统电网薄弱,单机容量大,该电网具有"小机组、轻负荷、长线运行"的特点,在启动和运行中可能存在过电压问题,空载主变冲击合闸对设备调试、并网对周边电网影响较大,可能产生比较高的影响系统正常运行的谐振过电压,需要采取一些抑制措施。

3 两河口电站电气一次设计要点

3.1 水轮发电机定子线棒及绕组起晕高海拔模拟试验

两河口电站投产前国内尚无18kV电压等级的发电机在2500m以上海拔的运行实例。高海拔定子绕组的防晕对机组安全可靠运行十分重要,国内已经有电站由于定子绕组起晕腐蚀严重导致整机修复,因此机组设计时应把定子绕组防晕作为重点研究内容,目的是从制造源头保证两河口水电站发电机防晕满足要求。成都勘测设计研究有限公司联合业主、制造厂及高校针对两河口电站定子线棒高海拔条件下的电晕特性进行专题研究,通过模拟试验反过来复核规范中的修正是否合适以及提出了一些防晕措施。

专题研究针对发电机线棒电晕起始电压受海拔高度、温度、湿度的影响,建立了一套高海拔环境条件下电机定子线棒端部电晕特性模拟试验平台,采用电晕电流法检测电晕放电,并结合目测法和紫外成像仪法,提高电晕起始电压测量精度。研究人员通过试验获得了不同海拔高度、温度、湿度条件下定子线棒(组)端部电晕起始特性,提出了定子线棒端部电晕起始电压受海拔高度、温度、湿度等校正公式,根据模拟试验结果分析了规范要求值与真实电晕起始电压之间的关系,研究了规范对两河口定子线棒端部电晕放电要求的适用性,分析获得两河口定子线棒端部防晕效果的绝缘裕度。

根据《使用于高海拔地区的高压交流电机防电晕技术要求》(JB/T 8439—2008),两河口定子线棒在使用地点的起晕电压应大于27kV,按海拔2608m修正应大于36kV;定子绕组在使用地点的起晕电压应大于19.8kV,按海拔2608m修正应大于26.8kV。GE工厂所在海拔为200m,修正后的两河口定子绕组起晕电压为17.91kV,低于《大中型水轮发电机基本技术条件》(SL 321—2005)、《水轮发电机基本技术条件》(GB/T 7894—2009)、《水轮发电机组安装技术规范》(GB/T 8564—2003)、《发电机定子绕组端部电晕检测与评定导则》(DL/T 298—2011)的要求,因此《使用于高海拔地区的高压交流电机防电晕技术要求》(JB/T 8439—2008)的定子绕组的电晕起始电压海拔修正需进一步讨论、分析确定。

发电机供货商 GE 生产的第一批定子线棒在试验中出现了发光现象,GE 解释为电质发光,因此对线棒防晕工艺进行了改进。提升工艺后取 4 根定子线棒在模拟电站环境下(温度36℃、相对湿度55%、大气压73.8kPa)进行了试验,在瑞士技术中心,模拟定子绕组在1.1倍额定电压下无电晕放电现象。在 GE 水电天津工厂进行了单根定子线棒的电晕起始电压试验,在工厂环境下单根定子线棒的电晕起始电压稳定在50kV 以上,满足合同和相关规范要求。重庆大学试验室的定子线棒电晕起始电压值大于 35.80kV,且在 52kV 的耐压值下不起晕,为标准《使用于高海拔地区的高压交流电机防电晕技术要求》(JB/T 8439—2008)要求的 1.45 倍,远高于标准要求。

最终机组定子线棒在两河口电站现场试验,同时采用了目测法和紫外成像法电晕检测进行对比试验。单根线棒起晕电压不低于27kV,目测线棒无黄金亮点,整体线棒耐压19.8kV 时未产生电晕。对比两种方法,目测法存在较大主观性,且电晕放电强度不高时无法通过肉眼识别,试验结果误差加大。紫外成像法通过检测放电产生的紫外光来观测电晕放电,该方法能在电力设备出现异常的温升之前对放电进行检测,能更及时地反映设备的放电情况。因此,肉眼观察起晕电压,由于主观性,晚于紫外成像仪检测到连续光子出现,说明两河口电站的定子线棒及绕组起晕电压高于规定值。

通过专题研究对定子绕组电场进行了有限元分析,仿真找出机组绝缘最薄弱的位置,获得绝缘最薄弱位置电场强度数值,加强过程控制,可以有针对性地提出安装工艺。最终的试验结果也证明,通过前期的科研,定子线棒防晕获得了核心技术的突破。

3.2 发电机断路器

由于电气设备布置在海拔 2500~2900m 位置,海拔较高,设备外绝缘需要进行海拔修正,对两河口电站电气设备外绝缘水平进行了全面复核。

《高压交流发电机断路器》(GB/T 14824—2008)对 GCB 绝缘水平要求最严格,两河口水电站 GCB 绝缘水平按照此标准中额定电压 24kV 对应值执行,在海拔 2608m 时绝缘水平和额定绝缘水平(按2700m 进行修正)应满足表1 要求,而当时各制造厂的 GCB 绝缘水平如表2 所示。对比发现,GCB 3 家制造厂绝缘水平均不满足高海拔修正后的要求。

表1　　　　　　　　两河口水电站 GCB 绝缘水平要求

耐压	部位	海拔 2608m/kV	额定绝缘水平（按 2700m 修正）/kV
额定雷电冲击耐受 U_p/kV（峰值）1.2/50μs	对地和极间	125	154.0
	断口间	145	178.6
额定短时工频耐受电压 U_d/kV（有效值）	对地和极间	65	80.1
	断口间	80	98.6

表2　　　　　技术交流阶段两河口水电站补充试验前 GCB 绝缘水平要求

耐压	部位	技术交流阶段		
		ABB HEC 10-170L	ALSTOM FKG1XP	西开 ZHN10-24
额定雷电冲击耐受 U_p/kV（峰值）1.2/50μs	对地和极间	170	150	150
	断口间	170	165	150
额定短时工频耐受电压 U_d/kV（有效值）	对地和极间	84	80	80
	断口间	80	88	80

项目前期，由于 GCB 是定型产品和两个国外制造厂的流程问题，制造厂不愿意进行提高 GCB 绝缘水平的研发或补充绝缘试验。我们通过分析发现，后续还有多个高海拔项目可能使用到 GCB，用市场前景调动制造厂的积极性，推动制造厂提高绝缘水平；同时考虑到后续项目情况，在外绝缘水平参数要求确定时，还预计了两河口电站以外的一些项目的要求。3 家 GCB 均进行了绝缘水平补充试验。试验前后 GCB 绝缘水平如表3 所示。

表3　　　　　　　　GCB 绝缘水平补充试验数据

耐压	部位	ABB HEC 10-170L	ALSTOM FKG1XP	西开 ZHN10-24
额定雷电冲击耐受 U_p/kV（峰值）1.2/50μs	对地和极间	162	182	160
	断口间	隔离开关 188 断路器 162	200（3600m）	185
额定短时工频耐受电压 U_d/kV（有效值）	对地和极间	85	94	83
	断口间	104	116	103
24kV GCB 适用海拔/m		3000	3600	3000

通过 3 家制造厂补充完成高海拔绝缘水平试验，保证了两河口电站可以选出满足规范要求的产品，同时为后期高海拔 GCB 的选择奠定了基础。

3.3　空载主变压器冲击合闸对周围电网的影响

两河口电站位于电网边缘，仅 2 回 500kV 线路与新都桥变电站连接。空载变压器接入电网充电时，由于变压器铁芯的非线性和合闸相位与主变剩磁相位的相位差的不确定性，空载合闸时可能产生较高的励磁涌流，其中含有各次谐波电流，流入交流电网。长距离高压输电线路的电容效应放大形成谐振而建立起各次谐波电压，并与基波电压进行叠加产生畸变率较高的过电压。根据《两河口电厂投产空充主变电磁暂态分析》，500kV 变压器投切试验时，若空充主变励磁涌流较大可能导致甘孜部分 220kV 电网点位相电压超标。投入母线高抗可以在一定程度上减小励磁涌流和甘孜电网的过电压，主变消磁可以显著减少励磁涌流和甘孜电网的过电压，但仍然有部分位置过电压超标，因此主变空充时除采取上述手段外仍然需要拉停周边的部分 220kV 线路以解决过电压问题。

另外，在 22 时最大负荷情况下，主变压器剩磁 40％空充主变最大励磁涌流为 3000A，甘孜周围部分光伏电站最大电压畸变率超过 30％；无剩磁时空充主变最大励磁涌流为 1300A，甘孜周围部分光伏电站最大电压畸变率超过 10％，按照 SVG 谐波电压畸变率保护典型配置 10％，甘孜 SVG 处于较大的闭锁风险。最小负荷情况下，部分光伏电压畸变率更大。因此在空充两河口电站主变时，需要退出部分甘孜可能闭锁的 SVG。

综上，为应对空充主变带来的过电压影响和避免导致闭锁 SVG，在实际进行主变冲击合闸试验时，每次主变冲击合闸前均对主变进行了消磁，第 1 次消磁采用消磁机（消磁时间长），第 2～5 次通过机组零起升流升压进行消磁（相对时间短，但操作流程较复杂，较正常无需消磁的电站时间加长很多）。另外为配合两河口主变冲击合闸试验，退出了甘孜光伏配套 SVG；陪停了一条附近的 220k 线路；并要求保证冲击合闸时甘孜地区负荷在 4 万 kV 以上，因此限制了冲击合闸时间；投入了一部分周边变电站低抗；在投产期间加强电网运行监视。

两河口电站到系统的出线分别位于 4/3 串断路器中部，仅中间两个断路器设有合闸电阻。按照启动试运行试验大纲要求开展主变 5 次冲击合闸试验时，为了减小断路器故障影响面，调度要求中开关冲击 1 次；边开关冲击 4 次。根据主变冲击合闸试验中记录的 5 次数据，使用带有合闸电阻的中间断路器合闸时监控到的励磁涌流值明显低于边开关冲击合闸时的值，起到了一定限制过电压作用。在并网试验方案讨论过程中，电网调度提出可以考虑加装选相合闸装置。

在今后的类似电站设计中，可以考虑装设选相合闸装置和合闸电阻。合闸电阻的投入有助于增大暂态过程励磁回路阻抗，限制励磁涌流，也可增大系统阻尼，加快励磁涌流衰减。选相合闸装置通过记录上一次开合相角，控制在磁通过零点进行合闸，以防止暂态磁通产生，避免空载荷载冲击电流的产生，可显著减少主变冲击合闸的准备时间。

对于类似电网结构简单、附近用电负荷轻，送电线路长的电站，建议技施阶段主设备参数确定后，请业主尽早委托科研单位对主变冲击合闸进行电磁暂态分析和谐波过电压计算，提出电站侧设备配置要求和调试试验方案。

4 结论

高海拔地区大型水电站电气一次设计具有一定的特殊性，绝缘水平及空气间隙均需要进行海拔修正,发电机定子线棒防止电晕难度更大,市场现有电气设备不一定满足实际需要,需要提前进行科研,推动制造厂技术进步,获取满足电站要求的产品。与电网连接结构简单、线路较长且连接电网附近负荷较轻时,需要提前考虑变压器冲击合闸带来的谐波过电压等影响,提醒业主尽早委托科研单位研究,选择合适的配套抑制谐振过电压措施和设置调试运行方案。

参考文献

[1] 国家电网有限公司.输变电工程设计及其应用[M].北京:中国电力出版社,2021.
[2] 林集明,王晓刚,班连庚,等.特高压空载变压器的合闸谐振过电压[J].电网技术,2007,31(2).

某变电站并联电容器异常动作原因分析

荆雪龙　庞元劼　李强

（中国电建集团成都勘测设计研究院有限公司,四川成都,610072）

摘　要:针对某变电站10kV并联电容器异常动作,对其动作原因进行分析。分析结果认为,电容器与电抗器不匹配是导致谐波电流放大引起过流保护动作的原因。根据实际测量验证结果,提出了相关建议。

关键词:并联电容器;无功补偿;谐波;电抗率

1　引言

在变电站10kV侧设置并联电容器进行无功补偿,能够减少无功功率在变电站进线上的传输,提高线路的传输效率,有效补偿主变与负荷的无功消耗。合理配置电容器与电抗器能够有效抑制谐波和限制涌流。随着近年来大量电力电子设备的使用,电网系统的谐波日趋复杂,因此在进行电容器组的配置时,合理选择电容器与电抗器至关重要。如果电容器与电抗器选择不当,将会使谐波放大,导致电容器发热甚至烧毁设备。

2　事件背景

某110kV变电站主接线如图1所示。110kV、10kV母线为单母线分段接线,2回110kV电源进线,10kV出线的主要用电负荷为各种类型的电动机,存在大量的变频器和软启动器,10kV母线上配置有两组并联电容器,分别布置在两段母线上,容量均为2100kvar,配套有串联电抗器,电抗率为6%,出厂日期为1994年6月。

该变电站运行多年,由于所带负荷锐减,单台电容器投入后存在过补偿情况,因此运维人员根据负荷实际情况,将电容器的容量调整为1050kvar后,于某年5月12日10时投入运行。5月14日11时,因检修需要该变电站调整运行方式,运行方式改为单台主变压器带全部用电负荷运行,5月15日17时,电容器开关柜过流保护动作,电容器组退出运行。

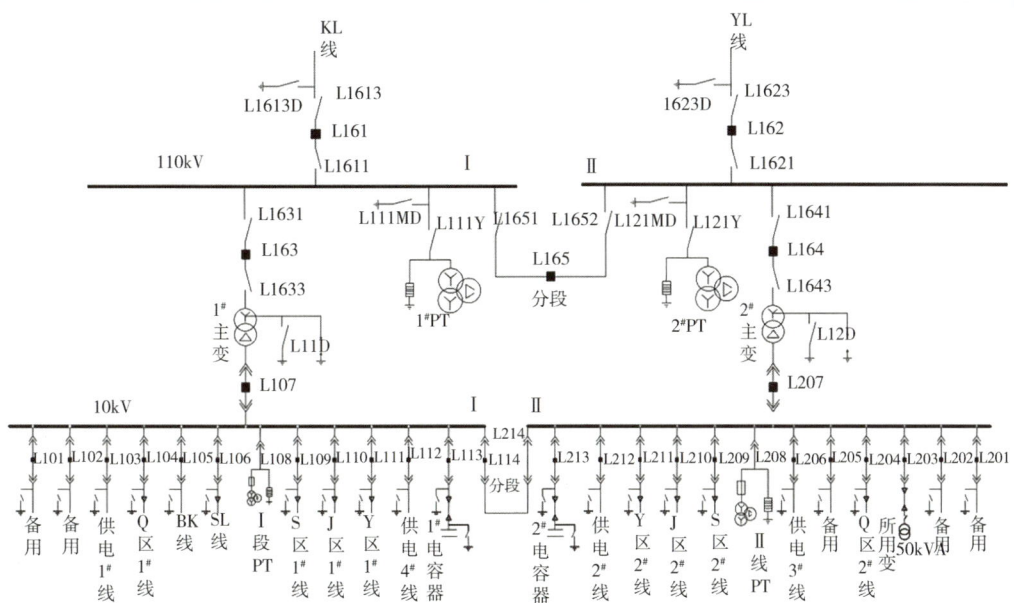

图 1　变电站主接线

2　电容器动作原因分析

2.1　设备质量

电容器组保护动作后,运维人员首先进行设备外观检查,未发现有设备短路故障、放电痕迹等。然后对电容器组各元件进行检测、试验,各元件的试验结果均满足要求,说明设备质量完好。本次电容器组保护动作并不是由设备质量问题造成的。

2.2　继电保护

运维人员对现场电容器开关柜保护装置内的整定方案进行核对,与现场存放的继电保护定值单一致。该套整定方案是根据《3kV～110kV 电网继电保护装置运行整定规程》(DL/T 584—2017),依据国网提供的最新的界口阻抗进行整定计算,因此整定方案是满足要求的。

2.3　谐波

电容器配套的电抗器铭牌显示,电抗率为 6%。电抗率的定义如式(1)所示。在电抗器保持不变的情况下,电容器容量减小一半,电容器容抗增大一倍,电抗率将减小为原来一半,即 3%。

$$k = \frac{wL}{\frac{1}{wC}} \tag{1}$$

根据电容器组设计时执行的标准《并联电容器装置设计规范》(GB 50227—1995)5.5.2条,仅用于限制涌流时,电抗率宜取0.1%~1%。用于抑制谐波时,当并联电容器装置接入电网处的背景谐波为5次及以上时,电抗率宜取4.4%~6%;当并联电容器装置接入电网处的背景谐波为3次及以上时,电抗率宜取12%,亦可采用4.4%~6%与12%两种电抗率。目前,最新版本的规范《并联电容器装置设计规范》(GB 50227—2017)规定,对于需要抑制谐波为5次及以上时,电抗率宜取5%。

调整容量后的电容器组将无法抑制5次及以上谐波,存在谐波放大的可能性。通过监控系统记录的变压器调整及电容器组电流变化情况如图2所示。

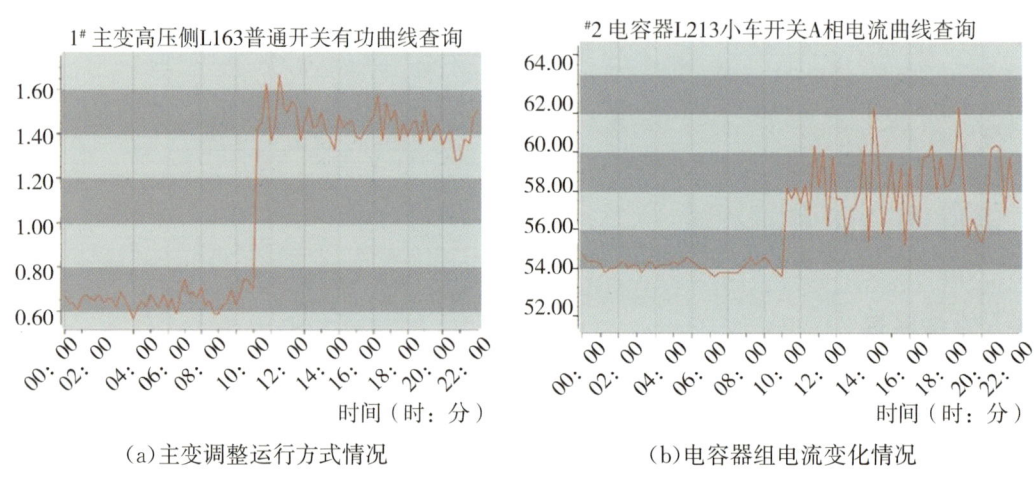

(a)主变调整运行方式情况　　　　　(b)电容器组电流变化情况

图 2　监控后台记录情况

从图2中可以判断,在系统调整运行方式时,电容器组的电流增大,在母线电压保持稳定的情况下,出现了谐波电流放大,一直持续波动并最终达到过流保护的动作值,保护动作。因此,初步判断电容器过流保护动作是由于谐波电流放大导致的。

3　现场测量验证

在现场测量验证过程中,所选用工具为福禄克公司旗下产品FLUKE43B Power Quality Aaalyzer(电能质量分析仪),该设备可进行电压、电流、谐波、功率等进行测量,其中谐波最高可测得51次谐波。本次验证主要进行谐波电流测试。

首先测量系统的谐波情况。将电容器组退出运行,对变电站内各出线(包括架空出线和电缆出线)测量,测量结果显示系统谐波主要以5次及以上的奇次谐波为主,某回路情况如图3所示。

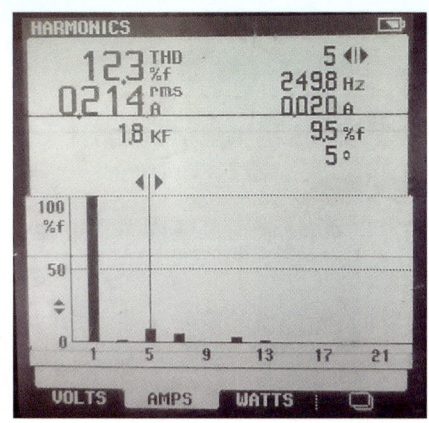

图3 不投电容器时某回路测得系统的谐波电流情况

测得系统谐波电流情况后,将电容器组投入运行,对电容器组回路进行测量,测得电流波形如图4所示。从图4中可以看出,电容器投入运行后对5次谐波有明显的放大作用,此时电流已经不是正弦波,存在严重的畸变情况。因此可以判断,谐波电流放大导致了本次电容器组保护动作。

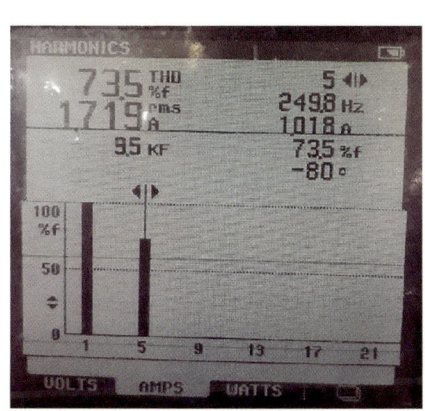   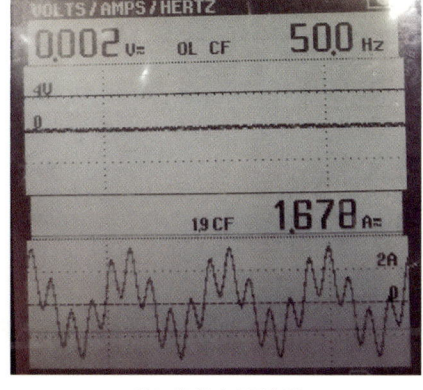

(a)5次谐波电流值   (b)畸变电流波形

图4 电容器回路测得的电流谐波情况

4 处理措施及相关建议

(1)处理措施

①方案一。将电容器组退出,检查进线侧功率因数情况,如满足国网考核标准,则10kV侧不再进行无功补偿。

②方案二。若电容器组退出,无法满足国网的考核标准,则更换电容器组的串联电抗器,使电抗率满足运行要求,或整体更换容量小的电容器组。

由于本变电站的负荷很小,电容器组退出后已完全满足运行要求,因此采取了方案一,即退出电容器组，不再进行无功补偿。

（2）相关建议

变电站的并联电容器组对系统稳定运行、电能质量等十分重要，在进行电容器组的参数选择设计过程中需要注意以下事项。

①对于夏季环境温度较高的区域，优先考虑室内布置电容器组，能够有效减少环境温度对电容器组的影响，延长使用寿命。

②在并联电容器组参数设计时，除变电站所带负荷的谐波需要考虑，更不能忽视装置接入处系统的谐波。

③部分变电站为适应负荷波动，设置有分组投切的不同容量组合的电容器组，在设计过程中应对每一种组合容量进行分析论证，防止出现谐波放大甚至谐振的情况。

④应在设计文件中明确当前电抗率下的电容器组能够适应的谐波环境，并应提示在系统负荷出现变动的情况下，及时测量谐波情况，评估电容器组是否满足运行要求。

⑤应在设计文件中明确指出，禁止私自增减电容器组容量、更换不同容量的串联电抗器。

⑥若选择的电容器采用外熔断器保护，在统计备品备件时，应适当增加熔断器及熔丝的数量。

5 结论

在选择并联电容器组时，应严格按照相关规范进行参数设计。电容器组在运行过程中，如突然出现电流大幅波动、发热、熔丝熔断等情况，应引起足够重视，及时关注谐波情况。当部分电网的负荷波动大、系统谐波情况复杂时，应定期实测电网谐波，核验电抗器是否合理，对于电抗率选择不合理的电容器装置应及时进行调整。

参考文献

[1] 陈伯胜. 串联电抗器抑制谐波的作用及电抗率的选择[J]. 电网技术，2003(12)：92-95.

[2] 郭昆丽. 某变电站 10kV 并联电容器故障分析及对策[J]. 广东电力，2017 (3)：58-63.

[3] 范杰. 无功补偿电容器串联电抗器的选择[J]. 江苏机电工程，2005(5)：41-43.

浅谈孟加拉达舍尔甘地污水处理厂的电气设计

庞元劼　荆雪龙　杜沛林　李丽娜　穆焜

（中国电建集团成都勘测设计研究院有限公司，四川成都，610072）

摘　要：对孟加拉国达舍尔甘地污水处理厂中的电气设计进行了介绍，分别从供配电设计、照明设计、防雷接地设计3个方面详细介绍了工程设计中遇到的问题以及对应的解决方案，并对国际项目的设计特点及应对策略进行总结，并提出建议。

关键词：国际项目；孟加拉；国标；国际标准；电气

1　概述

"一带一路"倡议提出以来，中国对外承包工程规模、效益与影响力与日俱增，境外重大项目、基础设施互联互通已成为共建"一带一路"的重要支撑。经过多年开拓，对外承包工程已经成为带动国内装备、材料等货物出口的重要引擎，同时也将中国规范标准带了出去。孟加拉达舍尔甘地污水处理厂位于孟加拉首都达卡东郊，设计污水处理规模为50万t/d，系目前孟加拉建成的最大污水处理厂项目。中国电建集团成都勘测设计研究院有限公司以总承包商的身份参与项目建设。由于孟加拉污水处理厂业主没有大型污水处理厂运行经验，且孟加拉没有成体系的规范标准，因此总包合同规定，与设备相关的设计应满足西欧、美国或等同的中国标准，合同中未针对各单项设计提出具体的规范要求。在项目实际执行过程，设计需结合中国标准及其他各国标准提供设计方案，并交予业主指定的监理工程师审查。中国标准与国际标准的不对标导致设计在项目执行中遇到了不少困难。笔者从电气设计角度出发，对比分析了项目电气设计过程中遇到的几种典型问题，如标准计算公式不一致、标准适用范围不一致及标准深度不一致等，并提出相应建议供类似工程参考。

2 供配电设计

2.1 配供电设计变更

孟加拉污水处理厂主合同配电方案为设置 6 座 11kV/0.4kV 配电中心,各从城市电网上级配电站接引 1 回 11kV 电源作为主供电源,另在每个配电中心设置一台柴油机作为备用电源兼做应急电源。

在项目实施过程中,根据业主要求及项目需求对原工艺设计方案进行了设计优化,整个污水处理厂的布置与主合同有较大改变,同时原 400V 鼓风机被优化为 10kV 设备。为适应工艺设计优化后的配电需求,同时在满足供电可靠性前提下提升 EPC 项目的经济性,通过不断沟通,与项目业主及当地电力公司协调,电力公司同意分别从 2 处不同的城市电网提供两路 33kV 电源至污水处理厂,污水处理厂配电系统调整为 33kV/11kV 配电中心 1 座,11kV/0.4kV 配电中心 6 座,柴油发电机站 1 座(2 台 0.415kV/1400kW 柴油发电机,通过专用变压器升压至 11kV)作为应急电源。拉舍尔甘地污水处理厂电气接线如图 1 所示。

与原方案相比,配供电系统优化后的新方案将原 11kV 供电系统分散供电的方式改进为 33kV 供电系统集中供电,10kV 柴油发电机系统为全厂提供集中应急电源。每个 11kV 系统均有 2 回电源互为备用,不会如原方案那样因为单一进线回路故障而启动柴油发电机应急电源,提高了供电可靠性,并且减少了柴油机数量,同时在 11kV 侧预留了备用回路,为后期扩建改造提供了条件。新增的 33kV 系统设备国内标准与 IEC 标准几乎相等,业主与监理通过会议纪要形式同意该方案变更。

2.2 变压器容量计算

根据国内规范,污水处理厂设计标准采用《城镇排水系统电气与自动化工程技术规程》(CJJ/T 120—2008)及《工业与民用供配电设计手册》进行变压器容量计算,负荷计算方法采用需求系数法,计算公式如下。

$$P_c = K_{\sum p} \sum (K_d P_e) \tag{1}$$

$$Q_c = K_{\sum q} \sum (K_d P_e \tan\varphi) \tag{2}$$

$$S_c = \sqrt{P_c^2 + Q_c^2} \tag{3}$$

式中,P_c 为计算有功功率,kW;Q_c 为计算无功功率,kvar;S_c 为计算视在功率,kVA;P_e 为用电设备组的设备功率,kW;K_d 为需要系数;$\tan\varphi$ 为计算负荷功率因数角的正切值。

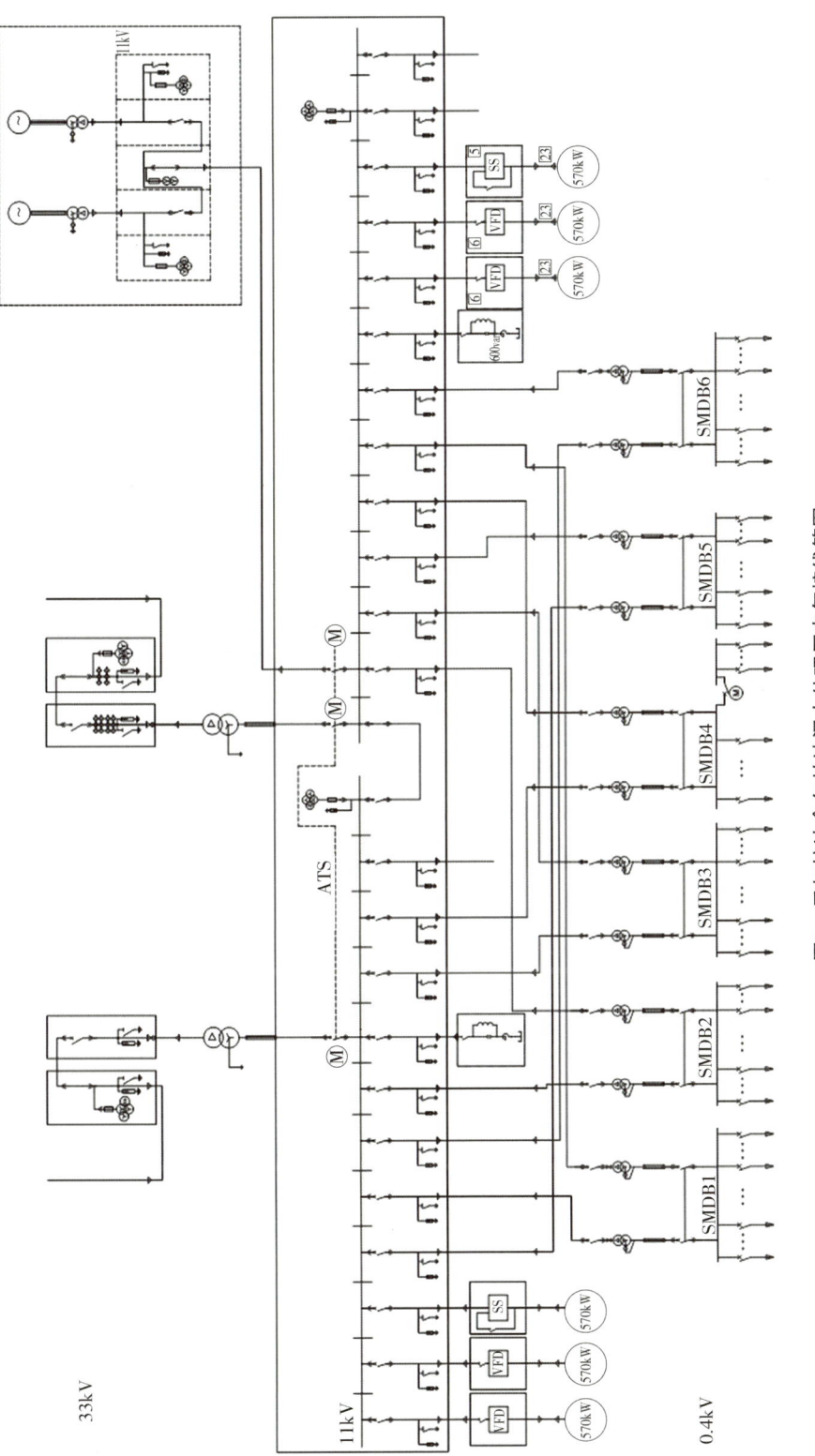

图1 孟加拉达舍尔甘地污水处理厂电气接线简图

式中的系数根据各污水处理厂长期运作统计数值取值,然而监理工程师对系数取值并不认可,主要原因在于孟加拉作为南亚市政基础设施建设最不发达国家,国内无大型污水处理厂运行经验,因此没有规范描述污水处理厂供配电计算方式,同时欧美标准也无专门针对污水处理厂的变压器容量计算方式。监理工程师无法根据当地已有的电气计算规范对中方提出的计算书进行审查工作,因此不认可国标计算方法的计算书。

中方与监理工程师沟通后了解到当地大学及地方电力局习惯采用 ETAP 等仿真软件计算变压器容量。ETAP 软件计算基于 ANSI/IEEE C57 及 IEC 60076-2 等规范,主要根据设备负荷、工作连续特性、温度、海拔高度、变压器冷却类型等判断变压器容量是否能够满足要求。协调后监理方同意中方采用 ETAP 软件进行仿真模拟计算变压器容量,通过仿真计算结果侧面验证公式计算结果。而仿真计算的数值与中方计算书的数值较为接近,偏差在 2% 左右,最终监理工程师认可了中方的计算书。

3 照明设计

根据国内规范,污水处理厂照明设计按照《建筑照明设计标准》(GB 50034—2013) 及《城镇排水系统电气与自动化工程技术规程》(CJJ/T 120—2018)进行设计,根据不同功能的建筑单体,采用不同类型的灯具及照度。污水处理厂主合同中仅仅规定了每个建筑单体需提供灯具,却没有对照度进行要求。因此监理工程师拒绝了中方设计提供的照明方案,并要求设计必须首先进行各建筑单体照度规划。

根据主合同规定,照明设计应在满足孟加拉当地标准的基础上,采用中国标准、欧洲标准及美国标准的较高者。为此,中方按监理工程师要求设计进行了各标准的对标工作,对标的标准有《城镇排水系统电气与自动化工程技术规程》(CJJ 120—)(中国标准)、IECC(国际标准)、EN(欧标)、BNBC(孟加拉标准)、CIBSE(英标)。各标准对标及最后确定的主要建筑照度如表 1 所示。

表 1 达舍尔甘地污水厂主要建筑单体照度表

序号	区域	各标准照度 (lx)					确定照度 (lx)
		CJJ 120	IECC	EN 12464	BNBC	CIBSE	
1	鼓风机室	100	/	/	100	/	100
2	变压器室	100	/	/	100	/	100
3	室外停车	20	/	/	20	/	20
4	办公室	300	300~500	500	300	500	400
5	初沉池	50	/	150~200	/	150	150
6	AAO 池	50	/	150~200	/	150	150
7	二沉池	50	/	150~200	/	150	150
8	滤池	50	/	150~200	/	150	150

续表

序号	区域	各标准照度 (lx)					确定照度 (lx)
		CJJ 120	IECC	EN 12464	BNBC	CIBSE	
9	机修间及仓库	50	50～200	200	50	200	100
10	泵站	100	200	200	200	/	200
11	脱水间	100	/	/	200	/	200
12	配电室	200	200～500	/	100	200	200
13	加药间	150	300～750	500	300	300	300

从对比表可以看出,最终的照度普遍高于国内标准。原因是各个标准适用范围不完全相同,《城镇排水系统电气与自动化工程技术规范》(CJJ 120—2008)为污水处理厂行业标准,针对污水处理厂的实际功能而确定的工作照明需求;而其欧洲及美标标准偏向于工民建筑,并未专门针对污水处理厂的工作照明。如加药间,在污水处理厂中的照明为药物搅拌/投药的使用,而欧美规范的加药间指的是药物生产车间,对工作照度需求高于污水处理厂。然而孟加拉本地无大型污水处理厂作为参考,为保证设计符合合同要求,最终监理工程师要求以几个标准的较高值作为各建筑单体最终照度。

在确定各单体建筑照度后,通过与监理工程师沟通,照度计算采用了 IEC 60060(845)的公式。该公式主要根据计算建筑面积中的总光通量计算工作面的平均照度。与我国《照明设计手册》中计算方式一致。公式如下。

$$E_{av}=\frac{N\Phi UK}{S} \quad (4)$$

式中,E_{av} 为平均照度,lm;Φ 为光通量,lm;U 为利用系数;S 为照明面积,m^2;N 为灯具数量;K 为维护系数。

同时为保证计算数值的准确性,中方对部分重要建筑单体同时采用了 Dialux 软件进行仿真验证。Dialux 软件基于 EN 12464 等标准执行,主要根据建筑的特征及灯具的光源特性模拟仿真建筑物的照明特性,通过计算灯源在建筑中各面的反射折射,模拟出建筑光效。最终单体建筑的计算数值与 Dialux 仿真计算的数值较为接近,整体照明计算方案被监理认可。

4 防雷接地设计

4.1 主接地网设计

根据合同要求,污水处理厂应使用 40mm×4mm 热浸锌扁钢形成接地网,各建筑接地网应相互连接形成一个主接地网,全厂接地电阻应该小于 1Ω。已有工程经验表明,在土壤电阻率并不均匀的情况下仅利用均匀土壤电阻率地区的接地电阻公式和典型形状接地网接触/跨步电位公式差的计算公式进行接地网的设计，其结果大多是实测的接地参数与设计不符。然而国内标准《交流电气装置的接地设计规范》（GB/T 50065—2011）及欧标 IEEE Std 80 在土壤结构反演及接地电阻计算均过于复杂。中方从提高计算精确度、保证项目安全性及可靠性考虑，通过与监理工程师沟通，确定采用 CDEGS 软件进行仿真计算。CDEGS 软件包是一套功能强大的集成软件工具，设计及计算依据标准为 IEEE Std 80 及 IEEE 81，可通过电流分布、电磁场、接地、土壤结构分析来精确分析厂区接地。该软件的计算流程、计算方法、评估依据均根据 IEEE Std 80—2000 规范编制。采用该软件进行接地设计恰好契合业主合同的要求，便于接地设计方案通过监理工程师批准。全场接地设计步骤如下：

①根据污水处理厂土壤电阻率测量结果，采用 CDEGS 软件进行土壤反演，全面分析污水处理厂土壤结构特点和等效电阻率取值，建立实用的土壤结构模型。

②根据污水处理厂实际接地网布置、接地网导体材料和相互连接方式，建立电站接地网数值计算模型，在此基础上采用数值计算方法对污水处理厂接地网进行仿真，详细计算和分析污水处理厂的接地电阻。

根据接地设计仿真计算结果，污水处理厂接地网在采用 20m×20m 网格布置、埋设深度 0.8m、材料使用 40mm×4mm 镀锌扁钢的情况下，计算接地电阻为 0.17Ω，计算结果最终被监理认可。最终现场实测值为 0.2Ω，与计算值相近，也证明了中方接地计算和设计的准确性和有效性。

4.2 钢结构建筑防雷设计

孟加拉机修间采用门式钢架大双跨钢结构厂房，建筑结构独特，其防雷设计与普通建筑有一定差异。根据国内规范，建筑防雷设计标准采用《建筑物防雷设计规范》（GB 50057—2019），机修间屋面基板材质为热镀锌钢，厚度为 0.8mm，屋面金属夹心板材质采用玻璃丝棉，而玻璃丝棉属于 A 级不燃建筑材料，其保温、隔热、吸声、无毒、化学性能稳定，按照我国标准，机修间钢结构屋顶可不专设接闪器，利用金属屋面外侧永久金属物作为接闪器；金属屋面与建筑屋顶的金属夹芯板通过自攻螺钉连接；金属夹芯板与机修间的钢结构立柱通过螺栓连接；钢结构立柱作为引下线通过基础底板与地下水平接地网可靠焊接，实现电气贯通及可靠接地。中方提出的防雷设计方案，在节省投资的同时又使钢结构厂房整体建筑风格统一、美观。

虽然《建筑物防雷设计规范》（GB 50057—2019）与 IEC 62305 防雷标准体系接近，两者在防雷参数、方法和防雷装置的设计大体一致，但是当金属屋面作为自然接闪器时，规范在应用范围及部分参数要求上仍有差异，两者的差异如表 2 所示。

表 2　GB 50057 与 IEC 62350 金属屋面作为自然接闪器差异

规范	GB 50057	IEC 62305
适用范围	除第一类防雷建筑物的金属屋面	覆盖在建筑物的金属薄板
厚度要求	金属板下面无易燃物时,钢板厚度不应小于 0.5mm	如果不重点考虑防击穿或下方易燃材料的引燃,钢板厚度不应小于 0.5mm
	金属板下面有易燃物时,钢板厚度不应小于 4mm	如果应考虑防击穿和发热垫等问题,钢板厚度不应小于 4mm

孟加拉拉舍尔污水处理厂位于达卡市,当地年平均降水量约 1900mm,降水主要集中在每年 7—10 月雨季。监理工程师审查防雷设计方案时,虽然对于屋顶不专设接闪器的方案未提出异议,但业主明确表示无法接受屋面被击穿后严重漏雨现象。为保障机修间建筑可靠防雷同时满足业主长期使用要求,中方调整了方案:采用在屋顶专设网状接闪带,接闪带采用 40mm×4mm 热浸锌扁钢,连接成不大于 10m×10m 的接闪网。接闪网距离屋面 200mm,通过螺栓与固定在屋面的支撑钢板相连。

5　总结和建议

孟加拉达舍尔甘地污水处理厂项目由于前期资料受限,合同对标准约束不明确,导致设计技术方案存在不确定性,设计团队需综合权衡后不断对方案进行分析、设计优化才能顺利推动项目执行,对 EPC 项目,既要满足运行可靠性,也要兼顾经济性,对国内设计人员提出了不小的挑战。通过本工程设计,笔者有几点建议。

1) 对于国际工程首先应明确了解合同要求并按照合同的要求进行设计,在合同签订前应研究可能存在的风险。

2) 国际项目中,设计人员应尽早与业主及监理工程师明确设计标准及规范,并以会议纪要等形式确定,防止由于技术规范不确定导致设计方案推进困难;

3) 国际项目的电气设计方案,监理工程师往往要审阅计算书并作为方案核心依据,因此设计人员应充分理解不同规范标准的计算原理及差异,寻找最适合该项目的计算方式并提交监理审批。同时从笔者的国际工程项目经验来看,亚洲、非洲及南美洲的业主及监理对市面上流通的专业仿真软件的计算认可度较高,反而对传统的手工计算书接受度较低。作为国际项目设计人员,在掌握国内规范的基础上,应同时熟练掌握相关的仿真软件,才能在未来的国际工程项目中占据主导地位。

浅析光照水电站水光互补电气关键技术研究

陈丹燕　王勇　刘涛　张光成

（中国电建集团贵阳勘测设计研究院有限公司,贵州贵阳,550081）

摘　要:根据光照水电站水光互补工作要求,结合水光电源资源配置情况,对贵州全省及各分区的电力系统网架、电力负荷分布及社会用电量需求进行电力电量平衡计算,得出全省各区电力电量盈余和缺额情况。对光照水电站运行现状进行分析,并根据送出通道利用现状,提出水光互补成果;采用软件对水光互补工程进行潮流计算、安全稳定性计算、短路电流计算及过电压分析计算,给出最优的接入系统方案,确保水光互补工程运行安全可靠的前提下经济效益达到最大化。

关键词:水光互补;电力电量平衡;消纳分析;电气计算;接入系统

1　工程背景和概况

"2030年碳达峰、2060年碳中和"已成为我国能源的发展重大战略决策,已明确纳入生态文明建设和经济社会发展的总体布局。多能互补发展是实现"2030年碳达峰、2060年碳中和"的重要路径,对于实现电力系统高质量发展、提升可再生能源消纳水平和非化石能源消费比重、促进我国能源转型和经济社会发展具有重要意义。《中国国民经济和社会发展第十四个五年规划和2035年远景目标纲要》也明确提出"建设一批多能互补的清洁能源基地,非化石能源占能源消费总量比重提高到20%左右"。此前国家相关规划以及政策文件也多次明确提出开展多能互补的规划建设等工作。根据国家能源局通知要求和贵州省能源局的工作安排,贵州黔源电力股份有限公司委托中国电建集团贵阳勘测设计研究院有限公司就光照水电站,打捆周边光伏资源点综合分析,并进行水光互补改造设计。

光照水电站位于贵州省关岭县和晴隆县交界的北盘江中游,是北盘江干流的龙头梯级电站。电站的工程任务主要为发电,兼顾航运,在电力系统中主要承担调峰、调频和备用。水库具有不完全多年调节性能,电站装机容量1040MW,机组4台,多年平均年发电量27.54

亿 kW·h，保证出力 180.2MW，平均等效满负荷年利用小时数约为 2648h，工程于 2010 年 11 月完成枢纽工程竣工安全鉴定。光照光伏电站位于贵州省安顺市关岭县岗乌镇境内，规划装机规模 300MWp，经计算本光伏电站年均上网电量约为 2.89 亿 kW·h，平均等效满负荷年利用小时数约为 963h。

2 电力电量平衡计算

2.1 全省及分区电力电量平衡

至 2020 年贵州电网电力盈余区域主要有黔西、黔西北分区，丰、枯期均有大量盈余，其中黔西盈余 2200～4500MW、黔西北盈余 1400～1800MW；黔东分区丰期有少量盈余约 500MW、枯期有少量缺额约 1200MW。其余分区均全年电力不足，其中黔中分区缺额 1800～3400MW，黔北分区缺额 1000～5000MW，黔南分区缺额 1300～1200MW。

至 2025 年贵州电网电力盈余区域仍然为黔西及黔西北分区，且盈余规模大幅增加，其中黔西盈余 5000～8100MW，黔西北盈余 3300～4300MW。其余分区均呈现全年电力不足，尤其是黔中、黔南、黔东电力缺额大幅增加，其中黔中分区缺额 3900～6200MW，黔北分区缺额 1300～1500MW，黔南分区缺额 2300～2000MW，黔东分区缺额 800～2700MW。

2.2 全省电力流流向

"十四五"贵州电网新增电源主要分布在黔西及黔西北地区。至 2025 年，丰期黔西向黔中及黔南补充电力增加到 5000MW；黔西北片区送出至黔中及黔北片区电力增加到 3300MW；黔东片区丰期开始出现电力缺口，需由黔中和黔北片区补充电力约 800MW。

枯期西部火电大发展，黔西及黔西北电力盈余大幅增加，而黔中、黔南及黔东电力缺口大幅增加，黔西向黔中和黔南补充电力共 8100MW；黔西北片区送出至黔中及黔北片区电力共 4300MW；黔东需由黔中及黔北片区补充电力共 2700MW。

"十四五"全网电力整体流向形态，由"十三五"期间"丰期西东汇集中部、枯期自西向东"转变为"全年自西向东"，且电力流规模大幅增加。

3 水光互补消纳分析

3.1 光照水电站运行现状

根据 2015—2019 年光照水电站各月出力的均值统计，7 月出力最大，5 月、11 月出力最小；5 年的年平均接近满发小时数（按装机容量的 90%计）2648h，占白昼时间（按每日 12h）的比例为 8.58%，其中 2017 年最多(21.42%)，2015 年次之(15.34%)。2015—2019 年光照水电站月平均出力过程如图 1 所示。

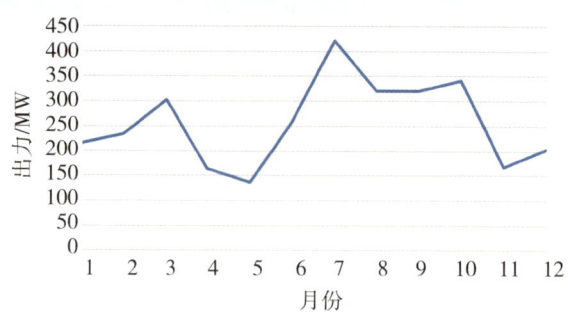

图 1　2015—2019 年光照水电站月平均出力过程

3.2　送出通道利用现状

光照水电站在整个贵州电网中主要承担调峰、调频和备用、改善电网运行条件的作用，根据收集的光照水电站 2015—2019 年的运行资料来看，光照水电站 2015 年、2016 年送出线路通道容量为 1630MW，2017—2019 年送出线路通道容量为 1170MW。近 5 年通道利用率为 12.6%~25.0%，其小时累计的 5 年平均通道利用率为 19.2%，可见"水光互补"有一定的通道条件。光照水电站近 5 年通道利用率情况如表 1 所示。

表 1　　　　　　　　　光照水电站近 5 年通道利用率情况

年份	通道利用率（%，按小时累计）
2015	18.5
2016	12.6
2017	25.0
2018	21.9
2019	17.9
平均	19.2

3.3　水光互补计算成果

相对于整个电网的新能源装机容量而言，本水光互补项目的光伏电站装机容量所占比例小。水光互补分析主要考虑以光照水电站装机容量为控制，进行水光互补的电力电量平衡计算，可以基本得到水光互补条件下的光伏发电量。光伏电站电量吸纳率按不低于 95% 考虑，光照水电站的电力及电量都是质量最好的，且明显优于光伏，因此当水库基本蓄满和电站基本满发的情况下，需优先水力发电。

对光照水电站 30 万 kW 装机方案，按光照水电站出力过程归入互补比例的不同（及保留其原有功能的比例不同）以丰、平、枯水年为代表年，进行弃光率的计算，成果如表 2 所示。

表 2　　　　　　　光照水电站光伏装机容量 30 万 kW 方案计算成果

典型年	光伏装机容量/万 kW	通道容量/万 kW	水电归入互补的比例/%	可用通道平均容量/万 kW	吸纳光伏平均出力/万 kW	互补的水电平均出力/万 kW	水光互补出力占可用通道平均容量比值/%	弃光率（%）
丰水年	30	104	35	35.9	3.3	13.9	47.9	0.0
			25	25.6	3.3	9.9	51.5	0.2
			15	15.4	3.2	6.0	59.1	4.6
平水年			35	35.5	3.3	11.0	40.2	0.0
			25	25.4	3.3	7.9	43.9	0.0
			15	15.3	3.2	4.7	51.7	3.8
枯水年			35	36.2	3.3	6.8	27.7	0.0
			25	25.9	3.3	4.8	31.4	0.0
			15	15.5	3.2	2.9	39.2	3.3
平均			35	35.9	3.3	10.5	38.6	0.0
			25	25.6	3.3	7.5	42.2	0.1
			15	15.4	3.2	4.5	50.0	3.9

4　电气计算及接入系统方案

4.1　电气计算

4.1.1　潮流计算

"十三五"至"十四五"期间，贵州省新能源电厂装机规模增长较快，在丰腰方式下（图 2），贵州电网电量呈富余状态，多处电力通道已达送出瓶颈。为了减小光伏电站对电网的影响，本工程利用水光互补特性，在水电站、光伏电站联合出力不超过原有水电装机情况下，既不产生弃水、弃光现象，也不会对现有网架造成不利影响。

光照光伏电站建成后，通过光照水电站 500kV 并网线路接入贵州电网，在光伏电站与水电站最大出力不超过水电站现有装机 1040MW 的情况下，电量可完全送出。

4.1.2　安全稳定性计算

对送出线路运行时两侧分别发生单相瞬时、三相永久故障进行模拟，1 回线运行单相瞬时扰动时重合闸成功，系统稳定；1 回线运行三相永久扰动下水电与光伏电站切机，系统稳定，如图 3 至图 5 所示。

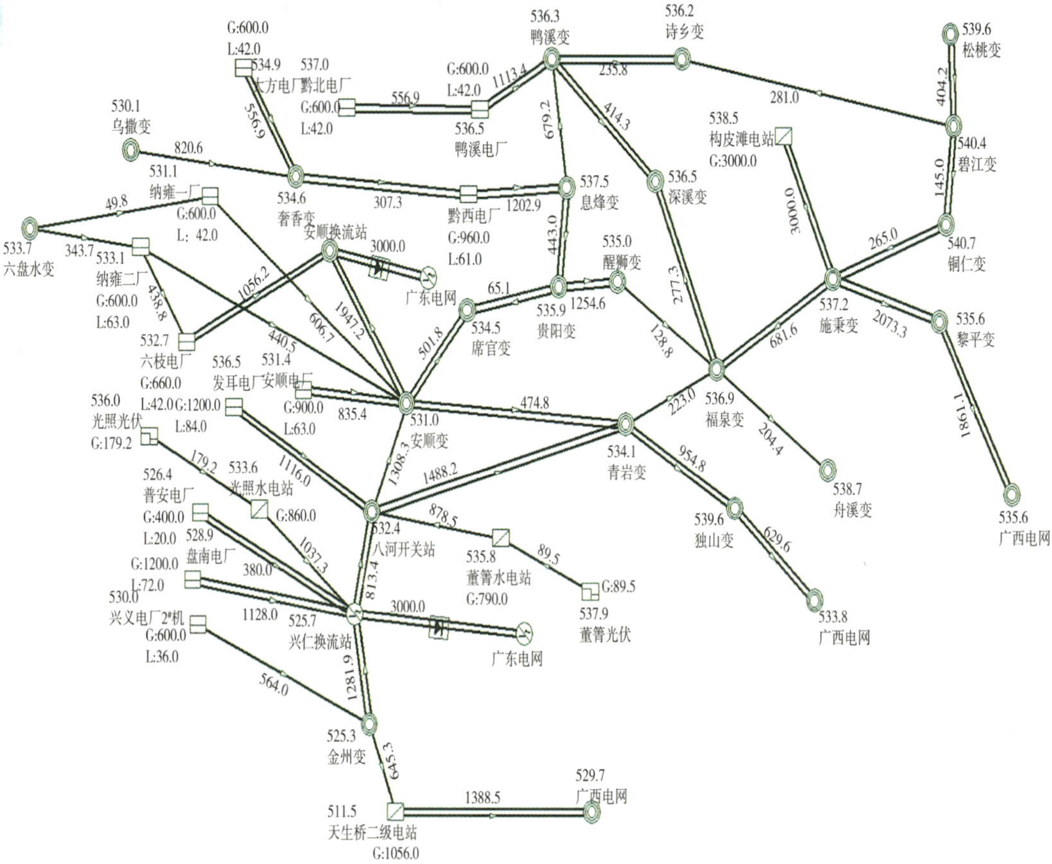

图 2 潮流图(2020 年,丰腰方式)

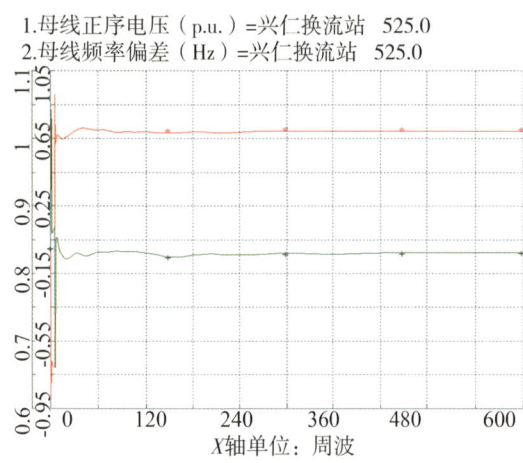

图 3 换流站稳定曲线

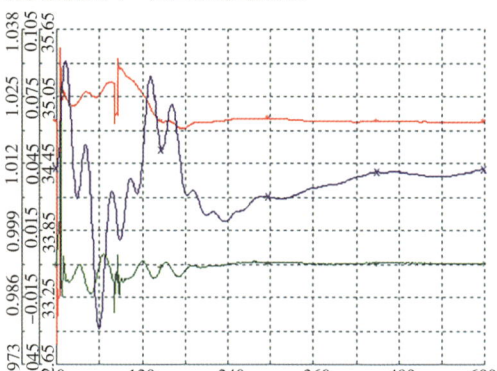

图 4 光照水电站稳定曲线

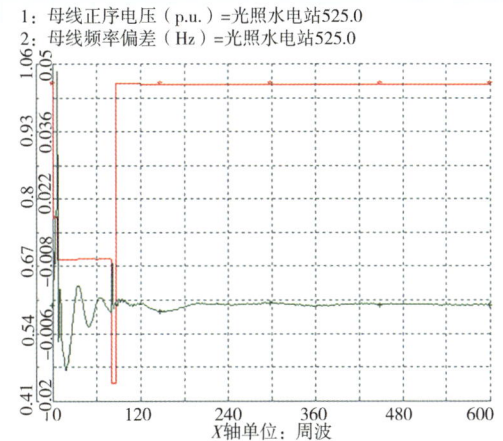

图 5 光照光伏站稳定曲线

4.1.3 短路电流计算

(1) 投产年短路电流计算

在推荐接入系统方案下,光照光伏 500kV 升压站 500kV 母线三相短路电流为 15.4kA,对侧 500kV 兴仁换流站 500kV 母线三相短路电流为 48.62kA,短路电流未超过电气设备允许值。

(2) 远景年短路电流计算

光照光伏 500kV 升压站 500kV 母线三相短路电流为 16.6kA,对侧 500kV 兴仁换流站 500kV 母线三相短路电流为 56.5kA,短路电流未超过电气设备允许值。

4.1.4 过电压计算

1) 避雷器配置方案图如图 6 所示。

2) 过电压计算成果。

①雷电侵入波过电压。光照水电站主变单元处如果装设避雷器,可确保主变处雷电侵入波过电压将不超过其保证耐压值。

②快速暂态过电压。对光照水电站内隔离开关操作引起的快速暂态过电压(VFTO)进行仿真计算,最大过电压峰值为 1159.5kV,变压器入口处的最大对地电压为 490.1kV。

③工频过电压。光照水电站 500kV 送出线路及光伏电站联络线路上发生无故障甩负荷、单相接地故障甩负荷和两相接地故障甩负荷时,系统侧最大工频过电压为 1.176 p.u.,水电站侧最大工频过电压为 1.258 p.u.,光伏电站侧最大工频过电压为 1.258 p.u.,工频过电压未超过国标允许范围。

④操作过电压。光照水电站 500kV 送出线路及光伏电站联络线路上发生三相不同期合闸和单相重合闸时,系统侧最大三相不同期合闸过电压为 1.485 p.u.,水电站侧最大三相不同期合闸过电压为 1.622 p.u.,光伏电站侧最大三相不同期合闸过电压为 1.619 p.u.;系

统侧最大单相重合闸过电压为 1.459 p.u.，水电站侧最大单相重合闸过电压为 1.556 p.u.，光伏电站侧最大单相重合闸过电压为 1.519 p.u.。操作过电压未超过国标允许范围，断路器不需要装设合闸电阻。

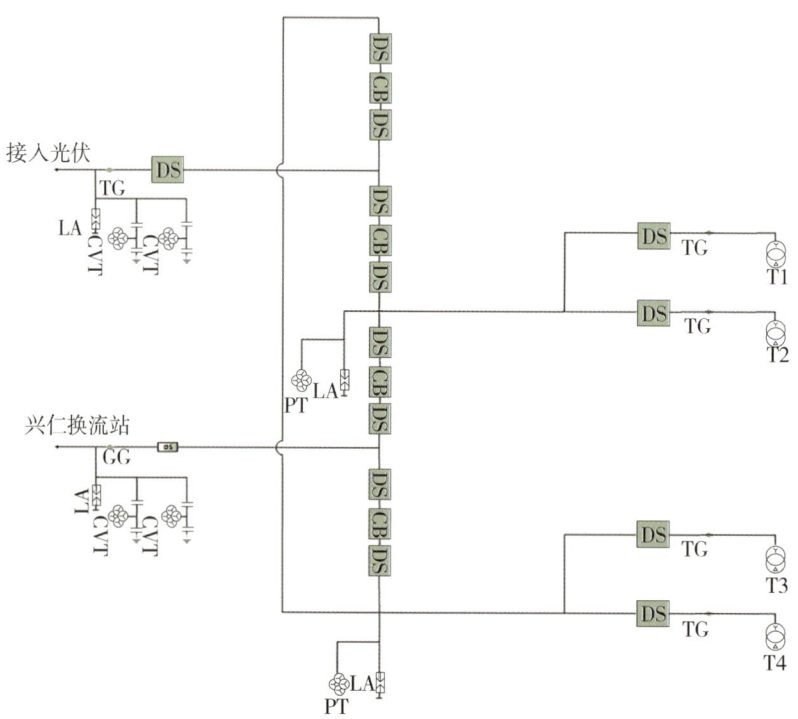

图 6　避雷器配置方案图

4.2　接入系统方案

光照光伏电站位于贵州省安顺市关岭县岗乌镇境内，与光照水电站为同一业主所属项目，相距约 4.7km。该工程属于光照水电站的水光互补项目，立项的本意是利用水电、光伏互补特性，结合水电站的调节能力，提升水电站送出线路利用效率，降低电站对电网的冲击，并且尽可能占用较少的电力送出空间，节省送出工程投资。因此该光伏电站建成后，其电力宜与水电站联合送出至 500kV 网架消纳。因此推荐的接入系统方案为：

新建光照光伏 500kV 升压站，光伏电站通过 12 回 35kV 集电线接入光照光伏 500kV 升压站，光照光伏 500kV 升压站最终出 1 回 500kV 线路接入光照水电 500kV 升压站，线路长度约 1×4.7km，导线截面 4×300mm²，利用光照水电 500kV 升压站至兴仁 500kV 换流站 1 回 500kV 线路联合送出，联合送出线路长度 1×67.8km，导线截面 4×300mm²。光照水电 500kV 升压站扩建至光照光伏 500kV 升压站 500kV 出线间隔 1 个。光伏电站与水电站电力汇集后通过现有的光照水电站—兴仁换流站 500kV 线路送出。

5 结论与建议

从 2020 年贵州电网的光伏发展及纳入计划可知,贵州电网具有较好的吸纳能力是本研究的前提。本设计重点分析"光照+光伏"互补部分,分析结论如下:

1)经过水光互补,可平抑光伏的出力过程,在保持水电站一日总出力不变的原则下,使水电以容量支持光伏,光伏以电量支持水电,提高通道的利用率。

2)光照水电站在配置 300MW 光伏电站时,水电归入互补比例为 25% 时,留有 75% 通道作为水电原功能的保留,通过水电站日内调节光伏,弃光率为 0.1%。

3)北盘江流域光伏年平均发电利用小时数约 1000h,光照水电站推荐配置的光伏装机容量 30 万 kW,相当于一天的光伏电量 82.2 万 kW·h,相应需要光照水库调节库容 258 万 m^3。光照调节库容 20.37 亿 m^3,调节光伏所需的库容仅占调节库容的 0.13%,占比甚微,不影响光照水电站原设计的水库库容要求。

4)按照水光联合出力不超过 1040MW 的前提,配置 300MW 光伏电站时,水电归入互补比例为 25% 时,留有 75% 通道作为水电原功能的保留,通过水电站日内调节光伏,弃光率为 0.1%,满足《解决弃水弃风弃光问题的实施方案》发改能源〔2017〕1942 号文中不超过 5% 的要求。

5)根据潮流分析结果,本区域 500kV 网架仍具备送出空间,满足水电、光伏按照总装机容量 1340MW 联合出力时的送出要求,在此工况下,光伏电站不发生弃光。

6)光照水电站装机容量 1040MW,多年平均年发电量 27.54 亿 kW·h;光照光伏电站装机 300MWp,多年平均年发电量约 2.89 亿 kW·h。光照光伏电站与光照水电站采用联合送出后,光照水电站—兴仁换流站 500kV 线路年均送出电量提高至 30.43 亿 kW·h,在没有额外占用电力送出空间的前提下,线路年均输送电量提升 10.86%。

风光水储多能互补是实现"2030 年碳达峰、2060 年碳中和"的重要路径,光照水电站水风光一体化多能互补项目在一定程度上解决了风电和光伏发电并网的问题,不仅可有效提升新能源的消纳水平,对于能源低碳清洁发展也具有重要意义。

参考文献

[1] 武汉大学,中国电建集团贵阳勘测设计研究院有限公司. 光照水电站过电压计算分析研究报告[R]. 武汉:武汉大学.

[2] 中国电建集团贵阳勘测设计研究院有限公司. 关岭县光照水光互补林业光伏电站 300MWp 工程接入系统设计[R]. 贵阳:中国电建集团贵阳勘测设计研究院有限公司.

[3] 电站机电设计手册编写组. 水电站机电设计手册:电气一次[M]. 北京:水利电力出版社,1982.

基于微观形态检测的水轮发电机定子线棒绝缘故障诊断技术研究

胡波[1] 刘雁[1] 张跃[1] 杨帅[1] 马素德[2] 张小俊[1]

(1.东方电气集团东方电机有限公司,四川德阳,618000;
2.西华大学材料科学与工程学院,四川成都,610039)

摘 要:基于国内外发电机定子线棒绝缘故障检测和分析经验,综合采用电学、热学、化学、微观形态等多种技术,提取发电机绝缘故障部位的微观形态作为特征量,采用数字化图像识别技术与人工智能算法联合构建了绝缘失效模型,提出了一种全新的绝缘故障诊断技术,为定子线棒绝缘发生击穿故障时提供量化的根本原因分析。

关键词:水轮发电机;定子线棒;绝缘故障;微观形态;诊断技术

绝缘系统被誉为大型发电机的"心脏",承担着高电压系统的隔离与支撑作用。定子线棒作为发电机组的"血管",其绝缘性能是发电机组正常运行的基本保障之一。若发电机定子线棒绝缘出现击穿导致定子绕组接地,则发电机必须停机维修,损失非常巨大。因此,如何防止发电机定子绝缘击穿故障对机组长期安全运行意义重大。数十年来国内外发电设备制造企业对于发电机定子线棒主绝缘击穿故障大多采用现场勘察、解剖分析、同类经验类比、故障发展阶段推测、修复后电气试验等手段进行分析。近年来,这一传统方法的有效性和经济性越来越受到用户的质疑,迫切需要为机组安全质量问题提供一种更加准确、经济、定量、智能的绝缘诊断技术。

本文基于国内外发电机定子线棒绝缘故障检测和分析经验,综合采用电学、热学、化学、微观、形态等多种技术,提取发电机绝缘故障部位的微观形态作为特征量,采用数字化图像识别技术与人工智能算法联合构建了绝缘失效模型,提出了一种新的绝缘故障诊断技术,为定子线棒绝缘发生击穿故障时提供量化的根本原因,为用户和制造厂家预防机组同类质量问题提供技术依据。

1 电机绝缘故障诊断技术研究现状

综合国内外的研究,发电机定子绕组绝缘击穿故障诊断方法大致可分为基于现场勘察和解剖分析、基于机组运行数据和检修经验分析、基于外观和化学成分结果分析。这些方法能够重现该机组历年运行状况、故障发生前后的运行参数的变化、故障部位特殊现象、故障发生和发展过程等,提供故障定性原因和后续修复方案,能够发现某些现象明显的故障根本原因,可大致提供故障影响范围和严重程度等信息。

唐贵基等用锤击激振法进行了线棒结构动特性测试,进行了线棒二倍频的振动故障诊断。线棒重新绑扎后,其结构特性得到了很好的改善。陈健等通过热老化试验,比较了5种风力发电机绝缘材料及其结构的耐老化性能,并利用最小二乘法结合阿伦尼斯加速模型,完成了对试验数据的统计和分析。试验和分析结果表明,该方法能够极大缩短寿命检测时间,实现了在短时间内对工作温度下风力发电机绝缘系统寿命的科学估计。郝艳捧等对300MW发电机备用和运行23年的定子线棒绝缘进行了红外光谱实验研究,实验比较了3种取样法。通过分析,得出这一参量与剩余击穿电压有较大的相关性,认为可以用其来评定发电机主绝缘的老化状态和寿命评估。Terase H 等在20世纪60年代提出了用第一电流急增点和第二电流急增点电压以及交流复合参量来表征绝缘的老化状态。在以后的探索中Kimura K 等学者指出大电机定子绝缘剩余击穿电压与介质损耗因数及其增量、最大局部放电量、交流电流急增率之间是相关的,并且指出剩余击穿电压与交流电流急增率相关性最大。而后 Stone. G 通过现场试验认为定子绝缘剩余击穿电压与上述参量没有相关性。Shibuya 等认为绝缘的气隙、开裂和场强分布是决定绝缘强度的最主要因素。人们已利用超声波技术、红外技术、动态力学技术、X射线技术等测试绝缘内部缺陷。

在数学模型研究上,早期主要是研究电、热、机械应力等单一因子或双因子对绝缘老化的影响。其中有电老化 Dakin 的幂倒数模型、以 Arrheniius 方程为基础的热老化模型、机械老化模型的经验公式和 P Cgna 等提出的电—热双因子老化模型。这些老化模型已被人们普遍接受。目前在电热双因子联合老化研究,人们关注的较多。随着研究的继续深入,人们逐渐认识到绝缘老化的速度不仅取决于老化因子作用强度的大小,而且还与老化因子的作用关系有关。对三因子老化的研究,从文献资料来看,到目前为止研究工作开展得还较少。Kimura K 等曾以机械应力为研究对象,完成了电—热—机械应力联合老化的试验研究。M. B. Srinivas 等曾较为系统地研究了发电机定子绕组绝缘的多因子老化问题,最后得到绝缘寿命的数学模型几乎就是3个单一因子老化寿命数学表达式的乘积。总之,目前业内对于电机绝缘状态评估和失效故障诊断尚未形成公认的理论和模型。

近年来,随着材料微观结构测试技术、图像识别技术和计算机智能算法的发展,基于发电机绝缘故障部位的微观形态和元素含量等作为特征量,结合图像识别技术和计算机智能算法,建立一种发电机定子线棒绝缘故障诊断技术将成为可能。

2 定子线棒绝缘击穿故障原因及诊断技术

2.1 绝缘击穿故障原因分类

多年来,国内外大型发电机运行、试验和事故分析的经验表明,由于设计制造、安装和非正常运行造成的缺陷,在电、热、机械、化学等因素作用下逐渐发展导致的绝缘击穿故障可大致分为绝缘老化击穿、外来机械损伤、绝缘磨损、绝缘过热。

绝缘老化击穿主要发生在运行 20 年以上的中小容量的发电机上。其绕组大部分采用沥青云母绝缘,因运行年久而流胶严重或因制造不良而浸胶不透,导致内部发空、脱壳、松散,使其电气和机械性能降低而导致击穿故障。

外来机械损伤主要发生在制造或运行过程中定子绕组受到外力损伤的发电机上。其主要原因包括:线棒搬抬或转运时外力损伤、绕组装配或翻身时外力损伤、绕组运行或检修时异物碰撞或磨损。

绝缘磨损主要发生在固定结构设计缺陷、制造工艺不良、槽内或端部固定不当的发电机上。其主要原因包括:线棒成形不规则、几何尺寸偏差大、外形不平整、在嵌线装配时未可靠放好、线棒在槽内出现松动和悬空现象;上、下层线棒之间的垫条厚度不足,线棒出槽后间隙不足或没有间隙;绕组端部形状不规则,与绑环之间既未靠紧也未垫实而只依靠绑绳绑扎固定。

绝缘过热主要发生在电磁设计极限、导磁材料问题、制造工艺不良、槽内或端部固定不当的发电机上。其主要原因包括。槽内 RTD 短路或剧烈放电引起线棒绝缘过热劣化、并头套假焊或虚焊严重引起运行时该部位绝缘过热劣化、股线断裂导致电密增大并振动引起恶性循环直至过热等。

2.2 诊断技术

定子线棒绝缘老化击穿、绝缘磨损击穿和绝缘过热击穿的故障部位存在明显的颜色、外形、气味等物理特征,可采用比较直接的观察+解剖的方法进行原因判别,同时采用绝缘老化过程中微观分子结构与凝聚态结构的变化进行线棒绝缘劣化程度诊断。

而业内对于线棒绝缘外来机械损伤来说,若击穿部位附近不存在明显机械损伤痕迹,则很难进行较为准确的原因分析和发展预测,如图 1 所示。

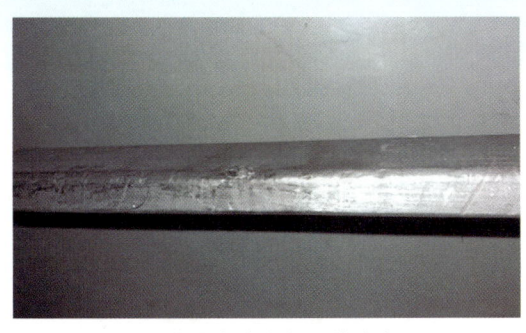 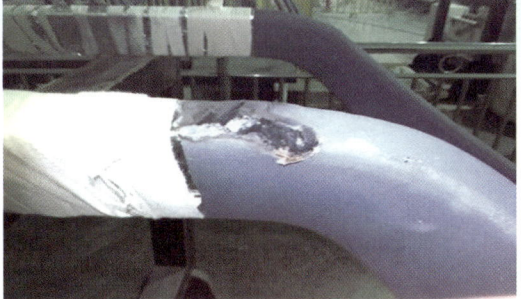

(a)线棒直线中部绝缘击穿　　　　　　　　(b)线棒槽外 R 处绝缘击穿

图 1　定子线棒绝缘击穿故障部位及形状

2.3　基于微观形态检测的绝缘击穿诊断技术

2.3.1　模型建立与仿真

通过对数十年来业内常见的定子线棒绝缘外来机械冲击部位外形的分类统计,提出 9 种撞击源外形仿真模型,其中两种典型冲击源外形(分别为圆锥体和圆柱体)仿真模型如图 2 所示。

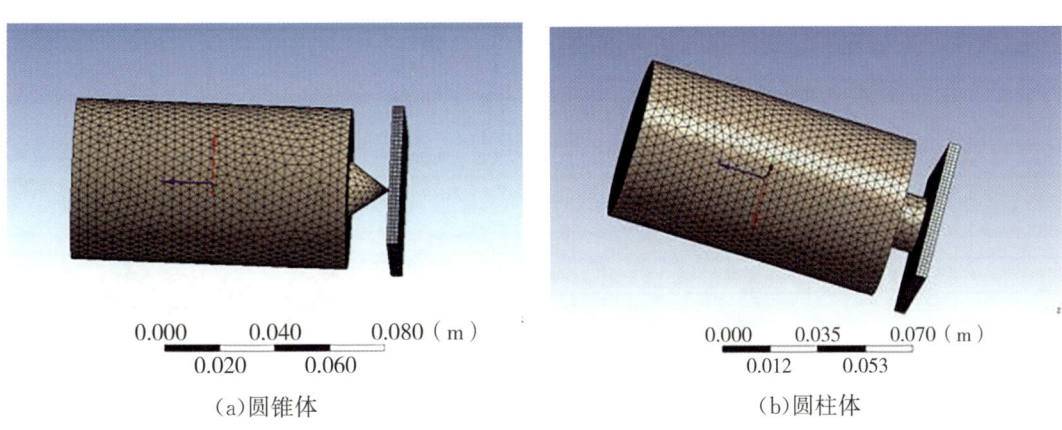

(a)圆锥体　　　　　　　　　　　　　　(b)圆柱体

图 2　外来机械冲击源外形仿真模型

如图 3 所示,样品受到瞬时机械冲击后,撞击源接触到样品,产生凹陷并在深度和广度上发展出树枝状分布的裂纹,裂纹均从凹陷范围边缘向外发展,凹陷部位边缘不规则断裂;样品的背面有一个与撞击源形状类似的凸起及裂纹分布。同时不同冲击能量的同类撞击源会产生相似的凹陷及裂纹分布,而区别在于中心凹陷深度以及四周裂纹的数量、分布面积和分布深度等。

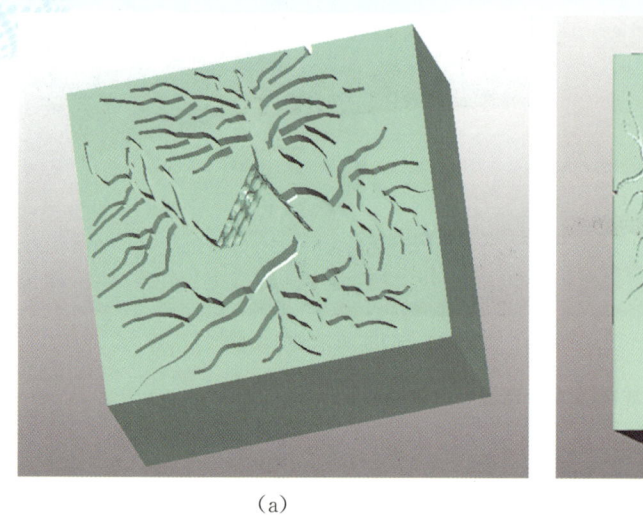
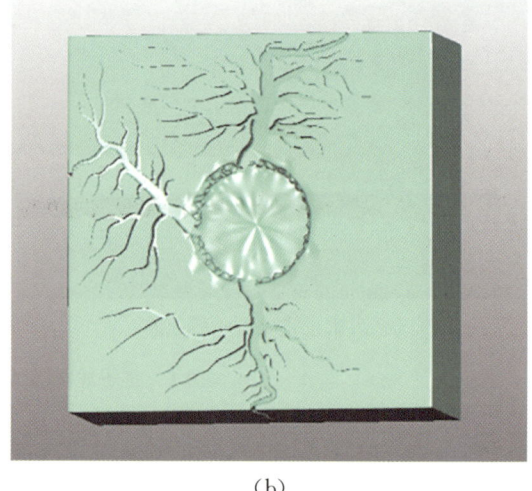

(a) (b)

图 3　外来机械冲击样品仿真结果

2.3.2　样品制备及冲击试验模拟

基于定子绕组绝缘受到外力损伤的各种类型,制造与定子线棒主绝缘同类型的云母—玻璃布—环氧复合材料作为样品,分别进行受不同能量机械冲击的试验,如图 4 所示。结果表明,机械冲击试验样品的外观与仿真推测比较符合,建模设定的参数可用于该类型材料受到机械冲击的能量释放过程模拟。

(a) (b)

图 4　外来机械冲击试验样品外观

2.3.3　微观形态检测

采用超景深三维显微镜和扫描电镜对样品局部表面和断面进行观测,提取样品冲击部位的微观形态（包括单位面积上的裂纹数、单位体积内的裂纹数、裂纹长度、主裂纹长度等）作为特征量，采用图像识别技术构建不同种类冲击源对应的样品机械冲击数据阵，如图5所示。

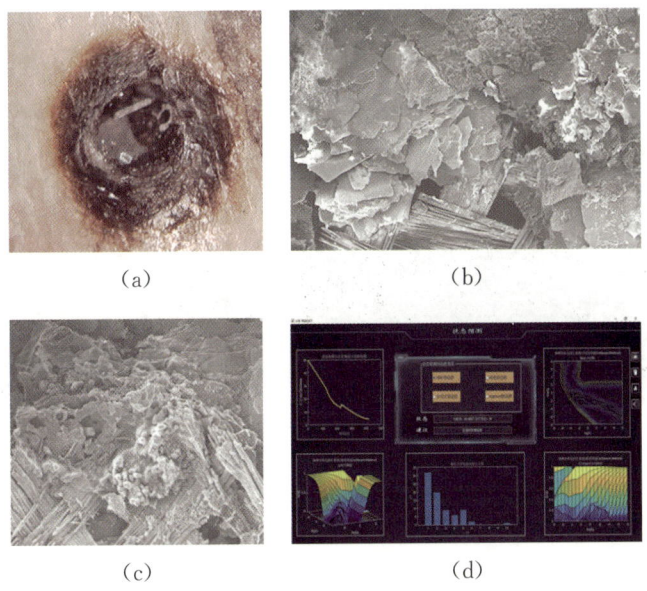

图5 样品微观形态和特征数据阵列

3 技术应用

该技术已陆续应用于多个发电机定子线棒绝缘击穿/定子绕组接地故障诊断，为各方联合开展的事故原因分析、影响范围、维修方案及工期、维修质量、后期运维等提出了建设性意见。

如图6所示，某水内冷汽轮发电机因定子绕组漏水引起绝缘击穿接地故障。通过现场解剖和返厂微观检测该线棒绝缘击穿部位的形状特征，并与机械冲击引起绝缘击穿的典型形态数据对比，推测主要原因为某种外形的异物撞击并磨损绝缘导致定子接地。结合击穿部位断面元素含量分析，确认外来异物为某种外形的铁合金，为后续找到该外来异物提供了关键线索。

（a）线棒绝缘击穿外观　　　　　（b）绝缘断面形貌

图6 定子线棒绝缘因外来异物撞击磨损击穿

如图7所示,某水轮发电机定子绕组的绝缘击穿故障。通过现场检测该线棒绝缘击穿部位的形状特征并与典型形态数据对比,进一步通过微观检测金属颗粒侵入绝缘表面的显微结构,推测主要原因为某种特定外形的铁磁物在机组运行环境中的长期"电蚀虫"行为,与某水轮发电机组定子接地故障同属一类原因。

(a)线棒出槽口绝缘击穿外观

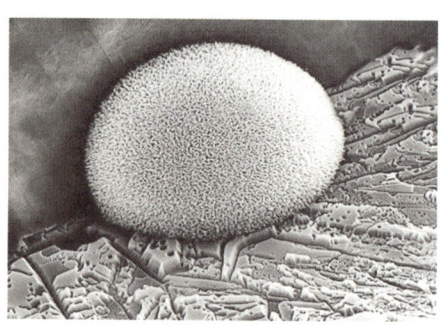
(b)金属颗粒侵入绝缘表面微观结构

图7 定子线棒绝缘金属异物电磁研磨击穿

4 结束语

基于微观形态检测的绝缘故障诊断技术在机组定子绝缘发生击穿故障时提供了更加准确、经济、定量、智能的绝缘诊断,也为机组智慧化检修和智能化诊断提供了新思路。同时世界上高压电机主绝缘广泛采用云母—玻璃布—环氧复合材料,为该技术在水电、火电、气电、核电、风电、电动机等各种旋转电机上的应用提供了广阔的空间。

参考文献

[1] 乐波,宋建成.电机定子线圈绝缘多因子老化特征的研究[J].高电压技术,2000,26(2):3-7.

[2] 郝长金.基于介电响应法的发电机主绝缘状态评估技术研究[D].重庆:西南交通大学,2017.

[3] 郝颜捧,王国利,闫波,等.大电机定子线棒绝缘状态诊断的研究进展[J].高电压技术,2001,27(1):4-6.

[4] 邵永斌.大型发电机定子绕组常见故障的分析及处理[J].大电机技术,2014(6):27-31.

[5] 凌翠平,韦在凤.定子线圈制作中的绝缘损伤问题解决[J].电机与控制应用,2014(5):65-67.

[6] 乐波,张晓虹,谢恒堃,等.基于指纹参量的环氧云母绝缘多因子老化的实验研究[J].电工电能与新枯术,2001(2):2-4.

［7］杨姗姗. 高压电机定子绕组主绝缘击穿原因分析［J］. 防爆电机，2015，50(6)：41-43.

［8］唐贵基，向玲，杜永祚. 发电机定子线棒振动故障诊断［J］. 振动、测试与诊断，2001(2)：34-43.

［9］陈健，王洪波，马贤好，等. 风力发电机主绝缘老化的诊断和寿命评估［J］. 大电机技术，2012(4)：14-21.

［10］郝艳捧，谢恒堃. 红外光谱法研究运行23年大电机定子绝缘中环氧老化机理［J］. 电工技术学报，2008(3)：41-47.

［11］Terase H，Hirbayashi S，Hasegawa T，et al. A new AC current testing method for non-destructive insulation tests［J］. IEEE Transactions on Power Apparatus and Systems，1980，99(4)：1557-1565.

［12］Stone G C，Sedding H G，Lloyd B A，et al. The ability of diagnostic tests to estimate the remaining life of stator insulation［J］. 1989，3(4)：833-841.

［13］Kimura K，Kaneda Y，Itoh K. A new approach to breakdown voltage and nondestructive parameters of micaceous insulation systems［C］// Proceedings of 3rd International Conference on Properties and Applications of Dielectric Materials，Tokyo，Japan，1991：769-772.

［14］Kim Y J，Nelson J K. Assessment of deterioration in epoxy-mica machine insulation［J］. IEEE Transaction on Electrical Insulation，1992，27(5)：1026-1040.

［15］李伟清. 汽轮发电机故障检查分析及预防［M］. 北京：中国电力出版社，2002.

［16］裴景克，李愿杰，胡波，等. 大型发电机定子线棒主绝缘复合材料多工况老化特性研究［J］. 东方电气评论，2021(4)：18-22.

［17］冯钜，胡波，张跃等. 机械冲击对定子线棒绝缘材料的损伤研究［J］. 绝缘材料，2021，54(8)：89-93.

［18］苏燕民. 基于电蚀虫入侵的发电机定子线棒绝缘损坏［J］. 大电机技术，2015(6)：39-43.

大型灯泡贯流式水轮发电机组的轴承润滑油系统设计

贾小平　夏瑜婷　席波

（东方电气自动控制工程有限公司，四川德阳，618000）

摘　要：大型灯泡贯流式水轮发电机组的润滑油系统复杂，对于设备运行的可靠性、自动化程度均要求很高。以一大型灯泡贯流式水轮发电机组轴承润滑油系统的系统为例，介绍了其设计要点、思路及故障处理方案。

关键词：灯泡贯流式水轮发电机组；轴承润滑油系统；冷却器

水电是一种重要的绿色可持续利用资源，世界各国把水能资源的综合利用放在战略性地位。据相关统计显示，我国与美国、日本、加拿大等发达国家对水能的利用率还存在较大差距。尽管我国水资源丰富，但在开发利用程度方面与西方发达国家相比还有一定差距，未来一段时间，为达到碳中和、碳达峰目标，水电将会得到快速发展。水轮机是一种将水流能量转换为旋转机械能的水利设备，分为反击式及冲击式两种。反击式水轮机可分为混流式、贯流式、轴流式及斜流式 4 种。贯流式水轮机在水头为 3～20 m 的低水头小型河床电站应用非常普遍，具备总投资低、资源综合利用高的优势，在我国沿海地区，农业生产发达，用电需求量日益增大，能源紧缺，需要开发利用低水头水力资源以解决当地用电紧张的问题，灯泡贯流式水轮机得到广泛运用。

近年来，国内贯流式水轮发电机组的研发能力和制造能力不断提升，机组的容量逐渐增大，大型灯泡贯流式水轮发电机组的设计、制造领域达到了世界先进水平。

轴承润滑油系统作为贯流式机组的重要组成部分之一，对设计与控制合理、运行安全可靠的要求越来越高。近年来，由于不断的技术进步和解决机组应用、维护过程中出现问题的经验积累和技术总结，轴承润滑油系统的技术水平逐渐完善，如李娜以沙坪二级电站为例对润滑油系统设计及控制的阐述、马恩君对贯流机组润滑油系统及控制的配置、检测、故障分析与处理提出了自己的见解。

下面以一大型贯流式机组的相关输入参数为例，介绍轴承润滑油系统的设计、配置及试验过程的事故处理方法与注意事项。

1 轴承润滑油系统主要设置

轴承润滑油系统包括轴承润滑低压油系统和高压顶轴油系统。这两部分的油泵均集成在一个低位油箱上。润滑油低压系统负责为发电机组合轴承、水轮机导轴承提供不间断的、清洁的、具有冷却及润滑作用的液压油,使其在轴承间或滑动部分之间形成油膜,从而减少轴承的磨损并带走机组运行时产生的热量,保证轴承的工作温度在合理的范围内。高压顶轴油系统是确保机组在启动和停止的过程中,当机组运行于低转速区时,轴瓦能建立起足够厚度的保护油膜,以防止轴与轴承间的干摩擦造成烧瓦事故。

1.1 系统输入参数

1) 低压润滑油系统额定压力:1.0 MPa;
2) 高压顶轴油系统额定压力:25MPa;
3) 设计温度:10~50℃;
4) 工作温度:15~45℃;
5) 工作介质:ISO3448 VG 68;
6) 操作油液清洁度:ISO 4406 20/18/15;
7) 电压:440V,60Hz;
8) 组合轴承供油量:60m^3/h;
9) 水导轴承供油量:5m^3/h;
10) 轴承总损耗:105 kW。

1.2 总体方案

由某大型贯流式机组的轴承系统图(图1)可以看出,轴承润滑油系统的各功能模块集成度较高,主要分为低位油箱、高位油箱、换热器集装及管路附件等几部分组成。高位油箱布置于94m层,机组设置于58.3m高层,低位油箱布置于47.1m层。轴承润滑油系统采用的是低位油箱→供油泵→过滤器→换热器→高位油箱→组合轴承、水导轴承→低位油箱的循环系统。润滑油泵从低位油箱直接吸油输出至高位油箱,润滑油从高位油箱经电动调节阀调节到设计要求的轴承用油量后,再分别供至发电机组合轴承和水轮机导轴承,用以对各个轴承进行润滑和冷却。

为保证系统的安全、可靠、稳定运行,系统中的关键部件均为双冗余设置。例如:润滑油泵、高压顶轴油泵、冷却器、过滤器、各种信号接点(压力、温度、流量)等,大大提高了系统的自动化程度。

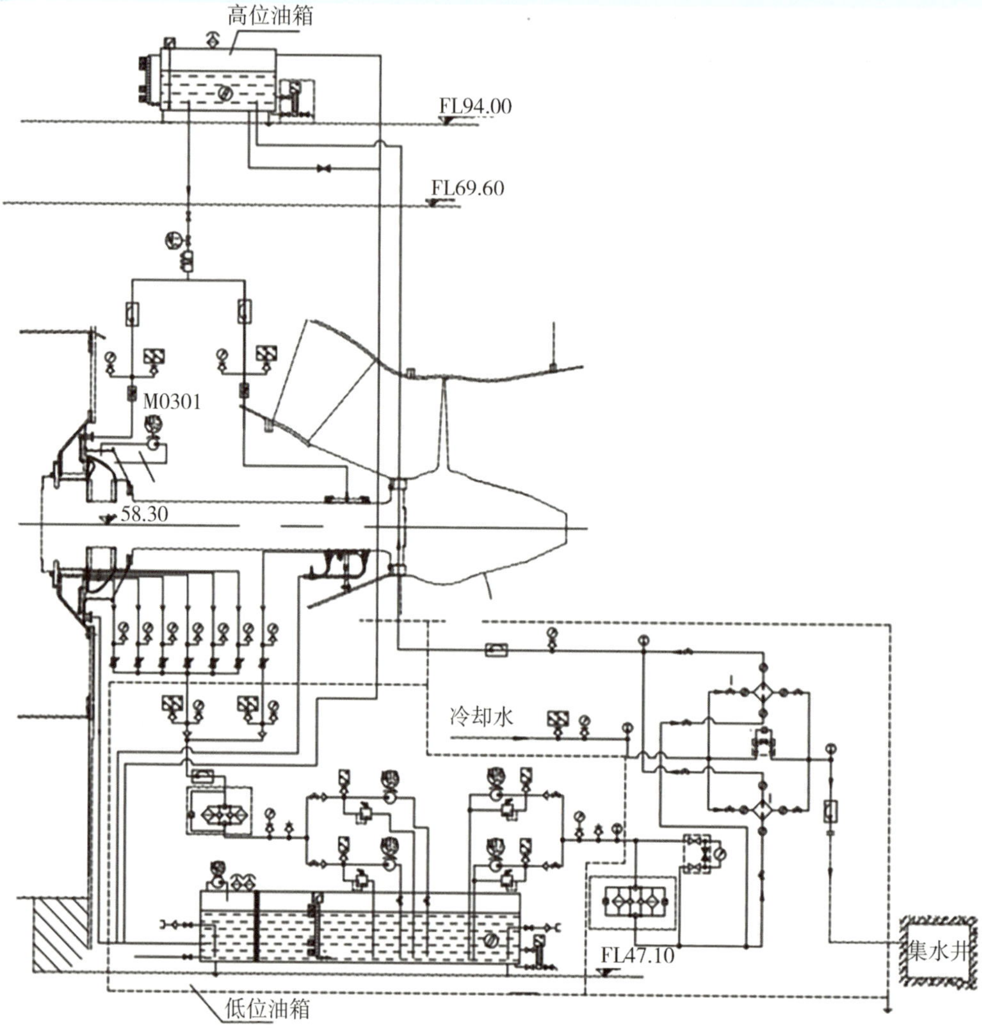

图 1 轴承润滑油系统

1.3 润滑油泵的设置

单台润滑油泵的输油量需略大于组合轴承与水导轴承共用的油量，选择油泵的输油量为 $65m^3/h$。在机组正常运行时，润滑油在重力作用下从高位油箱流出，分别进入发电机组合轴承和水轮机导轴承油槽内，对轴承进行冷却和润滑，多余的油量通过设置在高油箱与低油箱之间的溢油管溢流回低位油箱，保证各轴承有足够的润滑冷却油量的同时，高位油箱内的油位始终处于正常油位以上的状态。

由于高位油箱贮油能保证事故状态下的安全停机，同时也能保证不启动油泵，机组能正常开机，因此无需设置直流润滑油泵。

1.4 油箱容量

高位油箱在各种异常情况导致两台润滑油泵均不能工作的情况下,高位油箱内的油容量在低液位时,仍能持续提供保证各轴承的安全运行 10min 用油和完成机组事故停机所需的润滑油,防止停机过程中因失去润滑油而导致轴承损坏事故的发生。根据要求,并考虑到高位油箱部分死液位高度,选择高位油箱的总容量为 12m³。

低位油箱需有足够的容量容纳停机时所有油液的回流。在工作状态时,由于油液进入高位油箱、管路系统后,低位油箱油位出现下降,但液位仍需满足油泵的正常工作,因此选择低位油箱的总容量为 16m³。

1.5 冷却器选型

1.5.1 冷却器选型要点

冷却器采用悬挂板式冷却器,该冷却器换热效率高,约为同等冷却面积的管式冷却器的 2 倍。

系统配置两台板式冷却器,常规工况下互为备用,在极端工况下,可以人为设定两台同时工作。

板式冷却器的设计压力为 1MPa,试验压力 1.3MPa,具有较高的压力裕度。

1.5.2 冷却器的选型

根据水轮发电机组要求,轴承润滑油系统冷却器的主要设备参数如表 1 所示。

表 1   轴承冷却参数

名称	参数值
润滑油总量/(m³/h)	65
冷却水总量/(m³/h)	100
进油温度 T_1/℃	40
出油温度 T_2/℃	35
进水温度 t_1/℃	30
出水温度 t_2/℃	<32
冷却功率/kW	150

具体的冷却器选型计算如图 2 所示。

技术资料		热侧		冷侧	
流体		润滑油 VG68		水	
质量流量	[kg/s]	15.6	—	[kg/s]	27.65
体积流量	[m³/h]	6.5	—	[m³/h]	100
进口温度	[℃]	40	—	[℃]	30
出口温度	[℃]	35	—	[℃]	31.31
动力粘度	[cP]	58.4162	—	[cP]	0.872273
密度	[kg/m³]	863.837	—	[kg/m³]	995.476
比热容	[kJ/kgK]	1.94891	—	[kJkgK]	4.18592
热传导率	[W/mK]	0.138617	—	[W/mK]	0.627065
凝结焓		—			—
气压		—			—
运行压力		—			—
热负荷	[kW]		151.99		
有效换热面积	[m²]		61.5		
有效温差	[K]		11.75/11.75		
传热系数	[W/m²K]		210.38/237.71		
超设计标准	[%]		12.99		
压力损失	[bar]	0.593		[bar]	0.138
系统通道数		1			1
总系统通道数			124		
混合通道类型			62 * KL		

图 2　换热器选型计算

根据计算结果,选择单个冷却器换热面积为 60m²。

2 轴承润滑油系统配置要点

2.1 低位油箱设计

低位油箱既是油泵工作的取油池,又是润滑油系统的储油箱。低位油箱上装有润滑油泵组、高压油顶轴泵组、油位计和液位开关、液位变送器、RTD、油混水信号器、空气滤清器、除油雾泵、低位油箱现地控制箱及检修阀门等。

由于机组轴承回油量很大、流速快,高温回油易在低位油箱内部产生大量的气泡和油雾。润滑油含大量的气泡会对系统稳定运行产生不良影响,如油泵吸油故障乃至损坏、管道震动等。油雾不符合电站对清洁工作环境的要求,溢出的油雾进入电控设备易造成事故,油雾沉积在工作、地板、走道等区域,使地面变滑,易造成人员摔跌事故。低位油箱在结构设计时,除了容积需按设计要求满足系统运行外,还应重点考虑如何避免产生这两个问题。

低位油箱采用钢板焊接而成,油箱内部由钢板分隔成两个区域:清洁油区和回油区。轴承回油口设置在回油区靠近油箱底部的位置,保证回油在油箱正常工作液面以下。两个区域由磁性过滤网连通。由于回油量很大,为使滤网不容易被冲坏,回油口设置不正对滤网,滤网与油箱设置有一个倾斜角度(图3)。回油区的油经磁性过滤网过滤后进入清洁油区,供油泵吸油,磁性过滤网可以单独取出清洗。吸油口设置尽量远离油的主要流动区域,使油泵尽量在油的静止区域取油。通过这些结构上的措施,增长油箱内油液流动路径,尽量达到减少气泡进入油系统循环的目的。

高压顶轴泵安装在低位油箱的侧面,从低位油箱的清洁油区吸油,由于结构上的限制,吸油区域靠近磁性滤网,高压油系统对气泡比低压油系统更为敏感。实际运行过程中,也出现过高压顶轴泵因油中含有气泡造成损坏的情况,因此在低位油箱清洁油区底部,设置一独立的高压油泵吸油区。由于高压油泵用油量小,运行时间短,独立吸油区在油箱底部,此处的油液几乎静止,可以保证高压顶轴油泵所吸的油内油泡尽量少,保证油泵的正常工作。

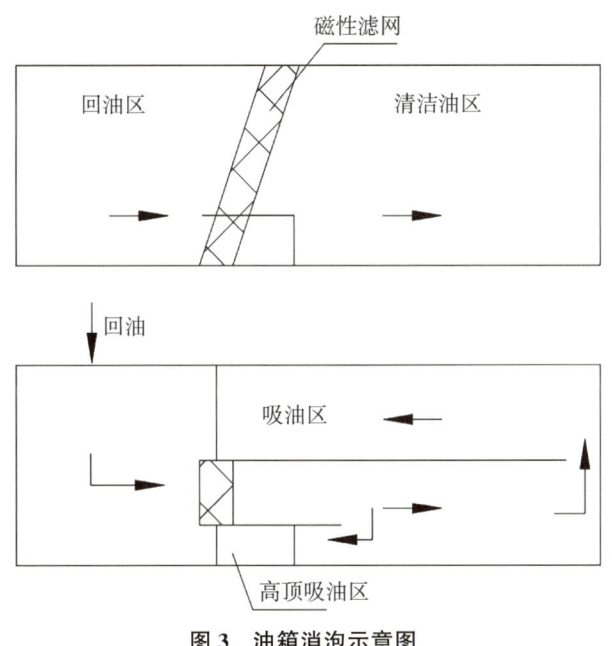

图3　油箱消泡示意图

为达到消除油雾的目的,在油箱顶部设置了一台高效机械式除油雾机。空气流量215 m³/h。它能将油雾抽出并经油雾过滤器先将吸入的油雾液滴旋转加速到50m/s左右,使其与内壁碰撞后积聚成油滴,由上升气流导入引流管返回油箱继续使用。固体颗粒状物质被留在过滤层上,过滤层可长期使用。

正常情况下,一台润滑油泵运行,另一台作为备用,采用连续工作制。其输出的润滑油用于保证高位油箱内的油位正常。如果正常运行时,高位油箱的油位低于低液位后,启动备用泵,当液位到达正常液位后停止备用泵,如果两台油泵同时运行时间到达设定时间油位仍不能到达正常液位,或任何情况下,高位油箱内的液位到达停机液位,启动停机流程。每个泵组的出口分别装有压力开关、单向阀和安全阀,两个泵组出口总管上装有压力表、温度计。

2.2 轮毂油箱设置方案

电站由两个厂家供货,两家公司的轮毂油箱设置方案不一致(图4)。

(1)方案一,高位油箱方案

轮毂油箱与高位油箱合为一体,内部分隔为两个独立的部分,轮毂油箱依靠安装位置的高程差,将油送入水轮机转轮内,平衡上游水压。轮毂油箱由单独的轮毂油泵从回油箱吸油后供油,保持液位在合理范围内,并设置有溢流管,将多余的油溢流回油箱,防止油泵异常启动的情况下油液外溢。

(2)方案二,压力罐方案

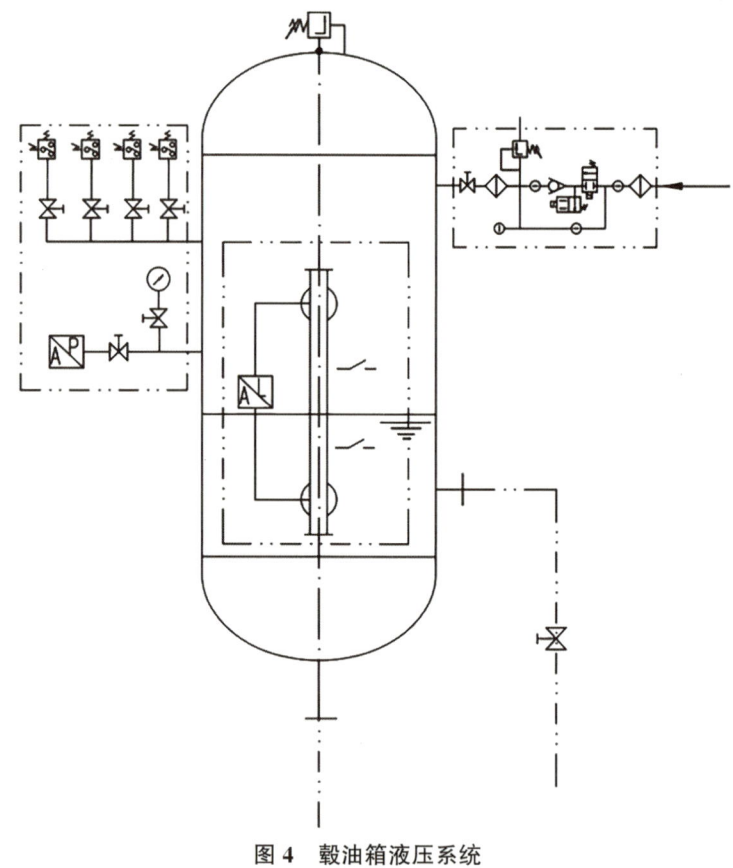

图 4 毂油箱液压系统

轮毂油箱设置为一低压压力罐,罐上设置安全阀、液位计、压力开关、压力变送器等,罐上部为压缩空气,下部为润滑油。压缩空气来自电站低压空气罐,润滑油由油压装置上的轮毂泵供油。此轮毂油箱设置在油压装置的回油箱旁边。

2.3 两种方案的比较

由于方案一依靠高程差进行控制,因此系统较为简单,轮毂油泵的启停依靠液位开关就可实现,由于有溢流管的溢流作用,不用担心压力过载等问题。

方案二系统较为复杂,但其与回油箱、受油器的位置都较近,管路布置较简单,整体结构小于方案一。其控制流程与油压装置的压力罐类似,控制部分也集成在油压装置控制柜内,并不会因其控制系统复杂而另设置控制柜。

2.4 流量监测

润滑油、顶轴油流量监测,监测方法都很重要,以防止无油情况下的误操作,或者是监测方法不对,造成输油量过小或者输油未稳定情况下的启机,造成意外的事故。关于各轴承润滑油流量监测的方案有较多讨论。这里重点关注高压顶轴油流量的监测,高压顶轴油的输油量监测应设置在高压顶轴泵出油口管路上。有的机组是设置在吸油口管路上,如果系统中溢流阀意外打开,会造成输油量不够而流量计并不会发出正确的报警信号,从而造成顶轴功能不正常而烧瓦的事故。

3 结束语

大型灯泡贯流式水轮发电机组的润滑油系统较之一般的立式机组结构更为复杂、技术要求更高,整个系统在设计时,在系统关键位置均需配置用于故障报警、状态监测的自动化元件,并且要设置应合理,以保证系统的长期安全稳定运行。对于轮毂油箱的设置方案二,国内较少采用。本文论述的系统的设计可为其他同类型机组提供借鉴。

参考文献

[1] 徐志,马静,贾金生,等. 水能资源开发利用程度国际比较[J]. 水利水电科技进展,2018,38(1):63-67.

[2] 陆佑楣. 充分利用、有序开发水能资源的机遇和挑战[J]. 水力发电学报,2009,28(3):1-4.

[3] 徐长义. 水电开发在我国能源战略中的地位浅析[J]. 中国能源,2005(4):26-30.

[4] 徐耀铭,吴沛容,陈秉二. 水轮机原理及水力设计[M]. 北京:机械工业出版社,1965.

[5] 田树棠,崔涛. 贯流式水轮机应用的优化[J]. 西北水电,2012(S1):122-126.

[6] 朱宏. 大型灯泡贯流式水轮发电机组关键技术[J]. 云南水力发电,2018(1):170-172.

[7] 盛立君,郑源,杨春霞,等. 用于水厂微水头发电的灯泡贯流式水轮机开发[J]. 南水北调与水利科技,2014,12(6):84-88.

[8] 李娜,冯英. 沙坪二级电站灯泡贯流式机组自动化系统设计[J]. 上海大中型电机,2016,(4):8-11,15.

[9] 马恩君. 新论灯泡贯流机组油系统[J]. 大电机技术,2007(1):57-61.

[10] 黄世忠. 百龙滩水电站机组轴承润滑油和操作油系统[J],红水河,1999(3):73-74.

[11] 邹金中,张幸福. 浅谈轴伸贯流式水轮发电机组的运行与维护[J]. 陕西水利,2013(6):151-152.

尼日尔 KDJ 水电站电气一次设计

孙照鹏

(上海勘测设计研究院有限公司,上海,200434)

摘　要:介绍了尼日尔 KDJ 水电站电气一次设计的主要内容。对电气主接线方案、主要电气设备选型和布置、过电压保护及接地、照明等方面的设计特点进行了概述。根据工程的实际情况,结合中国规范和 IEC 规范,本工程没有设置发电机断路器。

关键词:水电站;电气主接线;电气设备选型;布置;尼日尔 KDJ 水电站

1　工程概况

尼日尔 KDJ 水电站是一个多功能水电项目,水电站位于尼日尔河上,下游距尼亚美 180km,大坝为土—混凝土混合坝。该电站建成后不但能满足整个流域的人口、牲畜和工业的用水需求,而且凭借 $120m^3/s$ 的最低流量,维持尼亚美在枯水季节的河水水位,从而减轻环境恶化。

电站为河床式,装机容量为 $4×32.5MW$,多年平均年发电量约为 $617GW·h$,电站建成后可以提高尼日尔电网的供电容量,对保障当地电网稳定、促进经济发展具有重要的意义。

本工程主要采用 IEC 标准和中国标准相融合设计,对国外工程的设计具有一定的参考意义。

2　接入电力系统方式

根据业主合同文件,电站以 2 回 132kV 电压等级架空线路接入首都尼亚美 132kV 变电站,一回 33kV 电压等级线路接入尼日尔国家电网公司(NIGELEC)变电站,线路长度约 6km。

3　电气主接线

电气主接线的拟定根据电站接入系统方式、电站装机台数和容量、出线回路数、电压等级等基本资料进行。

3.1 发电机—变压器组

电站装有 4 台单机容量为 32.5MW 的水轮发电机组,发电机与主变压器组合方式采用业主招标文件要求的单元接线方案,即每台发电机分别与 1 台容量为 43MVA 的升压电力变压器相连接。接线方式简单清晰,运行灵活,可靠性高,故障影响范围小,继电保护简单,一台主变故障或检修,只影响一台发电机,供电可靠性高,发电机电压等级的离相封闭母线布置简单。

根据主合同,本工程没有倒送电要求,发电机出口不设置发电机断路器。为了便于发电机试验和检修,发电机与主变压器之间装设可拆卸主母线连接件。

3.2 132kV 接线

由于 132kV 配电装置 4 回主变接线,2 回出线,故 132kV 配电装置采用双母线接线,如图 1 所示。

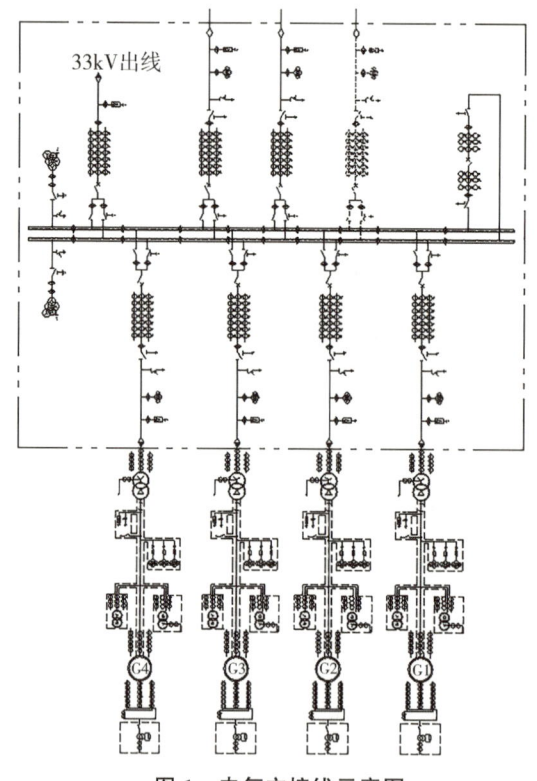

图 1 电气主接线示意图

3.3 33kV 接线

根据主合同,33kV 采用单母线接线,1 回电源进线引自坎大吉 132kV 开关站 33kV 系统,共 6 回 33kV 出线,分别为 2 回电站厂用变压器(TSA1、TSA2)出线、1 回坝区溢洪道降压变压器(TSA4)出线、1 回农业取水口降压变压器(TSA5)出线、1 回(Nigelec)变电站出线、1 回备用回路。

3.4 厂区用电接线

全厂厂用电负荷分为机组自用电和公用电两部分,其中公用电部分主要包括主厂房高低压气系统、渗漏及检修排水泵、油处理系统、全厂空调通风设备及起重设备等。机组自用主要是发电机组所有附属动力设备。

全厂厂用电负荷经初步统计分析,在一台机组检修同时其他机组正常运行的工况下,负荷达 1500 kVA 左右。全厂公用电系统电源来自 132kV 开关站 33kV 的 2 台厂用变压器。低压母线 0.4kV 采用单母线三分段接线,分别为 A 段、S 段、B 段母线。3 段母线之间设分段断路器,另设应急母线 E 段母线。2 台厂用变压器接至 A 段母线,互为备用,1 台柴油发电机(GE)和 1 台小机组(GHS)都接至 E 段应急母线,作为全厂公用电系统 B 段母线上重要负荷的备用电源。

机组自用电系统电源除了来自发电机端的自用电厂用变压器外,还有 2 个备用电源,分别引自 A 段母线和 E 段母线。0.4kV 低压母线采用单母线 4 分段,分别为Ⅰ段、Ⅱ段、Ⅲ段Ⅳ段母线,4 段母线之间不设分段断路器。

照明系统电源分别来自 2 台照明变压器(TENE、TEE),0.4kV 低压母线采用单母线分段接线,分别为Ⅴ段、Ⅵ段,母线之间设分段断路器。2 台带负荷有载调压照明变压器,保证照明供电可靠性与电压质量,提高照明质量。

4 主要电气设备选择

4.1 短路电流计算

根据当地电网提供的初步资料,利用 ETAP 初步计算短路电流值,如表 1 所示。

表 1   电站各短路点短路电流值

短路点	三相短路(kV)	单相短路(kV)
132kV	10.27	10.65
发电机出口	34.1	

4.2 水轮发电机

水轮发电机为立轴全伞式结构,主要参数如下:
发电机型号:SF34.4—64.8850;

额定容量：34.4MW/43MVA；

额定电压：10.3kV；

额定电流：2410.3A；

额定频率：50Hz；

额定功率因数：0.8(滞后)；

相数：三相；

额定转速：93.75r/min；

飞逸转速：245.1r/min；

发电机 GD_2：>9785t·m²；

定子、转子绝缘等级：F级；

转向：俯视顺时针；

发电机中性点接地方式：经接地变压器接地；

冷却方式：空气密闭自循环通风冷却；

制动方式：机械制动；

灭火方式：CO_2 灭火；

励磁方式：可控硅静止励磁系统；

效率：97.8％。

4.3 主变压器

本电站主变压器选用三相油浸双绕组风冷、铜绕组、无励磁调压升压变压器，主要技术要求如下。

型式：三相、双绕组、强迫风冷、铜芯、无励磁调压升压变压器；

额定容量：43MVA；

额定电压比：136±2×2.5％/10.3kV；

额定频率：50Hz；

阻抗电压：10％；

联结组别：YN,d11；

中性点接地方式：132 kV 直接接地；

冷却方式：ONAN/ONAF；

噪音水平：≤78dB。

4.4 自用电厂用变压器

型式：单相干式；

额定容量：3×80kVA；

三相额定电压比：10.3±2×2.5％/0.415kV；

阻抗电压：$U_k=6\%$；

冷却方式：AN/AF；

结线组别：Dyn1。

4.5 主回路离相封闭母线

额定电压：15 kV；

额定电流：4000A；

额定短时耐受电流/时间：40kA/2s；

峰值耐受电流：100kA。

4.6 分支回路离相封闭母线

额定电压：15kV；

额定电流：1000A；

额定短时耐受电流/时间：55kA/2s；

峰值耐受电流：160kA。

4.7 公用电厂用变压器

型式：干式铜芯环氧浇注三相变压器式；

额定容量：1600kVA；

三相额定电压比：33±4×2.5%/0.415kV；

阻抗电压：$U_k=6\%$；

结线组别：Dyn1。

4.8 户内132kV GIS设备

型式：145kV SF6气体绝缘金属封闭开关设备；

额定电压：145kV；

额定电流：2000A；

额定频率：50Hz；

相数：三相；

额定短路耐受电流：40kA；

额定短路耐受电流持续时间：3s；

额定峰值电流：100kA；

相对地、相间雷电冲击耐压：550kV；

断路器断开：550kV；

隔离开关断开：630kV；

工频耐压(1min,50Hz);

相对地、相间:230kV;

断路器断开:230kV;

隔离开关断开:265kV。

5 主要电气设备布置

本电站厂房为地面式,长度为160.5m(包括行政大楼和安装场),宽度为22.600m,机组间距为28.5m。

主厂房发电机层下游侧布置有机旁盘、机组励磁盘等;主厂房上游侧中间层副厂房布置有厂用变、低压开关柜等。母线层布置有发电机电压设备、励磁变、机组自用配电屏。发电机主引出线采用离相封闭母线,布置在母线层,自发电机风罩引出沿着母线层水平敷设,在沿主厂房上游侧垂直敷设引至主变压器。

4台主变压器为户外式,布置在配电室上方与安装间同高程的单独的主变压器室内;132kVGIS设备布置在主变室上方GIS室内。132kV电容式电压互感器、避雷器集成在GIS内,本工程不设132kV出线场。2台应急柴油发电机布置在4号主变室隔壁单独的柴油发电机室内。

继保室、电工实验室、蓄电池室等布置在上游侧副厂房内。中控室、计算机室、值班室、蓄电池室、秘书室及接待室等布置在行政大楼内。大坝控制室、高低压配电室布置在下游侧副厂房内。

6 过电压保护及接地

(1)电机电压设备防过电压保护

为有效限制来自主变压器的传递过电压,在每一组发电机变压器单元母线上靠近主变侧各设置一组 ZnO 避雷器。

(2)防直击雷设施

为防止直击雷损害设备及人身安全,在主、副厂房及液压启闭机室屋顶设置避雷带,使站内设备和建筑物均在保护范围内。

(3)接地

本站接地系统包括厂区与溢洪道接地两部分。根据业主合同文件,全站总接地电阻值要求值不大于1.0Ω。下阶段根据土壤电阻率参数及短路电流参数进行接地网的详细设计,并复核接触电势、跨步电势等。

7 照明

全厂照明分工作照明和事故照明两个系统,工作照明采用交流 400/240V 三相四线制,由照明配电盘供电。

事故照明由照明变压器(TEE)提供应急电源供电,正常情况下事故照明是工作照明的一部分,由照明变压器(TENE)供电,当发生全厂停电事故时,由照明变压器(TEE)供电。

8 结论

本工程在设计过程中,结合了 IEC 相关规范、中国规范和业主要求,并根据项目的实际情况对 132kV 开关站的布置进行了 AIS 和 GIS 的方案比选,最终采用户内 GIS 布置方案。本次方案的比选为业主节约了投资成本,预计 2023 年底第一台机组发电。

参考文献

[1] 水电站机电设计手册:电气一次[M].北京:水利水电出版社,1985.

[2] 水力发电厂厂用电设计规程:NB/T 35044—2014[S].北京:中国电力出版社,2014.

[3] 水力发电厂机电设计规范:NB/T 10878—2021[S].北京:中国电力出版社,2021.

[4] 气体绝缘金属封闭开关设备配电装置设计规范:NB/T 35108—2018[S].北京:中国水利水电出版社,2018.

基于功率圆图的抽水蓄能机组抽水调相容量简析

顾坤鹏　王朝平　陈俊璞

（中国水利电力对外有限公司，北京，101100）

摘　要：抽水蓄能机组在抽水调相时，会产生机端电压降低、机组过热和失稳等问题，且受原动机水泵工况限制，其抽水调相深度要大幅小于常规发电机的调相深度。调相深度可以结合机组功率圆图进行分析。由此得出其调相深度不超过机组视在功率的10%，且宜控制在7.5%以下。

关键词：抽蓄机组；抽水调相深度；功率圆图

近年随着光伏风电新能源及配套特高压直流送出工程的大规模建设，电网220kV以上各枢纽节点无功缺额日益增加，系统迫切要求无功补偿。为深挖无功调节能力，往往要求并网的水电机组、火电机组调相运行，或者做专门调相机运行。抽水蓄能机组运行工况多，转换灵活，可以快速响应系统的无功调度要求，但机组的调相深度，要兼顾机组的励磁限值、发热、稳定等问题。如何确定抽蓄机组在做电动机抽水运行工况时的调相能力，关系到抽水蓄能电站的安全稳定运行。本文即以某抽水蓄能机组为例，展开分析研究。

1　抽水蓄能机组的几种并网运行状态

（1）发电机迟相运行（常态运行）

发电机向电网同时送出有功功率和无功功率。

（2）发电机进相运行（超前运行）

电机向电网送出有功功率，吸收电网无功功率。

（3）发电机调相运行

发电机吸收电网的有功功率维持同步运转，向电网送出无功功率，从而起到调节系统无功、维持系统电压水平的作用。

（4）电动机运行（抽水）

电机同时吸收电网的有功功率和无功功率维持同步运行。

（5）电动机调相运行（抽水）

电动机吸收电网的有功功率维持同步运转，并向电网送出无功功率。

2 某投入运行抽水蓄能电厂发电电动机组功率圆图分析

该机组主要参数为：①电机发电工况额定容量 222MVA，功率因数 0.9；②电机抽水工况额定容量 218MVA，功率因数 1.0；③电机额定电压 13.8kV，升压至 220kV 并网；④电机直轴同步电抗不饱和值 $X_d=1.285$；⑤电机交轴同步电抗不饱和值 $X_q=0.894$；⑥水泵水轮机最大入力 203.5MW。

厂家提供的主机发电工况的功率圆图适用于电动工况。如图 1 所示，①静态稳定限值线；②水轮机输出功率极限线；③转子发热限值线；④最小励磁电流限值线。

图中曲线①、③为不同发电机电压值时（通常 0.95/1.0/1.05 标幺值）的限值线，用不同颜色的曲线表示。曲线①同时也是考虑了减少 10% 功率的安全裕度后的稳定限值线。

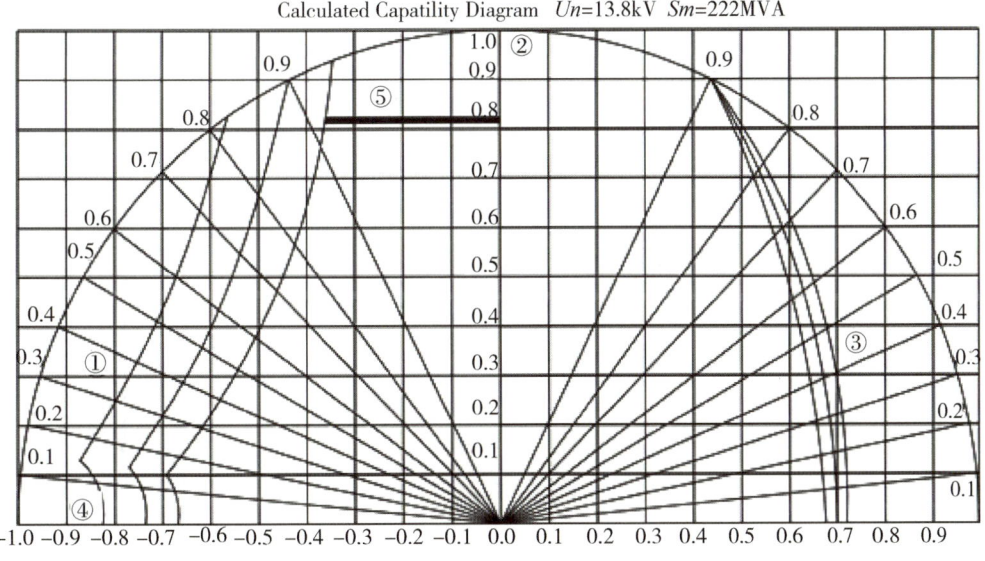

图 1 某投运发电电动机功率圆图

发电机的稳定限值，需根据机组的直轴同步电抗 X_d 和交轴同步电抗 X_q 计算。这些参数与机组容量、结构、材质有关。静稳定极限功率角 δ_s 也是图 1 中曲线①的确定依据。

$$\delta_s = \arcsin\sqrt{X} = \sqrt{\frac{2P_e X_q X_d}{\sqrt{3} U_s^2 (X_d - X_q)} \text{sh}\left\{\frac{1}{3}\text{arsh}\frac{3\sqrt{3} U_s^2 (X_d - X_q)}{2 P_e X_{q1} X_d}\right\}} \tag{1}$$

在上式中，代入相应的标幺值即可求出计算凸极发电机直接与无穷大电网相连的静稳

定极限功率角 δ_s。此时发电机进相运行达到临界稳定状态。如果进相深度继续加深,功率角增加超出静稳定极限值,发电机即失去稳定。具体数值计算本文不做深入讨论。

该机组抽水调相运行时,受曲线①、④限制,也受水泵水轮机入力值限制。因水泵水轮机水泵工况运行特性限制,在全扬程范围内,机组入力变化范围很小,在 90%～100%内。此时该机组电动机有功功率为 203.5MW×(0.9～1.0)＝183～203.5MW。计算其标幺值为 (183～203.5)/218MVA＝0.84～0.93。这在功率原图中是一个较窄的范围。

在图 1 中,纵坐标为有功值,横坐标为无功值,纵坐标左侧为进相区。在纵坐标幺值(有功功率)0.86 位置向左画一直线段,至静态稳定限值线①,即线段⑤范围。该线段长度代表调相容量,此时调相功率在约 35%额定功率范围内(查横坐标负轴),即约为:0.35×218MVA＝76.3MVA。但机组调相运行将受到机端电压降低、定子铁芯端部过热、失磁保护动作等因素制约,实际达不到该范围值。

而常规水电机组的最大调相容量,一般来讲,约为机组额定无功功率的 70%。

3　抽水调相容量解析

3.1　机端电压计算方法

设该机组在上述范围内做抽水调相运行,计算此时的机端电压值为 U_t。为方便图解分析,充分利用功率圆图的有功、无功及功角关系,以《同步发电机进相试验导则》(DLT 1523—2016)附录 D 同步发电机功角计算,公式 D_1、D_2 为参考依据,展开分析。

图 2 为凸极同步电机正常运行时的电压、电流相量图。其中,δ_g 为功角,P 为机组有功功率,X_q 为机组交轴同步电抗,U_t 为机端电压,Q_G 为机组无功功率。该机组的 X_q 值为 0.894。计算公式为:

$$\tan\delta_g = \frac{IX_q\cos\varphi}{U_t + IX_q\sin\varphi} = \frac{U_t I X_q \cos\varphi}{U_t^2 + U_t I X_q \sin\varphi} = \frac{PX_q}{U_t^2 + Q_G X_q} \quad (2)$$

利用该公式,通过图测功角 δ_g,计算 U_t 值。

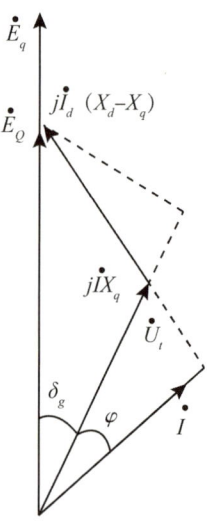

图 2　同步电机相量图

3.2　做机组功率圆图

1)作图程序(图 3)如下。

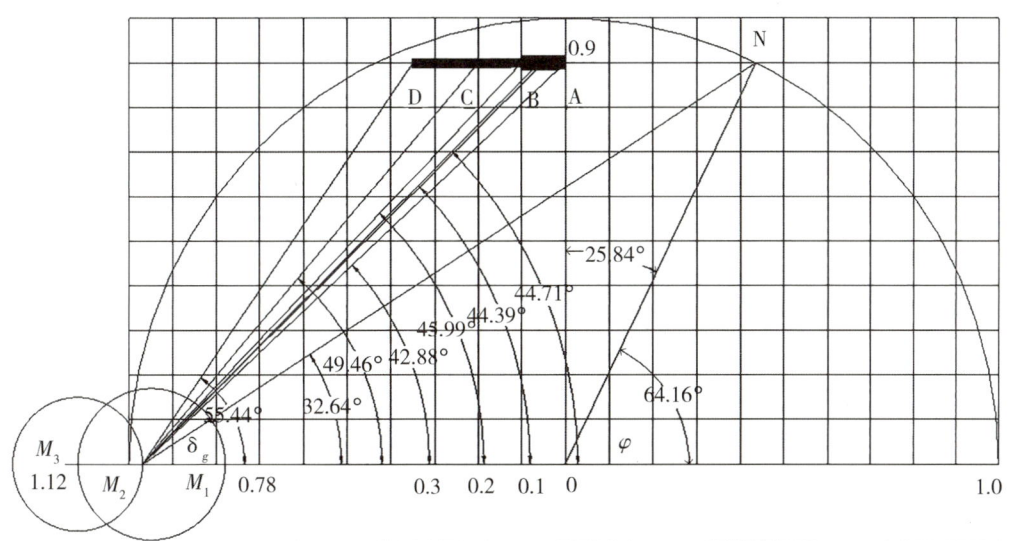

图 3 某投入运行发电电动机抽水调相分析功率圆图

做机组功率圆图以 O 为圆心作视在功率圆,纵坐标表示有功功率的标幺值,横坐标表示无功功率标幺值。

2)通过圆心 O 作额定功率因数线 $ON(\cos\varphi=0.9)$,N 点为发电工况额定点。

3)在第二象限的横轴上取线段 $OM_1=1/X_d=1/1.285=0.78$,取线段 $OM_3=1/X_q=1/0.894=1.12$,其中点 M_1—M_3 为半径的圆,为磁阻圆,又称为失励圆。

4)以 M_1—M_3 为半径的圆,与直线 NM_3 相交于 T 点,取 NT 线段长度的 10%,计为 L,作为安全裕度,以 M_3 为圆心、ΔL 为半径作失励圆,它与横轴相交于 M_2 点,即考虑 10% 安全裕度的实际运行点。为图件清晰计,本步骤未在图中显示。ΔL 值为 0.15。

5)画出线段 AD,即前述理论上机组抽水调相运行范围。按无功功率标幺值 0(A 点)、0.1(B 点)、0.2(C 点)、0.35(D 点),向 M_2 点做直线,求得各点 δ_g 夹角值。分析中也取了无功功率标幺值 0.05、0.06、0.075 等点位。

3.3 机端电压的计算

设全扬程范围内机组入力范围变化为 90%~100% 内,按机组有功功率 P 为 200MW、190MW、180MW,利用前述式(1),分别计算此时各个工况点($ABCD$)的机端电压 U_t 值。结果如表 1 至表 3 所示。不同的有功功率,对应的运行功角值略有差异,也予以单独作图分析,但实际对分析结果影响较小,并不影响数值规律和结论。为清晰起见,本文仅列出图 3。其他实测角度见表 2 和表 3。

表 1　　　　　　　　$P=200MW$ 机端电压 U_t 计算结果（黄色为额定功率因数点）

图中点	Q 标幺值	Q/MVA	功角 δ_g/°	tanδ	U_t/kV	比额定电压/%	220kV 侧/kV
N	0.436	96.792	32.74	0.64	13.84	0.29	220.64
A	0	0	42.86	0.93	13.88	0.59	221.29
	0.05	11.1	44.39	0.98	13.14	−4.76	209.52
	0.075	16.65	44.71	0.99	12.87	−6.71	205.23
B	0.1	22.2	45.99	1.04	12.36	−10.40	197.11
C	0.2	44.4	49.46	1.17	10.64	−22.89	169.64
D	0.35	77.7	55.44	1.45	7.33	−46.90	116.82

表 2　　　　　　　　机端电压 U_t 计算结果 $P=190MW$

图中点	Q 标幺值	Q/MVA	功角 δ_g/°	tanδ	U_t/kV	比额定电压/%	220kV 侧/kV
A	0	0	41.26	0.88	13.88	0.61	221.33
	0.05	11.1	42.77	0.93	13.15	−4.71	209.64
	0.06	13.32	43.08	0.94	13.00	−5.80	207.23
	0.075	16.65	43.18	0.94	12.86	−6.81	205.02
B	0.1	22.2	44.36	0.98	12.38	−10.32	197.30
C	0.2	44.4	47.84	1.10	10.66	−22.77	169.92
D	0.35	77.7	53.9	1.37	7.36	−46.67	117.32

表 3　　　　　　　　机端电压 U_t 计算结果 $P=180MW$

图中点	Q 标幺值	Q/MVA	功角 δ_g/°	tanδ	U_t/kV	比额定电压/%	220kV 侧/kV
A	0	0	41.26	0.88	13.51	−2.08	215.43
	0.05	11.1	42.77	0.93	12.78	−7.40	203.72
	0.06	13.32	43.08	0.94	12.63	−8.50	201.31
	0.075	16.65	43.18	0.94	12.49	−9.52	199.05
B	0.1	22.2	44.36	0.98	12.00	−13.02	191.35
C	0.2	44.4	47.84	1.10	10.27	−25.56	163.78
D	0.35	77.7	53.9	1.37	6.90	−49.97	110.07

4　计算结果分析

1）表 1 中 N 点位额定工况功角 δ_g 为 32.74°，计算得机端电压为 13.84kV，基本等于机组的额定电压 13.8kV，证明本分析可靠。

2）图中 D 点无功功率标幺值 0.35，此时机端电压计算值约为 7kV，已非正常运行点。证明初步分析时得到的调相范围是不合适的。

3)图中 B 点,此时机端电压计算值约为 12.4kV,机端电压值较额定电压 13.8kV 下低约 10%,满足电压要求下限。C 点的电压降达到 22% 以上,不满足要求。

4)表中 $A\sim B$ 点之间,机端电压值均满足要求,即调相无功功率限值,不超过 22MVA。

5)机组做抽水调相运行时,运行范围十分有限,基本为图 3 中 AB 段。考虑一定的安全裕量,以不超过 16MW 为宜,即无功标幺值 0.075 点位对应的值。

6)如果厂用电源取自机端,则机组抽水调相运行机端电压降低,也导致厂用电压下降。从上述计算分析,为使厂用电压下降不超过 10%,调相深度不宜太多。

7)同步电机进相运行需通过降低励磁电压来降低励磁电流来实现。加大机组进相深度往往将导致失磁保护动作。为避免这一问题,需调整励磁电压整定值,还要结合自动调节励磁装置、AVR 装置以提高稳定裕度。

5 机端电压降低与高压母线电压基本不变问题

该电厂实际运行中,发现机组在抽水并调相运行时,220kV 母线电压基本不变。而经过上述分析,此时机端电压会降低。

初步分析,当地 220kV 电网的无功容量充裕,满足支持机组调相容量,可保持 220kV 母线电压基本不变。

机组处于电动机运行、水泵抽水工况时,电动机有功功率基本维持为 90%~100% 的额度功率,即有功电流 I_e 基本不变。随着进相深度的增加,励磁电流也相应降低,电动机从系统吸收的无功电流 I_r 增加,总的定子电流 $I=\sqrt{I_e^2+I_r^2}$ 同时增加,导致发电机—主变压器回路中的主要电抗(主变)压降也增加,致使主变低压侧电压降低。

6 结论和建议

同步电机调相运行会带来机端电压降低、机组过热和失稳问题。抽水蓄能机组也同样存在类似的问题,而且由于原动机水泵水轮机的水泵工况限制,电动机抽水调相时的深度,要大幅小于常规发电机的调相深度。

可以结合机组功率圆图进行抽蓄机组抽水调相深度分析。通过本例可以看到,调相深度不超过机组视在功率的 10%,且宜控制在 7.5% 以下。该值具有一定的普遍性,可经其他机组的进一步计算和运行试验加以验证。

国外非标准电压等级大中型水电站
过电压分析与绝缘配合研究

杨建　姚帅　刘晓梅

（黄河勘测规划设计有限公司,河南郑州,450003）

摘　要：针对非洲西部地区凯乐塔水电站与苏阿皮蒂水电站,运用国际通用的电磁暂态仿真软件 ATP/EMTP,精确建立水电站及送出线路模型,详细计算非标准电压等级下的内部过电压、外部过电压,分析各类过电压的产生过程,研究两电站过电压结果异同的原因,完成凯乐塔水电站与苏阿皮蒂水电站的绝缘配合方案配置及裕度校核。

关键词：非标准;大中型水电站;过电压

过电压是指超过正常运行电压并可使电力系统绝缘或保护设备损坏的电压升高。据统计,水电站各种运行事故中,过电压引起的绝缘事故占主导地位。水电站绝缘包括电气设备以及线路,而对确定电气设备绝缘水平起决定性作用的过电压。应综合考虑电气设备在系统中可能承受的各类作用电压、保护设备特性和设备绝缘对材料各种工作电压的耐受特性,合理选择设备的绝缘水平。绝缘设计时,要综合分析设备的造价、维护费用和设备绝缘故障所引起的事故损失,处理好各种作用电压、限制措施及设备绝缘耐受能力三者之间的互相配合关系,以达到经济、技术、安全综合效益最高的目的。

非洲西部地区电力电压分级与国内标准电压序列不同,如 225kV 及 30kV,均为非标电压等级,不可直接套用国内工程的绝缘配置案例。在过电压分析中均需对各类过电压类型进行深入分析,定制绝缘配合方案,并进行绝缘裕度校核。

本文以西非凯乐塔水电站、苏阿皮蒂水电站为主要研究对象,运用美国邦纳维尔电力局(BPA)编制的电磁暂态仿真软件(ATP/EMTP)进行项目研究。研究内容主要包括过电压分析计算和主要电气设备绝缘配合两个部分。分析两座水电站在内部过电压水平、外部过电压水平以及绝缘配合方案的异同,以求对海外非标电压等级大中型水电站的过电压分析以及绝缘配合方案设计提供参考。

1 项目简介

凯乐塔水电站位于几内亚的西部,距离首都科纳克里 140km,总装机容量为 234.6MW,发电机单机输出功率为 78.2MW。本电站发电机与变压器组合采用单元接线,共设 3 台主变,升高电压侧采用单母线带旁路接线,225kV 出线 2 回,线路全长 114.39km。

苏阿皮蒂水电站位于孔库雷河中游,距离首都科纳克里 135km,电站下游 6km 处为装机为 235MW 的凯乐塔水利枢纽,上游 100km 为已建的 75MW 的格拉菲里水利枢纽,是目前孔库雷河梯级开发的第 2 级电站(自上游向下游)。电站装机容量为 450MW,保证出力 184MW,多年平均发电量 20.16 亿 kW·h,装机利用小时数 4484h,采用 4 台单机容量 112.5MW 混流式水轮机。苏阿皮蒂水电站 225kV 出线采用同塔双回架空线路送电,线路全长 8.56km。

2 模型简介

为保证仿真计算结果的准确性,必须为电站中各组成部分选择合理的仿真计算模型。本文进行仿真计算时,各主要部分的计算模型如表 1 所示,基于各组成部分的基础模型,应用 EMTP/ATP 软件,建立水电站及输电线路的仿真计算模型如图 1 及图 2 所示。

表 1 水电站各部分计算模型

雷电流模型	绝缘子串模型	杆塔模型	输电线路模型	避雷器模型	电气设备模型
彼德逊等值模型	考虑绝缘子串伏秒特性的数值开关	等值多波阻抗模型	带有频率特性的 JMARTI 线路模型	考虑伏安特性的分段指数化模型	等效电容模型

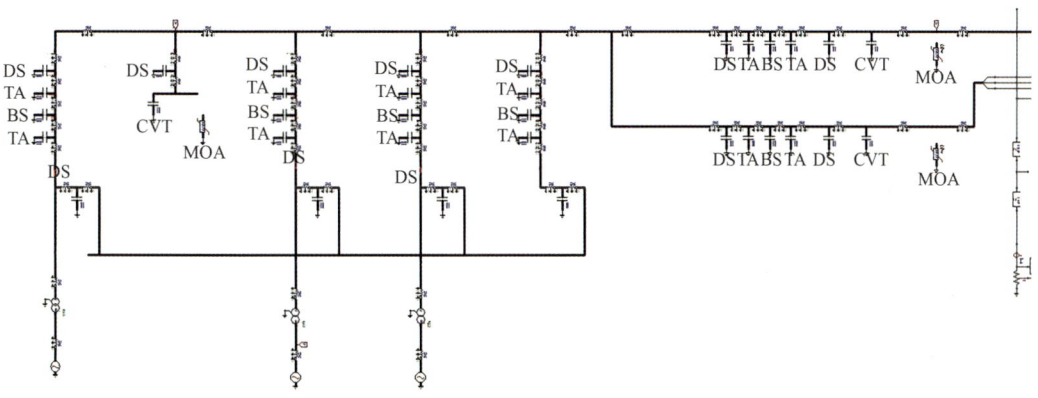

图 1 电站部分模型

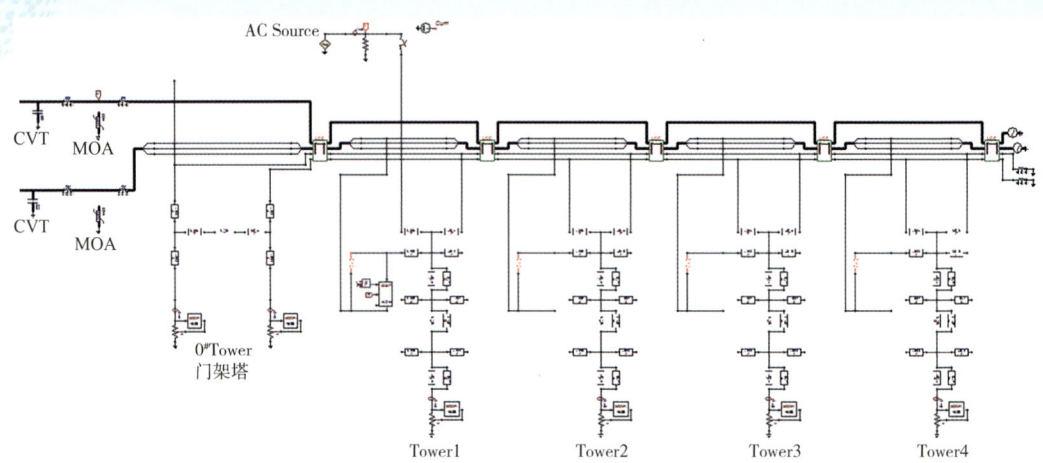

图 2　225kV 出线段模型

3　过电压分析

3.1　225kV 系统过电压分析

3.1.1　工频过电压

按通常情况,取正常送电状态下线路甩负荷和在线路受端有单相接地故障情况下甩负荷作为确定系统工频过电压的条件。对凯乐塔水电站至对侧变电站及苏阿皮蒂水电站至对侧变电站的 225kV 双回架空输电线路分别进行过电压分析计算。假定计算条件为:水电站满负荷运行,双回 225kV 架空线路外送电,受端单相接地故障甩负荷。计算结果如表 2 及图 3 所示。

表 2　工频过电压

线路	测量侧	故障侧	
		水电站侧	变电站侧
凯乐塔水电站至对侧变电站架空线	凯乐塔	1.13p.u.	1.17p.u.
苏阿皮蒂水电站至对侧变电站架空线	苏阿皮蒂	1.05p.u.	1.08p.u.

225kV 工频过电压分析结果表明:两电站的工频过电压水平均低于规范要求的 1.3p.u.,满足规范要求。对比两电站工频过电压水平,凯乐塔水电站工频过电压明显高于苏阿皮蒂水电站,其原因主要是由线路长度的差异导致的。凯乐塔水电站外送线路长度远大于苏阿皮蒂水电站,线路容升效应显著,故其工频过电压水平较高。

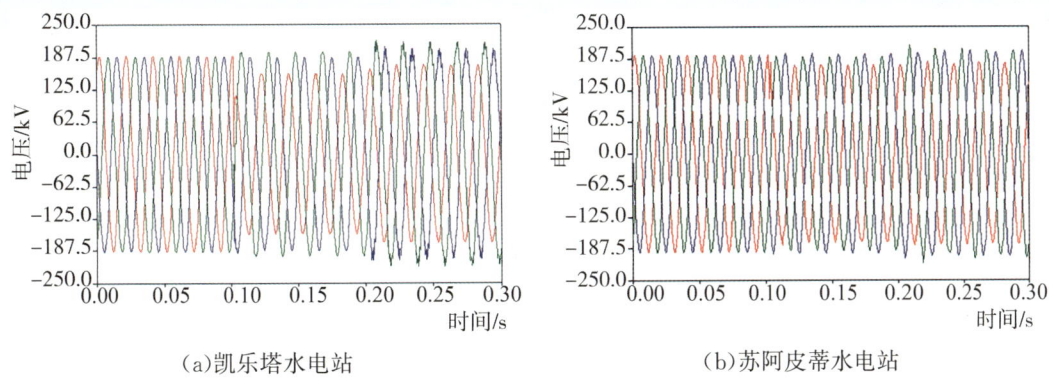

(a)凯乐塔水电站　　　　　　　　(b)苏阿皮蒂水电站

图 3　单相故障甩负荷故障点三相电压波形

3.1.2　雷击过电压

苏阿皮蒂水电站 225kV 出线采用同塔双回架空线路送电,线路全长 8.56km。参考水电站的设计及计算经验确定的避雷器初步配置方案为:敞开式出线靠近 GIS 出线套管处各设置一组避雷器,每台变压器高压出口侧各设置一组避雷器。对苏阿皮蒂水电站 225kV 系统雷击过电压进行了计算分析,针对最严重的一线一变运行方式,出线 1~6 号各杆塔分别遭受雷电绕击和反击的情况下,进行了雷电过电压核算。通过雷击线路对苏阿皮蒂站造成的过电压影响分析计算可知:所有的雷击过电压,当计及避雷器动作特性时均可以有效地钳制在 225kV 电气设备的雷电冲击耐受电压水平以下,且其绝缘裕度系数均远大于标准规定的 1.15。因此在此避雷器方案配置下,采用标称放电电流为 10kA 的避雷器,可有效保护苏阿皮蒂站内设备在雷电工况下的安全运行。

同样的,通过雷击线路对凯乐塔电站造成的过电压影响分析可知,所有的雷击过电压,当计及避雷器动作特性时均可以有效地钳制在其动作电压下。

对比两电站雷击过电压分析结果可知,225kV 输电线路长度的差异并未对雷击过电压的防护产生明显影响。225kV 侧典型雷击过电压波形如图 4 所示。

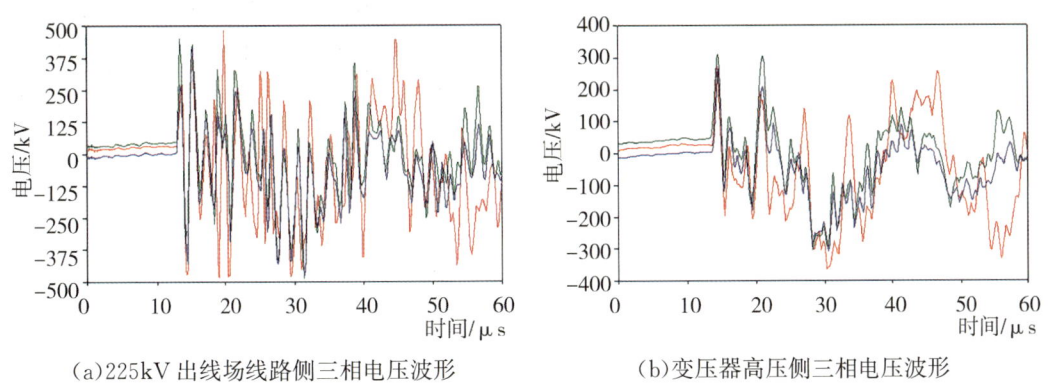

(a)225kV 出线场线路侧三相电压波形　　　　(b)变压器高压侧三相电压波形

图 4　225kV 侧典型雷击过电压波形

3.1.3 操作过电压

操作过电压分析内容主要包括空载线路合闸过电压、单相重合闸过电压、三相重合闸过电压故障相恢复电压和潜供电流计算。

空载线路合闸过电压、单相重合闸过电压、三相重合闸及合空载变压器过电压分析计算时,设定断路器三相合闸具有一定的非同期特性,并假定最大非同期时间为10ms,在最大非同期时间内各相断路器随机合闸,合闸时间服从正态分布的规律。

苏阿皮蒂水电站的分析结果为:空载线路合闸过电压的最大过电压倍数为1.95p.u.,单相重合闸过电压的最大过电压倍数为1.80p.u.,三相重合闸过电压的最大过电压倍数为1.93p.u.,合空载变压器产生的励磁涌流最大为1681A,为额定电流的4.56p.u.,在1.5s左右衰减到稳态值,合空变产生的最大过电压为1.80p.u.。凯乐塔水电站的分析结果为:空载线路合闸过电压的最大过电压倍数为1.99p.u.;单相重合闸过电压的最大过电压倍数为1.58p.u.,三相重合闸过电压的最大过电压倍数为2.50p.u.。

在对故障相恢复电压和潜供电流分析计算时,假定线路单相接地故障电阻为40Ω,计算结果为:故障相恢复电压和潜供电流的暂态过程较短,不会对断路器单相重合闸的设定时间造成太大影响;故障相恢复电压和故障点的潜供电流的最大值分别为24.54kV和3.37A。凯乐塔水电站故障相恢复电压和故障点的潜供电流的最大值分别为12.48kV和13.57A。

225kV操作过电压分析结果表明:在计及避雷器工作特性的条件下,通过避雷器的工作特性可以将两电站的线路各类操作过电压钳制在1.95p.u.以内,均满足IEC 60071系列标准要求取值范围(3.0p.u.)。凯乐塔水电站故障相恢复电压和故障点的潜供电流水平明显高于苏阿皮蒂电站,主要是同塔双回长线路耦合作用导致,应合理调整重合闸时间,以减小潜供电流对线路两侧设备的影响。225kV典型操作过电压波形如图5所示。

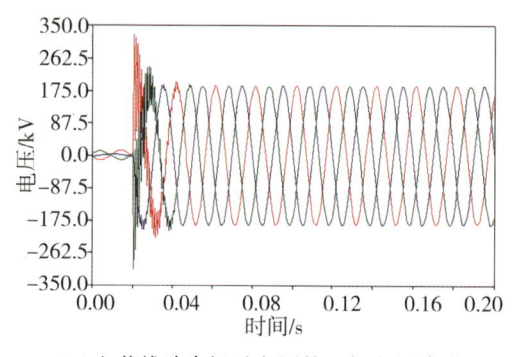
(a)空载线路合闸过电压的三相电压波形

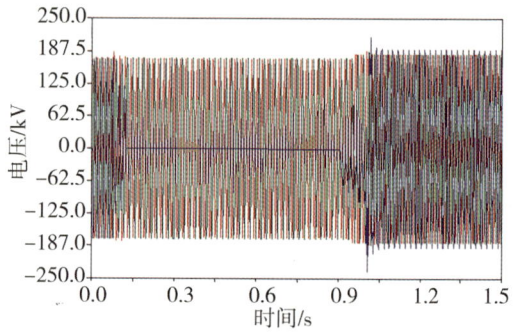
(b)单相重合闸操作时三相电压的变化波形

图5 225kV典型操作过电压波形

3.2 30kV系统过电压分析

苏阿皮蒂水电站30kV外接电源系统采用同塔双回架空线路送电,线路全长8.8km。

3.2.1 雷电过电压

参考水电站的设计及计算经验确定的避雷器初步配置方案为:各进线段各装一组 44kV 避雷器;分段母线各装一组 44kV 避雷器及厂用变出线各装设一组 44kV 避雷器。对苏阿皮蒂水电站 30kV 外接电源系统雷击过电压开展了计算分析。

通过雷击线路对苏阿皮蒂水电站造成的过电压影响分析计算可知:所有的雷击过电压,当计及避雷器动作特性时均可以有效地钳制在 30kV 电气设备的雷电冲击耐受电压水平 (185kV) 以下,且其绝缘裕度系数均远大于标准规定的 1.15,因此在此避雷器方案配置下,采用标称放电电流为 5kA 的避雷器,可有效保护苏阿皮蒂站内 30kV 系统设备在雷电工况下的安全运行。

3.2.2 工频过电压

本文对苏阿皮蒂水电站 30kV 外接电源双回架空输电线路进行工频过电压分析计算。分析了苏阿皮蒂水电站 30kV 系统满负荷运行时,线路受端有单相接地故障甩负荷、两相接地故障甩负荷及线路无故障甩负荷引起的工频过电压。由分析可知,系统的工频过电压最高为 1.87p.u.,低于相关规定的 $1.1\sqrt{3}$ p.u.(1.90p.u.) 的要求。

3.2.3 操作过电压

本文主要对苏阿皮蒂站—凯乐塔站的双回 30kV 架空输电线路进行了操作过电压分析,分析内容包括空载线路合闸过电压、单相重合闸过电压、三相重合闸过电压计算。

经分析,30kV 系统最高操作过电压倍数为 3.25p.u.,小于规程的 66kV 以下不接地系统的最大允许操作过电压倍数 4.0p.u.,避雷器的最大吸收能量为 0.051MJ,比能量 1.70kJ/kV,远低于 MOA 避雷器的允许通流能力,满足系统安全稳定要求。

凯乐塔水电站 30kV 出线长度较短,只有 1.42km。由于出线长度较短,工频及操作过电压水平很低,不会对 30kV 设备的绝缘水平造成威胁,因此凯乐塔水电站主要对雷击过电压进行分析计算。雷击线路对凯乐塔站造成的过电压影响分析可知,所有的雷击过电压,当计及避雷器动作特性时均可以有效地被钳制在其动作电压下。

对比两电站的过电压分析结果,凯乐塔水电站 30kV 工频、操作过电压水平均远低于规范要求,而苏阿皮蒂水电站工频过电压达到 1.87p.u.,最高操作过电压倍数为 3.25p.u.,虽满足规范要求,但都属于规范允许范围内的较高水平。其原因主要在于凯乐塔水电站 30kV 出线距离较短,不足 2km,而苏阿皮蒂水电站 30kV 出线长度达到了 8.8km。

4 绝缘配合方案研究

本次研究的凯乐塔水电站及苏阿皮蒂水电站,均存在 225kV 与 30kV 两个非标电压等级。在进行避雷器配置方案设计过程中,为与国内避雷器设备标准序列接轨,本文采取了就近原则。与 225kV 电压等级最接近的国内标准电压等级是 220kV,属于下靠配置,其绝缘裕度会略小于传统 220kV 配置方案。与 30kV 电压等级最接近的国内标准电压等级是 35kV，属于上靠配置，其绝缘裕度会大于传统 35kV 配置方案，选型可靠性更有保证。本节将对该 2 个电压等级下的绝缘配合方案进行分析。

4.1 凯乐塔水电站绝缘配合方案

在通常情况下，220kV 及以下电压等级的绝缘水平主要由工频耐受电压和雷电耐受电压决定。对于 220kV 以上的变压器除工频耐受电压和雷电耐受电压外，还需要增加操作冲击耐受电压。经 3.1 节核算，凯乐塔水电站 225kV 系统与低压系统操作过电压倍数均小于 3.0p.u.，不需要采取限制措施，故针对凯乐塔水电站电气设备开展工频电压及雷电过电压的绝缘配合。在凯乐塔水电站的电气一次方案中，所选取的 225kV 系统内各类主设备绝缘水平如表 3 所示，30kV 系统各类主设备绝缘水平如表 4 所示，各电压等级的避雷器选型结果如表 5 所示。

表 3　凯乐塔水电站 225kV 系统一次主设备绝缘水平

设备名称	额定电压/kV	系统运行最高电压/kV	额定 1min 工频耐受电压/kV	额定雷击耐受电压(1.2/50μs)/kV
升压变压器	220	245	395	950
GIS 装置	245	245	460	1050
断路器	245	245	395	950
电压互感器	220	245	395	950
隔离开关	245	245	460	1050
225kVGIS 母线	245	245	460	1050

表 4　凯乐塔水电站 30kV 系统设备绝缘水平

设备名称	额定电压/kV	系统运行最高电压/kV	额定 1min 工频耐受电压/kV	额定雷击耐受电压(1.2/50μs)/kV
变压器	30	36	95	185
电压互感器	30	36	95	185
断路器	36	36	95	185

表 5　凯乐塔水电站避雷器选型结果

系统标称电压/kV	避雷器	类型	持续运行电压(有效值)/kV	避雷器额定电压(有效值)/kV	雷电冲击残压(峰值)/kV
225	线路避雷器	户外	159	204	532
225	母线避雷器	GIS 内	159	204	532
30	避雷器	户内	36	45	88.5

4.1.1　225kV 设备绝缘配合校核

(1)工频暂态过电压配合校核

已知被保护设备的暂态过电压耐受值具有以下关系。

$$U_{rw} \geqslant K_C \times U_{be} \tag{1}$$

式中，K_C 为绝缘配合系数，U_{be} 为避雷器额定电压。

根据 225kV 避雷器选型结果，线路侧避雷器 $U_{be}=204$kV，变电站母线侧避雷器 $U_{be}=204$kV；绝缘配合系数 $K_C=1$，则线路侧设备的暂态过电压耐受水平为：$U_{rw}\geqslant 1\times 204=204$kV，母线侧设备的暂态过电压耐受水平 $U_{rw}\geqslant 1\times 204=204$kV。根据表 3 可知，225kV 一次设备的额定 1min 工频耐受电压均远大于上述计算结果。在 225kV 避雷器正常运行条件下，被其保护的设备承受的工频暂态过电压将远小于其 1min 工频耐受水平，满足绝缘配合要求。

(2)雷电冲击耐受电压绝缘配合校核

受避雷器保护的设备的雷击冲击耐受水平具有以下关系。

$$U_w \geqslant K_C \times U_{lp} \tag{2}$$

式中，U_{lp} 为避雷器的雷电冲击残压。

根据避雷器选型结果，MOA 的额定电压为 204kV，U_{lp} 为 532kV，则线路端设备的雷击冲击耐受电压 $U_w\geqslant 1.4\times 532=744.8$kV。变电站母线设备的雷击冲击耐受电压 $U_w\geqslant 1.4\times 532=744.8$kV。由表 2 可知，所选 225kV 一次设备的额定雷击耐受电压均远大于校核结果，满足绝缘配合要求。

4.1.2　30kV 设备绝缘配合校核

(1)工频暂态耐受电压绝缘配合校核

取配合因数 $K_C=1.15$，对地绝缘 $U_{rw}=U_m\times 1.15=36\times 1.15=41.4$kV(有效值，内、外绝缘)；相间绝缘 $U_{rw}=1.1U_m\times 1.15=1.1\times 36\times 1.15=45.54$kV。由表 3 可知，所选 30kV 设备的 1min 工频耐受电压远大于上述两值，满足绝缘配合要求。

(2)雷电冲击耐受电压绝缘配合校核

有代表性的快波前过电压等于避雷器的雷电冲击保护水平 U_{pl}。根据避雷器选型结果雷电冲击保护水平 $U_{pl}=119$kV，即可涵盖所有情况。对地和相间绝缘 $U_{rw}=119\times 1.4=166.6$kV。由表 2 可知，所选 30kV 设备的额定雷击耐受电压远大于 166.6kV，满足绝缘配合要求。

4.2　苏阿皮蒂水电站绝缘配合方案

经核算，苏阿皮蒂水电站 225kV 系统与低压系统操作过电压倍数均小于 3.0p.u.，不需要采取限制措施，故针对苏阿皮蒂水电站电气设备开展工频电压及雷电过电压的绝缘配合。

在苏阿皮蒂水电站的电气一次初设方案中,所选取的225V系统内各类主设备绝缘水平如表6所示,30kV系统内各类主设备绝缘水平如表7所示,各电压等级的避雷器选型结果如表8所示。

表6　　　　　　　苏阿皮蒂水电站225kV系统一次主设备绝缘水平

设备名称	额定电压/kV	系统运行最高电压/kV	额定1min工频耐受电压/kV	额定雷击耐受电压(1.2/50μs)/kV
升压变压器	235(空载电压)	245	460	1050
GIS装置	225	245	460	1050
断路器	225	245	460	1050
隔离开关	225	245	460	1050
GIS母线	225	245	460	1050
电压互感器	225	$245/\sqrt{3}$	460	1050

表7　　　　　　　苏阿皮蒂水电站30kV系统设备绝缘水平

设备名称	额定电压/kV	系统运行最高电压/kV	额定1min工频耐受电压/kV	额定雷击耐受电压(1.2/50μs)/kV
变压器	30	36	70	170
电压互感器	30	36	95	185
断路器	30	36	95/118(断口)	185/215(断口)

表8　　　　　　　苏阿皮蒂水电站避雷器选型结果

系统标称电压/kV	避雷器	类型	持续运行电压(有效值)/kV	避雷器额定电压(有效值)/kV	雷电冲击残压(峰值)/kV
225	线路避雷器	户外	159	204	532
225	母线避雷器	GIS内	159	204	532
30	避雷器	户内	36	45	120

4.2.1　225kV设备绝缘配合校核

(1)工频暂态过电压配合校核

根据225kV避雷器选型结果,线路侧避雷器$U_{be}=204$kV,变电站母线侧避雷器$U_{be}=204$kV;绝缘配合系数$K_C=1$,则线路侧设备的暂态过电压耐受水平$U_{rw}\geqslant 1\times 204=204$kV。母线侧设备的暂态过电压耐受水平$U_{rw}\geqslant 1\times 204=204$kV。根据表6可知,225kV一次设备的额定1min工频耐受电压均远大于上述计算结果。在225kV避雷器正常运行条件下,被其保护的设备承受的工频暂态过电压将远小于其1min工频耐受水平,满足绝缘配合要求。

(2)雷电冲击耐受电压绝缘配合校核

根据避雷器选型结果，MOA 的额定电压为 204kV，U_{lp} 为 532kV，则线路端设备的雷击冲击耐受电压 $U_w \geqslant 1.4 \times 532 = 744.8$ kV，变电站母线设备的雷击冲击耐受电压 $U_w \geqslant 1.4 \times 532 = 744.8$ kV。由表 6 可知，所选 225kV 一次设备的额定雷击耐受电压均远大于校核结果，满足绝缘配合要求。

4.2.2 30kV 设备绝缘配合校核

(1)工频暂态耐受电压绝缘配合校核

对地绝缘 $U_{rw} = U_m \times 1.15 = 36 \times 1.15 = 41.4$ kV（有效值，内、外绝缘）；相间绝缘 $U_{rw} = 1.1 U_m \times 1.15 = 1.1 \times 36 \times 1.15 = 45.54$ kV。由表 7 可知，所选 30kV 设备的 1min 工频耐受电压远大于上述两值，满足绝缘配合要求。

(2)雷电冲击耐受电压绝缘配合校核

有代表性的快波前过电压等于避雷器的雷电冲击保护水平 U_{pl}。根据避雷器选型结果雷电冲击保护水平 $U_{pl} = 120$ kV，即可涵盖所有情况。对地和相间绝缘 $U_{rw} = 120 \times 1.4 = 168$ kV。由表 7 可知，所选 30kV 设备的额定雷击耐受电压远大于 168kV，满足绝缘配合要求。

5 结论

1)本文利用 EMTP/ATP 软件建立水电站及电力系统模型，对凯乐塔水电站与苏阿皮蒂水电站高、中、低压的内部过电压、外部过电压水平进行了详细计算。结果表明，两电站的各类过电压在避雷器的钳制作用下均低于规范要求水平。

2)凯乐塔水电站与苏阿皮蒂水电站的工频过电压、操作过电压水平存在一定差异，主要原因在于出线长度的不同，225kV 系统中凯乐塔水电站出线较长，工频过电压较高，30kV 系统中苏阿皮蒂水电站出线较长，工频过电压与操作过电压水平较高。

3)本文研究了非洲 225kV 及 30kV 非标电压等级下的过电压过程，基于分析结果，按照就近配置原则进行避雷器选型，225kV 下靠 220kV，30kV 上靠 35kV 进行配置，经校验，两个电压等级下的避雷器保护水平远小于设备耐压水平，绝缘裕度达标，满足规范要求。该分析模式与配置方案可对国外类似工程提供一定的参考价值。

中压充气开关柜在小浪底管理区供电改造工程中的选型与应用

常学军　杨建　史红丽

（黄河勘测规划设计有限公司，河南郑州，450003）

摘　要：介绍了中压充气开关柜的分类情况，并针对国内主要几个厂家的中压充气柜的特点分别进行了分析对比和产品的对标。通过对中压充气柜在小浪底管理区供电改造项目中的中压充气柜的技术分析对比，对水电行业后续应用充气柜具有一定的借鉴作用。

关键词：中压充气柜；半绝缘；全绝缘；小浪底水电站

1　概述

中压充气开关柜(C-GIS)是一种采用低压力 SF6 或环保气体作为绝缘介质的金属封闭开关设备。随着传感技术和智能化设备的应用，中压充气柜可以满足各种不同的用户和应用场合要求。随着技术发展，环保智能型、模块化免维护、高可靠性等特点在中压充气柜的产品上得到了充分的体现。本文主要通过分析目前市场上主要的中压充气柜的分类和各自应用的特点，对中压充气柜在水利水电工程中的实际应用进行典型的技术分析，借此对中压充气柜的应用场景和后续的发展方向提出建议和参考。

2　中压充气柜分类及介绍

中压充气柜也称为 C-GIS(Cubicle Type Gas Insulated Switchgear, 简称 C－GIS)，是一种采用低压力 SF6 或环保气体作为绝缘介质的金属封闭开关设备。从电压等级上分类，主要是指 3～40.5kV 电压等级；从产品类型上区分，属于交流金属封闭开关设备；从绝缘上分类，中压充气柜可以分为半绝缘和全绝缘，其中半绝缘通常指使用普通 SF6 负荷开关通过铜排连接成一套系统，SF6 负荷开关内充六氟化硫气体，其他带电部件以普通绝缘方式进行制作，也称之为空气绝缘开关柜。全绝缘则除了电源进出线有专用连接器具外，柜与柜连接则在一个完整气腔内，里面充满 SF6 气体(或者采用固体绝缘导体连接)，开关与高压带电部件均密封在充满SF6气体的气箱中,也称之为气体绝缘开关柜。全绝缘柜与外部电缆连接采用插拔式电缆终端,与空气绝缘开关柜相比寿命与安全性有了质的提升。

中压充气柜在一些采购招标文件中有时也被称之为环网柜。环网柜原指用于环形配电网络中的开关柜,因其结构简单,常用负荷开关加熔断器组合。此类开关统称为环网柜。在开关柜厂家设备分类中,多将环网柜定义为二次配电设备,主要是用于额定电流不大于630A的负荷开关柜和组合电器柜的组合形式。中压充气柜的额定电流和开关电流均以满足电气配电功能为主要目的,额定电流可以达到2000~3150A。中压充气柜按照开关设备分类,有负荷开关柜、断路器柜、电缆连接柜等。

3 中压充气柜产品分析对比

目前,中压充气柜国内市场竞争激烈,同质化竞争比较严重,各个厂家技术参数和产品结构也均有所不同。本文以ABB、施耐德、西门子等3个合资厂家的中压充气开关设备系统的主要参数进行了简要的分析对比,结果如表1和表2所示。

表1 中压充气柜厂家技术参数对比表

生产厂家	产品型号	绝缘类型	电压等级/kV	额定电流/A	主要特点
施耐德	SM6	半绝缘	12~24	630	单柜结构。并柜连接组合,具备负荷开关、组合电器、断路器功能单元,采用SF6断路器
	RM6	全绝缘	3~24	630	分成不可扩展和可扩展两个方式,5功能共箱结构,具备负荷开关、组合电器、断路器功能单元,采用SF6断路器
	FLUSARC	全绝缘	40.5	630	单柜结构,并柜连接组合,具备负荷开关、断路器功能单元
	WS-G	全绝缘	12~40.5	3150	单柜箱式结构,并柜连接组合,单母线/双母线,现场不需要充放气操作;采用真空断路器
ABB	SafeRing/SafePlus	全绝缘	12~40.5	800/1250	SafeRing为2~5路配置;SafePlus为紧凑型开关柜,可实现任意扩展组合;采用真空断路器
	Zx0	全绝缘	12~24	1250	单柜三相共箱式结构,并柜连接组合,具备负荷开关、组合电器、断路器功能单元;现场不需要充放气操作;采用真空断路器

续表

生产厂家	产品型号	绝缘类型	电压等级/kV	额定电流/A	主要特点
ABB	Zx2.0	全绝缘	12～40.5	2500	单柜三相共箱箱式结构,并柜连接组合,具备断路器、PT、测量等功能单元,单母线/双母线,现场不需要充放气操作;采用真空断路器
西门子	8DH10/8DJ20	全绝缘	12～24	630	8DJ20:固定共箱式柜,5 单元共箱,无断路器功能,无扩展功能 8DH10:可扩展式功能,采用真空断路器
西门子	8DJH	全绝缘	12～40.5	630	具备负荷开关、组合电器、断路器三种功能;1～4 路共箱柜型,实现任意扩展组合;采用真空断路器
西门子	8DA10	全绝缘	12～40.5	3150	单柜三相分开罐式结构,并柜连接组合,具备断路器、PT、测量等功能单元,单母线/双母线,现场需充放气操作;采用真空断路器

表 2　　中压充气柜厂家对标产品对比表

品牌	SF6 全绝缘 10～24kV 630A	SF6 全绝缘 40.5kV 630A	SF6 全绝缘 10～24kV 1250A	SF6 全绝缘 40.5kV 3150A	SF6 半绝缘 10～24kV 630A	环保气体全绝缘 10～24kV 630A	环保气体全绝缘 10～24kV 1250A
施耐德	RM6/RM6－S/FBX	Flusarc	GMA	WS-G	SM6	RM AirSeT	GM AirSeT
ABB	SafeRing/SafePlus	SafeRing/SafePlus	ZX0	ZX2.0	Uniswitch	Safe Air	ZX0 Air
西门子	8DH10/8DJ20	8DJH	NXPLUS C	8DA10	SIMOSEC	8DAB	NXPlus C Blue

从表 1 和表 2 的技术对比中可以看出,中压充气柜市场中各大厂家主推全绝缘开关柜,根据额定电流的大小,将 630A 以下的设备进行了模块化设计和扩展性能的丰富,在一次配电系统中,各大厂家的额定电流和电压等级均能够满足目前水电行业内大多数的应用场景。

4 小浪底管理区改造工程中的应用

4.1 项目简介

小浪底水利枢纽 35kV 蓼坞变电站于 1994 年投入运行,目前主要承担小浪底水利枢纽管理区黄河北岸区域供电任务,同时作为小浪底水利枢纽地下厂房外部供电备用电源。2001 年蓼坞变电站进行更新改造时,将 35kV 开关柜更新为 KYN10-40.5 型高压真空开关柜。蓼坞变电站 35kV 开关柜已运行十几年,这些开关柜型式老旧、操作不便,自投入运行以来一直存在触头对套管放电问题,多次维护检修,但无法从根本上解决问题、消除隐患。经过"6·24"蓼坞变电站全站失电事件后,35kV 配电室内 13 面开关柜均有不同程度的损毁,配电室内共箱母线、电缆均受损严重,配电室内各种设备均无法正常使用。

35kV 蓼坞变电站在小浪底水利枢纽管理区供电系统中占据重要地位,为尽快恢复管理区供电,决定对蓼坞变电站进行升级改造。原有 35kV 变电站布置示意图如图 1 所示。

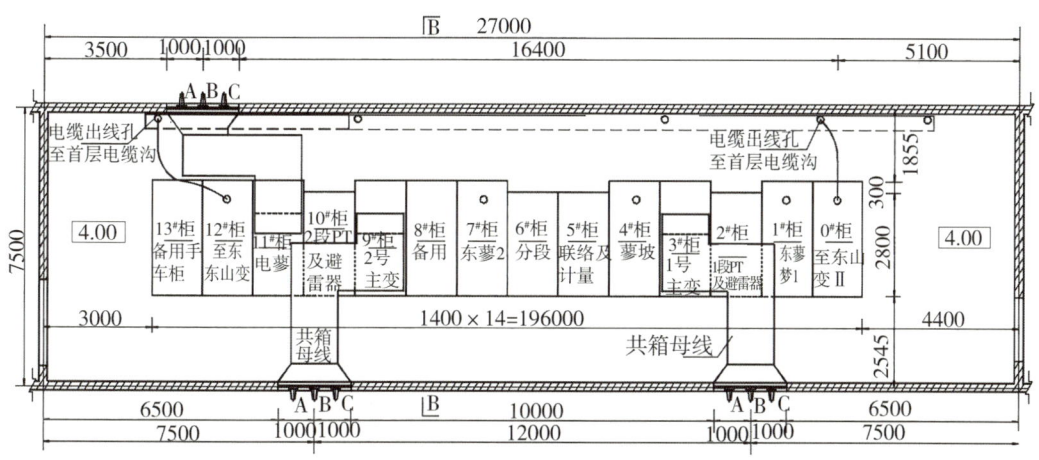

图 1 原有 35kV 开关柜布置示意图

4.2 设备选择

4.2.1 35kV 开关柜选型

目前,市面上 35kV 开关柜设备的主流产品为 KYN61-40.5 手车柜和充气柜。KYN61-40.5 手车柜结构稳定性较高,开关操作、更换、维护都比较方便,由于其价格低的优势,供货数量和 35kV 市场的占有率很大。充气柜面世很早,但由于价格贵导致市场占用率不高,目前主要应用在供电可靠性较高的场合,以及盐雾、湿气、灰尘、凝露、高海拔等普通手车柜难以胜任的环境。具体柜型比较如表 3 所示。

表 3　　　　　　　　　　　　35kV 开关柜技术对比分析表

项目	KYN61－40.5 手车柜	充气柜	XGN17－40.5 固定柜
优点	1. 柜体结构采用组装式、断路器采用手车落地式结构； 2. 可配真空断路器或 SF6 断路器，并且有良好的互换性； 3. 手车推进拉出比固定柜轻便、互换性强； 4. 柜体结构比固定柜紧凑，"五防"功能齐全； 5. 柜体宽度宽，柜顶可与共箱母线连接	1. 柜体结构采用 SF6 气体绝缘、模块化设计，结构紧凑，节省空间，配真空断路器； 2. 免维护设计，供电可靠性更高； 3. 具备极高的稳定性，运行维护费更省； 4. 操作安全，火灾可能性最小； 5. 三工位开关带闭锁装置，能有效防止误操作； 6. 紧凑的、模块化的设计使其极具灵活性，非常适用于应用在空间受限的地方或老开关柜利用现有的地基更新	1. 断路器固定安装，柜内空间宽敞，可配真空断路器或 SF6 断路器； 2. 易于制造，成本最低
缺点	1. 价格比固定柜贵； 2. 断路器较重，运行一段时间后手车推进移出容易卡	1. 价格最贵； 2. 出线方式一般为电缆或绝缘母线下出线，由于柜体尺寸小，无法与共箱母线连接； 3. 有气体泄漏风险	1. 安全性差； 2. 检修维护麻烦； 3. 目前已趋于淘汰，市面很少生产
尺寸	1400mm×2800mm×2600mm（宽×深×高）	600mm/800mm×(1340～1860)mm×2400mm(宽×深×高)	1818mm×2960mm(3860mm)×3650mm（宽×深×高）
价格	14 万左右/面(国产) 18～20 万左右/面（配合资断路器）	20 万左右/面(国产) 25～30 万/面(合资)	/ /

从表 3 可以看出，XGN17-40.5 固定柜已经趋于淘汰，很少有新产品面世，且占用空间过大，本工程不予考虑。目前市面上 35kV 开关柜设备的主流产品为 KYN61-40.5 手车柜和充气柜。KYN61-40.5 手车柜结构稳定性较高，开关操作、更换、维护都比较方便，价格优势明显，每年供货数量很多，在 35kV 市场的占有率很大，但是断路器较重，运行一段时间后手车推进移出容易卡塞；充气柜供电可靠性高，免维护，占地尺寸较小，价格略贵。由于本次项目改造为事故后改造项目，业主对设备可靠性参数极为关注，根据现场的布置条件以及考虑后续设备的维护方便，本次项目推荐采用 35kV 充气柜。

4.2.2 35kV 开关柜主要参数

经过技术方案对比和设备招标,小浪底管理区改造工程最终选用西门子的 8DA/B 柜型(图 2)。该柜采用三工位隔离开关+固定式断路器方案,设备的主要技术参数如表 4 所示。

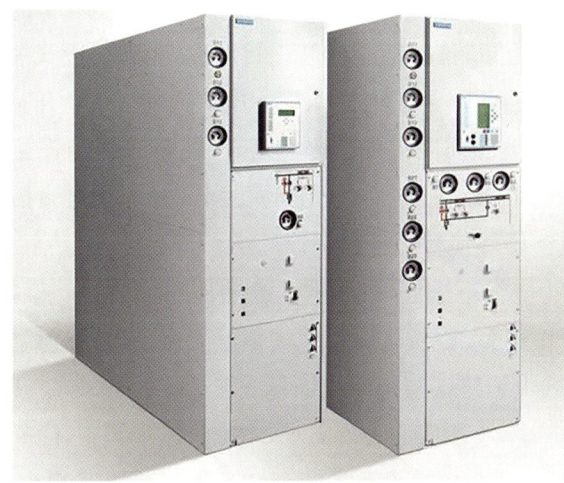

图 2 西门子 8DA/B 开关柜布置图

表 4　　　　　　西门子 35kV 充气柜的主要技术参数表

项　　目			技术参数
额定电压(kV)			40.5
额定电流(A)			1250
额定频率(Hz)			50
额定短时耐受电流(kA)			25
额定峰值耐受电流(kA)			63
额定短路持续时间(s)			4
柜体及开关设备组件的绝缘水平	额定雷电冲击耐受电压(峰值,kV)	主绝缘对地、断路器断口间及相间绝缘	185
		隔离开关断口间的绝缘	215
	额定 1min 工频耐受电压(有效值,kV)	主绝缘对地、断路器断口间及相间绝缘	95
		隔离开关断口间的绝缘	118
气室额定充气压力(kPa)			70/120
防护等级	密封气室		IP65
	机械操作及低压部分箱体		IP4X
尺寸(宽×深×高,mm×mm×mm)			600×1800×3000

4.3 改造方案

由于充气柜结构紧凑、柜体尺寸小，节省空间，35kV 配电室内留有很大的运维空间，方便日常运行维护。

原设计改造方案为充气柜柜顶与绝缘铜管母线连接，通过绝缘铜管母线终端头直接与架空线连接，可节省原有的穿墙套管且利于后期维护；35kV 两段开关柜母线之间通过绝缘铜管母线连接，吊顶安装在屋顶楼板下。35kV 配电室内的 35kV 开关柜两段母线之间的物理隔离措施通过在屋内设置轻质防火隔墙来实现，两段母线之间连接用的绝缘铜管母线穿越防火隔墙，绝缘铜管母线安装完成后对周围的孔洞做好防火封堵措施。后期方案实施中采用 35kV 电缆和轻质钢桥架代替了绝缘铜管母线。

35kV 充气柜一般为电缆下进线，由于本次改造项目均为户外架空线转电缆入户内，受限与 35kV 开关柜位于配电室二层，配电室现场柜下无充足电缆进线空间，因此所有充气柜改为上出线，利用插接式电缆终端与柜内绝缘母线连接。

为满足无人值班和数字小浪底的发展需求，本次改造项目中，除充气柜柜内装设 SF6 气体监测装置外，在 35kV 高压配电室设置了一套 SF6 气体泄漏监测系统，用于监测房间内部的气体泄漏以保护值班人员的安全。

35kV 充气柜改造后设备如图 3 所示，35kV 手车式充气柜方案示意图如图 4 所示。

图 3　35kV 充气柜改造后设备

5　总结与展望

本次改造方案获得了业主对设备参数和后期的调度运行的极大赞同，也为小浪底后续的其他 35kV 设备更新改造提供了良好的借鉴经验。小浪底管理区变电站为小浪底变电站的施工变电站永临结合，后期改造而成。目前，大型水利水电工程中后期的景观结合要求越来越高，工程周围辐射的用电范围也越来越大，在水利水电的后续设计工作中，特别是在青海、西藏等高海拔地区，可以充分地利用中压充气柜免维护、绝缘性能优异的特点，根据工程设计特点考虑该产品的推广应用。

综上所述,本文主要介绍了 SF6 气体充气柜。目前可替代 SF6 气体的环保气体绝缘开关设备和全屏蔽固体绝缘柜在电力行业也得到了大量的应用。随着双碳目标的提出和大量抽水蓄能电站、新能源、国家电网等项目大规模建设及升级改造的持续投入,12～40.5 kV 的新型充气柜和新兴产品将会得到大量应用。未来开关柜的系列化、模块化、智能化的产品也必将占领更大的市场。

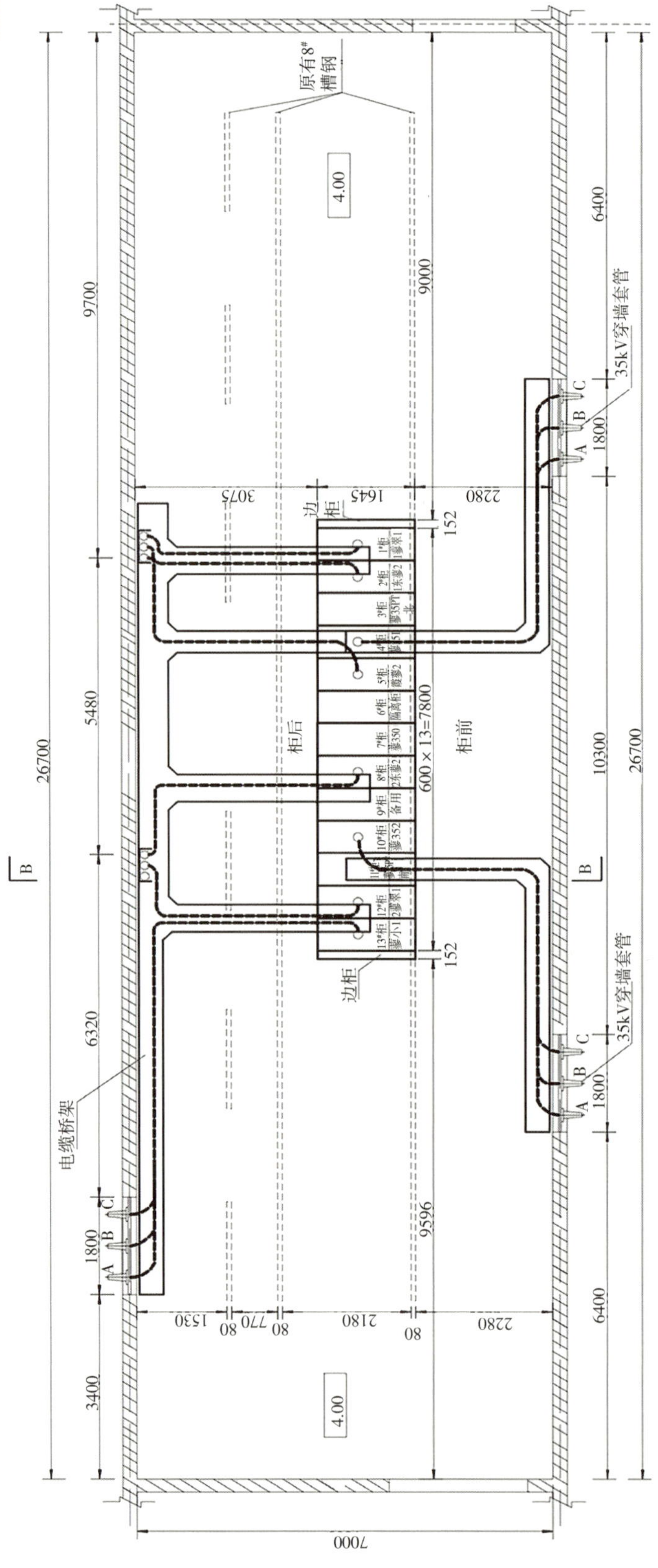

图4 新采购35kV手车式开关柜方案布置示意图

乌东德水电站 GIL 出线设计方案

徐则诚　杨志芳

(长江勘测规划设计研究有限责任公司,湖北武汉,430010)

摘　要:乌东德水电站分为左、右岸两个地下电站,两个电站均通过 500kV 线路接入南方电网。左右岸出线竖井内各布置了 4 回 550 kV GIL,设计、施工难度大。对乌东德水电站出线竖井内 GIL 设计方案以及在方案拟定过程中所考虑的主要因素进行了详细介绍,为乌东德水电站 GIL 设计方案顺利实施提供了技术支撑,保证了乌东德水电站的顺利投产发电。

关键词:乌东德水电站;GIL;出线竖井

1　工程概况

乌东德水电站位于金沙江下游四川、云南两省界河河段,坝址右岸隶属云南省昆明市禄劝县,左岸隶属四川省会东县。乌东德水电站总装机容量为 10200MW,分为左、右岸两个地下电站,两岸地下厂房内各装设了 6 台 850MW 的水轮发电机组,550kV 配电装置采用地下 GIS,每岸出线均采用 4 回 SF_6 气体绝缘金属封闭母线(GIL),如图 1、图 2 所示。其中 3 回 GIL 连接电站 3 回 500kV 架空出线,3 回 GIL 设备由美国 AZZ 集团 CGIT 公司(以下简称"AZZ")供货,1 回 GIL 连接布置在出线场的 1 组 500kV 母线并联电抗器,该回路 GIL 设备由西安西电开关电气有限公司(以下简称"西开")供货。

左、右岸均布置 1 个出线竖井,采用 4 回 GIL 共一种竖井出线方案,竖井均分为上垂直段、上水平段、下垂直段和下水平段 4 个部分,主变洞 GIS 层通过第一段竖井连至出线平洞,出线平洞另一端通过第二段出线竖井与地面出线场相连。由地下 GIS 层至地面出线场,左、右岸高程差分别为 303m 和 348m,出线竖井总长度均为 428m。GIL 最大单相长度为 560m,最大单相高差为 343m。竖井在垂直方向上每隔 11.5m 分一层,设置检修平台,为电梯停靠层和电梯安全门层。出线竖井内径为 14m,平面上分为 8 个部分,2 个 GIL 井、通风井、电梯井、楼梯间、走廊和 3 个电缆竖井,如图 3 所示。

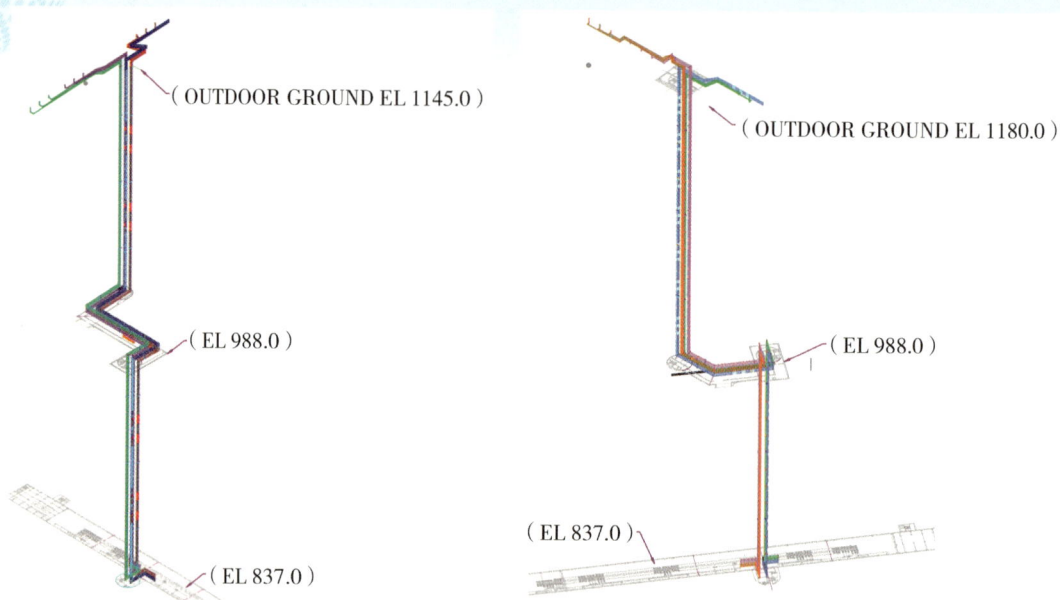

图 1 左岸 GIL 出线示意图(单位:m)　　图 2 右岸 GIL 出线示意图(单位:m)

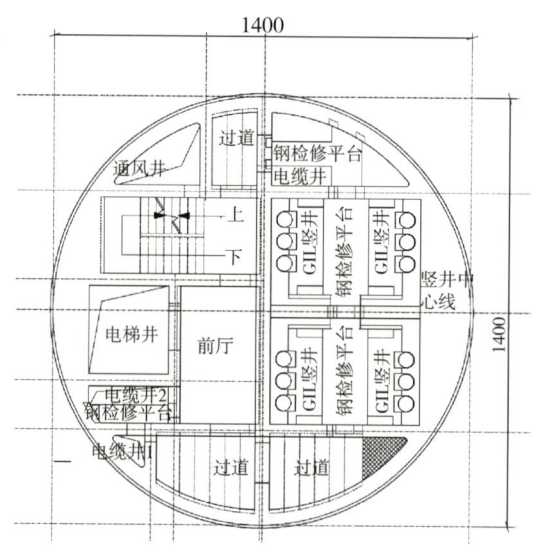

图 3 垂直段典型断面示意图(单位:cm)

乌东德水电站 500 kV GIL 采用分相式,额定电压 550 kV,额定频率 50Hz,额定电流 4000A,额定短时耐受电流 63 kA,额定峰值耐受电流 170 kA,额定短路持续时间 2s,绝缘介质采用 SF_6 绝缘。

2　GIL 主要结构特点

GIL 是一种采用 SF_6 气体绝缘、外壳与导体同轴布置的高电压、大电流电力传输设备。导体采用铝合金管材,外壳采用铝合金卷板封闭。由于采用了压缩气体作为绝缘介质,设备尺寸和布置间距大大缩小，能在最大程度上减小设备布置所需的占地面积和空间，减少相应的土建工程量。

2.1 标准单元段

GIL总体结构为标准单元段、法兰连接结构。标准单元段主要由外壳、导体、绝缘子、微粒捕捉器及其附件组成。外壳和中心导体均为铝合金材质，导体为无缝管。为乌东德水电站供货的两个制造厂家的外壳分别为螺旋焊管(AZZ)和无缝挤出管(西开)。这种结构可以在工厂完成出厂试验，然后包装后充以高纯氮气运至现场，现场安装工作量较小。国内外各GIL制造厂家标准单元段长度为8~12m，最长18m。考虑到运输车辆、道路及现场安装条件，乌东德水电站标准单元段长度确定为11.5m。

2.2 绝缘子

绝缘子采用三支柱式支撑绝缘子和隔板式绝缘子两种形式，垂直段与水平段绝缘子相同，均为环氧树脂浇注的绝缘件(图4)。三支柱式支撑绝缘子结构稳定，约6m设置一个。隔板式绝缘子为盆式绝缘子，可以满足支持导体和分隔气室的要求。

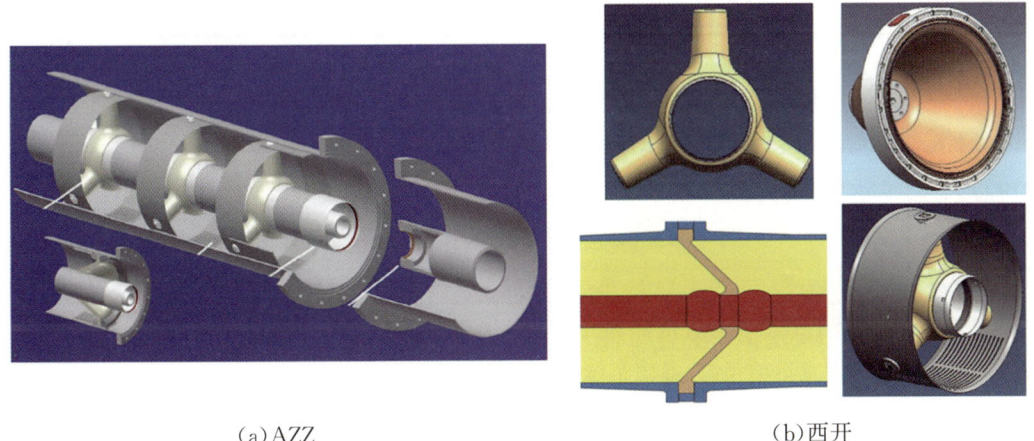

(a)AZZ　　　　　　　　　　(b)西开

图4　GIL绝缘子结构示意图

2.3 导体连接方式

每个标准段间的导体设计有专用的触头连接结构(图5)，导体逐段插接并有足够的插入量调整裕度，通过设计合理的触头、导体接触尺寸及导体、触头端面间隙来保证导体在各种工况下的补偿量。

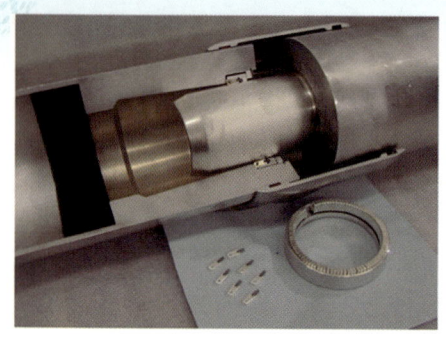
(a) AZZ

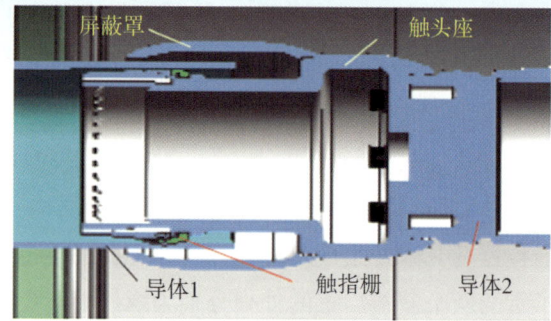
(b) 西开

图 5　GIL 导体连接示意图

2.4　外壳连接方式

GIL 设备的外壳连接方式有焊接和螺栓连接两种。外壳连接方式对预安装面积、竖井桥机选型、安装工艺、安装工期等方面均有影响，其特点对比如表 1 所示。

表 1　外壳连接方式对比

外壳连接方式	焊接	螺接
运输方式	组件运输	单元整体运输
现场预装配	需要较大的组件存储、机械加工、预装配区域，且有较高的清洁度、湿度要求，预装配工作量较大	仅需单元管道存放、端部检查和清扫空间，端部检查和清扫工作量较小
竖井安装承重设备布置	竖井顶部设置大、小起重机各 1 台，布置较复杂	竖井顶部、底部分别设置小起重机 1 台，液压顶起装置 1 台，布置简单
竖井装配平台	装配平台设置在竖井底部，为封闭空间，内部设置运输锁扣、导轨系统、链吊、焊机、校准装置、通风等设备。装配平台下方的钢支架上设置龙门起重机和斜梯	装配平台设置在竖井顶部，为敞开式方式，仅有管道抱紧装置和侧面垂直导轨
装配平台工作	在竖井底部，利用装配平台设备将各单元管道逐段运输、起吊、校准，并与竖井上部已完成装配的管道由大起重机整体吊着，每完成一段管道装配后，大起重机向上提升一段高度，准备下次装配	在竖井顶部，小起重机将每 3 段单元管道，在装配平台上叠装（螺接）成一组，然后沿垂直导轨运送至竖井下部，与已完成装配的管道螺接成一体。下部完成装配的管道由竖井底部顶起装置支撑。一组管道完成装配后再进行下一组

续表

外壳连接方式	焊接	螺接
工艺要求	施焊人员需取得焊接、超声测试资格证书。需采用钨极惰性气体保护焊接法,进行管道环缝自动焊接流程操作。每道焊缝进行全自动超声波检测。环境和工艺应防止焊接粉末和其他异物进入管内	无特殊操作工艺,现场检查连接法兰面和管道,需清扫干净,无异物进入,扭紧连接螺栓,完成法兰连接
工期	较长	较短

经对比调研,乌东德 GIL 外壳连接方式采用螺栓连接。

2.5 密封结构

为满足年泄漏率小于 0.1% 的要求,法兰处采用橡胶密封圈密封,AZZ 公司 GIL 的法兰是双道 O 型密封圈,西开公司的 GIL 采用的是单 O 型橡胶圈密封、螺栓连接结构。

2.6 外壳补偿装置

外壳弯头为焊接,是柔性结构体,可满足较小变形量的补偿。水平段与垂直段连接处设置外壳补偿单元以满足竖井内较大变形,补偿单元由 2 个角度调节型伸缩节和 1 段水平段管线组合,最大可调节角为 3°(图 6)。水平段长度需根据井内 GIL 工况计算确定,太长会造成这段母线失稳,太短会造成补偿不足。

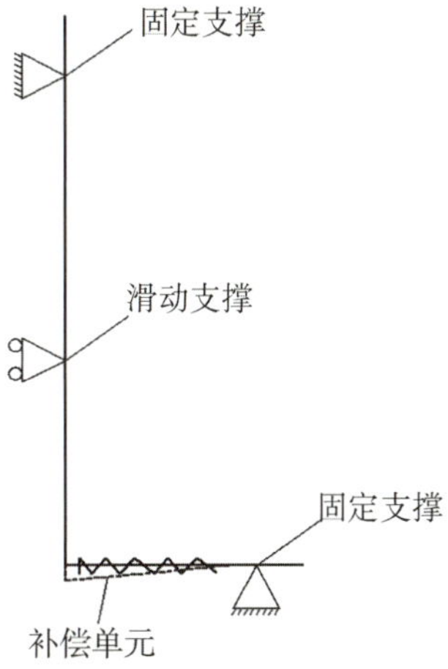

图 6 补偿单元使用原理图

2.7 外壳支撑方式

外壳通过支、吊架支撑,支撑方式分为固定支撑和滑动支撑两种,所有支架均采用后置式化学锚栓固定。固定支撑点支架与管道外壳牢固连接,限制管道位移并承受较大荷载;滑动支撑点支架允许管道外壳有一定范围的相对位移,并承受较小荷载。固定支撑点数量远少于滑动支撑点数量。水平段大部分为悬臂支架和落地支架,固定在侧墙或钢结构上。每隔一段距离在受力集中的地方设置固定支撑点,其余为滑动支撑点。竖井段为斜支臂支架,全部固定在竖井侧墙壁上。竖井顶部为固定支撑悬挂点(图 7),以下全部为滑动支撑点。此外,竖井底部设有液压支撑装置(图 8),用于安装检修时支撑竖井段全部或部分 GIL 管道,安装、检修完成后,液压支撑装置释放压力处于备用状态。

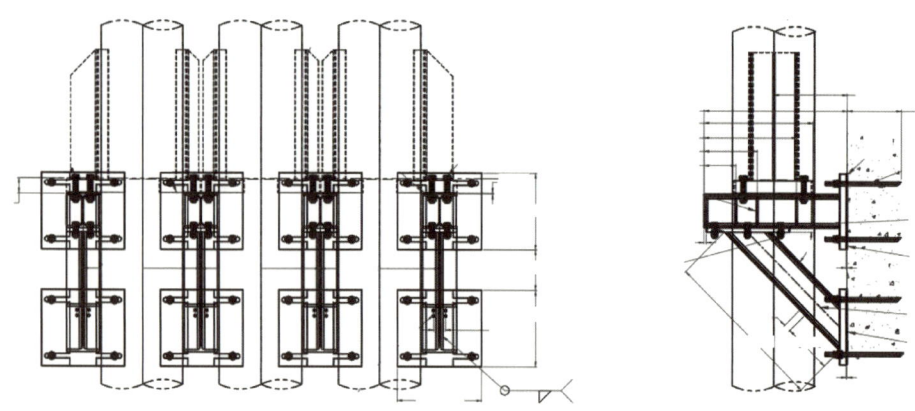

图 7 竖井顶部悬挂点

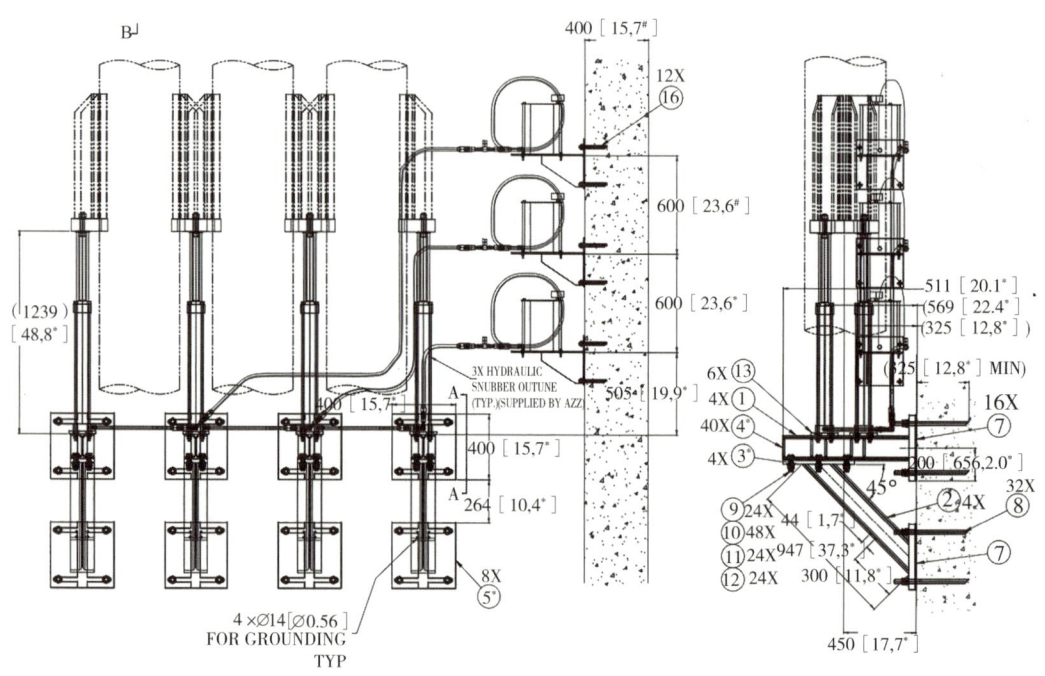

图 8 竖井底部液压支撑装置

2.8 压力释放装置

当 GIL 发生故障时，可能会引起管道内压力升高，有可能超过外壳出厂试验压力值，引起爆炸，此时需通过压力释放装置释放压力。压力释放装置的动作压力需与外壳设计压力相配合，不得发生误动作。乌东德水电站 GIL 的压力释放装置为金属防爆膜和爆破片。两个厂家的压力释放装置启动压力分别为设计压力的 1.15 倍（AZZ）和 2 倍（西开）。

3 通道及路径选择

乌东德左、右岸电站 500kV GIS 配电装置室位于地下主变洞室的上部,地面高程为 837.0m,左、右岸出线场地面高程为 1145.0m 和 1180.0m,出线场与 GIS 配电装置的高差分别为 308m 和 343m,在不同高程的两个平面错位,部分相交重叠。

由于地面出线场与 GIS 配电装置室平面错位,且高差较大,因而连接出线场与 GIS 配电装置室的 GIL 垂直通道需在合适位置进行分段,分段处通过一段水平通道进行连接。结合交通考虑,左、右岸水平通道高程与上坝公路相同,且分别与左、右岸上坝公路相连。除此之外,地下 GIS 配电装置室进入 GIL 垂直通道竖井还有一段水平距离。因此左、右岸 GIL 通道路径均由下水平段、下垂直段、上水平段和上垂直段 4 部分组成,GIL 通道路径立面示意图如图 9 所示。

所有竖直段、水平段内的 4 回 GIL 均采用集中布置方式,即将 4 回 GIL 平均分为 2 组,分别布置在竖井两侧壁(垂直段)、隧洞两侧墙(水平段)上,并在 2 组 GIL 中间设置共用的巡视检修通道。水平段典型断面示意图如图 10 所示,垂直段典型断面示意图如图 3 所示。

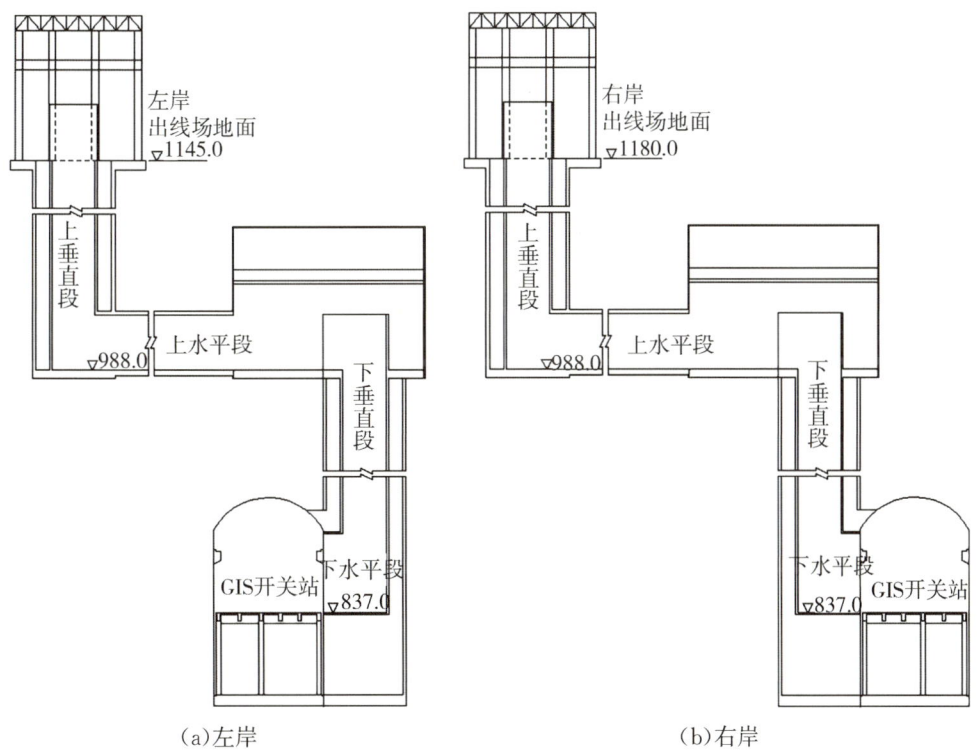

(a)左岸　　　　　　　　　　(b)右岸

图 9　左、右岸 GIL 通道路径立面示意图

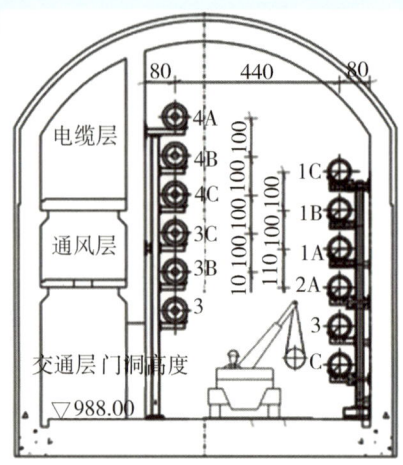

图 10 水平段典型断面示意

4 电气设计

4.1 主要设备参数

GIL 主要设备参数如表 2 所示。

表 2　　　　　GIL 主要设备参数

项目	AZZ	西开
额定电压(kV)	550	550
额定电流(A)	4000	5000
额定频率(Hz)	50	50
额定短时耐受电流与时间(有效值,kA/s)	63/2	63/3
额定峰值耐受电流(峰值,kA)	170	171
额定工频耐受电压(1min,有效值,kV)	740	740
额定操作冲击耐受电压(峰值,kV)	740	740
额定雷电冲击耐受电压(峰值,kV)	1175	1300
额定电流下外壳的最高温升（环境温度40℃时,K)	1550	1675
单个绝缘件放电量(1.1×550/kV 时,pC)	22.8	27
单个隔室的 SF6 气体最大年漏气率(%)	2	3
导体材料	6016-T64	160×10 铝合金管
导体外径(mm)	177.8	160
导体厚度(mm)	6.4	10

续表

项目	AZZ	西开
导体电阻 $\mu\Omega/m$	8.74	7.43
外壳材料	铝合金螺旋焊管/AlMg4	508×8 铝合金管
外壳外径(mm)	507.3	508
外壳厚度(Mm)	6	8
外壳电阻 $\mu\Omega/m$	5.21	2.63
额定设计压力(MPa)	0.48	0.65
最高工作压力(MPa)	0.6	0.65
最低工作压力(MPa)	0.4	/

4.2 气室划分

每相 GIL 管道划分为若干气体隔室，每个气室内应保证正常的运行压力和气体密度，并能限制故障范围、方便运行维修。气室划分应考虑每个气室气体总量，保证在 8h 内可以完成抽真空或气体充填，一般情况下单个气室长度不超过 120m。乌东德水电站 GIL 最大气室布置在出线场，长度 80m 左右，气体重量约为 430kg，出线场场地较开阔，便于维护检修。考虑到缩小故障范围和检修时间，减小停运损失，竖井段气室划分较小，最大气室长度为 57.5m，气体重量为 333kg。

4.3 特快速瞬态过电压

西开公司对连接出线场 550kV 母线电抗器的 GIL 回路中，隔离开关操作产生的特快速瞬态过电压(VFTO)进行了分析和计算，并向电抗器制造厂家提供 VFTO 在电抗器套管入口处特性(频率、电压值及波形)。电抗器制造厂家的仿真计算结果表明，电抗器线圈的绝缘设计能够满足实际 VFTO 作用下的安全运行要求。

4.4 避雷器的配置

避雷器的配置应保护 GIL 设备不受雷电侵入波和操作过电压危害。GIL 首端与 GIS 连接处设置了罐式避雷器，GIL 末端与架空线连接处设置了敞开式避雷器，GIL 末端与母线电抗器连接处设置了罐式避雷器。由于 GIL 线路较长，设计初期在每回 GIL 中部均预留了加装避雷器的接口。根据武汉大学对乌东德水电站 550 kV GIS 室过电压研究结果确定，每回 GIL 中部过电压水平不高，可以保证安全运行，因此 GIL 中部不需要加装避雷器。

4.5 接地

GIL 外壳采用多点接地方式。依据相关标准要求，外壳、构架及易接触部位在正常运行条件下温升不应超过30K，感应电压不应超过24V，在故障条件下感应电压不应超过100V。每回GIL配一根专用的明敷接地铜母线，每根接地铜母线首尾端、竖井上下端等处均进行互联，并多点与电站主接地网可靠相连。三相母线外壳应每隔一定距离设置三相外壳接地短接线，接地铜排采用50mm×8mm，允许通过的最大电流为70.4kA，满足设计要求。AZZ公司利用CDEGS计算软件、西开公司利用EMTP计算软件分别对接地系统感应电流和接触电压进行了模拟计算，均满足设计要求。

5 其他设计

5.1 竖井安装检修平台

竖井内每个标准段单元高度设置一个平台，在GIL设备安装、检修时，活动部分掀开作为栏杆保护人员安全，同时多层平台栏杆掀开后，可以在竖井垂直方向形成通道，便于GIL设备运送。当GIL设备完成安装、检修后，活动部分平放形成完整的平台，便于设备维护、巡检。竖井检修安装平台如图11所示。

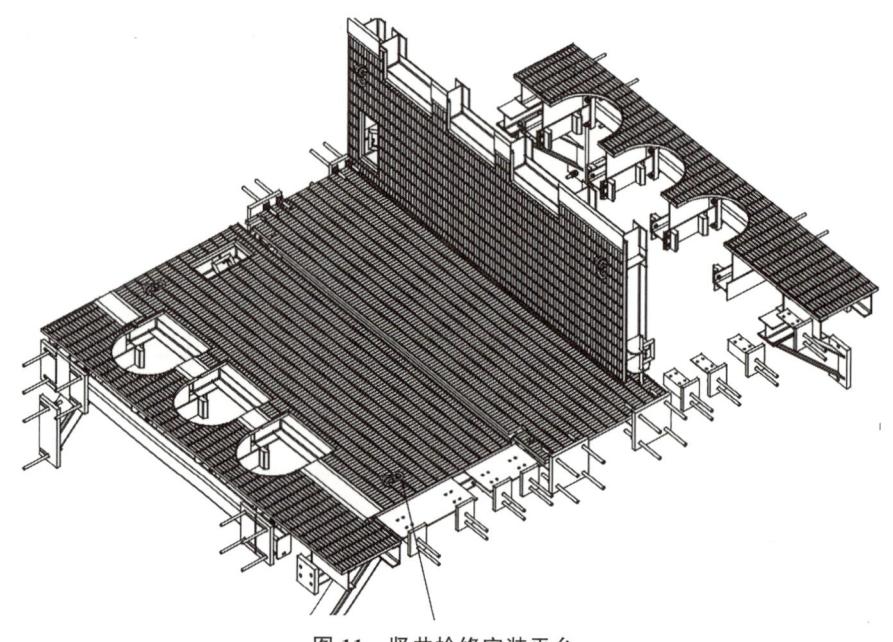

图11 竖井检修安装平台

5.2 通风散热

在自然通风状况下，全部GIL正常运行工况和1回GIL故障工况，通道内顶端和底端温差均不超过5K，温度最高处位于顶端，满足GIL设备的运行温升要求。乌东德水电站左、右岸电站GIL通道均采用自然通风方式，不再设专门的通风散热设施。左、右岸电站GIL

通道内进行了热平衡分析计算。通道内的通风散热面积满足相关计算要求。

6 结语

乌东德水电站 GIL 采用了公开招标采购的方式,共有 5 个投标人提供了与招标方案相符合的技术方案,最终选用了 AZZ 和西开的方案和产品。乌东德水电站 GIL 高差较大,电压等级较高,户外出线场空间紧凑,左、右岸 4 回路 550kV 超高压 GIL 线路均布置在一条(水平和垂直)竖井内,方便运行维护,大幅节省工程投资,为全球水电工程首次应用。通道内采用不同厂家设备共用通道共用支架方式,最大限度节省布置空间。乌东德水电站已于 2021 年 6 月全部机组投产发电。

综上所述,针对大型水电站出线场出线困难、场地紧张、高差较大等复杂条件,通过上述 GIL 结构设计、电气设计、通道及路径选择等方面的研究,较好地解决了工程中的问题,为水电站顺利投产发电和今后安全可靠运行起到了关键作用。

参考文献

[1] 杨志芳,朱钊,刘亚青.乌东德水电站出线场总体设计方案研究[J].人民长江,2019,50(12):106-112.

[2] 阮全荣,施围,桑志强.750kV GIL 在拉西瓦水电站应用需考虑的问题[J].高压电器,2003(4):66-69.

[3] 邵建雄,高军华,杨志芳.乌东德水电站 500kV GIL 通道选择与布置[J].人民长江,2014,45(20):93-97.

[4] 李胜兵,黄晓敢,陈钢,危贤光.白鹤滩出线竖井 GIL 方案[J].水力发电,2020,46(3):80-84.

龙羊峡水电站 330kV 电缆改造设计

王欣刚

（中国电建集团西北勘测设计研究院有限公司，陕西西安，710000）

摘　要：本文介绍了龙羊峡 330kV 油浸式电缆的改造设计，主要包括电站现状描述、电缆选型、割接方案制定、电缆敷设路径规划，并介绍了如何根据现场情况选择电缆敷设方式，以及电缆接地保护设计及电缆竖井的防火封堵设计。

关键词：电缆改造；割接方案；敷设路径；铝合金平台；接地保护；防火封堵

1　概述

龙羊峡水电站位于黄河上游青海省共和县与贵南县交界的龙羊峡进口段，电站装设 4 台单机容量为 320MW 的水轮发电机组，发电机与升压变压器的连接采用单元接线，电站以 330kV 一级电压接入系统。改造前发电机出口未设置出口断路器，330kV 升高电压侧采用双母线单分段出线带旁路隔离开关接线，开关站进线 4 回，出线 6 回。改造后发电机与升压变压器的连接仍采用单元接线，发电机出口装设了发电机出口断路器，330kV 升高电压侧采用 3/2 断路器接线，改造后增加 2 回备用出线间隔，开关站共进线 4 回，出线 8 回。

龙羊峡水电站 330kV 充油电缆已使用近 35 年，远远超出其使用寿命，存在较大安全隐患。为保证电站安全可靠运行，结合电站 363kV GIS 改造，对 330kV 高压电缆进行更换。

改造后的 GIS 开关站布置在 2490m 平台（现出线平台），在 2490m 平台上新建 GIS 室，并且在 GIS 室下方增设一层电缆夹层。GIS 开关站通过 330kV 高压电缆与主变压器高压侧连接。高压电缆从主变压器上层的 T 间隔室通过电缆竖井引上至 2490m 平台 GIS 开关站电缆夹层。GIS 设备通过管道母线与 330kV 户外敞开式出线设备连接。330kV 户外敞开式出线设备布置在 2490m 平台。

2　电缆运行现状

高压电缆从主变压器上层的 T 间隔室通过电缆竖井引至出线平台与 330kV 户外敞开

式出线设备连接。

2.1 主变 T 间隔室现状

T 间隔室 95.5m×11m×2.8m(长×宽×高)。1～4 号主变 T 间隔 GIS 设备沿厂右方向依次布置,连接主变与开关站 GIS 设备。龙源Ⅱ线、龙乌线等 5 回出线高压油电缆由开关站,经主变 T 间隔室,通过电缆竖井引上至 2490m 平台与 330kV 户外敞开式出线设备连接,恰龙Ⅰ线出线干式电缆由开关站,经 T 间隔室,通过左端小电缆竖井引至北大山沟出线楼。因 T 间隔室内空间狭小、设备多,电缆多且无相关资料(图1,图2)。后采用三维激光扫描仪对该区域整体扫描,实物成像描图方式,绘制出本层设备布置图(图3),为后期设计提供重要依据。

图 1　主变 T 间隔室实景图

图 2　主变 T 间隔室竖井入口实景图

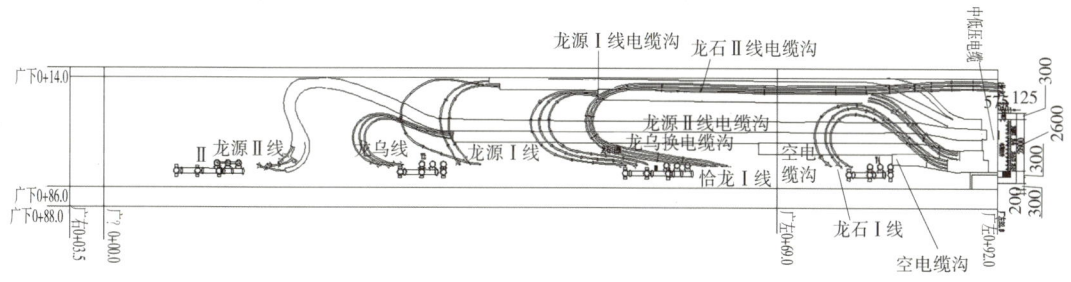

图 3　主变 T 间隔室平面布置图(改造前)(单位:mm)

2.2 竖井现状

高压竖井长 5.2m×1.4m×19m(长×宽×高),已安装 330kV 油电缆 5 回及数根低压电缆;竖井侧壁设有高 250mm 的电缆槽,电缆支架安装于槽上,竖井内部分电缆支架已经腐蚀(图3)。龙源Ⅰ线进入竖井时,位于电缆竖井上游侧,出电缆竖井时,位于电缆竖井下游侧(图4)。在竖井下口处有一排电缆桥架,桥架内有多根运行电缆,不能拆除,导致电缆进竖井处,转弯半径不大于 3.0m 的限制(图5)。

龙源Ⅱ线、龙乌线等 5 回高压油电缆从电缆出线室底部孔洞引出至 2490m 平台(图6)。

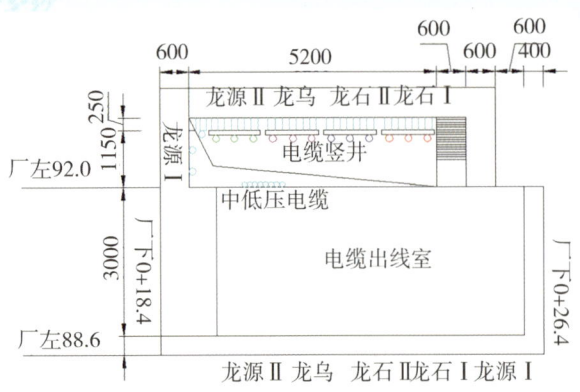

图 4　电缆竖井布置图(改造前)(单位:mm)

图 5　电缆竖井出口实景图

图 6　电缆竖井内实景图

2.3　2490m 平台现状

龙源Ⅰ线、龙源Ⅱ线等 5 回油浸式高压电缆从竖井引出,在 2490m 平台电缆沟内敷设并引至每回出线处。因建设时间久远,电缆沟已出现结构变形、砖体风化的现象(图 7);其间高压电缆有检修处理,现场电缆沟有重叠,不能明确分辨每个电缆沟内对相应的电缆回路等问题(图 8)。

图 7　高压电缆从电缆出线室引出实景图

图 8　2490m 平台电缆沟布置实景图

3 高压电缆的选择

3.1 高压电缆形式

从目前电缆制造技术发展来看,交联聚乙烯电缆具有较高的运行温度,其热稳定性能和热机械性能都优于低密度聚乙烯电缆,因此,龙羊峡水电站改造选用交联聚乙烯电缆(XLPE)。

3.2 电缆的主要技术参数要求

1)型式:单芯铜导体挤包绝缘电力电缆(XLPE)。
2)额定电压 $U_0/U(U_m)$;190/330(363)kV。
3)电缆最大工作电流(回路持续运行电流);1600A/1000A。
4)额定频率 z;50Hz。
5)额定短时耐受电流 A:63kA(三相)/40kA(单相)。
6)额定短时耐受电流持续时间:2s(三相短路),1s(单相短路)。
7)额定峰值耐受电流:160kA。
8)弯曲半径:不大于 3000mm。

3.3 电缆标称截面

电缆截面的选择主要依据允许载流量计算并复核短路时短时耐受电流。一般由制造厂根据电站环境条件、电站电气特性、电缆敷设方式及电缆结构及材料性能进行计算选择。本工程高压电缆厂家提供的电缆截面为:1~4 号机为 1000mm²,恰龙Ⅰ线为 1600mm²,其中恰龙Ⅰ线最小转弯半径为 3000mm,满足本工程要求。

4 割接方案

根据现场高压电缆竖井及 T 间隔室充油电缆布置方式,需先拆除主变 T 间隔室中敷设在上层的旧电缆后插空敷设新电缆,电缆竖井内受空间限制,需顺序拆除 1 回线路后,敷设一回新电缆,并结合割接中各机组与线路回路的容量分配情况。后经复核线路容量,在满足电力系统调度要求下割接顺序安排为:4FB 机组单元(龙石Ⅰ线)→恰龙线(龙源Ⅰ线)→2FB 机组单元(龙乌线)→3FB 机组单元(龙石Ⅱ线)→1FB 机组单元(龙源Ⅱ线)。

5 电缆敷设与安装

5.1 高压电缆敷设路径

高压电缆从 T 间隔室至 2490m 平台路径为本工程的难点。根据电力系统和业主要求,结合现场电缆敷设施工、设备布置及割接方案等情况,经多种方案对比、讨论后,确定高压电缆从主变 T 间隔室至 2490m 平台走原有高压电缆竖井通道。

本次改造高压电缆的敷设路径为:主变 T 间隔室→电缆竖井→2490m 平台→新建 GIS 室电缆夹层→新建 GIS 室二层。

5.2 高压电缆布置

5.2.1 主变 T 间隔室电缆布置

根据割接方案,先拆除主变 T 间隔室中敷设在上层旧电缆后的插空敷设新电缆,新电缆敷设在电缆支架上。支架采用双侧双层结构,电缆仓出口处采用吊架固定(图 9,图 10)。恰龙 I 线新、旧电缆连接中间接头设置在主变 T 间隔室内,中间接头设防爆墙与其他设备隔离(图 11)。

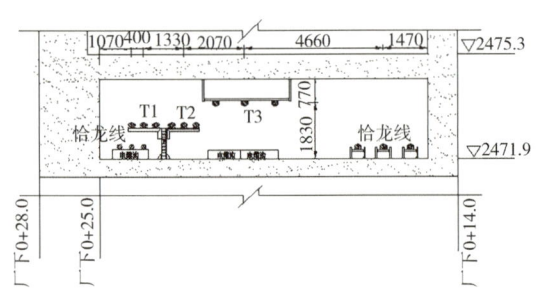
图 9 改造后主变 T 间隔室剖面 1(单位:mm)

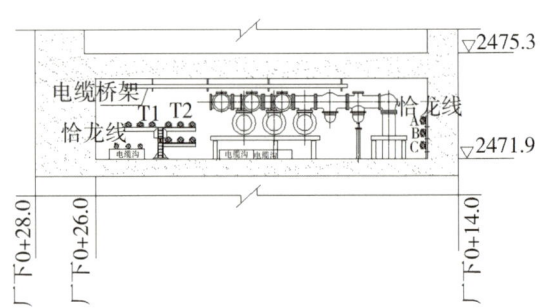
图 10 改造后主变 T 间隔室剖面 2

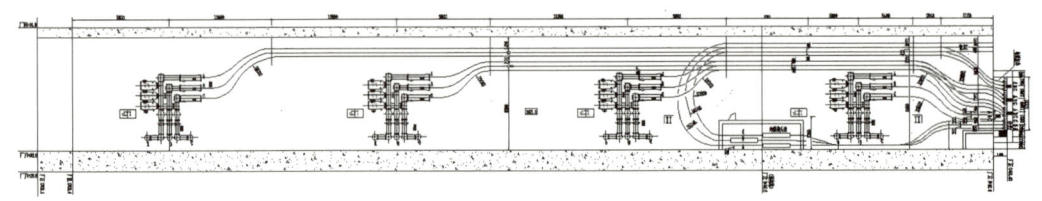
图 11 改造后主变 T 间隔室设备布置图

5.2.2 高压电缆竖井电缆布置

根据割接方案,先在竖井厂右侧壁上安装 4 号机电缆,后拆除 1 回旧电缆,安装 1 回新电缆。在电缆竖井顶出线室内设置 2 道槽钢,并在出线室墙面重新开孔将电缆,从而使新电缆从旧电缆上方引至 2490m 平台(图 12,图 13)。

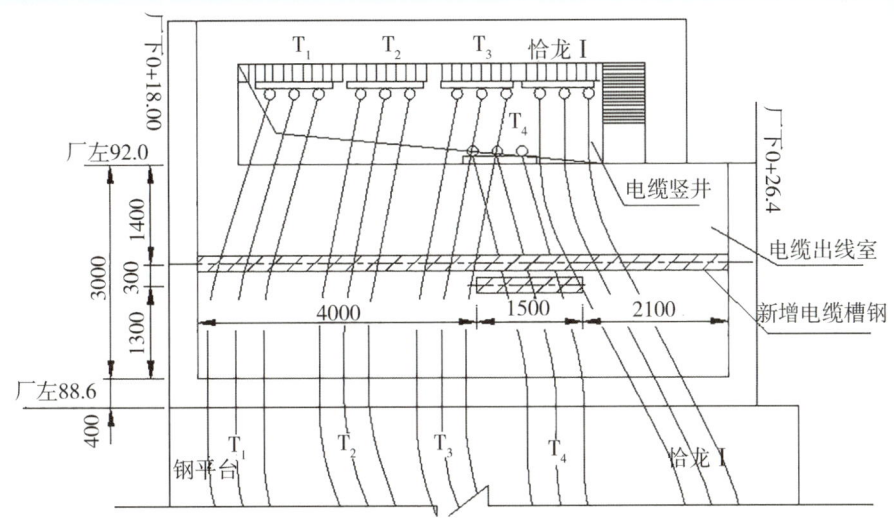

图12　改造后电缆出线室电缆布置示意(单位:mm)

5.2.3　2490m户外出线平台电缆布置

本次改造5回($T_1 \sim T_4$回路、恰龙Ⅰ线)电缆需经过原高压电缆电缆沟引至新建GIS室,电缆沟内为在运行的油浸式高压电缆。电缆沟已出现结构变形、砖体风化的现象。此处无对应电缆敷设路径图纸;地面不平整,电缆支架难以固定安装,为避开运行电缆,还可能出现支架的二次移位,对后期电缆支架的安装造成很大的困难,并对施工安全产生很大的隐患。经多次踏勘后,考虑在此处设一铝合金大平台,铝合金大平台长28m、宽9m、高1.6m,满足5回高压电缆平行敷设,并满足施工器具设置要求。铝合金大平台可保证施工期间人员安全,还可满足电缆支架可靠性与安装布置要求,保证电缆支架安装牢固、可靠,不出现二次位移,并且大平台可在割接前安装完成,可以缩短割接工期。

新高压电缆从电缆出线室引自2490m平台,经铝合金大平台后,敷设于2490m地面上,引至新建GIS室一层电缆夹层内(图13)。

5.2.4　新建GIS室电缆布置

在新建GIS室电缆夹层内,没有旧电缆,所有电缆布置于地面或支架上引至所对应的进线间隔处,并采用专用电缆支架引至二次GIS设备层。

6　高压电缆接地保护设计

高压电缆的金属护套接地方式有一端直接接地、两端直接接地和交叉互联接地3种方式。水电站由于电缆线路不长,且金属护套上任一点的正常感应电压不超过规定值,一般都采用一端直接接地的方式。

本工程高压电缆金属护套采用一端经接地连接箱直接接地,另一端经护层过电压保护器(SVL)接地的接地方式。电缆两端分别配置相应的接地连接器箱和护层保护器箱(图14、

图15）。

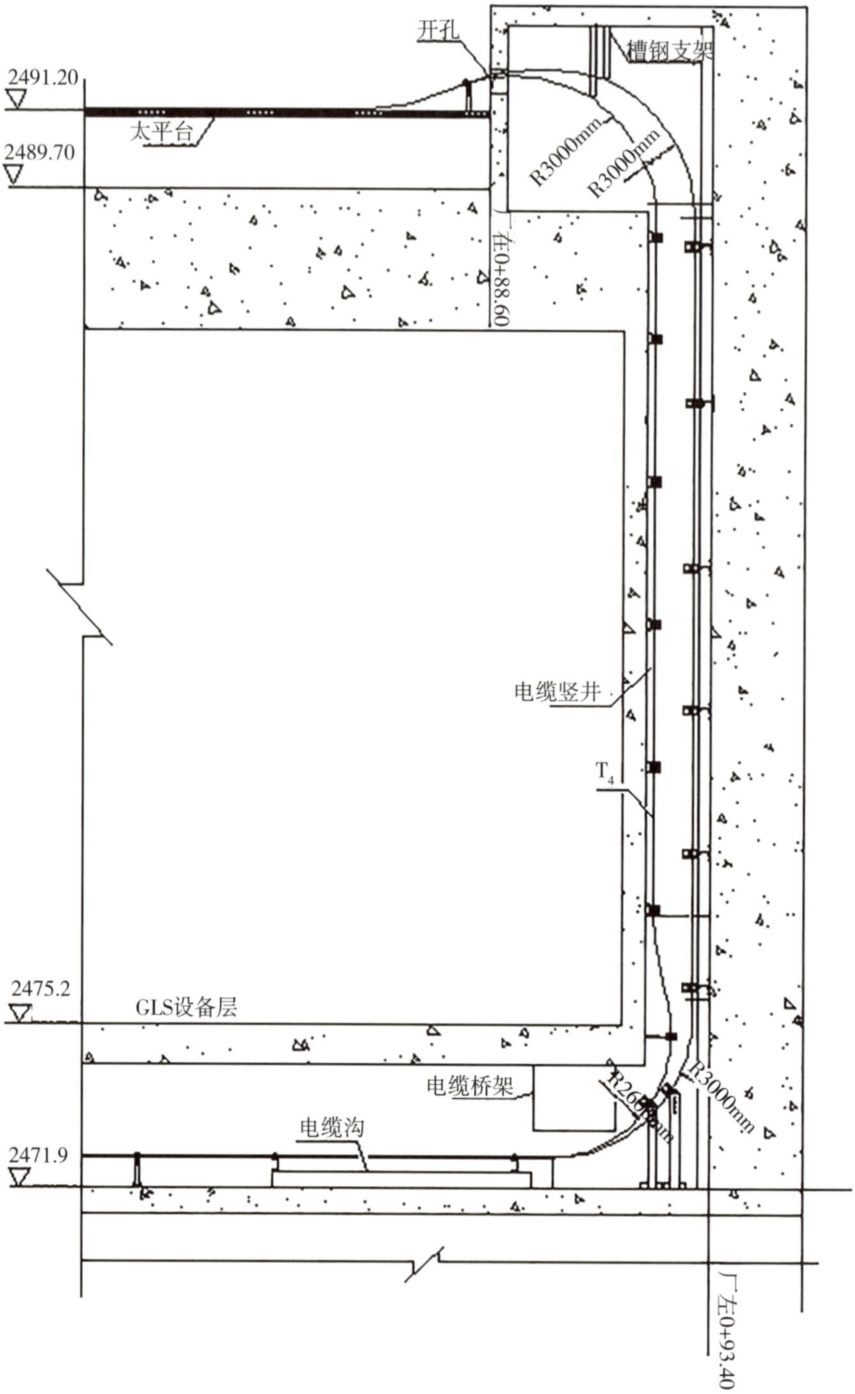

图 13　改造后电缆竖井剖面示意图

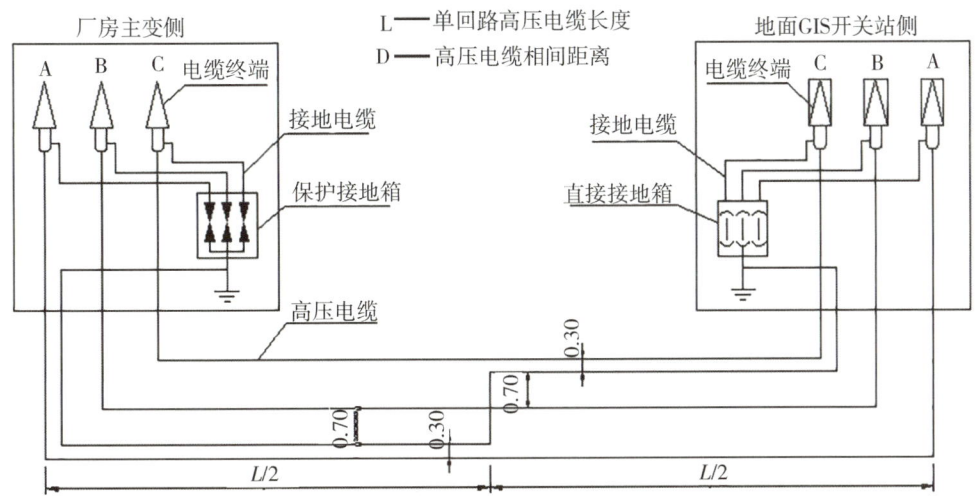

图 14　回流线及接地箱布置示意图

图 15　改造完成后 2490m 平台电缆敷设俯视图

回流线采用 10kV 单芯铜电缆,截面为 300mm²,回流线布置在三相电缆之间按"三七开"布置并两端接地。

接地保护器采用非线性氧化锌,通流容量为 15.0kA。同时还满足:①保护器的工频耐压值大于可能产生的工频过电压、低于外护套绝缘的工频击穿电压,且在最大工频过电压作用下,能承受 5s 而不损坏;②在最大冲击电流作用下,护层保护器的残压不大于电缆护层的冲击耐压除以 1.4。

7　电缆竖井防火封堵

根据《水力发电厂交流 110kV～500kV 电力电缆工程设计规范》(NB/T 10498—2021) 10.0.4 中第 2 条规定"同一井道敷设两回路及以上电缆时,不同回路之间应采取防火隔板分隔",对电缆竖井内 5 回高压电缆及竖井内的低压电缆进行分隔处理,并对电缆竖井的上、下口及每隔 6 处做防护封堵(图 16)。为保证垂直方向防火隔板安装的稳定性,根据防火隔板每块长 2m 的特点,在竖井内每隔 2m 处设一角钢支撑架。

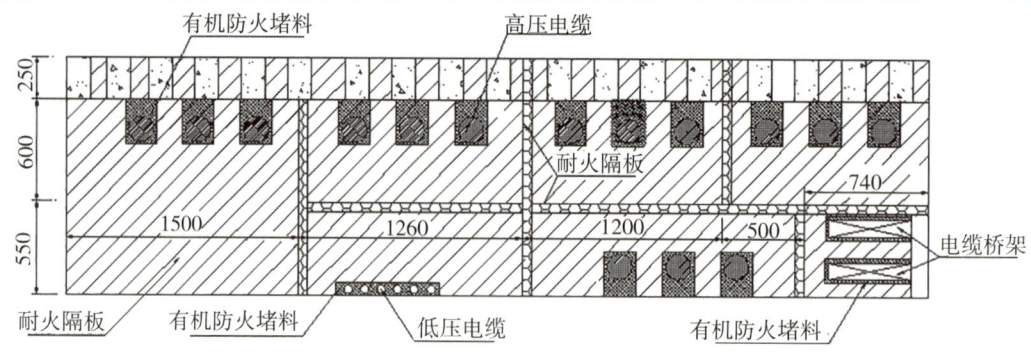

图 16　电缆竖井内防火封堵安装布置图(单位:mm)

8　结语

龙羊峡水电站 330kV 电缆改造为国内首批因电缆超期服役的水电站,因建设年代久远,存在资料不全、无电子版可编辑图纸等问题,并且具有主变 T 间隔室,并有电缆竖井空间狭小、电缆回路数多等特点。割接施工期间还对发电机配电装置、GIS 开关站及出线设备一同改造,电网调度部门割接一条线路、一台机组的工期仅为 55 天,割接工期短。同时,割接施工期间仅对割接线路停电,其他线路均正常运行,现场条件差,现场安全要求高。经过前期对工程的深入了解,制定了合理设计方案,并在各参建方的共同努力下,已于 2022 年 5 月 24 日,顺利完成了龙羊峡水电站 GIS 改造"四机六线"割接工作。

参考文献

[1] 阮全荣,李晖,高宁. 公伯峡水电站高压电缆设计几个技术问题分析[J]. 西北水电,2005(1):62-65.

[2] 杜颖,俞鹏,谢伟. 黄金坪水电站高压电缆设计及布置[J]. 四川水力发电,2016(4):55-57.

[3] 兰宇,刘兴剩,张涵,等. 乌弄龙水电站 500kV 高压电缆敷设与安装[J]. 云南水力发电,2021(5):102-105.

[4] 水力发电厂交流 110kV～500kV 电力电缆工程设计规范:NBT 10498-2021[S].

水电站电气主接线可靠性比较评估

杨杰　靖峰　王嘉琨　路秀丽

（中国电建集团西北勘测设计研究院有限公司，陕西西安，710065）

摘　要：电气主接线可靠性计算是水电站电气设计的核心内容，为水电站的电气主接线选择提供理论依据。将马尔科夫状态转移理论与最小割集法相结合，考虑隔离开关的故障率，对断路器和母线的可靠性模型进行修正。结合具体的工程案例，针对不同形式的主接线，计算其可靠性指标，通过比选，确定最优的主接线形式，验证了本文所采用理论的有效性。

关键词：水电站；电气主接线；可靠性；评估

1　概述

水电站在现代电力系统中承担调峰、调频任务，对整个电力系统的经济运行有重要影响。水电站可靠性计算是对水电站电气主接线系统上的主要元件（发电机、变压器、断路器、母线和隔离开关等）的电气参数进行评估。选择经济合理、技术可靠的电气主接线是关键环节，对整个电力系统的安全稳定和经济运行都具有非常重要的意义。

现有可靠性分析的方法主要有网络法、故障树分析法、蒙特卡洛（Monte Carlo）模拟法、马尔科夫状态分析法、逻辑表格法、最小割集法等。马尔科夫状态分析法常用于单个元件的可靠性模型分析，基于该计算模型可计算各元件在不同状态下的状态概率。本文将最小割集法与马尔科夫状态转移理论相结合，考虑电气主接线中的隔离开关的故障情况，将其根据不同的接线形式进行等效化简，并借助 MATLAB 计算软件，提高了计算精度，简化计算过程，解决传统手算的困难，提高了设计工作的效率。

2　基本理论

2.1　主接线电力通道故障枚举策略

电气主接线元件是主接线系统的基本单元，其运行状态一般有 3 种：正常状态、计划检修状态和故障状态。故障状态是可靠性分析的关键，又分为扩大型故障状态和非扩大型故障状态。扩大型故障状态是指一个元件发生故障时，周围元件会发生故障并退出运行，而非扩大型故障是指某一元件发生故障时，只有该元件退出运行。前者造成的危害程度更大，影响范围更广。造成电气主接线系统故障的原因可能是一个元件故障，也可能是多个元件故障，因此在考虑系统的故障情况时，要按照故障元件的不同状态和不同数量进行组合，从而对系统的故障情况进行较为准确的描述。

实际分析中，不能只单纯地考虑扩大型故障和非扩大型故障的组合，还必须计及各个元件的故障检修状态和断路器的隐性故障，因此需要考虑多阶故障的情况。当故障元件在断路器的保护范围之内时，其隐性故障才会显现，而当断路器一旦发生隐性故障(保护区内故障而保护举动)，相邻正常运行的断路器就会跳闸(若拒动则跳下一级)，其后果等同于扩大型故障。一般情况下，高阶数元件故障组合出现的频率很小，故只考虑两重故障的情况即可满足工程需要。本文中主要考虑一阶、二阶故障元件的状态组合情况。

2.1.1 一阶故障

一阶故障是指单一元件故障就可导致系统停运。该元件通常处于系统的核心位置，且没有备用元件，当故障发生时会造成电力传输通道中断，从而导致供电负荷缺失。由于没有备用元件，故该类元件在正常运行时不安排检修。计及断路器的隐性故障时，与其他元件非扩大型故障的组合属于一阶故障；与其他元件的扩大型故障组合，故障元件不在断路器的保护区内，认为是一阶故障，故障元件在断路器的保护区内，则为二阶故障。

综上，一阶故障的组合主要有：单独元件的非扩大性故障＋扩大性故障、非扩大性故障＋断路器隐性故障、扩大性故障＋保护区外隐性故障。

2.1.2 二阶故障

二阶故障状态需要考虑元件的计划检修状态，一般为了降低检修时的人工成本，减小影响范围，不会考虑两个元件的同时检修，因此检修状态的二阶故障类型有计划检修＋非扩大型故障状态和计划检修＋扩大型故障状态。

综上，二阶故障的组合方式主要有非扩大型＋非扩大型故障、扩大型＋扩大型故障、扩大型＋非扩大型故障、扩大型＋保护区内断路器隐性故障、计划检修＋非扩大型故障和计划检修＋扩大型故障。

2.2 最小割集法求取电能传输通道

2.2.1 隔离开关的等效方式

一般隔离开关的故障率远低于断路器、母线等元件，但是水电站电气一次主接线中存在大量的隔离开关等元件，其故障率不得不予以考虑，若按照断路器、母线等元件同等考虑，计算量会非常庞大，因此本文采用合并等效的方式来简化处理。考虑到隔离开关的故障后果与其所连接的元件故障后果基本一致，可将一组隔离开关合并至邻近的断路器或母线中，合并后断路器或母线的等效故障率及等效修复率如式(1)和式(2)所示：

$$\lambda_e = \sum_{i=1}^{n} \lambda_i \tag{1}$$

$$\mu_e = \frac{\lambda_e}{\sum_{i=1}^{n} \frac{\lambda_e}{\mu_i}} \tag{2}$$

2.2.2 最小割集法求取电能传输通道

割集是由一系列弧构成的一个集合，这些弧具体到电力系统中代表着独立元件。若这些元件全部故障，即元件对应的弧全部被切断，网络路集中所有路将被切断，这些元件对应的弧称为割集。最小割集即为以最少的弧组成的割集，任意移去一个弧都将无法构成割集，从元件层面上来说就是以最少的元件发生故障即导致系统故障的集合。

本文采用搜索法中的深度搜索法，来完成最小路集的搜索工作。深度搜索法的主要思想是从网络的输入节点开始，经过不同的元件向输出节点进行深入搜索，得到一条最小路径后再返回输入节点重新搜索，直到得到全部最小路径。

2.3 主接线元件可靠性模型

电气主接线可靠性计算时，首先要建立各元件的可靠性模型。典型的模型是马尔科夫三状态模型。本文中各元件的状态主要有正常运行状态、计划检修状态、非扩大型故障状态和扩大型故障状态。并非所有的元件都有上述的4种状态，一般情况下，由于故障切除前后，发电机组、变压器、输电线路等元件系统状态没有明显的变化(或者切除过程极短，可以忽略扩大型故障状态)，故要考虑以上几种状态的元件主要有断路器和有倒闸操作的母线。

2.3.1 断路器的可靠性模型

断路器的状态有正常运行状态N、计划检修状态M、扩大型故障状态S、非扩大型故障状态R和拒动状态F。其可靠性数学模型如图1所示。

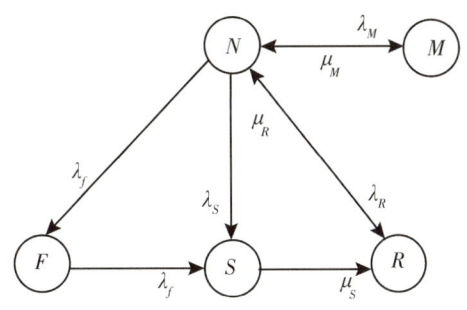

图1 断路器的可靠性数学模型

图中，λ_M、λ_S、λ_R、λ_f分别表示计划检修率、扩大型故障率、非扩大型故障率和保护拒动率；μ_M、μ_S、μ_R分别表示检修修复率、切换转移率和故障修复率。定义P_N、P_M、P_S、

P_R、P_f 分别表示正常运行状态概率、计划检修概率、扩大型故障概率、非扩大型故障概率、保护拒动状态概率,则有:

$$P_N + P_M + P_R + P_S + P_f = 1 \tag{3}$$

稳态情况下马尔科夫状态方程为,

$$\begin{cases} -(\lambda_M + \lambda_R + \lambda_S + \lambda_f)P_N + \mu_R P_R + \mu_M P_M = 0 \\ \lambda_M P_N - \mu_M P_M = 0 \\ \lambda_S P_N - \mu_S P_S = 0 \\ \lambda_f P_N - \mu_S P_f = 0 \\ \lambda_R P_N + \mu_S P_S + \mu_S P_f - \mu_R P_R = 0 \end{cases} \tag{4}$$

联立式(3)、式(4)可得:

$$P_N = 1/(1 + \frac{\lambda_M}{\mu_M} + \frac{\lambda_S + \lambda_f}{\mu_S} + \frac{\lambda_f + \lambda_S + \lambda_R}{\mu_R}) \tag{5}$$

$$P_S = \frac{\lambda_S}{\mu_S} \cdot P_N \tag{6}$$

$$P_M = \frac{\lambda_M}{\mu_M} \cdot P_N \tag{7}$$

$$P_f = \frac{\lambda_f}{\mu_S} \cdot P_N \tag{8}$$

$$P_R = \frac{\lambda_f + \lambda_S + \lambda_R}{\mu_R} \cdot P_N \tag{9}$$

2.3.2 母线的可靠性模型

对于有倒闸操作的母线,其可靠性数学模型可以用断路器的可靠性数学模型。而无倒闸操作的母线,可以用三状态模型来表示,即正常运行状态、计划检修状态和扩大型故障状态。状态图如图2所示。

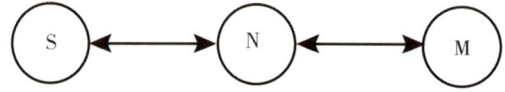

图2 无倒闸操作母线的可靠性模型

对有倒闸操作的母线,其可靠性数学模型与断路器的计算公式类似,而对于无倒闸操作的母线,其各状态概率的计算公式如下。

$$P_N = 1/\left(1 + \frac{\lambda_M}{\mu_M} + \frac{\lambda_S}{\mu_R}\right) \tag{10}$$

$$P_S = \frac{\lambda_S}{\mu_R} P_N \tag{11}$$

$$P_M = \frac{\lambda_M}{\mu_M} P_N \tag{12}$$

以上为水电站电气主接线各个通道中涉及的元件的可靠性计算模型。基于上述计算模型可计算各元件在不同状态下的状态概率,为计算各类可靠性指标奠定基础。

2.3.3 元件状态概率求解

根据式(5)至式(12),以断路器为例,在 MATLAB 仿真环境中搭建电气主接线可靠性计算模型(图3),以元件可靠性原始数据作为输入量,输出结果为各元件可靠性计算模型所对应各状态概率值。依据上述电气主接线各元件状态概率,分别对各主接线方案各一阶及二阶故障组合事件进行计算并输出数据。该计算模型遵循简洁、实用、针对性强。

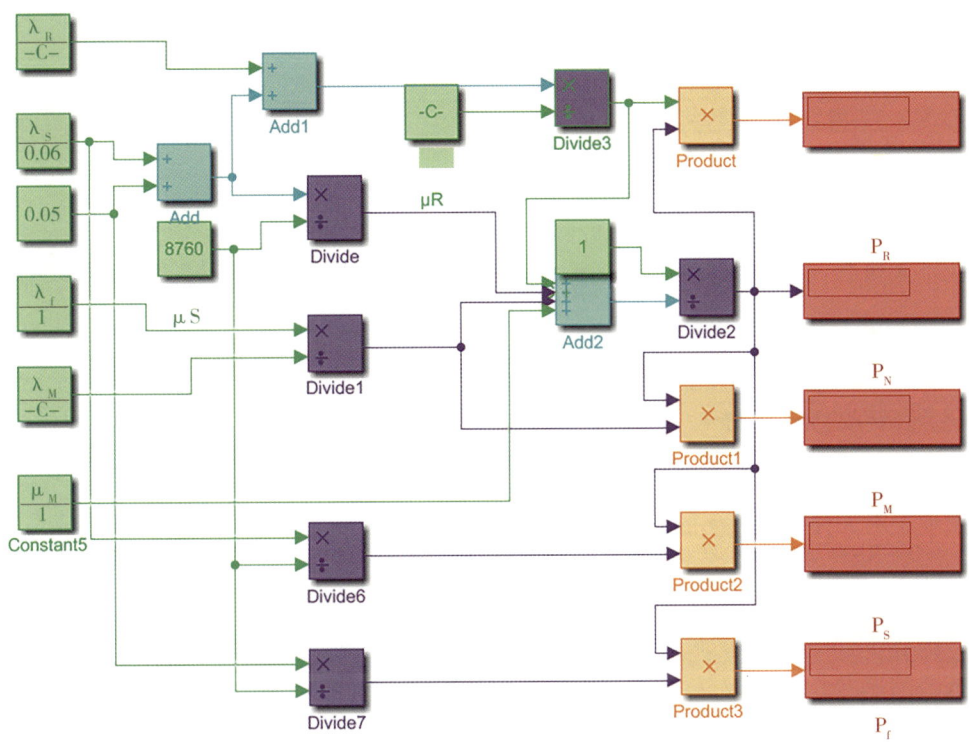

图 3　元件状态概率计算模型

3 电气主接线可靠性指标

电气主接线的可靠性指标主要有连续性、充裕性、安全性、参数敏感度。各类指标的计算公式如下。

(1)连续性指标

连续性指标包括电站出力受阻时间期望 $LOGE$、电站出力受阻概率 $LOGP$、电站出力受阻频率 $FLOG$、电站出力受阻平均持续时间 T。

$$LOGE = \sum_{i \in L}(\lambda_i t_i \cdot P_i) \tag{13}$$

$$LOGP = LOGE/8760 \tag{14}$$

$$FLOG = (1-LOGP)\sum_{i \in L}\lambda_i \tag{15}$$

$$T = LOGE/FLOG = \frac{\sum_{i \in L}(\lambda_i t_i \cdot P_i)}{(1-LOGP)\sum_{i \in L}\lambda_i} \tag{16}$$

（2）充裕性指标

充裕性指标包括电站受阻电力期望 $EDNS$、电站受阻电量期望 $EENS$。

$$EDNS = \sum_{i \in L}\lambda_i \cdot C_i \cdot P_i \tag{17}$$

$$EENS = \sum_{i \in L}(\lambda_i \cdot C_i \cdot P_i) \cdot t_i \tag{18}$$

（3）安全性指标

安全性指标包括系统故障概率和故障频率。

$$P_F \approx \sum_{i \in L}P(i) \tag{19}$$

$$f_F \approx \sum_{i \in L}P(i) \cdot \sum_{i \in L}\mu_{ij} \tag{20}$$

（4）参数敏感度指标

参数敏感度指标包括电站出力受阻时间期望对元件故障概率的敏感度 $LOGEP$、电站少供电量期望对元件故障概率的敏感度 $EENSP$。

$$LOGEP = \frac{\partial LOGE}{\partial \lambda_i} \tag{21}$$

$$EENSP = \frac{\partial EENS}{\partial \lambda_i} \tag{22}$$

式中，L 为导致发电机组、出线停运的事件集合，λ_i 为故障率，t_i 为由故障率引起的导致发电机组、出线停运时间，C_i 为由 λ_i 引起的导致发电机组、出线停运的容量，P_i 为 L 事件集合中各元件的状态概率值。

4 案例分析

根据本文中介绍的理论及计算方法，以西藏某水电站为例，进行可靠性分析评估。该水电站装设 4 台 300MW 水轮发电机，总装机容量为 1200MW。计算时按 500kV 一级电压接入西藏电网，2 回出线考虑。高压侧接线形式有 7 种方案，方案 1 为单元＋3/2 接线、方案 2 为单元＋双母线接线、方案 3 为单元＋双母线三分段接线、方案 4 为单元＋单母线分段、方案 5 为联合单元＋单母线分段、方案 6 为联合单元＋四角形、方案 7 为联合单元＋内桥型接线。

4.1 各元件可靠性原始数据

在主接线可靠性计算中,考虑各元件包括断路器、发电机、隔离开关、变压器以及母线等元件的原始可靠性数据,如表1与表2所示。

4.2 各元件状态概率计算结果

根据1.3.3节的计算模型,可得到西藏该水电站电气主接线各元件的状态概率如表3至表8所示。

表中发断1、QF1表示发电机断路器、高压断路器与一组隔离开关按照式(1)、式(2)等效合并,其余雷同。

表1　　　　　　　　　　主接线元件的原始可靠性参数

元件	λ_M /(次/a)	λ_R /(次/a)	λ_S /(次/a)	t_S /(h/次)	t_R /(h/次)	t_M /(h/次)
主变压器	0.663	/	0.0262	1	585.58	172.6
断路器	1.0	0.0163	0.06	1	160	120
隔离开关	0.147	/	0.00149	1	56	80
母线	0.166	/	0.015	2	20	72
发电机组	1.06	/	3.5	1	73	280.6

表2　　　　　　　　　　主接线元件的修复率参数

元件	μ_S /(次/a)	μ_R /(次/a)	μ_M /(次/a)
主变压器	8760	1422.612104	201.5333013
断路器	8760	1590.527093	231.4225037
隔离开关	8760	1695.442743	250.1376329
母线	4380	950.8024231	213.0830558
发电机组	8760	56.42390941	13.9917252

表3　　　　　　　　　　方案1各元件状态概率

二分之三接线	P_N	P_S	P_R	P_M
发电机组	0.878588668	3.510343E−04	5.449924E−02	6.656105E−02
发断1	0.995059821	6.984729E−06	5.179478E−05	4.884527E−03
主变	0.996699741	2.980997E−06	1.835605E−05	3.278922E−03
QF1	0.995056144	7.552658E−06	5.492266E−05	4.884509E−03
QF2	0.994473509	7.717387E−06	5.582212E−05	5.466078E−03
QF3	0.993891556	7.881923E−06	5.672053E−05	6.046966E−03
QF4	0.993310284	8.046267E−06	5.761788E−05	6.627174E−03
母线3	0.997460462	3.924939E−06	/	2.535613E−03

表 4 方案 3 各元件的状态概率

单元＋双母线三分段	P_N	P_S	P_R	P_M
发电机组	0.878588668	3.510343E−04	5.449924E−02	6.656105E−02
发断 1	0.995059821	6.984729E−06	5.179478E−05	4.884527E−03
主变	0.996699741	2.980997E−06	1.835605E−05	3.278922E−03
QF	0.995639461	7.387736E−06	5.089224E−05	4.302259E−03
QF1	0.995056144	7.552658E−06	5.492266E−05	3.278922E−03
母线 4	0.99687594	4.092198E−06	/	3.119967E−03
母线 6	0.99570895	4.426131E−06	/	4.286624E−03

表 5 方案 4 各元件的状态概率

单元＋单母线分段	P_N	P_S	P_R	P_M
发电机组	0.878588668	3.510343E−04	5.449924E−02	6.656105E−02
发断 1	0.995059821	6.984729E−06	5.179478E−05	4.884527E−03
主变	0.996699741	2.980997E−06	1.835605E−05	3.278922E−03
QF	0.995639461	7.387736E−06	5.089224E−05	4.302259E−03
QF1	0.995056144	7.552658E−06	5.492266E−05	3.278922E−03
母线 4	0.99687594	4.092198E−06	/	3.119967E−03

表 6 方案 5 各元件的状态概率

联合＋单母分段	P_N	P_S	P_R	P_M
发电机组	0.878588668	3.510343E−04	5.449924E−02	6.656105E−02
发断 1	0.995059821	6.984729E−06	5.179478E−05	4.884527E−03
主变 1	0.996115071	3.148679E−06	1.938858E−05	3.862392E−03
QF	0.995639461	7.387736E−06	5.089224E−05	4.302259E−03
QF1	0.995056144	7.552658E−06	5.492266E−05	3.278922E−03
母线 3	0.997460462	3.924939E−06	/	2.535613E−03

表 7 方案 6 各元件的状态概率

联合＋四角形	P_N	P_S	P_R	P_M
发电机组	0.878588668	3.510343E−04	5.449924E−02	6.656105E−02
发断 1	0.995059821	6.984729E−06	5.179478E−05	4.884527E−03
主变 1	0.996115071	3.148679E−06	1.938858E−05	3.862392E−03
QF3	0.993891556	7.881923E−06	5.67205E−05	6.046966E−03

表 8　　　　　　　　　　　　　　方案 7 各元件的状态概率

联合＋内桥	P_N	P_S	P_R	P_M
发电机组	0.878588668	3.510343E－04	5.449924E－02	6.656105E－02
发断 1	0.995059821	6.984729E－06	5.179478E－05	4.884527E－03
主变 1	0.996115071	3.148679E－06	1.938858E－05	3.862392E－03
QF2	0.994473509	7.71739E－06	5.58221E－05	0.005466078
QF3	0.993891556	7.881923E－06	5.67205E－05	6.046966E－03

4.3　电气主接线可靠性指标计算结果

根据式(13)至式(20)可得各主接线方案的连续性指标,如表 9 至表 14 所示。

根据式(21)至式(22),各方案出力受阻时间期望对断路器元件故障率的敏感度曲线 $LOGEP$ 以及电站受阻电量期望对断路器元件故障率的敏感度曲线 $EENSP$ 如图 4 所示。

表 9　　　　　　　　　　　　　各主接线方案连续性指标

主接线方案	$LOGP$	$LOGE$/(h/a)	$FLOG$/(次/a)	T/(h/a)
方案 1	8.81891E－07	0.007725365	0.254805894	0.030318629
方案 2	3.24696E－06	0.028443403	0.292597261	0.097210082
方案 3	3.24175E－06	0.028397768	0.289941348	0.097943146
方案 4	3.26181E－06	0.028573471	0.293590871	0.097324114
方案 5	3.33372E－06	0.029203361	0.396052628	0.073736062
方案 6	2.84802E－06	0.024948612	0.263896462	0.094539395
方案 7	3.16291E－06	0.027707049	0.282399316	0.098113017

表 10　　　　　　　　　　　　各主接线方案供电充裕性指标

主接线方案	$EDNS$/(MW/a)	$EENS$/(亿 kW・h/a)
方案 1	0.230832231	0.043096106
方案 2	0.244069113	0.134486371
方案 3	0.240175907	0.132168612
方案 4	0.247107013	0.159795704
方案 5	0.258010832	0.239062159
方案 6	0.243108201	0.102697262
方案 7	0.247351732	0.142770478

表 11　　各主接线方案供电安全性指标(机组停运概率)　　(单位:次/a)

主接线方案	停1台机概率	停2台机概率	停3台机概率	停4台机概率
方案1	0.001001245	1.77707E−06	1.77929E−09	3.15799E−12
方案2	0.001066672	4.45521E−05	4.75224E−08	7.52987E−09
方案3	0.001053515	3.96693E−05	4.17921E−08	1.57365E−09
方案4	0.001064251	5.13581E−05	6.61348E−06	9.76061E−09
方案5	0.001055471	9.27591E−05	2.80906E−06	7.16095E−08
方案6	0.001058693	2.03454E−05	2.15396E−08	4.13937E−10
方案7	0.001066906	2.21293E−05	2.75584E−08	2.77861E−08

表 12　　各主接线方案供电安全性指标(机组停运频率,次/a)　　(单位:次/a)

主接线方案	停1台机频率	停2台机频率	停3台机频率	停4台机频率
方案1	0.253196987	0.002158588	1.30561E−06	2.31728E−09
方案2	0.280167521	0.021892121	1.79169E−05	9.45145E−06
方案3	0.277562886	0.017583041	1.47674E−05	5.56053E−07
方案4	0.283672065	0.026053498	0.011268882	0.000687281
方案5	0.275344775	0.095706877	0.031210179	0.009234636
方案6	0.262137982	0.011801498	0.003093621	0.000139275
方案7	0.266418331	0.028690632	0.007650871	0.000873081

表 13　　各主接线方案供电安全性指标(线路停运概率)

主接线方案	停1回线路概率	停2回线路概率
方案1	1.29114E−07	1.02604E−10
方案2	3.05153E−05	1.42362E−07
方案3	3.01269E−05	1.61853E−07
方案4	4.15263E−05	1.71442E−07
方案5	4.59377E−05	2.27435E−06
方案6	7.33843E−06	1.38832E−07
方案7	2.17454E−05	1.46134E−07

表 14　　各主接线方案供电安全性指标(线路停运频率)　　(单位:次/a)

主接线方案	停1回线路频率	停2回线路频率
方案1	0.000312239	3.26389E−07
方案2	0.026387443	0.000256177
方案3	0.026089746	0.000295251
方案4	0.034465537	0.000308448

续表

主接线方案	停1回线路频率	停2回线路频率
方案5	0.068775029	0.004279177
方案6	0.010504231	0.000110339
方案7	0.020738222	0.000239602

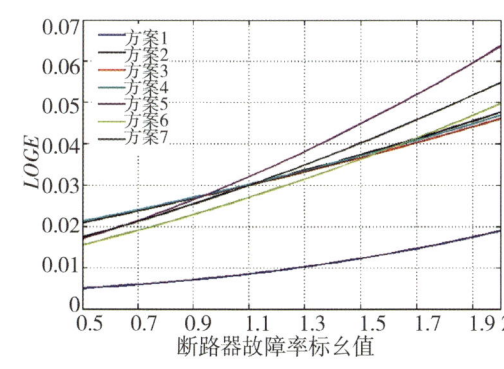 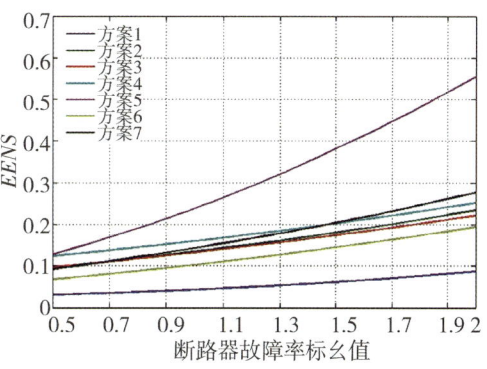

(a)出力受阻时间期望对断路器元件故障率的敏感度 (b)电站受阻电量期望对断路器元件故障率的敏感度

图4 各主接线方案参数敏感度

5 结果分析

分析表10的数据可知,方案1的 $LOGP$、$LOGE$、$FLOG$ 和 T 均低于其他6种方案,其连续性指标优于其他6种方案。分析表11中的数据可知:方案1的电站受阻电力期望 $EDNS$、电站受阻电量期望 $EENS$ 最低,故方案1的充裕性指标在7种方案中较优。根据表12至表15中数据,方案1的机组、线路停运概率和停运频率均明显低于其他方案,因此方案1的供电安全性指标也优于其他方案。

由图4可知,在可靠性参数敏感度曲线方面,无论是 $LOGEP$ 还是 $EENSP$ 的参数敏感度曲线,方案一的参数敏感度曲线更加平缓。因敏感度为以上出力受阻时间期望以及电站受阻电量期望两个指标对断路器故障率标幺值的偏导数变化率的值,结合图4可知,当断路器元件的故障率发生变化时,方案1的 $LOGE$ 以及 $EENS$ 的值基本保持不变,可以认为方案1中,系统元件的可靠性原始参数对系统整体的可靠性指标影响是最小的。此处选用断路器作为元件可靠性原始数据进行计算,是因为断路器的可靠性计算模型为五状态模型,通过其故障率的变化可更全面,多方位地表示故障率标幺值变化带来的偏导数曲线影响。

综上比较,考虑到该水电站装机容量大,在西藏电网中地位重要,根据主接线的选择原则以及综合系统可靠性指标计算,方案1所示的单元+3/2断路器接线为较优方案。

6 结语

本文将最小割集法与马尔科夫状态转移理论相结合,考虑主接线元件中诸多的隔离开关,结合 MATLAB 计算软件,分析了水电站电气主接线的可靠性。通过对西藏某水电站可靠性分析计算,验证了本文理论的有效性,并且通过比选,确定了最优的主接线方案。

参考文献

[1] 邓家玮. 燃气电厂电气一次主接线的可靠性评估与应用[D]. 广州:华南理工大学, 2020.

[2] 郭永基. 电力系统可靠性分析[M]. 北京:清华大学出版社,2003.

[3] 周家启. 电力系统可靠性评估[M]. 重庆:科学技术文献出版社,1986.

[3] 鲁宗相,郭永基. 水电站电气主接线可靠性评估[J]. 电力系统自动化,2001(18):16-19,27.

[5] 李鸿儒,杨文韬,朱志刚,等. 基于逻辑表格法的水电站电气主接线可靠性分析[J]. 西北水电,2021(6):120-125.

[6] 王锡凡. 发电厂主接线可靠性研究(一)基本模型和算法[J]. 西安交通大学学报,1990(2):31-40,47.

[7] 王锡凡. 发电厂主接线可靠性研究(二)扩展及应用[J]. 西安交通大学学报,1990(3):31-38,46.

[8] 戴苏平. 发电厂电气主接线可靠性比较分析[J]. 电气技术,2014(1):76-77,103.

[9] 崔巍,卫志农,周丽华. 水电站电气主接线可靠性计算[J]. 电力系统自动化,2013,37(16):18-26.

[10] 冯怡,周家启,赵霞,等. 三峡水电站电气主接线可靠性分析[J]. 电力系统保护与控制,2009,18(1):21-24.

白鹤滩水电站出线 GIL 设计特点

黄晓敢　陈钢　冯真秋

(中国电建集团华东勘测设计研究院有限公司，浙江杭州，311122)

摘　要：白鹤滩水电站左右岸各布置 4 回 GIL，每岸通过 2 个出线竖井引至地面出线场，其中右岸上段竖井落差超过了 300m，设计难度大，也有诸多设计特点。简要介绍了白鹤滩水电站出线 GIL 布置及支撑系统、气室划分及气体作业、安装及检修维护等方面的设计特点。

关键词：白鹤滩；出线竖井；GIL

1　概况

白鹤滩水电站两岸地下厂房内各装设了 8 台 1000 MW 的水轮发电机组，500 kV 配电装置采用地下 GIS，两岸出线都采用了 4 回 SF6 气体绝缘金属封闭母线（简称"GIL"），并预留了 2 回 GIL 出线布置位置，出线场布置在地下厂房上部山坡开挖出的平台上。受地质和地形条件制约并考虑综合实施难度等各项因素，左、右岸电站各布置了 2 条出线竖井，每条竖井分上段、下段，并在上段和下段竖井之间设置了平洞连接段。下段竖井下连主变洞 GIS 层，上接通向上段竖井的水平连接洞，上段竖井的出口位于地面出线场。左岸出线竖井及平洞布置如图 1 所示。由地下 GIS 层到地面出线场，左、右岸高程差分别约为 360m 和 540m；单回出线总长度分别约为 550m 和 860m，其中，右岸上段竖井为落差最大的竖井，由井口至井底高约 310m，GIL 垂直布置高度约 303m，为目前世界上单段落差最高的垂直布置 500kV 及以上电压等级 GIL。白鹤滩水电站 GIL 主要技术参数如表 1 所示。

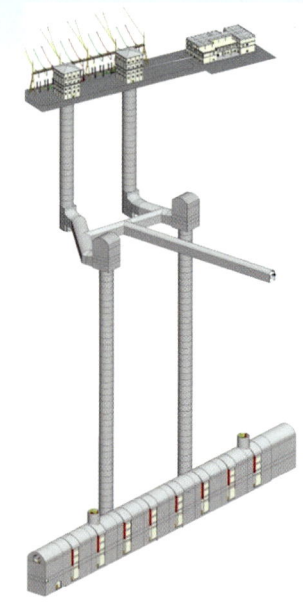

图 1　左岸出线竖井及平洞三维示意图

表 1　　　　　　　　白鹤滩水电站 GIL 主要技术参数

参数	参数值
型式	分相式
额定电压/kV	550
额定电流/A	4000
额定峰值耐受电流/kA	170
额定短时耐受电流/kA	63
额定短路持续时间/s	2
绝缘介质	SF_6
标准节长度/m	11.5
管节连接方式	法兰螺接

2　GIL 布置和支撑系统

2.1　GIL 布置

考虑未来可能的需要,每组出线竖井和平洞内按照 2 回加预留 1 回 GIL 进行布置。为与 GIL 单根标准长度 11.5m 相匹配,出线竖井在垂直方向上每隔 5.75m 分为一层,间隔为电梯停靠层和电梯安全门层,电梯停靠层模数与 GIL 标准节间连接法兰相匹配,以便于安装与维护。出线竖井内径为 11m,平面上分隔为 10 个隔间,分别为 GIL 井、电缆井、中间走廊、电梯井、楼梯间和 4 个送(排)风井(图 2)。在 GIL 井中,本期出线 2 回 6 根 GIL 靠一侧布置,预留1回3根GIL靠另一侧布置;在电梯停靠层每层的走廊上设置了进入GIL井的安装和检修用进人门。在中间走廊的另一侧,布置了电梯和楼梯间。考虑地下厂房与地面设施连接电缆敷设的需要,布置了电缆井,并在井内的每层均设置了平台和通向中间走廊的进人门。另外,在走廊的端部布置了垂直敷设的供水管。

根据工程地质地形条件,上下段竖井之间的连接平洞每一段的长度均不同,其中最长的为右岸4号连接平洞,长度约为300m。左、右岸所有4条平洞GIL及其他设备布置断面格局一致,宽度约为12m,沿轴向分隔为GIL廊道及交通(含通风、电缆)廊道。主回路2回6根GIL垂直布置在GIL廊道一侧,预留回路3根GIL垂直布置在廊道对侧,另一半廊道上、下分隔为两层,底部为交通廊道,两层左、右分隔为电缆廊道及通风廊道。总体来说,整个连接平洞断面布置各区域功能独立,界限清晰,在端部分别与出线竖井的上段和下段各功能区域连通(图3)。

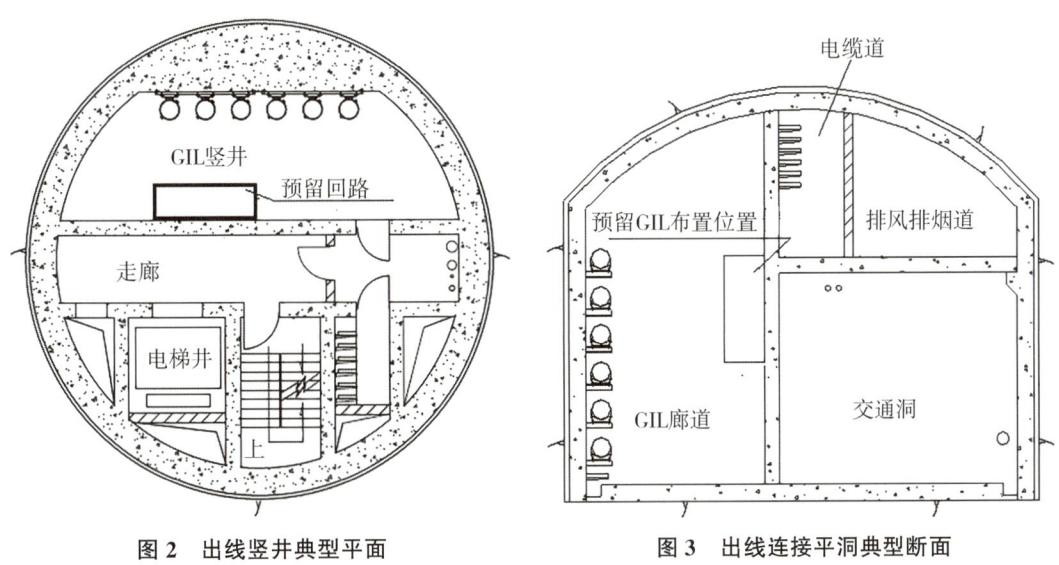

图2　出线竖井典型平面　　　　图3　出线连接平洞典型断面

2.2　GIL支撑系统

安全可靠的支撑系统是GIL保持长期稳定运行的关键因素之一,而温度补偿方式是支撑系统设计中需重点考虑的一大因素。GIL在冷、热两种状态下会发生冷缩和热胀,在极端情况下,303m的GIL热膨胀长度超过了250mm,单根GIL管壁的温变力可能达到150t,因而需要进行长度方向的补偿,同时需要设置滑动支座以使GIL可以沿轴向自由地滑动。

对于竖井段GIL,可在垂直管段设置伸缩节进行补偿,也可以在水平管段设置角度补偿节(组)对垂直管段进行长度方向补偿。在确定了补偿方式后,结合对于安装检修方式的选择,再进行GIL在出线竖井中的布置和支承系统型式选择,国内一些大型水电站GIL竖井支撑方式的统计结果如表2所示。

表 2　部分竖井 GIL 支撑方式

电站名称	支撑方式	桥机台数	桥机最大起吊容量/t
溪洛渡水电站	顶部	2	5,20
拉西瓦水电站	顶部	2	5,16
糯扎渡水电站	顶部	1	6
锦屏一级水电站	底部	2	2.5,20
白鹤滩水电站	顶部	1	5
乌东德水电站	顶部	1	5
黄登水电站	顶部	1	6

从表 2 可以看出,大多数工程(包括白鹤滩)都选择了顶部悬挂支撑方式,GIL 悬吊于顶部固定支座之下,底部设置液压千斤顶检修支座,中间全部为滑动支座,在下部与水平段相接肘管段设置角度补偿节,补偿角度满足吸收垂直段最大伸缩量要求。竖井内 GIL 一般由下向上顺序安装,在吊出管节检修时,先松开顶部固定支撑点,再采用液压缸由底部支座顶起整根 GIL,然后于顶部利用卡箍悬吊检修管节以上部分,再利用顶部桥机拆除检修管节(图 4)。这一方案的优点明显,仅需要设置 1 台桥机,桥机也无需考虑整根 GIL 的起吊重量。

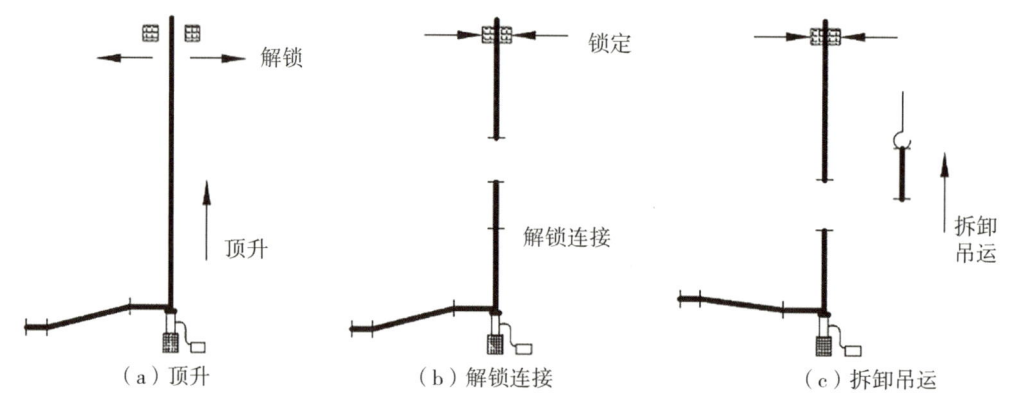

图 4　顶部悬挂加底部顶升方案检修程序示意图

此外,白鹤滩水电站落差最大的右岸上段竖井单根 GIL 的重力荷载最大达到了约 18t,6 根并排布置的 GIL 间距约为 1m;如果采用后置式锚栓固定,密集的锚栓可能对 GIL 井壁结构造成不利影响,对长期运行留下隐患。所以,白鹤滩水电站井口 GIL 固定支座采用了埋件方案,在滑模至井口时,留了 6m 高度采用现浇混凝土结构,对埋件与钢筋布置进行统筹设计,确保土建结构和 GIL 支撑结构的稳定性。另外,为了最大限度确保埋件的稳定性和安全,白鹤滩采用了类似"笼"式埋件结构,而不是通常的"铁板凳"式埋件结构,即采用拉杆固定前后两块钢板并在中间增加槽钢和辅助钢板增加与混凝土间的摩擦力的埋件结构(图 5)。

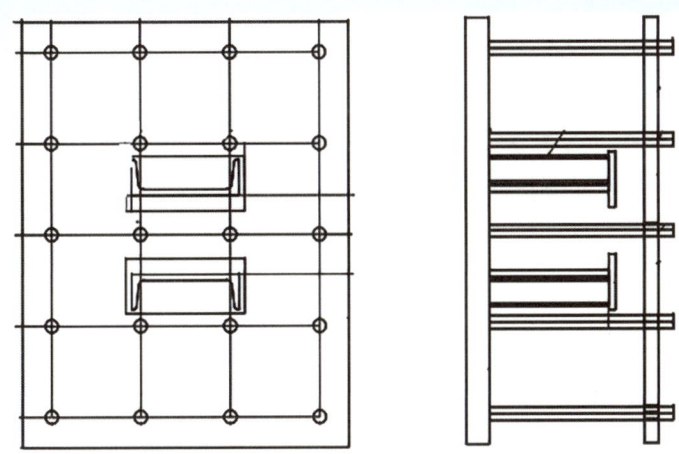

图5 白鹤滩水电站GIL顶部固定支撑埋件

3 竖井GIL气室划分及气体作业

高落差竖井中GIL气体隔室长度的设置与设计难度和安装有密切关系。由于SF6气体比重大于空气，垂直布置的GIL气室上部压力小，气室下部压力大，气室压力还随着GIL的运行温度变化而变化，不同的运行容量由于电流不一样，气室压力会发生变化。因此，气室长度越长，设计难度越大。隔室长度不一样，密闭绝缘子、气体密度继电器、局放传感器等设备的数量也不一样，还有GIL抽真空、充放气等气体作业方式和所需时间也不一样。总体来说，单个隔室长度越大，隔室数量越少，安装越简单。但是相对而言，隔室越长，工程的风险越大，气室内发生任何一点故障，整个气室设备均受影响。部分工程垂直敷设GIL气室划分情况如表3所示。从表3可以看出，以往工程中竖井GIL一般均选择一个气室或者两个气室的方案，最大气室长度达到了172m。这样做的好处显而易见，一方面可以减少设备、节约成本，另一方面可以节省安装工期和总的GIL气体作业时间，此外，GIL气体作业装置可以不用进竖井电梯到竖井中部进行作业，只需在交通条件较好的底部、顶部或者底部和顶部一起进行气体作业即可，这样不仅可以较灵活地选择气体回收装置型号和容量，而且可减少对竖井电梯参数选择的制约，但是对设备本身的可靠性和安装质量提出了较高要求。

白鹤滩水电站右岸上段竖井GIL布置高度达303m，大约有290m长的垂直段需要进行隔室的分隔。如果分隔为2个隔室，则可以在竖井顶部和底部进行充、排气。充、排气装置布置和运输受限制较小，气体作业效率较高，简化了密度继电器设置，但单个隔室长度超过了140m，一旦气室某节母线内某处发生故障，则故障点的定位及故障修复均较为困难，在一定程度上增加了运行风险。如果分隔为更多的隔室，则需要将气体回收装置运输至竖井的中部，气体作业效率降低，需增加气体密度继电器布置，但GIL整体设计难度降低，运行安全性增加。综合以往工程经验及结合白鹤滩出线竖井特点，白鹤滩水电站最长隔室按照5个标准管节长度考虑，即每个隔室长度不超过57.5m，GIL充放气装置按每个气室充放气时间不超过 8 小时及能够通过电梯进行搬运的原则进行选型。

表 3　　　　　　　　　部分工程垂直敷设 GIL 气室划分情况

工程名称	电压等级/kV	最大(段)布置高差/m	最长隔室/m	投运时间(a)
溪洛渡水电站	550	262	134	2013
拉西瓦水电站	800	207	123	2009
糯扎渡水电站	550	215	172	2012
锦屏一级水电站	550	225	115.47	2013
美国巴萨姆水电站	252	320	73	1984
白鹤滩水电站	550	303	57.5	2021
乌东德水电站	550	192	60	2020

白鹤滩水电站竖井电梯轿厢尺寸为 2.0m×1.47m×3.0m(宽×深×高)，电梯门尺寸为 1.1m×2.4m(宽×高)，载重量为 1.35t，所选的气体作业装置尺寸和重量需限制在电梯所能承受范围内。经过方案比选，决定采用充放气小车与气罐分体结构，两者之间用气管进行连接，充放气小车和 300L 的气罐的重量和尺寸均在电梯载运能力限制范围之内，气体充放气时间均在 8h 以内。

4 竖井 GIL 安装与维护

4.1 竖井中部安装检修平台

为了方便 GIL 和竖井中间部位支座、密度继电器、局放探头等设备的安装检修、气体作业，并方便运行巡视，需考虑在竖井中部设置安装检修平台。为了便于拆装、通风及与滑模施工混凝土结构相配合，该平台采用钢支架支撑结构，并在支撑结构上铺装轻质钢格栅板，以便竖井上下通风设计，另外在安装和检修时可方便将部分钢格栅掀起。安装检修平台设置高度与 GIL 安装及运行维护方案有关，只要有设备或者需要进行操作的地方均需设置安装检修平台，但为了便于进出平台，平台层数设置宜与电梯停靠层对应。白鹤滩 GIL 竖井每层(即每 11.5m 设置的电梯停靠层)都设置了安装检修平台。因 GIL 在竖井中部无固定支撑点，仅有滑动支撑点，无需承受 GIL 设备重量，安装检修平台荷载只需考虑自重以及 2～3 人加工具的荷载，平台与井壁间采用化学锚栓固定。白鹤滩水电站 GIL 竖井中部安装检修平台如图 6 所示。

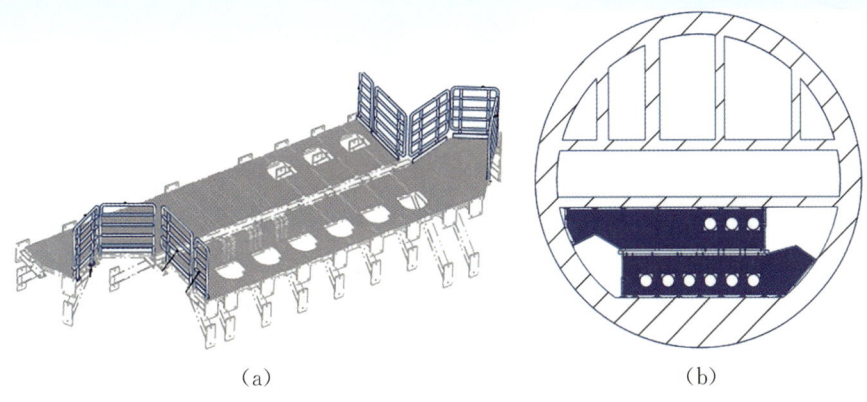

图6 白鹤滩水电站GIL竖井中部安装检修平台

白鹤滩水电站中部安装检修平台主要由H型钢支撑钢梁、支撑腿、钢格栅板、安全栏杆等组成。支撑钢梁及支撑腿为固定件,负责支撑平台所有荷载,因此其设置位置需要避开竖井中任意一根GIL就位及GIL拆除路径位置,如图7所示。等支撑结构安装完毕后,在支撑结构上安装钢格栅板的轮毂,之后再铺上钢格栅板。其中,防护栏杆和敷设在GIL就位位置附近的钢格栅板需要采用活动结构,以便在GIL就位和拆除过程中将其放下或掀起,方便GIL管子通过,同时掀起的钢格栅可作为安全防护护栏使用,如图8所示。

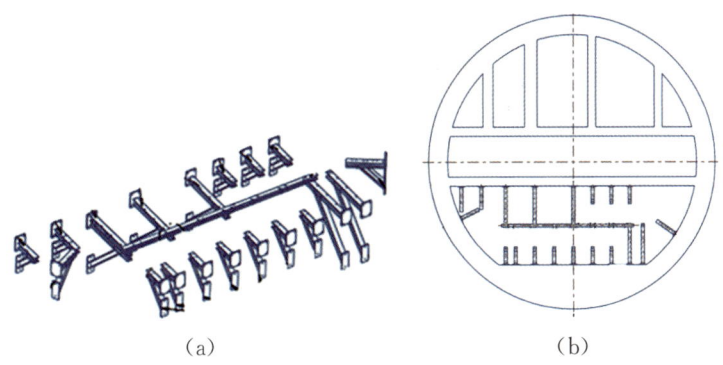

图7 白鹤滩水电站GIL竖井中部安装检修平台支撑结构

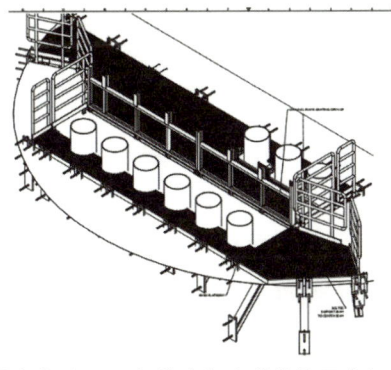

图8 白鹤滩水电站GIL竖井中部安装检修平台钢格栅掀起状态

4.2 竖井井口预组装平台

白鹤滩水电站竖井中 GIL 安装时,安装场地设置在井口附近,从井底往上安装,故需在井口设置预组装平台。该平台悬吊在井口,采用钢结构,平台两侧可站人,中间设有一个孔洞,孔洞上方设有可开可闭的工装结构。该工装可以卡住 GIL 法兰面,以便 GIL 管节之间的对接,接好一节后将工装打开,让 GIL 往下放,放到尾部法兰时再次关闭工装循环以上操作。当一个安装单元的管节拼装完毕后,将该单元的 GIL(一般为 3 节)通过桥机一起往井下部吊装。

GIL 竖井落差较大,如白鹤滩右岸上段达到了 320m。如此大的落差下,为了保障 GIL 安装单元往井底吊装过程的安全性和稳定性,在 GIL 预组装平台下方设置 1 根至井底的通长导轨,该导轨宜采用铝合金等轻型材质,安装时应保证其垂直度,确保 GIL 管节能顺畅下滑到相应位置。白鹤滩水电站 GIL 出线竖井顶部预组装平台如图 9 所示。

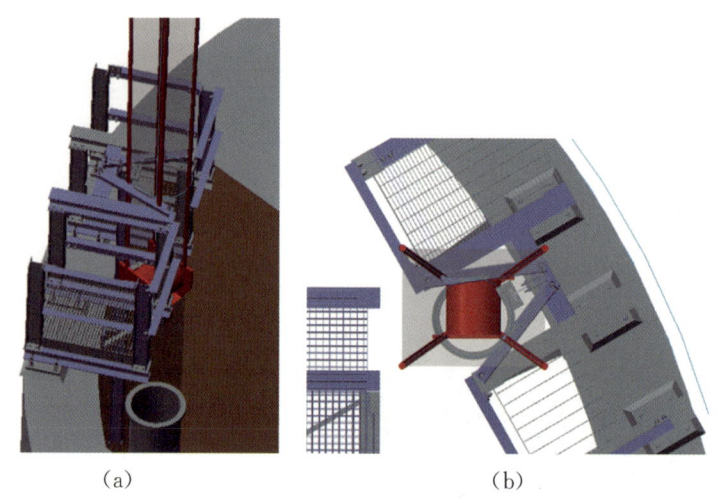

图 9　白鹤滩水电站 GIL 出线竖井顶部预组装平台

4.3 桥机

根据安装及维护方案特点,白鹤滩水电站出线竖井只在井口上部布置 1 台桥机。在竖井内的 GIL 安装过程中,一般将 3 节左右的 GIL 管节在井口连接成为 1 组后吊运。这样的做法可以方便施工,节省吊运时间。首先,将水平运送至井口的单根 GIL 单端吊起使其成为悬垂状态,下放至井口安装支座之下(上端出露),利用卡箍锁紧在安装支座上,再悬吊第 2 根管节,与第 1 根管节相连,下放并锁紧在至井口安装支座之下,如此将更多的管节连接成为一组。再将成组的 GIL 下放至安装高程、平移至安装位置进行安装。

按照悬吊单根水平搬运的 GIL 长度及在井口将多根 GIL 连接成 1 组往井下吊装所需高度等条件设置桥机主钩上限位置高程;按照最低可以下放至井底考虑设置桥机主钩下限

位置高程；选择采用320m的高扬程桥机。仅从GIL安装维护角度考虑，桥机的额定起重量约为3t。考虑到竖井施工采用该台桥机吊运混凝土预制件等可能性，选择了5t的额定起重量。另外，为了减少吊具与竖井中部安装维护平台之间的干扰，桥机采用了单钢丝绳卷绕结构。

5 结语

白鹤滩水电站GIL设计工作已全部完成，GIL管节和部件也已陆续运抵现场，于2020年第4季度开始安装。截至2021年4月，右岸电站所有GIL管节及套管已经安装完毕并已通过耐压试验，左岸电站1号与2号出线回路已经安装完毕并做完耐压试验，3号及4号回路尚剩余少量管节未安装完成。由于设计阶段各方对现场安装可能出现的各种问题均已有充分考虑及应对措施，现场安装情况十分顺利，安装效率也较高，工期较预期有所提前。白鹤滩水电站GIL路径长、竖井落差大，在布置、支撑方案、气室划分、气体作业以及安装检修维护方面均有诸多设计特点，可为后续类似工程提供一些参考和借鉴。

参考文献

[1] 冶海廷,王亦平,马仲鸣.拉西瓦水电站800 kV GIL结构特点及安装试验[J].水力发电,2009,35(11):60-62.

[2] 喻文球,吴穹,靳坤.溪洛渡水电站550kV GIL关键技术研究与应用[J].水电与新能源,2017(2):20-21.

潮间带区风电场集电线路设计研究

袁歆　汪赞斌　黄久强　吴凡

(中国电建集团华东勘测设计研究院有限公司,浙江杭州,311122)

摘　要:集电线路作为风电场关键组成部分对风电场的可靠运行、投资成本有着重要影响,需针对不同风电场特点设计合理的集电线路方案。介绍了风电场集电线路的接线方式及型式,并通过对在建两沿海潮间带区风电场的集电线路设计实例,分析研究了针对潮间带陆上风电场集电线路的设计方案及设计特点,对比总结了此类风电场集电线路需重点考虑的设计要素,为后续风电场集电线路设计提供经验。

关键词:风电场;集电线路;潮间带

风力发电厂总体由风力发电机组、场区集电线路、升压站以及场区道路等几部分组成,其中场区集电线路为由风机送出至升压站之间的汇流线路。由于风电场自身的布置、地形特点不同,对应的集电线路设计方案也有多种。针对不同风电场的特点对集电线路进行合理设计,可使风电场的运行可靠性、维护工作量、经济性达到一个最优的平衡。

1　风电场集电线路的接线方式

风电场的集电线路接线形式与风电场风机数量、排布密切相关,合理选择风机分组和集电线路接线方式,可以在满足供电可靠性的前提下节省投资,大大提升其经济性。综合目前陆上、海上风电集电线路的设计经验来看,主要分为链式、环式、星式3种形式。

链式结构集电线路是目前风电场较为普遍采用的一种集电线路设计形式,即先将风机分组,每组风机"串"接在同一条回路之上,如图1(a)所示。其优点是接线简单清晰,造价较低。

环式结构最简单的方案是在链式结构的基础上将每串尾部风机通过机电线缆接回汇流母线。根据风电场的规模及电源等级,环式结构还衍生出更为复杂的双边环形,如图1(b)所示。其特点是通过成环结构实现电气冗余,提高可靠性,但所需线缆相对较长,成本较高。

星式结构是将通过同一回集电线路链接的风机分别连接至集电线路末端的汇集点上,如图1(c)所示。其成本介于链式及环式之间,具有较高可靠性,但其对风机的布置位置分布要求较高,采用此种方式还需综合考虑风机分布对能量捕获的影响。

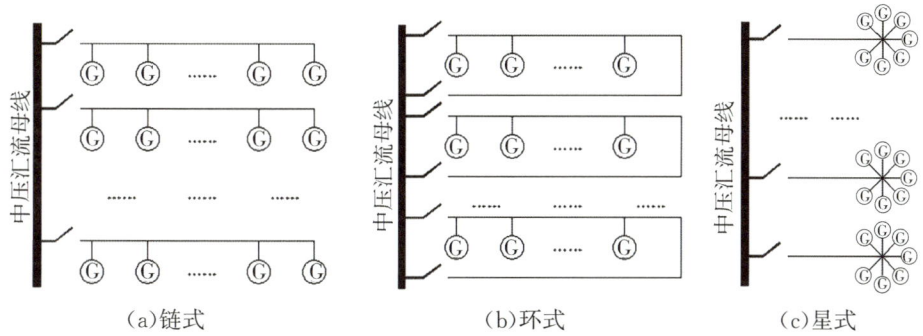

图 1　风电场集电线路接线方式

2　风电场集电线路的型式

集电线路的型式方案主要可分为架空线方案、电缆方案、架空线及电缆混合方案3种。

架空线形式的集电线路总体经济性较好,适用于长距离集电线路。架空线可应对复杂地形如山地、有小河或池塘交错的农田、林地或公路沿线等。架空线维护方便,但可靠性相对较差,在地质条件十分薄弱或地质坚硬难以开挖的条件下成本会相应增加。

电缆形式集电线路整体成本较高,适用于距离较短、地形相对平坦的地区。电缆形式集电线路的实施方案主要分为直埋方案和电缆沟敷设方案。直埋敷设的优势在于电缆直埋于地下,基本不受外界环境影响,可靠性很高,且安装敷设简单,但其应对复杂地形条件的能力较差,且较难维护。采用电缆沟相较于直埋敷设大大降低了电缆检修维护的难度,但建造电缆沟使得成本增加,经济性差,通常可利用已有的道路或栈桥构筑物来降低建造成本。

架空线及电缆混合方案是根据集电线路所处地区的地形环境等特点将架空线与电缆结合的一种方案,根据工程的实际情况达到设计合理性,可靠性与经济性的优化平衡。

3　潮间带区风电场集电线路设计实例分析

3.1　风电场概况

本文分析位于越南南部沿海地区的某两处在建风电场,以下分别简称为L风电场与G风电场。根据此两工程项目的前期规划,两风电场由于相距较近,自然环境条件基本相同,年平均温度约为26.8℃,风暴及台风天气较少。主要设备布置的电气设计输入参数如下:

L风电场选用6台5.3MW双馈风力发电机组,6台机组平行海岸线直线型布置,距海岸线直线距离约300m,如图2所示。发电机出口电压为0.69kV,经机组箱式变压器升压至

22kV 送至 22kV/110kV 升压站后经 110kV 架空线送出。机组箱变及配套开关设备位于风机塔筒底部内。

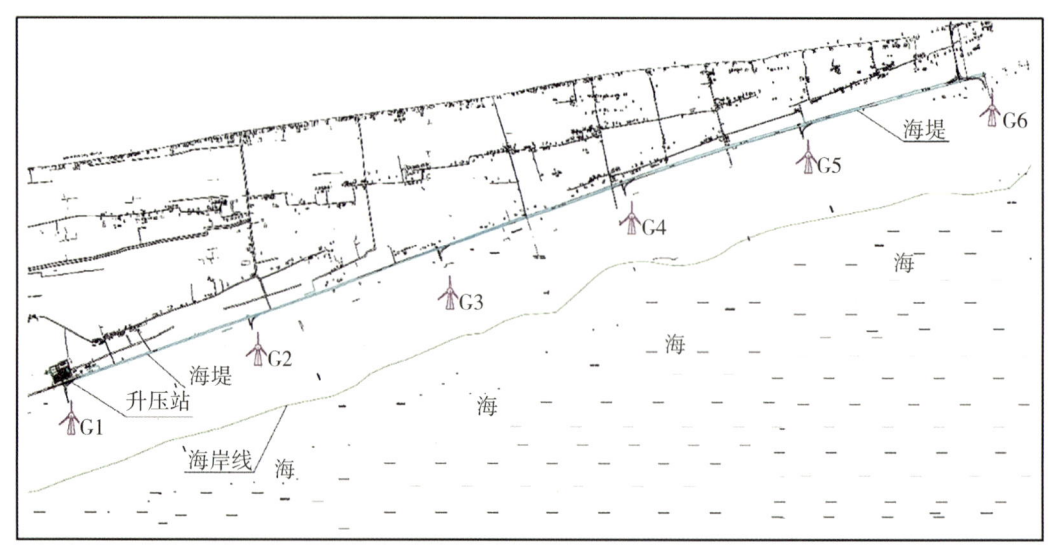

图 2 L 风电场场区平面布置示意图

G 风电场同样选用 6 台 5.3MW 双馈风力发电机组,6 台机组"Z"字形沿海堤内道路一侧布置,如图 3 所示。发电机出口电压为 0.69kV,经机组箱式变压器升压至 35kV 送至 35kV/110kV 升压站后经 110kV 架空线送出。机组箱变及配套开关设备位于风机塔筒底部内。

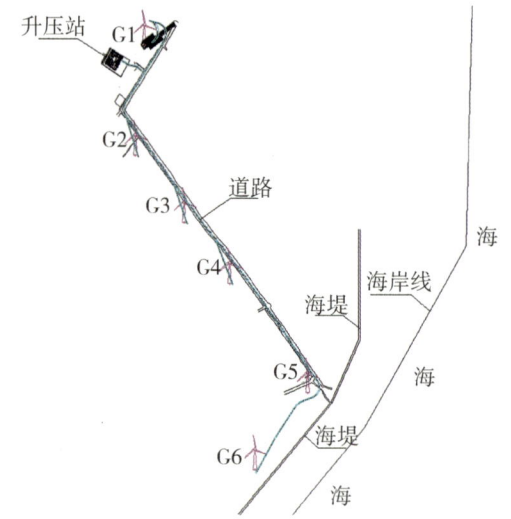

图 3 G 风电场场区平面布置示意图

3.2 L风电场集电线路接线设计

3.2.1 接线方式的选择

L风电场装机规模数量少,主要从经济性、接线结构简单、操作维护简便的方面考虑,选择链式接线方案。将6台风机按距变电站距离分为2组,1~3号风机为一组,4~6号风机为一组,分2回接入110kV升压站22kV中压柜。

3.2.2 集电线路型式的选择

一般来讲,沿海地区线路由于考虑到可能出现的台风天气,从集电线路长期运行的稳定可靠性讲,一般优先采用电缆集电线路方案。由于此集电线路路径地处海堤外,涨潮时段会受到淹没,采用电缆敷设则有以下2种方案:①采用普通电缆敷设于架高栈桥电缆沟内,栈桥高度需高于最高潮水位;②采用海缆进行直埋敷设。两种方案全线采用,长约10m,经济性均较差,栈桥方案施工难度更大且征地面积增加。根据工程所在地的气象报告,此处风暴及台风天气出现概率很小。集电线路可选用架空线路形式。若集电线路全线采用架空线形式,靠近风机处是风机的吊装平台,在起吊或检修风机时将有干扰。

根据本工程地质条件及设计情况,测算出的架空线成本约为50万元/km,海缆成本约为100万元/km。综合上述特点以及经济性比较分析,L风电场的集电线路形式最终选用海缆结合架空线的混合方案。

如图4所示,22kV集电架空线路,沿风机机组走向架设,距风机约250m。架空线路全长6.711km,其中双回路2.859km、单回路3.852km。根据实际情况对架空线杆塔型式及数量进行综合比选分析,最终将架空线杆塔数量优化为56基,其中耐张塔选用铁塔,其余为混凝土杆,由于地处海边,铁塔选用C5防腐等级的镀锌塔材。连接风机至架空线间的海缆选用复合光缆型,光缆集成于海缆内部,在上架空线后采用ADSS光缆沿线架设。考虑到采用架空线增大了线路遭受雷击的概率,在每回风机海缆至架空线一段配置线路型避雷器,在海缆与风机充气环网柜连接处配置带避雷器T型终端头,且在每基杆塔均设置可靠接地极。

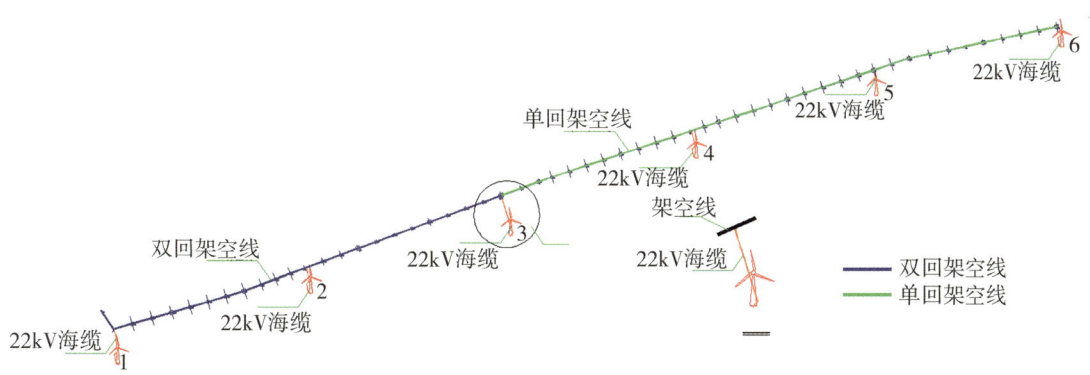

图4 L风电场集电线路平面布置示意图

3.2.3 L风电场集电线路接线图

综合考虑混合架空线与海缆连接的接线特点与经济性,L风电场集电线路接线如图5所示。位于每台风机塔筒底部的22kV中压柜分别通过一根海缆与架空线进行"T"接,任一台风机故障检修不影响本回其他风机运行,运行方式灵活可控。

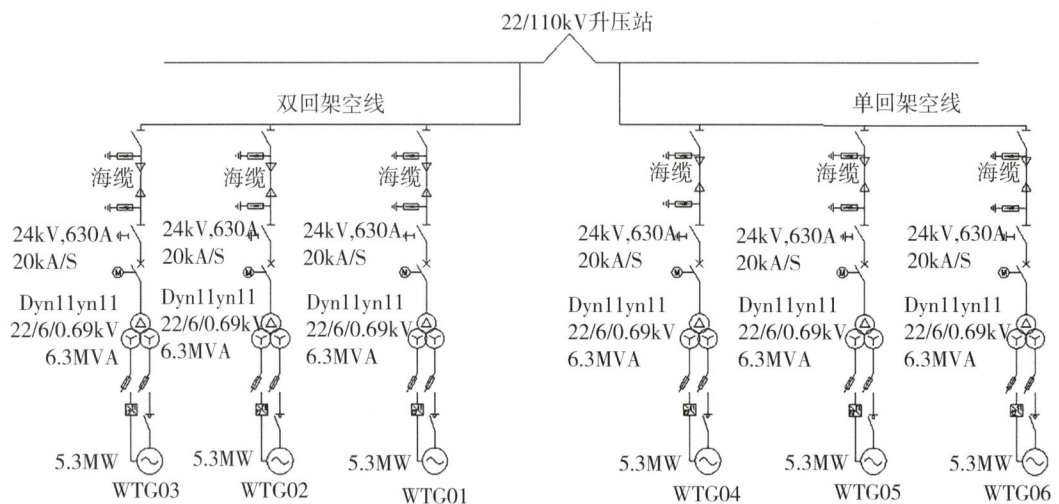

图5　L风电场集电线路接线

3.3 G风电场集电线路接线设计

3.3.1 接线方式的选择

G风电场装机规模数量规模与L风电场一致,同样选择链式分两组,每3台风机一组接线方案。

3.3.2 集电线路型式的选择

G风电场位于海堤之内,与L风电场不同,涨潮时不会受到潮水浸泡影响;且经现场实地考察,各风机间连接均有道路,且地形平坦,无丘陵、水塘等障碍。综合以上特点及经济性考虑,G风电场采用带钢铠普通电缆直埋敷设,光缆穿管埋设。

电缆直埋敷设的路径需要综合考虑以下因素:

1)路径沿线需避开含有酸、碱等强化学腐蚀的区域;
2)路径沿线需避开受热源、强外力影响的区域;
3)综合征地及场地现有条件选择最短的电缆敷设路径。

综合考虑以上因素以及G风电场的实际条件,电缆选择沿场内道路边直埋敷设。

常用电缆导体可选铜导体和铝导体两种型式,铜芯电缆和铝芯电缆各有利弊:铜导体电阻率低,载流量大,机械强度及热稳定性好,但价格高;铝导体耐腐蚀抗氧化性好,重量轻,但热稳定性相对较差。本工程主要考虑到电缆路径较长,且对运行可靠性的要求较高,综合考虑损耗、经济性及可靠性,G风场集电线路采用铜芯电缆。

3.3.3 G风电场集电线路接线

G风电场集电线路接线如图6所示,每组3台风机以类似"π"型方式环网柜串入集电线路中,环网柜内设一只断路器及两只负荷开关。风机出线回路与环网柜断路器连接,连接两台风机之间的电缆两端与环网柜负荷开关连接,便于电缆的检修维护以及安装。

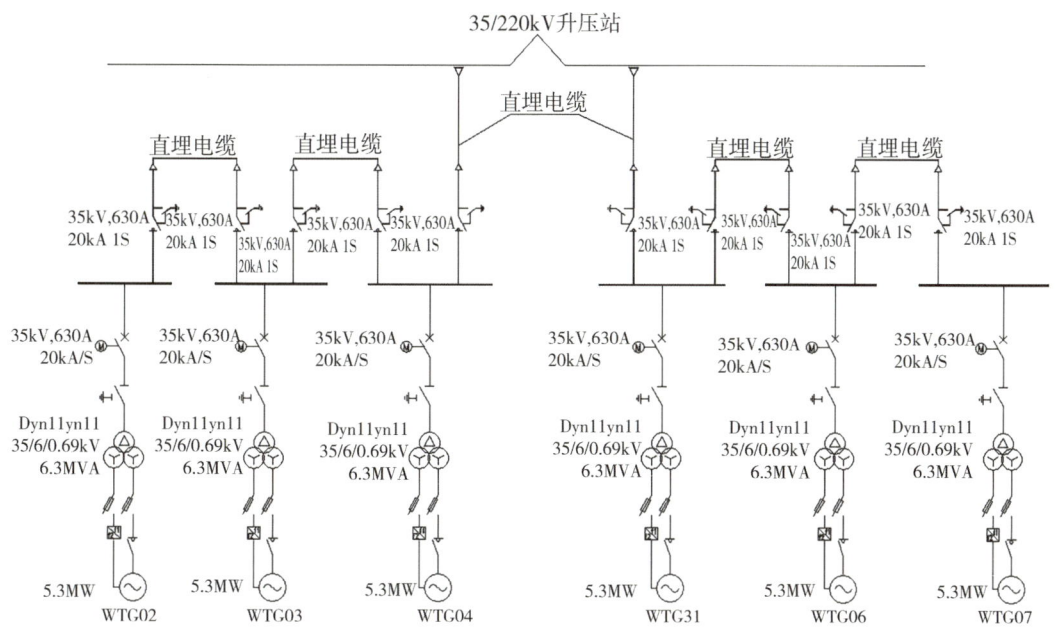

图6　G风电场集电线路接线

4 结语

沿海地区具备优越的风资源条件,相比于海上风电场,沿海陆上风电场的单位造价更低,材料的运输、施工难度也相对较低。随着全世界对清洁能源越来越重视,全球风电规模也将进一步扩大,类似沿海潮间带区域的风电工程也越来越多。此类风电场的集电线路设计首先需根据风电场的装机规模、布置方案、地形及环境条件综合确定其接线方案;其次再综合比选集电线路的实施形式选用架空线方案、电缆方案,或是架空线电缆混合方案。结合工程的实际情况,并综合考虑运行可靠性、运行方式灵活度、维护工作量、经济性等方面对方案进行比选,以寻求风电场集电线路最佳设计方案。

参考文献

[1] 靳静,艾芊,奚玲玲,等.海上风电场内部电气接线系统的研究[J].华东电力,2007,4(10):20-23.

［2］潘柏崇.风电场电气系统设计技术的研究与应用［D］.广州:华南理工大学,2009.

［3］郭小斌.浅析风电场集电线路型式的选择［C］//江西省电机工程学会.2012年江西省电机工程学会年会论文集.江西省电机工程学会,2012.

［4］孟海燕,乔大雁,韩仲卿.风电场电气设计要点综述［J］.华北电力技术,2014,4(3):64-66.

［5］屠国宏.风电场场内集电线路设计探讨［J］.电气技术与经济,2019,4(4):64-66.

复杂地形地质条件下山地光伏设计优化关键技术探讨

尹冲 刘秋华 汪赞斌

（中国电建集团华东勘测设计研究院有限公司，浙江杭州，311122）

摘 要：我国幅员辽阔、人口众多，土地资源稀缺。为了实现3060双碳目标，需要构建新型电力系统，大力开发清洁能源，提高清洁能源在能源消费中的占比。在此背景下，国家提出因地制宜利用废弃土地、荒山荒坡、戈壁、荒漠等未利用土地开展光伏电站建设。近年来，掀起了山地光伏开发建设的高潮，但是山地地形复杂、地质构造多变、建设条件困难，需要创新设计方案、开展设计优化、提高土地利用率以及光伏发电效率。结合云南某山地光伏项目，探讨适合复杂地形地质条件下的光伏电站设计优化方案，希望对于其他山地光伏设计起到借鉴作用。

关键词：3060双碳目标；复杂地形；总体布置；倾角；间距；电缆统计；效率

1 引言

为实现3060双碳目标（即2030年前碳排放达峰值，力争2060年前实现碳中和），我国清洁能源开发进入了快车道，全国范围内光伏开发如火如荼，但土地资源越来越稀缺，国家土地政策收紧，可用于光伏电站建设的平地越来越少，地面光伏电站的用地成本逐渐提高，大型光伏电站开发只能往山地发展。另外现在大型地面光伏电站多采用复合开发的模式，对实现对光土地进行复合集约利用，因地制宜地发展多种形式的农光、林光、渔光互补等项目，实现社会效益、生态效益、经济效益"三丰收"。国家提出因地制宜地利用废弃土地、荒山荒坡、戈壁、荒漠等未利用土地开展光伏电站建设。本文总结了整理云南某山地项目的设计经验，对复杂地形地质条件下山地光伏设计优化关键技术进行深入探讨。

2022年初，云南省出台相关政策，明确指出要加快推进光伏发电项目建设，以实现未来3年新增50GW新能源装机目标，并确保每年开发规模达到15GW以上。随着光伏电站建设规模的不断扩大，加之云南省是一个以高原山地为主的省份，地形、地质条件复杂，为满足光伏装机规模的要求，云南光伏项目多为山地光伏。复杂山地光伏项目在建设过程中遇到的问题远超常规平地项目,如何解决山地光伏的设计优化、提高土地利用效率和光伏电站发电效率是当前山地光伏开发面临的核心问题。本文总结整理云南山地项目的设计及建设经验,对复杂山地项目进行设计优化,以期为后续复杂的山地光伏项目建设提供参考。

2 电站总体布置设计

建设光伏电站时必须考虑其复合开发的性质,且不能破坏生态环境,这对光伏电站设计及建设提出了更高的要求。在提高电站布局与自然的协调性的同时,为了有效控制成本、提高效率、保证安全性,应尽量利用自然地形,并进行合理的竖向布置与改造。

传统设计的光伏电站为了简化设计施工难度,往往进行大规模场平。这种方式必然会对地表产生很大的扰动,对自然生态产生巨大的影响,造成大规模的水土流失。目前,我国越来越重视环境保护,这种粗犷的开发模式,很难通过环评、水保、林业部门的验收,因而在山地光伏建设期要特别注意电站场地不进行场平或者微场平,而且对于地面地表破坏区域要及时维护和修复。

光伏电站的防洪是重要的设计内容,对于微场平或不场平的项目而言,尽可能地维持了地表原貌,山体以自然排水为主,对于个别排水受阻的地方设置少量排水沟和涵洞。

山地光伏电站所在地往往草木较多,山林防火也是重中之重,在电站设计时在电站外围修建一条防火隔离带,对表面进行清表、除草工作并铺设碎石,形成空间隔离屏障,同时在光伏方阵中设置灭火器。

山地电站海拔较高,发生直击雷概率较大,光伏电站在竖向布置时需要对电站防雷接地系统进行针对性设计。场区采用水平接地体和垂直接地体相结合的方式,水平接地体做成接地网格状,并保证每一组支架、每一个电气设备都与主接地网直接有效相连,水平接地体交叉处安装垂直接地体。同时为了保证人员及设备安全,项目开工后要注意先完成接地网的施工。

山地光伏电站施工目前普遍采用履带式液压打桩机,出厂规定最大爬坡能力为25°~30°,在竖向布置时应充分考虑机械性能和人工施工成本,并特别重视施工的安全性。

电站道路在设计时需考虑兼顾施工便道和运维道路,同时综合考虑箱变位置布置的合理性,减少生态破坏。在满足电站运维的同时适当考虑山村交通网络建设,解决当地村民出行困难问题,为乡村振兴做贡献。

图 1 为云南某项目的无人机影像图和坡度可视化处理结果图。从图 1 中可以更加直观地看到微地形和筛选难利用区域。在项目设计初期要进行充分踏勘,并利用无人机影像和先进的图像分析技术对地形进行处理,提取地貌特征,分析坡度坡向,建立 Mesh 网格,采用三维设计软件进行光伏电站设计,提高光伏项目的设计准确性,减少重复劳动,提高效率。

 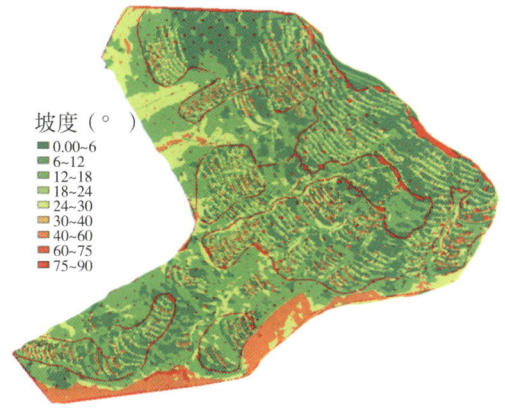

(a)无人机影像图　　　　　　　　　(b)坡度可视化处理图

图1　无人机影像图和坡度可视化处理图

3　山地电站的设计优化要点

3.1　组件阵列倾角和间距优化设计

光伏组件的倾角和间距选择直接影响整个电站的发电量,进而影响光伏电站的收益。复杂山地项目地形多变,微地形、微地貌很多,山体局部倾角大、山体朝向各异,传统的计算方法并不能满足设计准确度和深度的要求。当组件前后排发生阴影遮挡时将造成发电量的损失,整体电站土地利用率过低,造成土地浪费,用地成本增加。

光伏阵列的安装倾角是光伏组件与水平面的夹角,在北半球时,组件感光面的法线朝南为正倾角,反之则为负倾角。根据《光伏发电站设计规范》(GB 50797—2012),对于并网光伏发电系统,倾角宜使光伏方阵的倾斜面上接收的全年辐射量最大。常规项目往往以此来定项目的安装倾角。表1为云南云县某工程不同倾角对应辐射量的数值。

表1　　云南云县某工程不同倾角对应辐射量　　（单位:MJ/m²）

22°	23°	24°	25°	26°	27°	28°	29°
6477.8	6482.4	6487.3	6492.5	6494.6	6495.5	6495.63	6495

从表1中可以看出,与最佳倾角28°相近角度下的辐射量差别在2‰左右水平,差距非常小,这就为系统设计带来了优化的可能。一方面,《光伏发电站设计规范》(GB 50797—2012)规定光伏方阵各排、列的布置间距应保证每天9—15时(当地真太阳时)内前后左右互不遮挡,然而在每天9时前及15时后,光伏组件仍然有一定的发电功率输出,如果适当降低倾角,光伏组件在每天9—15时因接收的辐照量变少而发电量减少,但却有效延长了光伏组件全天的发电时间。另一方面越来越多的项目采用双面双玻组件,需要考虑背面辐射对发电量的增益影响,随着阵列安装倾角和间距的变化,对双面光伏组件正反面接收辐照度均有影

响。

在尽量节省土地的前提下,为使项目的发电效益尽量提高,本文利用 PVsyst 软件对阵列安装倾角进行二次优化,选择辐照量最大时候的组件倾角,对工程进行建模,之后利用 PVsyst 软件的优化工具,将组件倾角作为单一变量,对辐照量最大时的倾角 28°±10°范围内逐个倾角进行仿真,得出总发电量最大时候的阵列安装倾角,最佳倾角为 25°,以此最佳倾角作为项目的安装倾角。图 2 为云南云县某工程不同倾角下遍历发电量的 PVsyst 仿真结果图。

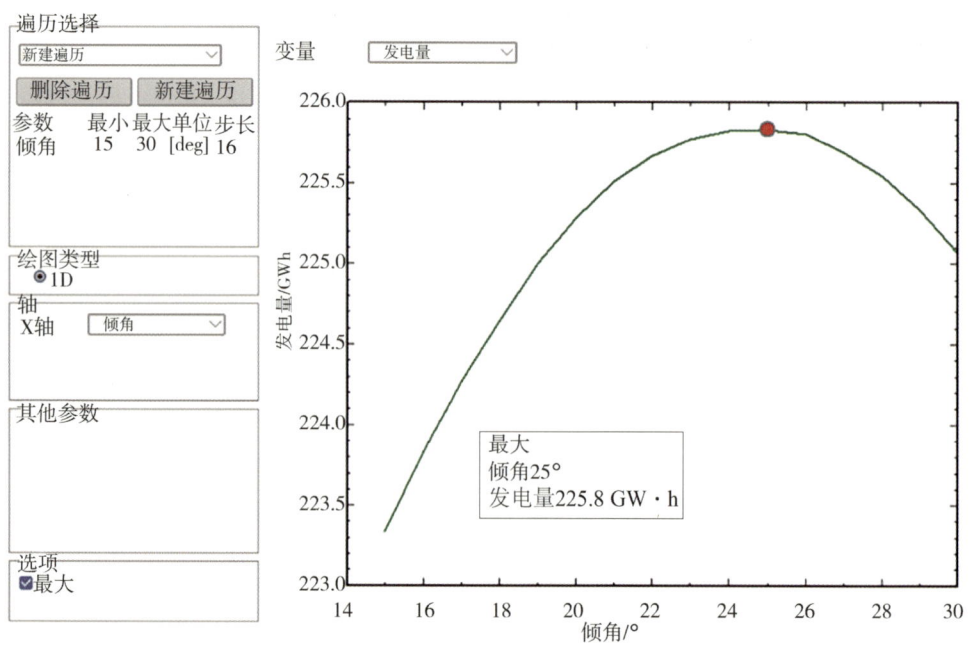

图 2 云南云县某工程不同倾角下遍历发电量的 PVsyst 仿真结果

山地项目往往不考虑大规模场平,组件布置一般随坡就势,适当降低倾角,可以让前后排间距大大减少,可以有效提高装机容量。尤其是当组件布置在朝东或者朝西的山体坡面上的时候,对于装机容量的提升很是可观。当组件布置在东西坡上时候,其简化模型如图 3 所示。

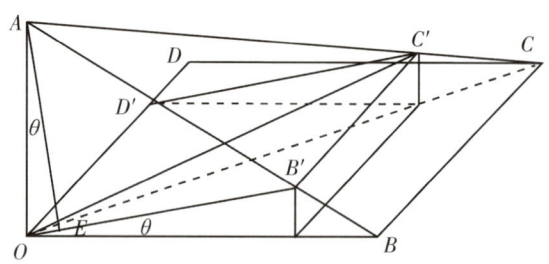

图 3 组件在东西向倾斜地面投影图

如图 3 所示，图中倾斜地面 $OB'C'D'$，倾角为 θ，水平地面为 $OBCD$。A 为光伏组件最高点，由组件的倾角和长度可以计算出组件顶点距离地面的高度 OA，设为 H。15 时 OA 在水平面上的影子为 OC，OA 在斜面上的影子为 OC'，组件影子投影到倾斜地面的上坡。AE 为 OB' 边的垂线。倾斜地面上光伏组件前后最小距离为：$OD' = \dfrac{D_1 H\cos\theta}{H\cos\theta + D_2\sin\theta}$。

图 4 是对不同山地坡度与组件倾角组合进行计算得出的相应国标不遮挡中心间距。随着组件倾角的降低，国标不遮挡中心间距降低明显。

图 5 是通过 PVsyst 对不同山地坡度与组件倾角组合进行仿真得出的斜面辐射量数据。随着组件倾角的降低，组件斜面辐射量有所降低。

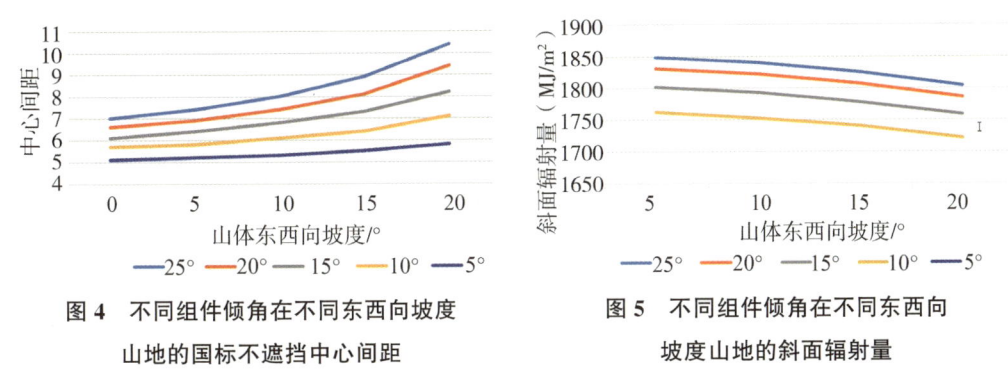

图 4 不同组件倾角在不同东西向坡度山地的国标不遮挡中心间距

图 5 不同组件倾角在不同东西向坡度山地的斜面辐射量

图 6 是通过 PVsyst 对不同山地坡度与组件倾角组合进行仿真得出的发电小时数情况。随着组件倾角的降低，发电小时数有所降低。

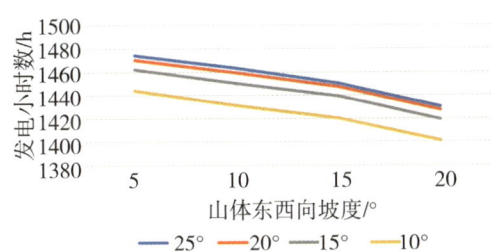

图 6 不同组件倾角在不同东西向坡度山地的发电小时数

组件倾角从 25°降低到 20°，虽然组件斜面上辐射量降低 0.97%（PVsyst 仿真结果是发电量降低 0.4%，还未考虑线损降低），但用地面积节省 8.4%。适当降低组件安装倾角的方式在发电量损失极少的基础上，大大降低了土地利用面积。尤其在国内土地政策收紧、大多项目土地严重不足的情况下，降低组件安装的倾角是一种有效提高土地利用率的解决办法。

组件倾角从 25°降低为 20°，甚至 15°后，发电量有所降低，但土地面积、支架成本、电缆长度和损耗随之降低，最后的度电成本如表 2 所示，可以看出本项目相同条件下，当组件倾角为 20°时度电成本反而最低。

表 2　度电成本对比

安装倾角/°	静态投资/元	发电量/(kW·h)	折现率/%	度电成本/元
25	60509	196752000	0.07	0.2690
20	60187	195768240	0.07	0.2689
15	59866	192816960	0.07	0.2716

通过以上分析可以发现,降低组件安装倾角虽然会损失部分发电量,但也会带来成本的降低。对光伏电站倾角和间距做适当的优化,可降低度电成本,提高电站收益率。部分电站土地严重不足时候,可以考虑进一步降低倾角。

3.2　光伏组串数量优化

在光伏方阵中,作为一个发电单元,光伏组件采用先串联后并联再汇入逆变器。考虑组件、逆变器的特性,光伏组串数量会有一个区间值,为最大化利用逆变器容量和减少线损,组件串联数量宜选用最大值。光伏组串联数量的计算方法可以参考《光伏发电站设计规范》(GB 50797—2012),公式为:

$$N \leqslant \frac{V_{dc\max}}{V_{oc} \times [1+(t-25) \times K_v]} \tag{1}$$

$$\frac{V_{mppt\min}}{V_{pm} \times [1+(t'-25) \times K'_v]} \leqslant N \leqslant \frac{V_{mppt\max}}{V_{pm} \times [1+(t-25) \times K'_v]} \tag{2}$$

各参数取值详见《光伏发电站设计规范》(GB 50797—2012)。

式中规定的极端低温、环境和组件的极端低温通常出现在夜晚,此时逆变器尚未启动;依照环境温度和太阳辐照度关系,环境低温时,辐照度也很低。

查阅 IEC 60891:2009 得知电压与辐射度的关系为:

$$V_2 = V_1 + V_{OC_1} \cdot (\beta_{rel} \cdot (T_2 - T_1) + a \cdot \ln(\frac{G_2}{G_1})) - R'_S \cdot (I_2 - I_1) - \kappa' \cdot I_2 \cdot (T_2 - T_1) \tag{3}$$

各参数取值详见 IEC 60891:2009。

根据半导体材料特性,组件开路电压和辐照度是对数关系,在阳光较弱时,硅太阳电池的开路电压随光的强度做近似直线变化,当辐射量低于 200W/m² 时,光伏组件的开路电压略低,同时由于逆变器有一个工作启动阈值,在较低的辐射量下不能启动工作。由于逆变器早上启动时是低辐照度+低温,其他时间启动时辐照度和温度都已增大,此时光伏组件的温度会比环境温度高(光伏组件特性使然)。根据公式及光伏组件不同辐照度的 $P-V$ 曲线(图 7),在低辐照度下组件的开路电压与 STC 标准条件下组件的开路电压的比值一般为 0.93～1,如此可以提高光伏组串联数量。光伏组串联数量多可以降低支架和电缆数量,提高电压等级,降低线损,提高发电量。

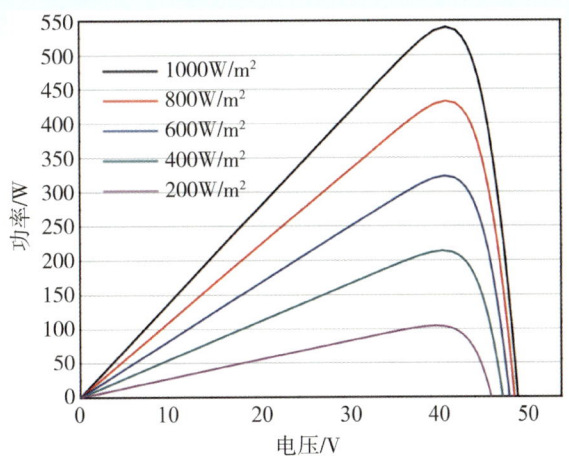

图 7　组件在不同辐照度下的 $P-V$ 曲线

3.3　支架高度优化

项目所在地山体走势往往较为复杂，设计施工难度较高，为满足光伏电站种植、养殖的需求，需要对光伏组件的高度、前后排间距进行精确控制，尤其是在微地形地区，应进行特殊处理。为了适应复杂地形变化，支架和基础应设计有一定的调节能力，尽可能做到与地形有效结合。并在满足政策文件和种植、养殖等的基础上，考虑优化支架上下立柱高度，提高项目经济性，降低施工难度。

3.4　电缆长度统计和损耗优化

大型光伏电站电缆数量非常多。比如云南文山某光伏电站，有 41 台箱变、612 台逆变器、287672 块光伏组件。共有至少 41 根 35kV 中压电缆、612 根 0.8kV 低压电缆、20548 根光伏直流电缆。电缆长度如此多，如何去统计和优化就变得意义重大，直接关系到项目的初期投资，影响电站全寿命的发电效率以及施工工期。下面提供了电缆长度统计和损耗优化的方法。

(1) 方法一

项目的总平面图完成后，在 autoCAD 中定位到所有的组件串中心位置、逆变器中心位置、箱变中心点位置，并在这些位置处标记出对应的文字编号信息。通过 autoCAD 数据导出到 Excel，对数据进行简单清理，然后利用 Python 的 pandas 库，找到所有电缆对应的首末端，根据不同路径的走向特征统计出电缆的长度，并生成相应的线缆编号。对得出的结果进行统计对比分析，得出最优解。

(2) 方法二

鉴于复杂山地光伏项目对方法一的适用性较差，需在其基础上进行优化。山地光伏项目比较复杂，仅靠算法路径很难做到准确，这里引入中间点定义，对项目进行桥架或者地埋电缆沟布置设计。对各个拐点进行编号,在导出设备位置的同时,导出桥架拐点坐标。利用 Python 计算,把各个首末端和路径中的拐点连接起来,得出的长度即测量长度。再计算出满足载流量情况下不同电缆截面对应的线损,通过线性回归的方法得出线损小和电缆截面低的最优解。

利用此方法计算电缆清册可以节省大量精力,下面举例说明。

1) 提取组串坐标 (X_s, Y_s),逆变器坐标 (X_h, Y_h),箱变坐标 (X_t, Y_t),其中组串提取坐标在组串中心点,逆变器提取坐标在其进线区域中心点,箱变提取坐标在箱变低压进线侧。

2) 获取 α 前后排错开角度(逆时针为正,顺时针为负,$-90°$,$+90°$),电缆长度裕度系数 A ,一串组件长度 B ,组件与汇流箱同排时候电缆垂直方向长度 ΔH_1,组件与汇流箱不同排时电缆垂直方向长度 ΔH_2,汇流箱位置相对测量位置偏移量 SO_x、SO_y(右正左负、上正下负)。

3) 计算转角辅助坐标 (X_z, Y_z)。

$$X_z = X_h - (Y_s - Y_h - SO_y)\tan\alpha, Y_z = Y_s$$

4) 得出汇流箱和组串在同一排时。

$$abs(Y_s - Y_h) < 1$$

距离 $L = A[ab_s(X_s - X_h) + ab_s(Y_s - Y_h)] + \Delta H_1 - B/2 + ab_s(SO_x) + ab_s(SO_y)$

汇流箱和组串不在同一排时。

$$ab_s(Y_s - Y_h) > 1$$

$$L = A[ab_s(X_s - X_z) + ab_s(Y_h - Y_z)/\cos\alpha] + \Delta H_2 - B/2 + ab_s(SO_x)$$

5) 得出汇流箱至箱变。

$$L = A[abs(X_t - X_z) + abs(Y_h - Y_z)/\cos\alpha] + \Delta H_3 + ab_s(SO_x)$$

6) 算出电缆的功率损耗:

$$P_i = \frac{I^2 \rho l_i}{S_i}$$

得出所有电缆的损耗:

$$P = \sum_{i=1}^{n} P_i$$

7) 计算出电缆的价格 $T_i = l_i M_i$,其中,M_i 与 S_i 一一对应,得出电缆的总价格。

$$T = \sum_{i=1}^{n} T_i$$

8) 找出总价格与线路损耗得关系(如比对 25 年功率损耗带来的收益损失的现值与总设备价格的差异),用线性回归的方式求得收益最高的组合:$minA(P, T)$。

4 结语

因为地形复杂和光伏复合项目的特性,山地光伏电站比传统光伏电站设计复杂很多。

本文论述了当前形势下山地光伏电站总平布置的一些要点,并从设计角度出发提出优化措施:当光伏用地紧张时,可以适当降低组件倾角,节约土地资源;可适当增加逆变器组串数量以降低发电损耗、节约材料;支架可以因地制宜地设计,以满足政策、项目特性及经济性需求;电缆通过科学的统计和优化,可精准控制电缆用量和降低电站损耗。对山地光伏电站进行优化,可以有效提高光伏电站发电量,节约投资成本,保障投资收益率。

参考文献

[1] 中国电力企业联合会. 光伏发电站设计规范[M]. 北京:中国计划出版社,2012.
[2] 丘维声. 解析几何[M]. 北京:北京大学出版社,2013.

水泵机组状态在线监测与故障诊断系统的设计与应用

田玉柱 祝景东

(中国电建集团华东勘测设计研究院有限公司,浙江杭州,311122)

摘 要:介绍了一套水泵机组状态在线监测与故障诊断系统,主要包括该系统的构成、功能及技术要求。结合某泵站实际运行情况对该系统进行验证。结果表明,系统达到了预期的监测分析效果,可为其他泵站水泵机组的运行监测应用提供一定的参考价值和借鉴。

关键词:水泵机组;运行状态监测;在线监测系统;故障诊断系统

1 引言

近年来,随着我国科技的不断发展,水利行业中泵站信息化建设也在不断进步,逐渐解决了之前技术落后、标准偏低、配套不全等问题,逐步向自动化、智能化、智慧化方向发展。泵站的稳定运行是整个泵站建设中最重要的一环。为了在现有的客观条件基础上行之有效地解决泵站运行稳定问题,以对泵站未来的运行状况进行预判,提前对泵站可能发生的问题进行处理,需要建立一个行之有效的泵站工程健康诊断系统。利用系统对泵站的各种问题进行判断,为泵站工程的改造和上级主管部门的决策提供正确的依据和参考指标。

2 系统概况

2.1 系统介绍

水泵机组状态在线监测与故障诊断系统通过监测水泵设备相关部位的振动、摆度、位移、转速等状态参数,进行在线监测并记录,结合设备运行过程量参数、工况参数等的变化对设备状态进行分析和诊断,以评判机组的安全健康状况。结合设备运行温度、机组运行工况等数据,对运行中出现的状态参数突变及变化趋势,进行运行状态分析和诊断,提前发现故障,并为机组运行、维护、检修提供有针对性的指导意见。该系统可保证设备可靠、经济运行,为企业减少或接近杜绝设备运行事故,实现设备运行效益最大化。

2.2 系统架构

水泵机组状态在线监测与故障诊断系统采取分层分布的网络结构,包含现地层和上位机层,系统架构如图1所示。

现地层具有采集、监测、显示和报警的功能。系统对每台水泵机组设1台监测机柜,机组的数据采集器、交换机等设备分别安装在各自的监测机柜内。机柜一般布置于主泵房机旁;上位机层主要建立智能数据库,进行监测数据的显示、分析、处理,并能与泵站计算机监控系统进行有关信息的双向交流,上位机层设备一般布置于中控室。

系统设备由硬件、软件、网络组成,包含各种传感器(含振动、摆度、转速等)、连接电缆、数据采集器、现地控制柜、交换机、服务器、振动分析和处理软件等。系统采用B/S架构,具有良好兼容性与可操作性。

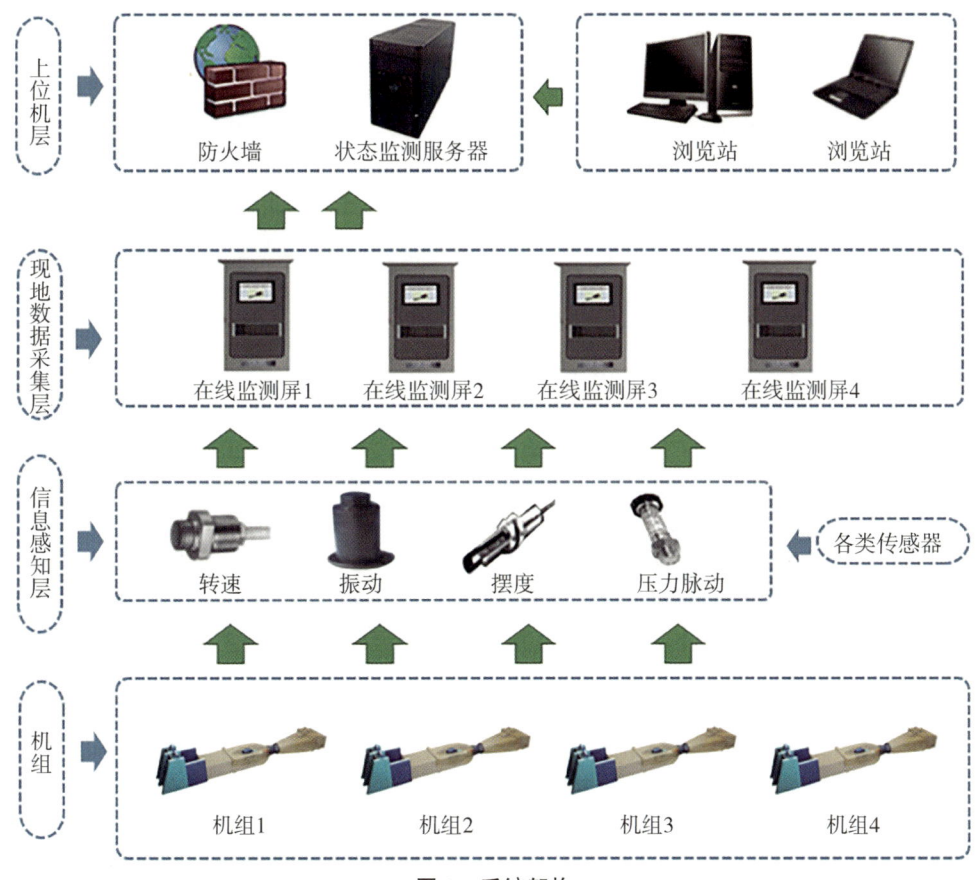

图1 系统架构

2.3 测点配置

以某大型排涝泵站为例,泵站安装 4 台竖井贯流泵机组。每台水泵机组分别在电机前轴承、电机后轴承、齿轮箱高速端轴承、齿轮箱低速端轴承、水泵推力轴承、水泵水导轴承、水泵叶轮外壳等机组关键部位安装有振动加速度传感器,用来监测这些轴承或部位的振动情况。在电机前轴承附近的电机轴和水泵主轴上安装有电涡流传感器,用来监测电机轴和水泵主轴的运行摆度,同时在电机轴上安装有电涡流传感器专门监测电机的正反转转速。通过采集这些部位的振动或摆度信号的通频幅值和振动频谱来分析和诊断轴承是否存在磨损或损伤,轴或联轴器是否存在不平衡或不对中,是否存在机组共振或基础松动的问题,以及机组部件的运行稳定性。为监测水泵机组运行过程中水流的流态情况,还在进水流道、叶轮进口处、出水流道等位置安装有压力变送器,在叶轮出口处、导叶体出口处安装有压力脉动传感器。通过在叶轮前与导叶后之间引出测压管安装压差传感器,可以获得叶轮前与导叶后之间的压力差,从而计算出水泵机组的泵段扬程。机组的测点配置如表 1 所示。

表 1　　水泵测点配置

序号	测点名称	传感器类型	数量/只
1	电机前轴承 X/Y 方向振动	加速度传感器	2
2	电机后轴承 X/Y 方向振动	加速度传感器	2
3	电机前轴 X/Y 方向摆度	电涡流传感器	2
4	电机正、反转速	电涡流传感器	2
5	叶轮外壳 X/Y 方向振动	加速度传感器	2
6	水导轴承 X/Y 方向振动	加速度传感器(水下)	2
7	推力轴承 X/Y 方向振动	加速度传感器	2
8	泵轴 X/Y 方向摆度	电涡流传感器	2
9	齿轮箱高速轴承 X/Y 方向振动	加速度传感器	2
10	齿轮箱低速轴承 X/Y 方向振动	加速度传感器	2
11	进水流道进口压力	压力变送器	1
12	叶轮进口压力	压力变送器	1
13	叶轮出口压力脉动	压力脉动传感器	2
14	叶轮前、导叶后压差	压差变送器	1
15	导叶体出口压力脉动	压力脉动传感器	2
16	出水流道出口压力	压力变送器	1

3　系统主要功能

水泵机组状态在线监测与故障诊断系统可对机组全生命周期的整个过程进行基于可视

化的智能监测、智能分析、智能诊断、智能预报、智能报警、智能评估和智能管理等。

3.1 机组状态在线监测

系统可以对机组运行工况进行全方位的在线监测和集合分析。机组界面图可清楚显示设备外形和结构特点，使运行管理单位清楚地了解设备特点、测点位置，并将测点与被测部件联系起来。当在线监测系统的测点有报警显示后，点击测点可以显现相关部件的视图和资料。

3.2 机组状态数据分析

系统实时同步采集泵组的振动、压力及相关工况参数数据，机组状态数据分析功能以结构示意图、棒图、波形频谱图、表格、实时趋势等形式实时显示所监测的相关参数，并能在线显示快变参数的波形、频谱图等。

3.3 机组故障诊断分析

系统可根据监测的数据对机组规律性的故障进行综合分析处理，根据各频率分量结合工况智能给出诊断结果，并形成结论供运行管理单位参考。

当机组发生报警之后，系统可根据采集的数据进行智能诊断，生成案例及诊断报告的条文。

3.4 机组调度运行建议

为了水泵机组的安全稳定运行，系统还有为用户提供了调度运行建议的功能。通过对各个机组历史故障的记录及分析，配合实施运转情况对机组的健康状态进行评价，综合评价结果，得出状态最优的机组开机工作，可保证泵站的稳定运行。

推荐通过整合后台实时的测点数据，通过最优化算法计算得出当前机组的健康状态，对机组健康状态量化处理并进行排序，得出当前状态最好的机组推荐开机。按照推荐的开机顺序来运行水泵，可在最安全的前提下保证泵站的稳定运行。

3.5 监测系统自检

为保证泵站的稳定运行，配合本系统在水泵上安装的数据采集模块中的自检功能，及时将各个测点的传感器模块的状态传回给系统展示页面，管理员通过系统自检功能查看当前某机组所有测点的异常个数来判断此机组配套的传感模块工作状况，进而可判断当前机组的在线状态监测系统是否处于可靠运行。

3.6 设备维修更换记录

泵站机组的正常运行与机组设备的运行质量很重要。该部分涉及水泵、电动机、电器设备、辅助设备、管道维护、手动报警按钮的报警试验等常见的维修方法以及日常维护记录。工作人员的工作流程、操作步骤、注意事项、维修维护记录等都涵盖在这里。为方便管理，一些日常的维修记录应存档，如部件损坏更换。涉及相关人员维修信息记录表，可打印存档，不需要手动填写记录。

3.7 机组质量管理

机组信息管理分为传感器信息、材质信息等。为了避免设备过期、过劳使用，造成不必要的损失，对机组设备的信息进行分类管理，包括相关设备的正常使用年限、设备老化、汽蚀、运行时长的监测分析。对硬件信息和数据资料存档管理，对机组的信息合理分类管理，使用查找方便。

4 系统实际应用

某大型泵站设计排涝流量为 $100m^3/s$，安装有水泵机组 4 台（套）。水泵叶轮直径 $3.2m$，单机设计流量 $25m^3/s$，配套电动机电压等级 10kV，额定功率 560kW，总装机容量 2240kW。

水泵机组状态在线监测与故障诊断系统在该泵站后，在某次运行记录中，1 号机组开机瞬间有明显异响。通过本系统对机组异常频率监测分析可见，1 号机组在电机前端 X、Y 向振动信号中均能监测到明显的异常周期性冲击（图2）。

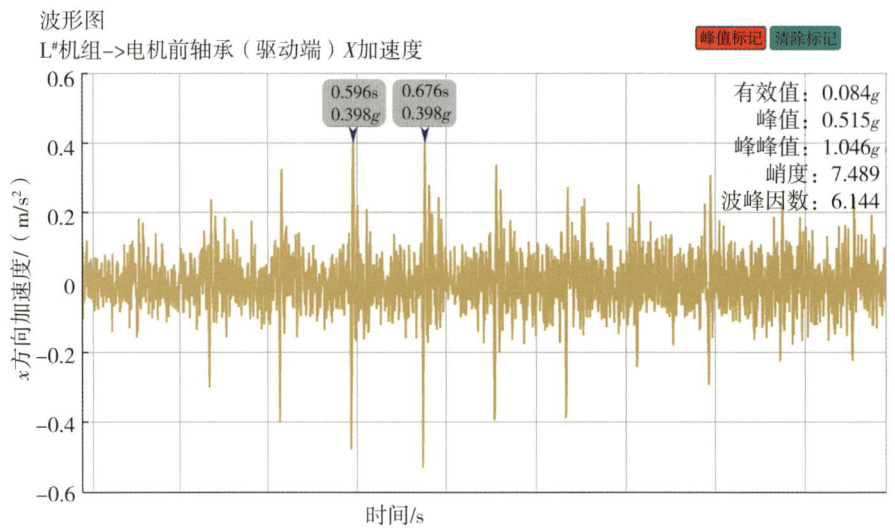

图 2 电机前轴承 X 方向振动时域波形

通过电机驱动端与非驱动端的频谱和波形对比（图3，图4）可以发现，1 号机组在电机驱动端振动强度和时域波形的冲击信号明显比电机非驱动端大，也就是异常振动主要来自电机的驱动端。

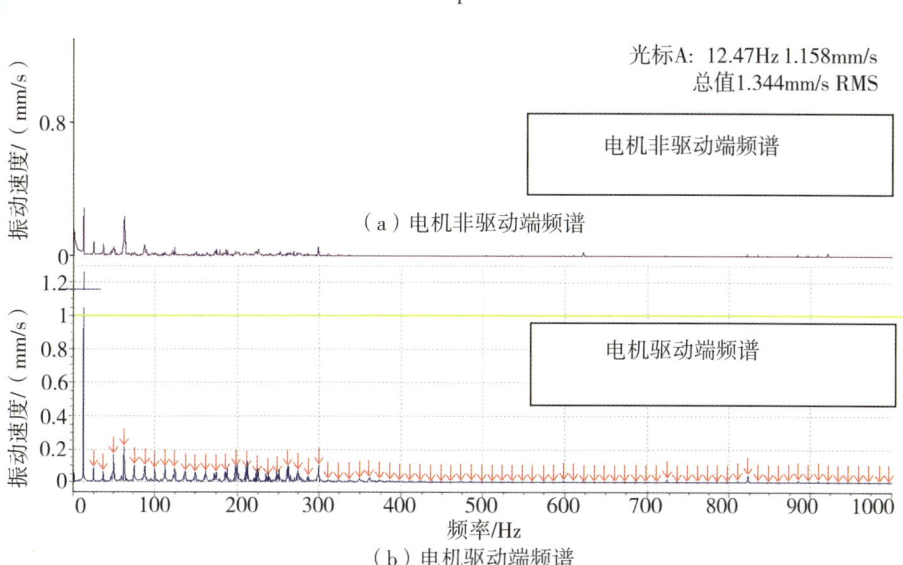

图3 电机频谱对比图

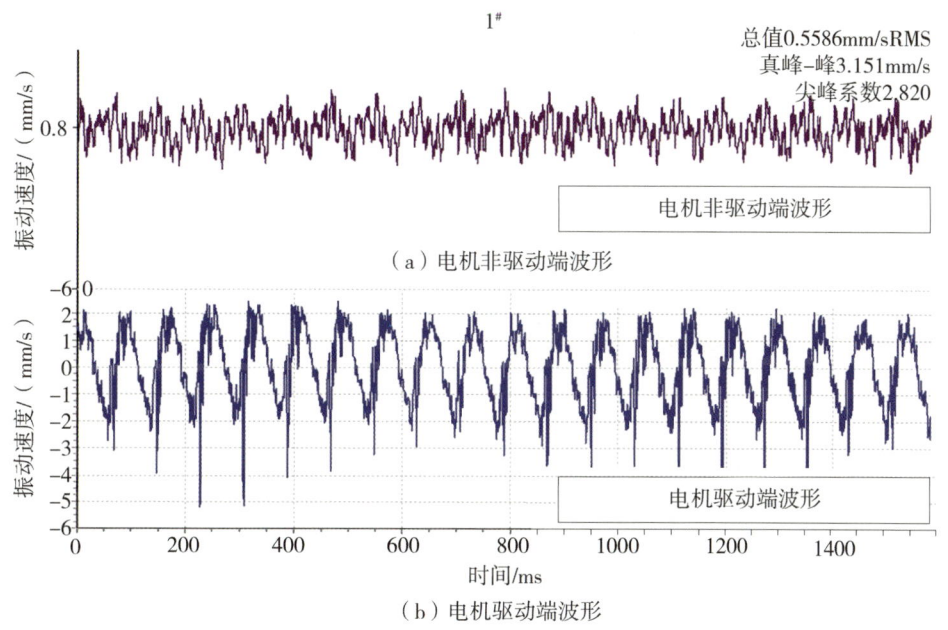

图4 电机波形对比图

振动特征频率主要是设备转频及其谐频,未见轴承及其他故障特征频率,结合时域波形图及设备的运行情况,通过在线监测系统的数据采集分析、频谱分析可知,4台水泵组启动完成后振动幅值均较小,但1号机组起机瞬间有明显异响,电机前端有明显的松动,且有转定子摩擦的可能,长时间运行设备极易扫膛。各机组的泵轴摆度满足有关规定,机组运行时振动数值有所变化,但变化幅度较小,表示在运行区域内机组运行稳定,1号机组需要持续振动监测,若故障进一步扩大需要停机检查。

5 结语

水泵机组状态在线监测与故障诊断系统利用基于机组状态数据的故障诊断分析和优化运行技术,可对机组及相关电气设备进行有效的实时监测,实现实时健康状态评估和异常信息处理,提醒现场工程师及时采用有效的运行措施,降低机组的损坏频率和影响,延长机组的运行寿命,减少机组的停机时间,降低经济成本,增加运行效益,对保障水利工程的安全可靠运行有着重要的意义。

参考文献

[1] 冯雪峰,周嘉言,郑源.大型泵站设备远程状态监测系统的研究与开发[J].水利建设与管理,2019,39(1):11-16.

[2] 宋忠孝.基于 B/S、C/S 架构的大坝安全监测数据管理系统在长洲水利枢纽中的应用[J].红河,2014,33(6):54-58.

[3] 魏琳,练俊君,田波.设备全生命周期状态监测诊断技术在水泵运维中的应用研究[J].自动化仪表,2019,40(7):70-71,75.

[4] 李星.基于振动检测的农村电贯站大型水泵机组智能化监控分析系统[J].自动化应用,2018(10):23-24.

浙江海上风电出力特性分析研究

甄浩庆

(中国电建集团华东勘测设计研究院有限公司,浙江杭州,311122)

摘 要:大力发展海上风电是实现双碳目标的重要途径,研究海上风电的出力特性对制定海上风电参与电力平衡和调峰的原则有重要意义。选取舟山海域测风塔数据以及浙江普陀6号海上风电场实测出力曲线,分别进行风速特性分析和出力特性分析,重点从概率特性、季节特性、日特性、容量效益、反调峰特性几方面对出力特性进行分析,为后续省内海上风电场出力特性分析以及地区电力平衡、调峰等分析提供了参考和依据。

关键词:海上风电;出力特性;电力平衡;反调峰;浙江省

1 概述

我国能源分布特点为:绝大部分陆地风能、太阳能资源分布在西北部,北部和西北部煤炭资源占全国的76%,西南部水能资源占全国的80%,而中东部负荷需求则占全国的70%以上。能源基地大多远离负荷中心,最大距离达到3000km。根据中国工程院《我国未来电网格局研究(2020年)咨询意见》,随着我国西部产业发展和东部清洁能源的开发,东部和西部源荷不平衡程度将降低,"西电东送"规模将出现拐点,"西电东送"也面临着不可持续问题。未来的供电模式必须采取"集中开发、远距离输送"与"分布式开发、就地消纳"并举模式。紧邻东部负荷中心的海上风电大规模开发,能够减轻"西电东送"通道的建设压力;海上风电与"西电东送"的水电还能在出力上形成季节互补。发展海上风电能够进一步提高可再生能源占比,加快能源结构转型。

浙江作为能源消费大省也是国家清洁能源示范省,浙江省委、省政府已将打造若干百万千瓦级海上风电基地列为全面贯彻新发展理念,做好碳达峰碳中和工作的重要组成部分。研究海上风电的出力特性对制定海上风电参与电力平衡和调峰的原则有重要意义。本文选取舟山海域测风塔数据以及浙江普陀6号海上风电场实测出力曲线分别进行风速特性分析和出力特性分析。

2 研究思路

根据某风区测风数据、典型风机的风速—出力曲线，考虑一定尾流损失，计算得到某风区海上风电场全年的出力曲线。分别从概率特性、季节特性、日特性、容量效益和反调峰特性等角度分析已建成的海上风电的出力特性并绘制相关曲线。最后根据海上风电特性分析，制定海上风电参与电力平衡和调峰平衡的原则。

分析思路为：测风数据选取→风速特性分析→出力曲线及特性分析→特性应用。

2.1 数据选取

根据获取的舟山某海域测风数据，对其进行分析，根据典型的风速—出力曲线。考虑尾流效应得到测风区域风电场的出力情况。同时选取已投产的普陀6号海上风电场的实测出力曲线进行分析。

2.2 风速特性分析

以舟山某海域测风塔测风数据为例来分析海上风速特性。海上风速的概率分布、季节特性和日特性如图1至图4所示。

1) 海上风速概率分布方面，夏季海上风速分布(图1)和冬季海上风速分布(图2)差异不明显。

2) 海上风速季节特性(图3)方面，海上风速冬季波动较大，其中，1月和12月平均风速最高，达8.3m/s，2月最小为6.6m/s。夏季海上平均风速稳定在7.8m/s上下。

3) 海上风速日特性方面，海上风速整体傍晚到夜里高、中午低；夜里时段夏季高于冬季；平均风速曲线整体较平滑，白天和夜晚差异不大。

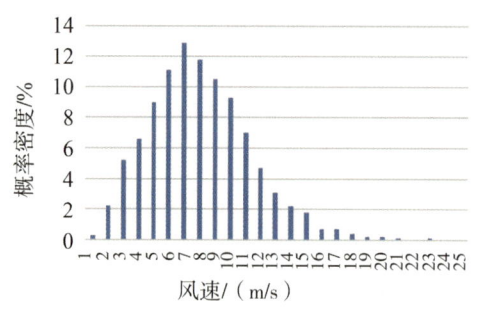

图1 夏季多年平均海上风速概率分布

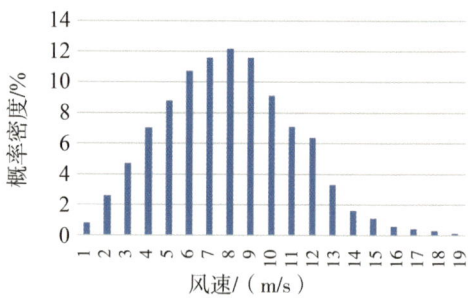

图2 冬季多年平均海上风速概率分布

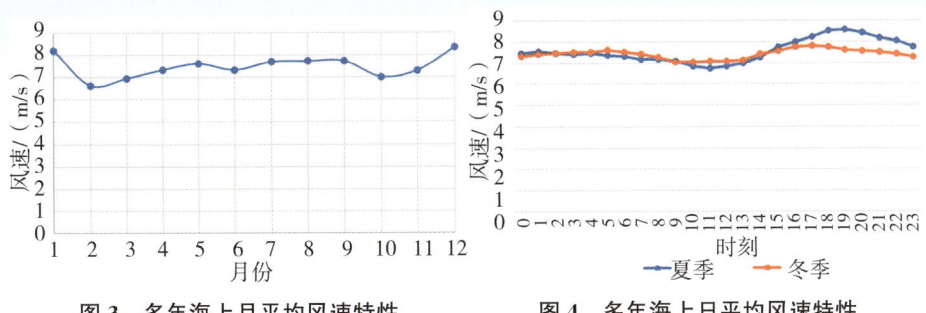

图 3 多年海上月平均风速特性　　图 4 多年海上日平均风速特性

2.3 出力曲线及特性分析

2.3.1 出力曲线获取

设 $C(v)$ 为风机的风速—出力曲线,通常用分段函数表示,图 5 为明阳 5.5MW 海上风机的风速—出力曲线。当风速小于切入风速(3m/s)时,风机出力为 0;当风速大于切入风速(3m/s)小于额定风速(10.5m/s)时,风速与出力呈现近似线性的关系,至风速达到额定风速(10.5m/s)时达到满出力;当风速在额定风速(10.5m/s)和切出风速(25m/s)之间时,风机均保持满出力;当风速大于切出风速(25m/s)时,风机出力将逐步降低,至风速达到 30m/s 时,出力降低为 0。

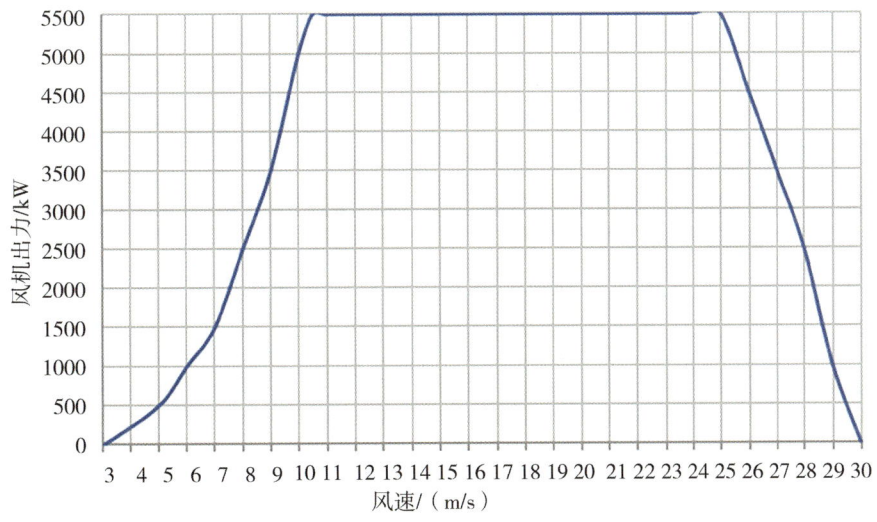

图 5 明阳 5.5MW 典型海上风机风速—出力曲线

设 η 为风电场尾流效应系数,表示风电场因尾流效应而损失的风能,尾流效应系数与风电场风机排列有关,一般可达 10%～20%。

风区 i 海上风电出力序列 $P_{it}(t=1,2,\cdots,8760)$ 可由下式得到:

$$P_{it} = n_i C[(1-\eta_i)v_{it}]$$

式中，n_i 为风区 i 风机台数，可取风区 i 海上风电装机容量与典型海上风机容量的比值；v_{it} 为风区 i 测风塔的测风序列；η_i 为风区 i 海上风机平均尾流损失系数；C 代表以风速和尾流损失系数为变量的单台风机的出力函数。

图 6 为舟山某海域风电出力曲线，采用某年份 1—12 月舟山某海域测风数据，通过上述公式计算所得。

图 7 为普陀 6 号风电场最近一年的实测出力曲线。

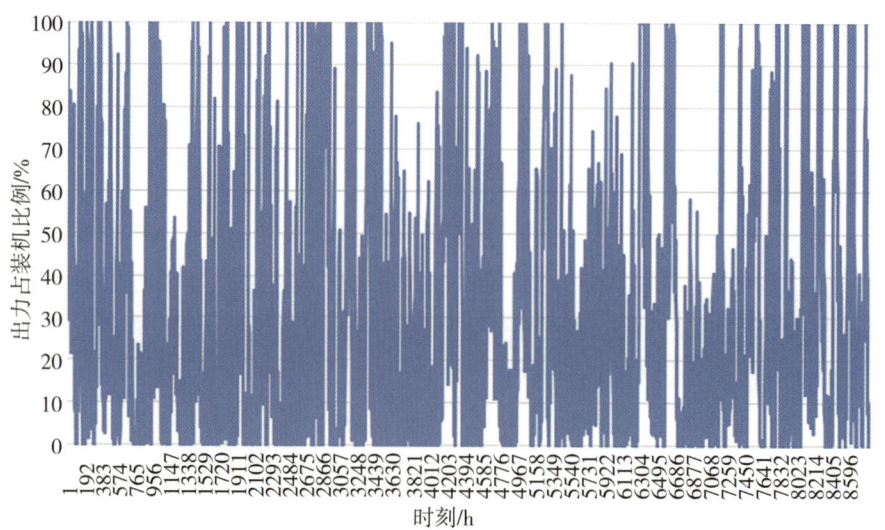

图 6　舟山某海域风电出力曲线

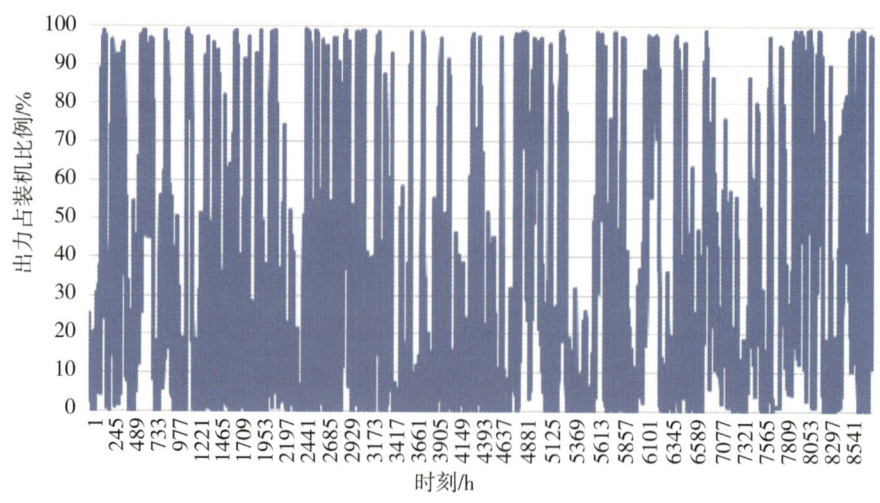

图 7　普陀 6 号风电场实测出力曲线

2.3.2　出力特性分析

参考能源行业标准《大型风电场并网设计技术规范》(NB/T 31003—2011)以及其他相关科研成果，从以下 5 个维度对海上风电出力特性进行分析。

2.3.2.1 概率特性

(1) 出力概率分布曲线

按照出力占装机容量的比例,每5%划分一个区间,统计出力落在每个区间的概率,形成出力概率曲线。

(2) 出力持续时间曲线

统计出力大于一定比例装机容量(如以5%、10%、15%递增)的持续时间,形成风电出力持续时间曲线。

统计海上风电出力数据,得到其概率密度曲线和出力持续时间曲线,如图8和图9所示。

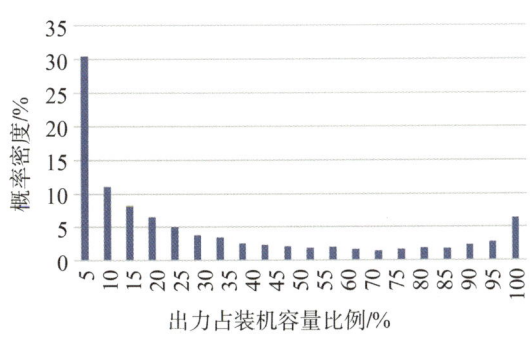 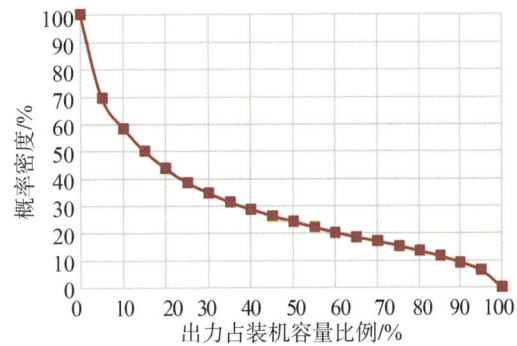

图8　海上风电概率密度曲线(普陀6号风电场)　　图9　海上风电出力持续时间曲线(普陀6号风电场)

如图9所示,海上风电场低出力概率较大,高出力概率相对较小;出力在0~5%的概率最大,达30%;出力低于20%的概率达56%;低于40%的概率达71%。在较高出力(70%以上)时,概率密度曲线趋于平稳并呈现明显的上升趋势。海上风电场在装机容量90%以上的出力持续时间占比达到10%。

2.3.2.2 季节特性

(1) 月平均出力曲线

按风电场历史出力数据,计算各月平均出力,形成月平均出力曲线,衡量风电场发电量在各月的分布情况,可用于电量平衡计算,分析风电对水电和火电发电量的影响。

(2) 月最大出力曲线

将同一个月出力数据按从小到大排序,由于历史数据具有随机性,剔除前5%的最大出力,取保证率95%时对应的出力作为月最大出力,形成月最大出力曲线,可用于分析风电场各月中可能出现的最大出力,参与相应电力平衡计算。

海上风电季节特性分析结果,如图10所示。

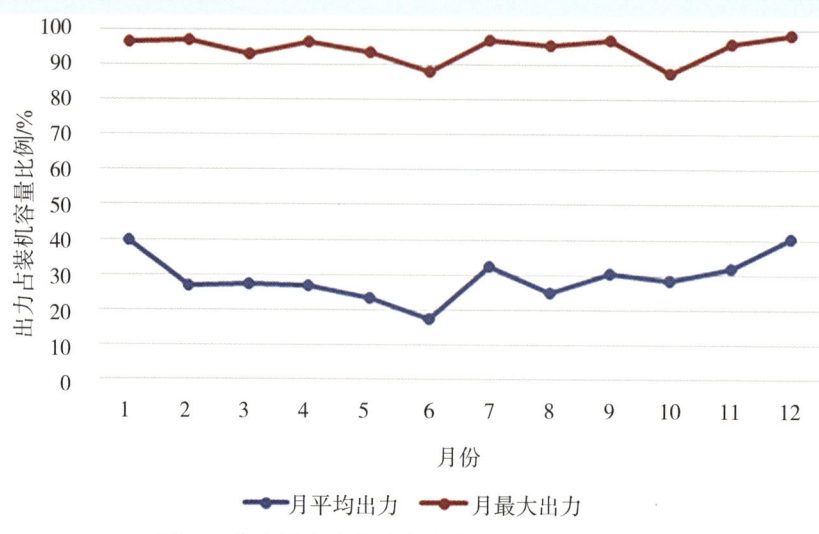

图 10 海上风电出力季节特性(普陀 6 号风电场)

如图 10 所示,海上风电场月平均出力呈现冬季大、夏季小的特点,冬季 30%～40%,夏季 20%～30%。月最大出力方面,冬季和夏季出力水平均较高,基本接近装机量;夏季略小。

2.3.2.3 日特性

(1)日平均出力曲线

将全年风电历史出力数据按照夏冬季统计,计算每个时刻点对应的平均出力,形成夏季和冬季两条日平均出力曲线,用以衡量风电场一天内发电量的小时级分布。

(2)日最大出力曲线

将同一时段出力数据按从小到大顺序排列,分别进行夏冬季统计,取风电场各时段保证率 95%时所对应的出力即剔除(除 5%的最大出力后的值),形成夏冬季两条日最大出力曲线,反映风电场日内各时段的最大出力,可用于校核相应时段风电外送对电网的影响。

(3)日最小出力曲线

与日最大出力曲线类似处理,对各时刻出力排序后剔除 5%的最小出力后取最小出力。反映风电场日内各时段的最小出力,可用于校核相应时段风电对电源及变电容量配置的影响。

海上风电出力日特性分析结果如图 11 所示。

如图 11 所示,日最大出力曲线呈现冬季总体略大于夏季的特点。其中冬季日最大出力在 97%以上,接近装机容量,最低点出现在 18 时;夏季日最大出力基本也接近装机容量,最低点出现在 2—3 时。日平均出力曲线较为平滑,呈现冬季大、夏季小的特点,日内各时段平均出力基本都呈现出午后至夜间出力高、上午出力低的特点。夏季日平均出力在 20%～32%;冬季日平均出力在 30%～37%。而日最小出力夏季和冬季基本都为 0。

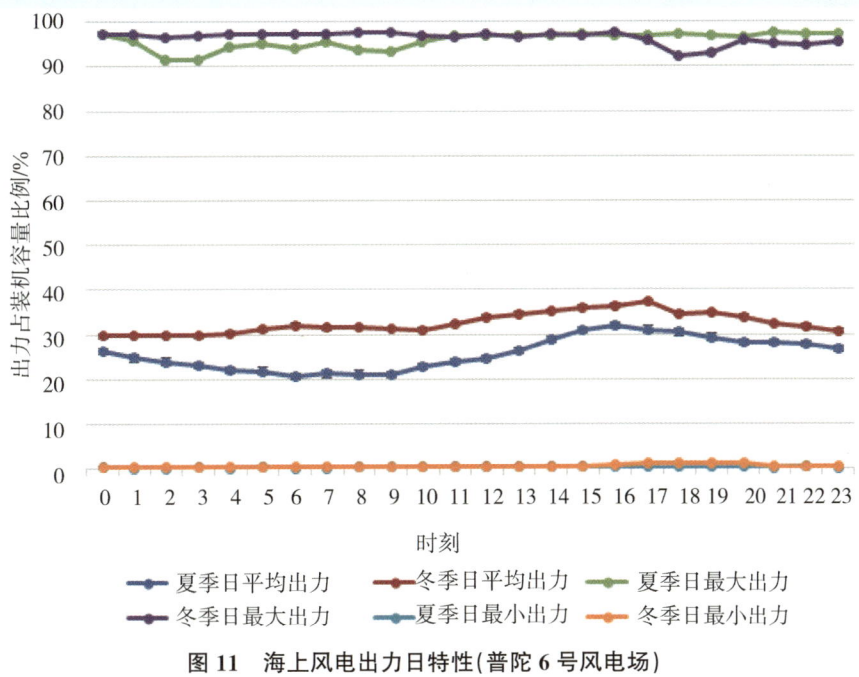

图 11　海上风电出力日特性（普陀 6 号风电场）

2.3.2.4　容量效应

（1）保证容量

保证率是指负荷高峰风电正常发电的保证程度，相应保证率（一般为 95%）下风电出力即为保证容量。计算方法为把相应时段的风电出力按从大到小排序，去除前 5% 最小出力（即 95% 保证率）后取其最小出力。若风电具有一定的保证容量，即认为其可替代对应保证容量的火电装机。保证容量用于校核相应时段电源以及变电容量充裕度。

（2）有效容量

将相应时段风电出力按从大到小排序，去除前 5% 最大的出力后取最大出力。该出力水平即为有效容量，可用于校核相应时段网架送出。各时段保证容量和有效容量即对应着日出力特性中的日最小出力曲线和日最大出力曲线。

按前文方法分析海上风电容量效应，结果如表 1 和表 2 所示。

表 1　　　　　　　单座海上风电容量效益（普陀 6 号风电场）　　　　　　　（单位：%）

项目	概率	夏大	夏小	冬大	冬小
保证容量	95	0.40	0.29	0.40	0.31
	99	0.33	0.22	0.21	0.22
有效容量	95	96.5	93.5	96.7	96.9
	99	98.6	98.0	98.8	98.8
平均出力	/	29	22	35	31

注:1.保证容量:对应风电保证率的风电最小出力;2.有效容量:对应不同概率的风电最大出力;3.平均出力:按风电场历史出力数据,计算所得平均值。

表2　　　　　　　　　单座海上风电容量效益(根据测风数据计算)　　　　　　　(单位:%)

项目	夏大	夏小	冬大	冬小
保证容量	0	0	0	0
有效容量	100	100	100	100
平均出力	28	28	30	32

由表1和表2可知,单座海上风电保证容量基本为0,因而在校核地市或小片区电源或变电容量充裕度时,无需考虑风电场出力。有效容量方面,夏季、冬季均接近装机容量,因而在校核风电送出时,应按风电满发考虑。平均出力方面,夏季、冬季在22%~35%,冬季略高于夏季,平均出力数据可用于电力平衡分析。

2.3.2.5　反调峰特性

根据风电出力对每日负荷峰谷差的影响将风电出力模式分为正调峰、平调峰、反调峰3类,分别对应削减负荷峰谷差占当天风电最大出力在5%以上、对负荷峰谷差占当天风电最大出力影响在±5%之间、加剧负荷峰谷差占当天风电最大出力在5%以上3种情况。

风电反调峰特性指风电出力波动与电网负荷波动具有相反的波动特性。计算方法为统计每日风电出力对负荷峰谷差的改变程度(加剧为正,削减为负),并按改变负荷峰谷差程度从大到小进行排序,去除前5%最大值后取最大值,对应的日风电出力即为风电典型调峰场景。

以下以普陀6号为例分析单座或小片区海上风电出力特性。

按2.3.2节反调峰定义分析海上风电反调峰特性,结果如表3和表4所示。

表3　　　　　　　　　单座海上风电反调峰特性(普陀6号风电场)

项目	春季	夏季	秋季	冬季	全年
反调峰天数/d	26	30	23	40	119
平调峰天数/d	15	19	22	14	70
正调峰天数/d	49	43	47	38	177
反调峰深度(95%概率深度)/%	32	21	16	33	32
反调峰深度(99%概率深度)/%	73	32	36	77	73
最大反调峰深度/%	95	76	40	85	95

表 4　　　　　　　　　单座海上风电反调峰特性(根据测风数据计算)

项目	春季	夏季	秋季	冬季	全年
反调峰天数/d	42	33	28	52	155
平调峰天数/d	9	15	26	11	61
正调峰天数/d	38	44	38	29	149
反调峰深度(95%概率深度)/%	50	58	36	52	55
反调峰深度(99%概率深度)/%	81	87	63	92	87
最大反调峰深度/%	88	89	73	100	100

由表 3 可知,普陀 6 号海上风电的反调峰概率为 33%,正调峰概率为 48%,平调峰概率为 19%。可见海上风电的反调峰特性较明显,春、冬季反调峰深度较高,春、冬季 95% 概率反调峰深度分别为 32% 和 33%;夏、秋季反调峰深度较低,夏、秋季 95% 概率反调峰深度分别为 21% 和 16%。

由表 4 可知,根据测风数据计算的某海上风电反调峰概率为 42%,正调峰概率为 41%,平调峰概率为 17%,可见根据测风数据计算的海上风电反调峰特性更明显。其中春、夏、冬三季反调峰深度都比较高,95% 概率反调峰深度都为 50%~60%;秋季反调峰深度相对较低,其 95% 概率反调峰深度为 36%。

3　结语

本文从浙江舟山海域测风数据和普陀 6 号风电场实测出力数据出发,从概率角度分析得出浙江地区海上风电低出力时间较长,就普陀 6 号而言有一半以上时间出力低于装机量的 20%,70% 时间出力低于装机量的 40%。平均出力方面,夏季、冬季平均出力为 20%~35%,冬季略高于夏季,平均出力数据可用于电力平衡分析。保证容量接近于 0,因此在校核地市或小片区电源或变电容量充裕度时,无需考虑风电场出力。有效容量方面,夏季、冬季均接近装机容量,因而在校核风电送出时,应按风电满发考虑。

实测出力数据和测风数据分析结果表明,浙江地区海上风电具有一定的反调峰特性,其中春天和冬天反调峰特性更加明显。

某岸电应用工程 220kV 陆缆分段长度优化方案研究

杨城回　谢勇　李伟豪

（中水东北勘测设计研究有限责任公司，吉林长春，130021）

摘　要：某岸电应用工程220kV电缆接头处是电缆线路最薄弱的地方，中间接头故障率占电缆线路故障的70%以上，每增加一处接头，附属设备及土建费用也相应增加，增加工程投资和工期。为保障供电的可靠性和工程的经济性，分析了电缆分段长度优化方案的关键制约因素，并针对制约因素提出了相应的应对措施，形成了总体优化方案。优化方案可保证工程安全、顺利施工，并节约大量投资。

关键词：陆缆；220kV电缆；分段长度；优化；安全措施

1　工程概况

某岸电应用工程陆上工程位于东营市东营港经济开发区境内，主要为某区域油田群现有油田以及正在规划建设的油田群提供陆上供电电源。

本项目为东港路与海港路东南角新建一座220kV陆上变电站。220kV变电站进出线共5回，其中进线电源线路2回，出线3回。

2　原基本设计方案简述

根据接入系统要求，电缆段进线选取截面为2500mm^2，送往登陆点段所选取截面为800mm^2，电缆选用了交联聚乙烯绝缘皱纹铝套聚乙烯外护套纵向阻水电力电缆，电压等级为127/220kV(252kV)。

根据前期协议，电缆敷设采用电缆沟槽，大部分为水平敷设，埋深1.0~2.5m，局部特殊路段和过路处采用定向钻。

电缆附件包括终端头（户外终端、GIS终端）、中间接头、交叉互联箱、接地箱、交叉互联电缆、接地电缆、护层保护器等。

电缆线路工程概况如表1所示。

表1　　　　　　　　　电缆线路工程概况一览表

序号	起点	终点	方式	线路长度/km	分段数/段	电缆井/座	电缆截面面积/mm²
1	炼化站	220kV变电站	架空	0.364			
			电缆	2.90	6	5	2500
2	启航站	220kV变电站	架空	0.952			
			电缆	5.64	11	10	2500
3	220kV变电站	北登陆点	电缆	5.39	11	10	800
4	220kV变电站	南登陆点	架空	2×0.375			
			电缆	2×11.87	2×22	21	800

本工程电缆线路走廊大部分在经济开发区境内,需下穿东港高速公路、港北二路、港北一路、安兴路一次、海港路、人民路等。通过道路需要采用地下定向钻施工,定向钻长度为60~200m,线路分段长度直接影响电缆井间距的设置。根据前期规划,基本设计中共考虑定向钻14处,总长度共2200m。

电缆线路总长为25.80km,电缆单回长37.67km(折算为单回),电缆共分为72段,设置单双回电缆井46座,其中单回接头井25座,双回接头井21座。

3　问题的提出

本工程地处东营港市区,附近分布有大型工厂和一级道路等,为不影响其他单位正常工作和不破坏城市道路,部分路段需要采用地下定向钻施工。根据工程特性,设置单回接头井和双回接头井,电缆接头井长度约为20m,宽度约为2.6m。由于线路廊道有限,通过勘察和物探,原规划的部分电缆井位置与现有管线和设施有冲突,部分电缆井位置需调整,但调整到合适的位置比较困难。

考虑到基本设计中电缆分段及电缆接头较多,造价高,安装工作量大、工期长,同时为了保障供电的可靠性,降低工程造价和缩短工期,在满足规程规范要求及厂家生产能力范围内,考虑施工作业的可行性,电缆分段长度和电缆井的设置就显得尤为关键。

根据调研结果,由于近期投产的地埋220kV电缆,中间接头故障率较高,又结合海缆的实际情况,全长70km无接头。据此,业主提出能否优化电缆分段长度,引起了相关技术人员和利益方的强烈共鸣。中水东北勘测设计研究有限责任公司技术人员根据规范提出提升E_{SM}(感应电势由50V提升为300V)来减免单芯电缆线路接头的配置。各方一致认为在满足规程规范的前提下,本工程接头宜尽量减少并采取适当的安全措施。

本着对工程负责,为业主服好务的宗旨,考虑到上述因素,经与业主沟通和技术调研,对本工程电缆分段长度优化方案的关键制约因素进行分析研究。

4 电缆分段长度优化方案关键制约因素分析

4.1 过电压制约分析

(1)过电压分析计算

根据《电力工程电缆设计标准》(GB 50217—2018)4.1.11及条文说明,结合附录F的公式计算,结果如表2所示。

表2　　　　各种工况下电缆分段长度计算一览表

序号	敷设工况	单位长度的正常感应电势 $E_{sm}/(V/km)$	极限反算接地单元长度,不大于规范要求300V值(电缆金属套的电气通路上任一部位与其直接接地处的距离)/km	电缆分段计算长度(未考虑厂家生产情况)/km	备注
1	三根电缆呈等边三角形(截面面积2500mm²)	49.30	12.00	4.00	
2	三根电缆呈直线并列(截面面积2500mm²)	83.58	7.16	2.39	
3	2回电缆等距直线并列(截面面积2500mm²)	118.05	5.00	1.67	此种工况不存在,但存在2500mm²和800mm²并列敷设情况
4	三根电缆呈等边三角形(截面面积800mm²)	49.84	12.00	4.00	
5	三根电缆呈直线并列(截面面积800mm²)	78.58	7.60	2.53	
6	2回电缆等距直线并列(截面面积800mm²)	107.75	5.56	1.85	

(2)过电压技术方案结论

根据以上计算结果,单纯从过电压来看,计算结论与《电力工程电缆设计标准》(GB 50217—2018)和规范说法一致,提升 E_{sm} 并采取安全措施,可以极大地增大电缆的分段长度,减少电缆接头数量。

4.2 电缆生产制约分析

(1)电缆生产制造分析

由于电缆分段长度取决于各电缆厂家的生产工艺流程不同的制造商,极限生产长度也不一样。在广泛征询6家主流制造厂商的基础上,总结了各制造商的供货长度和供货经验,如表3所示。

表3 各制造商电缆分段长度反馈结果

序号	短名单	厂家反馈供货长度	大长度电缆供货经验	备注
1	制造商1	2500mm² 为 1.1km,800mm² 为 1.6km	有相关实际供货经验	车板交货
2	制造商2	2500mm² 为 1.1km,800mm² 为 1.6km	有相关实际供货经验	
3	制造商3	2500mm² 为 1.1km,800mm² 为 1.6km	有相关实际供货经验	
4	制造商4	2500mm² 为 1.1km,800mm² 为 1.6km	无	
5	制造商5	2500mm² 为 1.1km,800mm² 为 1.6km、但反馈属于生产极限	无	
6	制造商6	2500mm² 为 0.8km,800mm² 为 1.0km	无	

(2)生产长度制造制约结论

根据220kV电缆工艺生产流程,通过对主流制造商极限生产能力的调研,目前大部分电缆生产厂家220kV 2500mm² 截面电缆最大生产长度为1.1km,800mm² 截面电缆最大生产长度为1.6km。

4.3 电缆运输制约分析

(1)电缆运输方案分析

超高压电缆经出厂检验合格后到用户手中需要经过一定运输和贮存过程,这期间要经过多次搬运、装卸和存放,过程控制对于超高压电缆的质量保证具有重大意义。

中标厂家一般会专门成立运输小组,协调运输组织、调度,全力以赴保障物资运输的安全,从电缆包装、仓储能力、物流运输和应急措施四大方面,来保证从产品入库、运输、交付、紧急状况等环节的紧密衔接,为项目设备创造更加顺畅、快速、便捷的运输环境。中水东北勘测设计研究有限公司在征询制造厂商极限生产能力的基础上,开展了220kV陆缆分段长度的运输数据征询,制造厂家反馈电缆运输长度数据如表4所示(以某代表厂家为例)。

表4 电缆运输长度数据一览表(一)

电缆规格 /mm²	电缆长度 /m	缆盘直径 /mm	桶体直径 /mm	缆盘宽度 /mm	电缆外径 /mm	电缆毛重 /t	车重/t	总重/t
2500	1100	4350	2800	5500	160.4	57.5	26	83.5
800	1600	4350	2800	5500	130.6	47.5	24	71.5

(2)大长度电缆卸车及展放场地分析

大长度电缆在厂内装盘后重量重、体积大,运输需要配备特种大件运输车辆,采用距地面50cm超低平板运输车完成装车、运输。运输工程中包括由公共道路进入临时施工道路,进入每段电缆接头井旁的展放场地,故需评估此路段是否可以满足运输车辆路宽及承载要求。

电缆运输至展放位置后进卸车需采用2台130t吊车同时进行。在此之前,电缆展放场地需要具备较大的面积,场地的地基需要较强的承载力。

(3)电缆运输方案

220kV电缆按照供货商最大生产能力来讲,由于成立了专门运输物流部门,货物在运输途中,无论是海运和陆运均不存在问题。但此时车重至少在70t以上,对卸货现场的考验就比较大。

由于本工程现场场地均为回填或者低洼水域,大重量运输道路及展放场地均需硬化处理,电缆越重,电缆展放场地越大,投资越大,敷设难度也随之大大增加。经地勘设计人员、电缆厂家及施工单位现场踏勘,确定本工程场地展放2500mm²电缆按70t,800mm²电缆按60t考虑。根据此原则,确定了电缆运输长度,见表5(以某代表厂家为例)。

表5 电缆运输长度数据一览表(二)

电缆规格 /mm³	电缆长度 /m	缆盘直径 /mm	桶体直径 /mm	缆盘宽度 /mm	电缆外径 /mm	电缆毛重 /t	车重 /t	总重 /t
2500	850	4300	2500	3000	160.4	45.5	24	69.5
800	1200	4300	2500	4000	130.6	36.5	22	58.5

4.4 定向钻及大长度电缆施工制约

（1）定向钻施工分析

本工程电缆线路走廊大部分在经济开发区境内，线路多次穿越市区道路。根据前期线路协议，跨越道路需要采用地下定向钻，长度为60~200m。由于定向钻段无法放置电缆中间接头井，电缆分段长度与电缆井的设置有直接相关，故电缆分段长度严重受定向钻的制约。

（2）大长度电缆施工方案分析

现场电缆的敷设方式为电缆沟槽和定向钻顶管，电缆沟槽内的净宽750mm，在长距离电缆敷设过程中，受宽度限制无法使用特殊输送敷缆设备，故只能采用牵引方式来敷设。

本工程中2500mm²截面电缆及盘具总重量约45.5t，800mm²截面电缆及盘具总重量约36.5t。电缆敷设时的启动力、拉力、侧压力为至关重要的三大要素。因电缆的重量重、长度长，考虑到在启动时要拉动如此重的电缆，需求非常大的启动力，以及电缆在敷设进电缆沟和定向钻拉管内后，电缆所受的牵引力和侧压力也与电缆自身重量有关，具有很大的施工风险。

4.5 电缆分段长度优化方案关键制约因素结论

4.5.1 关键制约因素分析及总结

结合以上分析，确定了控制电缆分段长度优化方案关键制约因素如表6所示。

表 4.5-1　　电缆分段长度优化方案关键制约因素

序号	制约因素	制约因素描述	控制长度/km	备注
1	过电压分析	接地单元长度E_{sm}，不大于规范要求300V	(2500mm²)1.6，(800mm²)1.8	
2	生产制造	生产能力	(2500mm²)1.1，(800mm²)1.6	
3	运输	运输能力	(2500mm²)1.1，(800mm²)1.6	
4	卸车及展放场地	现场的施工场地及地基承载力	特殊地域需要现场实际考察和分析确定	制约因素
5	定向钻施工		特殊地域需要现场实际考察和分析确定	定向钻和电缆施工一起形成制因素
6	电缆施工	有定向钻处不建议使用大长度电缆	特殊地域需要现场实际考察和分析确定	制约因素

4.5.2 分析结论

经过以上分析,结合设计单位、物流公司、定向钻施工单位和电缆施工单位对本工程的现场踏勘和讨论,最终确定电缆分盘原则长度为:220kV 2500mm² 截面电缆分盘长度为不大于 0.85km,800mm² 截面电缆分盘长度为不大于 1.2km。

5 电缆分段长度优化方案

5.1 电缆分段及接地方式

项目实施过程中,结合国土空间规划调整、东营港利益相关方相关要求,中水东北勘测设计研究有限责任公司测量人员与设计人员在现场根据现场实际情况,针对上述关键因素,优化了电缆具体分段及接地方式:

1)220kV 炼化站—新建 220kV 变电站

单回电缆线路,线路长度 3.784km,共分为 6 段,采用交叉互联接地。

2)220kV 启航站—220kV 变电站

单回电缆,线路长度 6.566km,共分为 9 段,采用交叉互联接地。

3)新建 220kV 变电站—北登陆点

单回电缆,线路长度 6.058km,共分为 6 段,采用交叉互联接地。

4)新建 220kV 变电站—南登陆点

双回电缆线路,线路长度 14.54km,每回电缆分为 12 段,采用交叉互联接地。

本工程 SVL 的连接方式采用桥形接地。

5.2 安全措施分析

由于 E_{sM} 按 300V 控制,超出 50V,属于人体不能接触需安全防护的范畴,但仍属于可控范围内,根据《电力工程电缆设计标准》(GB 50217—2018)采用以下安全措施:

1)交叉互联电缆线路在绝缘接头部位,设置 SVL 的三相连接方式并采用桥形接地;

2)在电缆接头井位置施工埋设均匀带和接地极,满足接地电阻值,保证人员安全;

3)在接头井处设置警示牌,避免无关人员靠近;

4)接头井工作区域内设置绝缘垫,同时要求检修工作人员进入必须穿着绝缘靴;

5)电缆接头井考虑井盖的闭锁防护,爬梯设可靠接地。

6 结语

本工程电缆分段长度由原来的 72 段优化减少为 45 段,电缆中间接头由 70 套减少为 40 套,电缆接头井由 46 座减少为 25 座。本次优化预计节约投资 1300 万元,缩短工期一个月,同时也减少电缆的故障率和后期运维工作量,成功地实现了预期目标。

本文对220kV电缆线路优化设计过程中,分段长度的制约因素和所需考虑的要素进行分析总结,为今后高压大截面电缆线路分段长度设计提供经验和理论依据。

参考文献

[1] 水利电力部西北电力设计院.电力工程电气设计手册:电气一次[M].北京:水利电力出版社,1989.

某电站调试期机组自用电变压器跳闸原因分析及思考

吴宝栋　谢勇　杨城回

（中水东北勘测设计研究有限责任公司,吉林长春,130021）

摘　要：机组自用电是水电站的核心负荷,其供电电源及容量选择,对确保水电站安全可靠、经济合理的运行至关重要。就某水电站机组自用电供电电源设置及容量选择做了详细介绍,并对调试期间变压器跳闸的原因进行剖析,探讨了如何选择变压器的容量,既可保证安全可靠又实现降损节能的目的。

关键词：机组自用电；电源；变压器；容量

某大型水利枢纽工程位于珠江流域西江水系黔江干流出口弩滩上,工程任务为防洪、航运、发电、补水压咸、灌溉等综合利用。电站共装机8台,单机容量为200MW,总装机容量为1600MW,分别布置在两岸,其中左岸布置3台机组,右岸布置5台机组。

依据《水利水电工程机电设计规范》《水利水电工程厂（站）用电系统设计规范》同时结合本工程左岸电站布置3台机组,右岸电站布置5台机组,左岸机组先期投产发电,考虑到将来分厂运行等特点,厂用电电源分别由右岸电站的1、3号机变单元的15.75kV发电机电压母线各引接1回电源,通过高压厂用变压器（21T、22T）降压后,分别接至厂用电10kV的Ⅰ、Ⅱ母线；从6、8号机变单元的15.75kV发电机电压母线各引接1回电源,通过高压厂用变压器（23T、24T）降压后,分别接至厂用电10kV的Ⅲ、Ⅳ母线；另外,从近区变电所引接1回10kV电源接至10kV的Ⅴ段母线上。10kV母线Ⅰ、Ⅱ段之间,Ⅲ、Ⅳ段之间,Ⅰ、Ⅲ段之间,Ⅱ、Ⅳ段之间,以及Ⅰ、Ⅱ、Ⅲ、Ⅳ段与Ⅴ段之间均设有联络,其接线型式为单母线分段环形。

厂内的400V机组自用电、公用电、照明用电等电源分别由10kV不同段引接,0.4kV侧接线均采用单母线分段型式,即母线均分为Ⅰ、Ⅱ两段,Ⅰ、Ⅱ段母线之间设置联络,可实现互为备用。

1 机组自用电接线

以该电站左岸 8 号机组自用电为例,采用单母线分段接线方式经 2 台 10.5/0.4kV,容量为 315kVA 的干式变压器(63T、64T)降压至 0.4kV 接入 2 段 0.4kV 低压母线(17D、18D),两段母线之间设有母线联络开关。

正常状态运行方式为 63T 带 0.4kV Ⅰ段(17D),62T 带 0.4kV Ⅱ段(18D),两段母线独立运行。当 1 台变压器退出运行,合母线联络开关(17D1 断路器),0.4kV Ⅰ段(17D),Ⅱ段(18D),合并成一段母线运行。

2 故障现象及原因分析

8 号机组调速系统安装完成后,压力油罐在首次进行油过程中,首先启动 1 台辅助油泵(45kW),再启动第 1 台主油泵(132kW),最后启动第 2 台主油泵(132kW)。在启动第 2 台主油泵后运行约 9s,63T 进线柜(17D3)断路器跳闸。

经现场检查,3 台油泵工作时,仅 1 台变压器(63T)带电,两段 400V 母线处在合段运行状态。即 1 台变压器带所有负荷,由 63T 同时带 17D、18D 两段母线运行。

经计算 3 台油泵功率为 45+132+132=309kW,油泵电机功率因数为 0.9,同时运行是工作电流为 522A,最大运行容量为 343kVA,略大于变压器额定容量。考虑到变压器的允许短时间过载能力(1.5 倍时的允许运行时间为 18min;1.25 倍时的允许运行时间为 60min),63T 变压器容量为 315kVA,那么变压器在额定容量 1.25 倍(394kVA)状态下,短时过载运行的情况,应能满足调试过程中 3 台油泵同时运行的需要,排除变压器容量不足的原因。

进一步检查发现,63T 变压器进线断路器(17D3)额定电流为 800A,但现场调试时断路器设定的定值按变压器额定容量的工作电流进行设置,即额定电流设定为 478A,小于 3 台泵同时工作时的工作电流 522A,因此导致断路器过流跳闸。

机组自用电接线简图如图 1 所示。

3 现场处理方案

由于当时另外 1 台机组自用电变压器(64T)暂时无法投入运行,调试期始终只有 1 台变压器运行,同时建设单位不希望变压器出现短时过载运行工况。最终处理方案为:采用 1 台辅助油泵加 1 台主油泵(45kW+132kW)对压力油罐进行注油,通过延长注油时间,顺利达到额定油压,然后退出 132kW 的油泵转由辅助油泵进行保压。

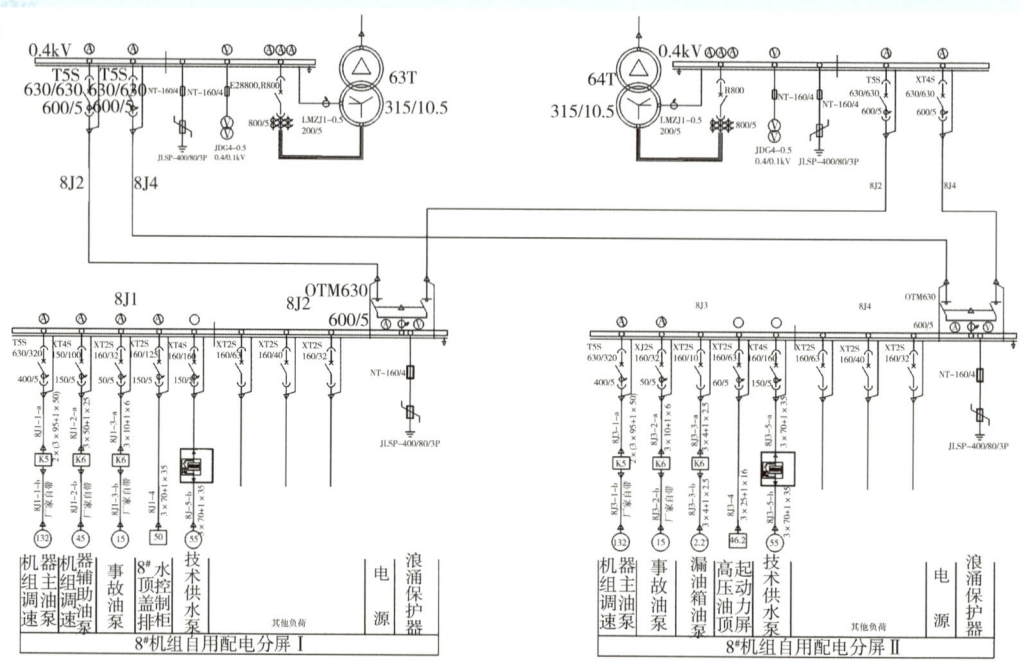

图 1 机组自用电接线简图

4 后续运行结果

该工程左岸电站已全部发电，8 号机组自用电系统的 2 台变压器均投入运行，机组自用电负荷分摊到两段母线上，目前运行良好。

5 8 号机组自用电变压器容量选择分析

该工程 8 号机组自用电负荷主要为：调速器油压装置 2 台 132kW 和 1 台 45kW 油泵、技术供水系统 2 台 55kW 油泵（一工作、一备用）、二次负荷及其他负荷。对变压器容量影响最大的是调速器油压装置的 2 台 132kW 主泵和 1 台 45kW 辅助油泵，根据水机专业及调速器厂家提供的资料，调速器油压装置油泵运行工况见表 1。

表 1　　　　　　　　　　　调速器油压装置油泵运行工况

油泵运行工况	运行台数/台	运行功率/kW
油压低于 6.1MPa 时，辅助泵工作，当加压到 6.3MPa 停泵，工作时间约 3.1min	1	45
油压低于 5.8MPa 时，主泵和辅助泵工作，当加压到 6.3MPa 停泵，工作时间约 1.9min	2	132、45
油压低于 5.6MPa 时，3 台泵同时工作，当加压到 6.3MPa 停泵，工作时间约 1.6min	3	2×132、45

续表

油泵运行工况	运行台数/台	运行功率/kW
每台机设置一套事故油罐,当工作油罐出现事故低油压(5.0MPa)时切换到事故油罐,事故油罐此时向导叶主配和事故配压阀提供压力油,将导叶进行关闭	0	0

通过表1,结合《水利水电工程厂(站)用电系统设计规范》(SL 485—2007)的有关规定,对机组不同运行工况下的自用电负荷进行分析。当油压低压6.1MPa时,1台辅助油泵(45kW)工作时,8号机组运行时最大负荷为132kW,小于单台变压器额定容量315kVA;当油压低压5.8MPa时,2台油泵(132+45kW)工作时,8号机组运行时最大负荷为232kW,小于单台变压器额定容量315kVA;当油压低压5.8MPa时,3台油泵(132+132+45kW)工作时,8号机组运行时最大负荷为332kW,大于单台变压器额定容量315kVA。但从表1可以清晰地看出,油压装置油泵的工作时间较短,仅1.6min,属于短时断续运行负荷,根据《水利水电工程厂(站)用电系统设计规范》第4.3.2条第4款:"对不经常运行或经常短时运行的厂(站)用电变压器可利用其过负载能力。"所以当3台油泵工作时,机组最大运行负荷332kW,持续时间不大于3min,小于变压器1.5倍(472kVA)时的允许运行时间为18min的要求,变压器应能满足要求。

以上分析均是考虑1台变压器退出运行时的运行工况,若2台变压器同时运行时,8号机组自用电负荷分担在两段母线,由2台变压器提供,以上所有运行工况下用电负荷均不会出现大于变压器额定容量的情况。

6 结论

依据《水利水电工程节能设计规范》(GB/T 50649—2011)中要求:"根据工程特点,电气设备使用基本条件及使用目的等,通过节能降耗、技术经济综合分析,确定电气设计方案和主要设备的型式、技术参数及能源指标。"因此在选择机组自用电变压器容量时应结合实际运行的状况进行分析。

通过到国内调速器供应商、多家水电站运行单位调研,国内同类型水电站的调速器油压装置在调试完成投入正常运行后,3台油泵同时工作的概率极小。即使该电站8号机组出现极端工况,油压3台泵同时工作,若2台机组自用变压器正常运行状态下完全可以满足运行要求;倘若此时1台变压器恰好处于停运状态,1台变压器短时过载也能满足短时机组运行的要求。如果不考虑利用变压器过载能力应对短时工况,可以通过增大机组自用电变压器容量的方式即可。但如果把容量选择过大,那么就会形成"大马拉小车"的现象,这样不仅仅是增加了设备投资,而且还会使变压器长期处于空载的状态,使无功损失增加,增加厂用电的损耗率。因此,如何合理分析用电负荷的运行工况,从而确定变压器容量,做到更加经济、技术最优,还是值得进一步深究。

参考文献

[1] 水利水电工程机电设计规范:SL 511—2011[S].北京:中国水利水电出版社,2011.

[2] 水利水电工程厂(站)用电系统设计规范:SL 485—2010[S].北京:中国水利水电出版社,2011.

[3] 水利水电工程节能设计规范:GB/T 50649—2011[S].北京:中国计划出版社,2011.

水利枢纽工程风光互补视频监视系统设计与选型

徐进军

（贵州省水利水电勘测设计研究院有限公司，贵州贵阳，550002）

摘　要：黔中水利枢纽视频监视系统设计，进行了网络选型、立杆高度选型、供电选型。
关键词：风光互补；视频监视；系统；设计；选型

1　概述

1.1　项目背景

黔中水利枢纽工程位于贵州省中部，是以灌溉和城市供水为主，兼顾发电等综合利用的大型跨流域调水工程、大型水利骨干工程。水源工程平寨水库为大(1)型水库，位于三岔河中游六枝与织金交界的平寨河段，坝址位于平寨至木底下寨之间的峡谷河段，坝址以上流域集水面积 3492km^2，多年平均年径流量 20.25 亿 m^3。水库大坝为混凝土面板堆石坝，最大坝高 162.7m，坝顶长 362m。水库总库容 10.84 亿 m^3，正常蓄水位 1331m，死水位 1305m，调节库容 4.48 亿 m^3，多年平均调水量 5.5 亿 m^3。水库电站总装机容量 13.6MW，多年平均年发电量 3.407 亿 kW·h。

水利枢纽视频监视系统利用先进的视频监视技术、无线通信技术、计算机技术等，通过对靠近水库的村庄、地灾隐患点、码头、桥梁、排污点、垃圾倾倒点等关键位置、周边环境进行 24 小时实时视频监视，及时发现相关位置的现场情况，通过有效及时的措施，对策规避和减少水环境、水生态破坏的风险。

1.2　工程现状

黔中水利枢纽一期工程(图 1)于 2010 年 10 月 25 日经水利部批准开工，2015 年 4 月

14 日下闸蓄水,2016 年 6 月 24 日并网发电,2018 年 1 月 28 日成功向贵阳试通水,同年 12 月 28 日正式实现向贵阳供水。现水源工程、输配水干渠工程已全面完工,支渠工程、田间工程正在进行开展收尾建设。

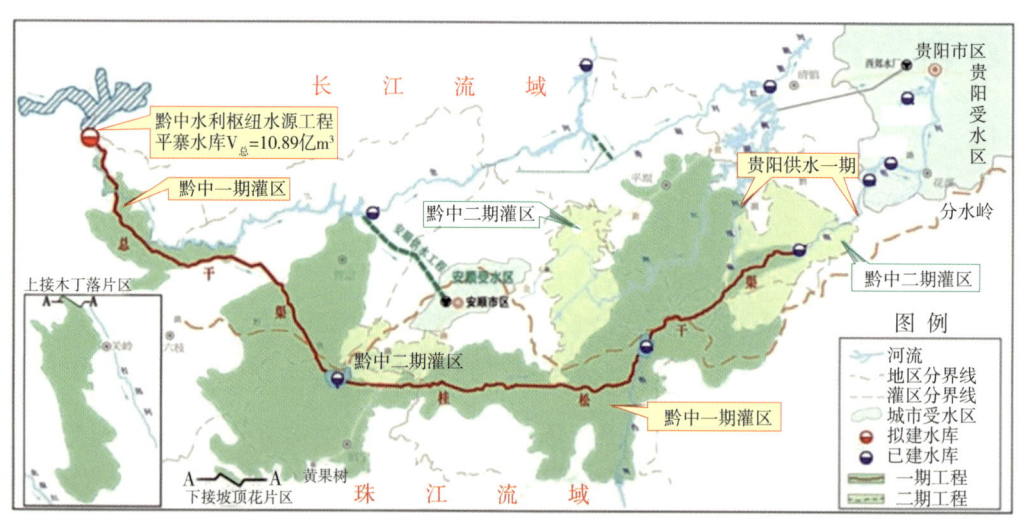

图 1 黔中水利纽工程总体布置示意图

1.3 水库视频建设现状

黔中水利枢纽平寨水库水源地库岸线长、库岸周边环境复杂,目前仅在坝口、库区出水口、格寨管理所、一级水源区内和干渠关键的节水闸区域内布设有通有市电及有线光纤传输视频信号的多套视频监视系统,其他区域、支流等处的库岸边村庄、地灾隐患点、码头、桥梁、排污点、垃圾倾倒点等均无视频监视点。目前无法对库区关键位置、周边环境进行全部监视和管理。

原视频监视系统仅有摄像机及平台软件,无法实时报警,无法进行有效的事件回溯。同时,已建成的视频系统不具备安防预警功能,无法及时有效地预防偷盗、破坏等事件的发生,无法进行实时在线广播和地灾警告。

目前水库建设有部分视频监视系统,采用有线光纤传输的模式,但在实际使用中,因干线光纤发生单点故障或因电力系统不稳定跳闸,导致前端监视视频经常出现大规模掉线的情况,无法满足监视需求,排查故障时间长,费时费力。

2 主要存在问题及项目建设必要性

2.1 主要存在问题

1)水源地监视存在盲区,安防监视不到位。黔中水利枢纽平寨水库水源地库岸线长、库岸周边环境复杂,目前仅在大坝枢纽、距离坝区较近的库岸建设有视频监视系统,原视频监视系统采用海康威视摄像机及平台软件,其他区域、支流等处的库岸边村庄、地灾隐患点、码头、桥梁、排污点、垃圾倾倒点等无视频监视点,无法对库区关键位置、周边环境进行监视和管理。

2)水源地管理难度大,耗时费力。平寨水库岸线长,库岸周边环境复杂,道路崎岖,巡查难度大,无法每天对库区关键位置、周边环境、排污口、地质灾害点等进行巡查,沿库岸周边巡查开车需要将近1天的时间,耗时费力。

3)库区安全隐患较多,存在多处地质灾害隐患点,现场存在明显的滑坡、裂缝、危房及落石隐患,危及人民生命财产安全。

2.2 项目建设的必要性

(1)水利信息化建设的需求

水利枢纽视频监视系统是水利信息化中的重要建设内容,是水利现代化的基础和重要标志,是水利工程建设及管理的重要支撑,是库区周边安全防范、库区非法土地复垦、非法捕捞、排污、垂钓等管理的重要手段。通过库区视频监视建设可提高工程管理水平及工程运行效益,为实现工程的现代化管理提供重要的手段。

(2)工程安全管理的需求

水利工程的安全运行属于公共安全范畴,特别是大型水利工程一旦出现安全问题,其后果十分严重,破坏性大,会造成巨大的生命、财产损失。对水利工程进行安全监督管理是各级水利部门最重要的工作之一。

(3)安防需求

水利工程少人或无人值守,且地处偏僻,库区村庄、桥梁较多,环境复杂。库岸边村庄、地质灾害隐患点、码头、桥梁、排污点、垃圾倾倒点需要建立视频监视点,对库岸周边环境、桥梁车辆人员、排污、非法垂钓及捕捞、土地复垦等进行监视、报警。

通过现场勘查,库区周边选出共计30个需要布设的视频监视点位(图2),其中部分点位之前因为距离较为接近或监测内容较少,监视优先等级稍低,可依据现场综合实际情况再做考虑。

距离较近的点位有:7号务卜村小岛,17号新寨组地灾点,23号上寨变电站;监测内容较少的点位有28号布岩脚上游。

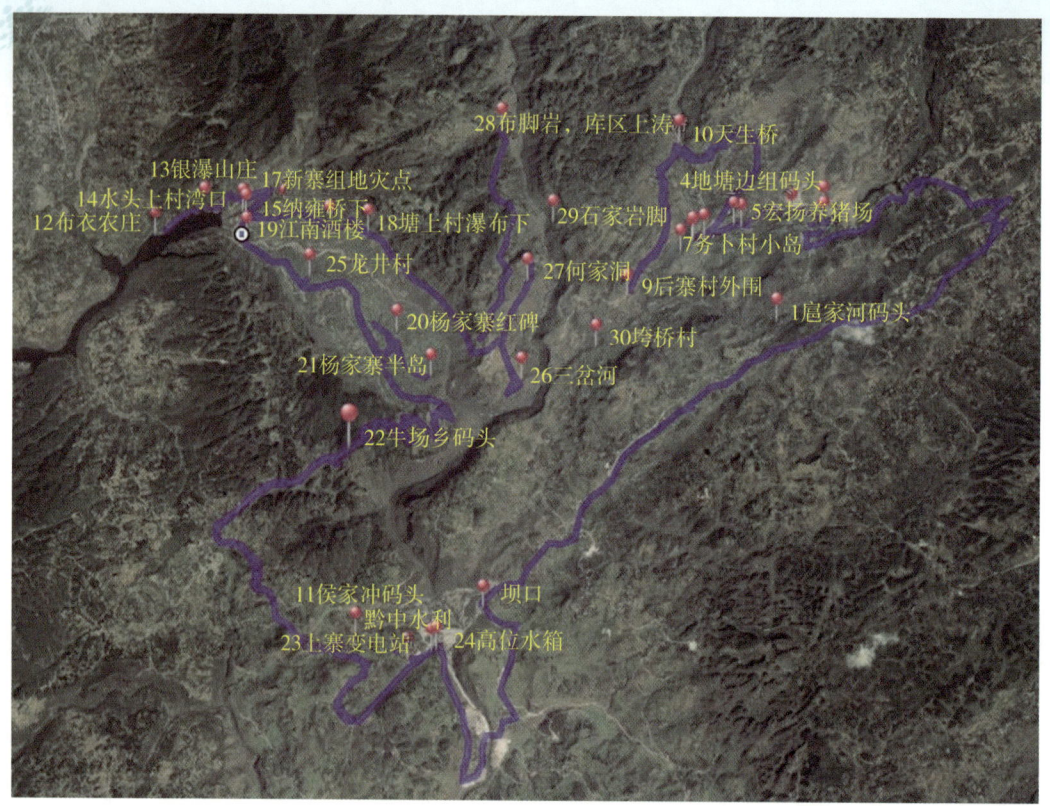

图 2   监测点位置

3 系统设计

3.1 设计思路

　　系统应集视频监视、远程管理、远程无线广播等功能于一体。系统具备全天候传输能力，根据用户的实际需求来灵活组网。视频监视系统采用 4G/5G 无线网络监视系统方案，将现地图像进行数字化编码压缩处理后，通过 4G/5G 无线网络系统传送到平寨水库分中心，前端视频存储时间为 15 天。网络终端用户可以对远程图像进行 24 小时的监视、录像、管理。4G/5G 无线网络视频监视基于网络实现动态图像/图片实时传输的特点，使得图像监视系统不受时间与地域的限制。在黔中水利枢纽平寨分中心新建 1 套风光互补视频综合管理平台，进行实时监视，并配置存储服务器，进行数据集中存储，存储时间大于 90 天。

3.2 监视选点原则

　　1）监视范围涵盖水源保护区范围，对保护区实现 24 小时实时在线监视；
　　2）视频监视点选取包括库岸村庄村民活动点、码头、重点水污染源及排污口、穿越水源保护区的交通桥梁、土地复垦区域、地质灾害隐患点等；

3) 视频监视点选在交通方便、场地宽敞的位置,便于系统设备的维护。

3.3 网络选型

本项目所有监视设备位于野外。目前水库建设有部分监视设施,采用有线光纤传输的模式,但在实际使用中,因干线光纤发生单点故障或因电力系统不稳定跳闸,导致前端监视视频大规模掉线,无法满足监视需求,同时排查故障时间长,费时费力。采用无线网络模式,只存在单点因运营商网络故障而掉线问题,影响小,可靠性高,经济性强。

针对本方案,考虑到后续需要覆盖整个库区及扩展到干渠等区域,采用有线光纤方式设备成本和运营成本过高,因此决定采用无线传输模式。根据项目实际情况,目前可用的无线传输方式有 4G/5G 运营商无线网络和自建局域网无线中继模式两种。两种模式对比如表 1 所示。

表 1　　　　　　　　4G/5G 运营商无线网络和自建局域网无线中继模式比较

项目	4G/5G 运营商无线	自建局域网无线中继	备注
项目投入	初次投入成本低,只需要增加购买物联网卡的费用,前端风光互补配比只需要考虑视频和远程喇叭的 30W 的功耗,后端不需要增加投入	初次投入成本高,需要增加整套中继设备(含信号发射塔、信号发射器、信号接收器等),前端风光互补配比需要增加中继设备的功率,需要 50W 的功耗,监视端也需要增加中继信号接收基站	视频监测全功率 25W,长距离中继发射器设备功耗约 20W
项目运维	只需要维护前端设备,4G/5G 无线网络由运营商维护,可靠性高,无故障,前端单点设备的故障不影响整体的运行,维修周期短	前端设备和中继网络设备均需要自己维护,维护成本高;同时无线中继基站故障会导致通过该基站接入局域网的设备全部掉线,故障影响较大,维修周期长	
可视时间	前端设备每月配置 600G 共享流量池,每天提供 20 小时高帧率的实时视频调用时间,同时可提供 24 小时 1/16 帧/s 的实时监测。灵活性强,完全满足监视需求	无使用时间限制,所有监视点均可全天观看	25 帧/s 视频每天产生约 20GB 的流量,1/16 帧/s 的视频流量降低 200~400 倍,一天只产生 100~200MB 的流量
存储空间	灵活存储图像和视频,对存储空间要求低,图片和视频信息保存时间长,存储空间需求低	实时存放上传的所有视频信息,对存储空间要求高,视频信息保存时间较短,存储空间需求高	
维保费用	设备老化后只需更换前端设备,更换设备少,费用较低;维保设备较少,维护人员少,人工成本低;每年需要支付少量的 4G/5G 流量的费用	设备老化后需要更换前端设备和中继设备,更换设备多,费用较高;维保的设备较多,维护人员多,人工成本高。	设备的老化时间一般为 5 年

通过上述对比分析,建议采用 4G/5G 运营商无线网络的无线传输方式来传输视频信号。综合系统视频的网络参数,可知实时传输或调用高帧率的图像需要 20M 的带宽速度,才能满足设备的正常使用。通过现场的网络测速,发现库区周边 4G/5G 信号强度普遍比较强,日间繁忙期平均带宽仍有 34.1M,全天平均带宽有 50.0M(图 3),完全满足视频实时调用和 24 小时低帧率图像传输的带宽需求,可保证视频运行的流畅性。同时运营商网络稳定,出现故障及卡顿的概率小,且由运营商统一负责数据的安全传输问题,网络安全系数高,责任划分明确,便于日常的运营管理工作。

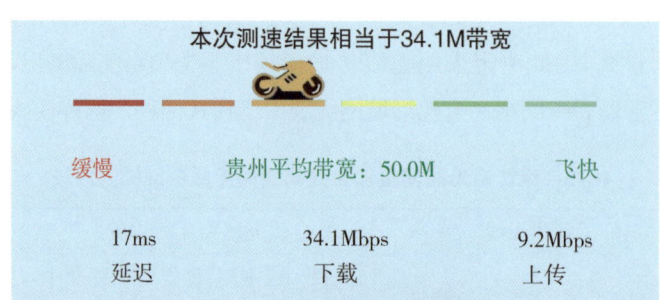

图 3　现场网络测速情况

通过以上综合比较,本方案采用运营商的 4G/5G 网络来传输视频和远程无线广播信号。目前 4G/5G 基站的覆盖电信的 CDMA2000,在无线设备的选择上,采用 EVDO 设备,采用中国移动/中国电信的 4G/5G 网络来传输。

3.4　立杆高度选型

本项目所有监视设备位于野外,根据项目实际情况,初步确定采用 4m 和 6m 两种规格的立杆。两种规格优缺点对比如表 2 所示。

表 2　立杆高度选型依据

项目	4m 立杆	6m 立杆
地基承载力 tf/m^2	一般	高
抗风系数	高	一般
雷击风险	一般	较高
监视视野	优	优
风光资源	优	优
运输情况	一般	困难
材料制作加工	一般	困难
线路电损/h	1.36W	2.6W
材料成本	低	高

续表

项目	4m 立杆	6m 立杆
施工安装	一般	困难
后期维护	一般	困难

本项目监视点基本毗邻水库岸边,视野空旷无遮挡,4m 高度完全能够满足监视需求,所以本方案采用 4m 立杆。

3.5 供电选型

依照常用的供电方式,初步确定采用风光互补自供直流电和拉线供交流电两种方式供电。两种供电方式优缺点对比如表 3 所示。

表 3　　　　　　　　风光互补角供直流电和拉线供交流电优缺点比较

风光互补自供直流电	拉线供交流电
胶体电池 5~7 年换一次 2000~6000 元	每年根据变压器容量收取基本电费
单套价格 3 万~5 万元,采用胶体电池(光照和风力好的地区价格更低)	贵州地区拉线成本约 20 万元/km
电池里面存的电就是后备电源,还可以根据需要设定电池电量报警	农网电不可靠,特别是在雨季有防洪要求的闸门等还需要后备电源
连续阴雨无风电池电量用尽,将移动电池接上两根电线,可以在雨中使用	出现断线或停电,用发电机现场供电
系统已带远程监视接口,不需增加费用	远程监视需增加控制箱等设备,需要增加 5000~8000 元费用,由通信设备商分包
控制箱内已预留 2 组模拟量和 4 组开关量接口,不增加成本	增加流量等检测,现场还需要增加控制箱,需增 2000 元左右的费用,由自动化设备商分包
系统是专业全模块化开发,采用标准 MODBUS 等通信协议,便于安装调试维修	智能水务现有方式是由自动化和通信等公司分几家来做,存在配合和软件兼容问题
只要接入公共网络,就可以通过大数据云平台了解产品运行情况,为智能水务调度积累原始运行数据	无云平台大数据
根据工程进度,可自主决定设备安装时间,节约大量的人力物力	需向供电局申请,还需向农民赔偿土地费,工作量大,影响工程进度

库区周长约 30km,干渠总长约 100km,本项目监视点多处在库区周围及野外等交通不

便等地区,离有效电网有一定距离,所以本方案采用风光互补自供直流电的方式给负载设备供电,并替代传统的柴油发电机备用电源方案,配备便携的移动电池充电组,方便在极端情况下为蓄电池组充电,确保设备的正常使用。

4 系统架构

系统总体主要由视频采集设备、室外音柱、风光互补供电系统、风光互补视频综合管理平台组成。

图 4 为平寨分中心(综合管理平台)示意图。

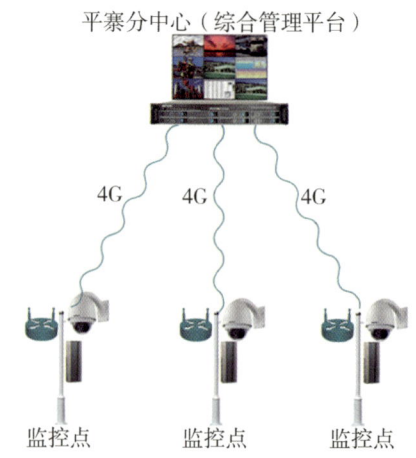

图 4　平寨分中心(综合管理平台)示意图

4.1 视频监视系统

根据应用场景的实际监视需求,选择用于室外防水的 200 万像素 H.265 红外/星光级球型网络摄像机,高倍的光学变焦和 360 旋转监视能力以保证监视空间内的全覆盖、无盲区。前端摄像头监视视频及图像的传输采用 4G/5G 无线传输到后台和本地存储两种方式并用的模式,监视设备定时或者通过事件抓拍下的现场照片通过 4G/5G 无线网络传输到后端服务器中,通过 4G/5G 无线网络也可以从监视平台调取实时视频监视信息,以便管理人员了解现场实时情况。实时监视的视频数据保存到本地监视摄像头的 TF 卡上。本次方案对每个监视摄像头配置一张 256GB 的 TF 存储卡,用于本地监视视频数据的存储,每个摄像头约可以保存 15 天的监视视频数据。图片上传到后台服务器采用运营商 4G/5G 无线流量卡模式,初期对每个视频监视摄像头配置 20GB/月 的流量套餐,后期根据实际流量使用情况对流量套餐进行调整,动态调配,减少后期的流量运维费用。同时,每个摄像头配置的 20GB/月 的流量可以组合成一个大的流量池,这样每个月整个系统就有 600GB 的总流量池,可满足 24 小时全部设备低帧率的监视视频,也可调看满足每月 600 个小时的实时高帧率的监视视频,满足日常管理需求。

4.2 远程无线广播系统

在每个监测点均部署一套远程无线广播系统,采用与视频适配的室外音柱,通过监视球机音频输出接口连接前端的播音喇叭,形成完整的广播系统。当监测到附近有违反水库管理规定的事件发生时,可以远程对现场进行广播或者喊话,提醒现场人员注意安全和遵守管理规定。室外音柱产品优势如下。

(1)广域覆盖

无线移动网络在全省各个地州市和农村均有良好覆盖,基本上在手机可以打电话的地方都可部署远程广播系统。

(2)永远在线

系统只要激活远程无线广播应用后,将一直保持在线,类似于无线专线网络服务。

(3)按量计费

无线网络服务虽然保持一直在线,但只有产生通信流量时才计费,费用低廉。

(4)实时发布

可随时发布信息。

(5)扩展无限

在全省范围内,只要无线网络覆盖的地方都可以使用,不受距离和位置的限制。

(6)安装方便

只要有无线移动网络,远程无线广播系统主机和喇叭接通,然后接通电源即可。

(7)传播距离远

方案采用功率20W的号角喇叭,传播距离远,理论传播距离可达50m以上。

(8)安装方便

整体系统设备均为成熟的产品,只需要把设备架设好,通过线路连接起来即可使用。

4.3 风光互补供电系统

4.3.1 系统结构

风光互补发电系统主要由风力发电机、太阳能电池板、控制器、蓄电池组、电缆及支撑和辅助件组成的一个发电系统。夜间和阴雨天无阳光时由风能发电,晴天无风时由太阳能发电,在既有风又有太阳的情况下,两者同时发挥作用,可实现了全天候的发电功能,比单用风机和太阳能更经济、科学、实用。系统组成如图5所示。

同时根据实际需要配置前端基础配套设备如防雷器、设备箱等以及视频传输设备。

前端配套设施如下。

(1) 支架及立杆

监视点根据现场为野外的实际情况,可采用立杆安装方式。其中抱箍、吊杆支架等配套产品,根据现场需求定制符合要求的产品。

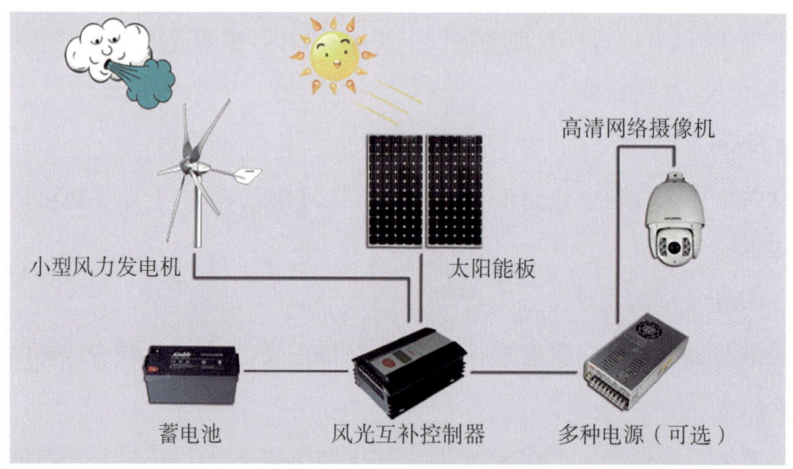

图 5　风光互补连接示意图

(2) 室外机箱

室外摄像机的供电、信号等需要在室外进行汇集,需用专用的防水箱进行端接。端接箱内部安装架的设计充分考虑设备的安装位置,同时具有防雨、防尘、防高温、防盗等功能。

(3) 防雷接地

对前端供电和控制部分,需要采取有效的避雷接地措施,充分保障前端的稳定性和可靠性,前端监视的防雷接地主要从以下 3 个方面进行。

①击雷防护。在直击雷非防护区的每个视频监视点均配置预放电避雷针,安装于监视点立杆顶部。

②供电设施的雷击电磁脉冲防护。电源防雷系统主要是防止雷电波通过电源对前端设备造成危害。

③均压等电位连接。等电位连接是将正常不带电(或不带信息)的、未接地或未良好接地的设备金属外壳、电缆的金属外皮、金属构架、金属管线与接地系统作电气连接,防止这些物件上由于感应雷电高压或接地装置上雷电入地高电位的传递造成对设备内部绝缘、电缆芯线的反击。

4.3.2　系统供电设计

黔中水利枢纽平寨水库属于大(1)型水库,库区面积大,岸线长,视频监视点点多面广,无法用市电供电。该水库位于三岔河中游、六枝特区与织金县交界的平寨河段,坝址位于平寨至木底下寨之间的峡谷河段。因此,采用太阳能＋风能＋蓄电池供电方式。在晴天有太阳的情况下使用太阳能板为蓄电池充电,阴天及晚上使用风力发电机补充为蓄电池充电,特殊情况下使用蓄电池为监视设备供电。

六枝特区属亚热带季风温暖湿润气候,气候温和,夏无酷暑,冬无严寒,雨量充沛,多年平均气温 14.5℃,7 月平均气温 22℃,极端最高气温 34.1℃;1 月平均气温 5.2℃,极端最低气温 －5.6℃,年均日照 1252.4h,年总积温 5700℃,太阳辐射总量多年平均为 86.93 kcal/cm²,最高的 7 月为 10.53kcal/cm²,最低的 1 月为 4.7kcal/cm²。年降水量 1476.4mm,多年日照时数平均为 1144.2h,每天有效的光照时间为 3.13h,多年平均无霜期 291d。

结合项目实际应用,前端采用风光互补供电系统,负载选用直流供电。根据负载的功耗,蓄电池容量设计满足 3～5 个连续阴雨天(在没有光照、风力的情况下,系统正常运行 3～5d)。供电系统性能指标如表 2 所示。

表 2　　　　　　　　　供电系统性能指标

序号	设备	数量	电压/V	电流/A	工作时间/h	总功耗/(W·h)	备注
1	高清网络智能球机	1	直流 DC1²	1～2	24	576	不同工作模式的功率不同
2	远程无线广播系统	1	DC1²	1.67	1	20	

蓄电池的容量计算公式为:

$$C=PT/(VK)$$

式中,P 为负载的总功耗;T 为连续阴雨天数(连续阴雨天考虑 5d);V 为蓄电池组的额定电压,取 12V;K 为蓄电池的放电系数(一般取值为 40%～70%);C 为蓄电池容量。

对于极限状态,可得出:

$$C=P\times T/(V\times K)=596\times 5/(12\times 70\%)\approx 355AH$$

因此,配置 400AH 容量蓄电池,采用 2 只 200AH 12V 蓄电池并联,完全满足设备在连续阴雨天情况下的正常使用。

太阳能板及风力发电机的功率配置计算如下。

设每天平均负载功率 25W,工作时间为 24h,电池板平均每天接受有效光照时间为 2.8h,电池板 20% 的预留额用于蓄电池电量补充,则

$$WP_{需求}=(25W\times 24h\times 120\%)\div 2.8h$$
$$WP_{需求}=257.14W$$

上面计算中的 2.8h 每天光照时间为贵州地区有效日照系数。

另外,在太阳能组件中,线损、控制器损耗及镇流器或恒流源的功耗各有不同,实际应用中,太阳能板存在 20%～30% 的充电损耗,风力发电机存在 50%～60% 的充电损耗。

因此,在配备 2 块 150W 的太阳能板和 1 台 300W 的风力发电机的情况下,$WP_{实际}=150W\times 2\times 0.7+300W\times 0.4=330W>WP_{需求}$,完全满足设备充电用电的使用要求。

太阳能能量转换可根据六枝气象站的太阳辐射观测资料,可根据太阳辐射资料计算得到辐照度。计算结果如表3所示。

计算依据方法如下。

1)根据单位换算 $1kcal/cm^2 = 41.85MJ/m^2$;

2)太阳辐照的单位为 MJ/m^2,标准日照小时数的单位是 h,标准日照小时数是根据太阳能组件在标准条件下(大气质量 AM1.5,温度 25°,辐照强度 $1000W/m^2$)的工作小时数,辐照强度是不断变化的,所以要进行折算。折算方法为:

$1W = 1 J/s(1W=1J/s)$,$1MJ=106J(1兆 J=106J)$;

$1J = 1Ws(1J=1W·s)$,$1h=3600s(1h=3600s)$;

$1 kWh = 1000W×3600s = 3.6×106J = 3.6MJ$;

$1000W/m^2 = 1000×3600J/3600s·m^2 = 3.6MJ/(h·m^2)$;

所以 $1kW·h/m^2 = 3.6MJ/m^2$,同时 $1kW·h/m^2$ 相当于标准条件下,1h 标准日照时数($1kW·h/m^2 ÷ 1000W/m^2$),由此得出将太阳辐射(MJ/m^2)换算为标准日照时数的系数为 3.6。

3)太阳能板发电量计算公式为:

$$Ep = H_A × A × \eta × K = H_A × 2 × 20\% × 0.8 = 0.32 H_A$$

式中,H_A 为太阳能总辐照量($kW·h/m^2$);A 为太阳能板面积 $2×1.48×0.67=2m^2$;η_i 组件转换效率取 20%;K 为发电损耗率系数,取 0.8。

表3　　　　　　　太阳能电能转换结果

月份	月均太阳总辐射 /(kcal·cm²)	月均太阳总辐射 (MJ/m²)	折算总辐照量 H_A/(kW·h/m²)	2 块太阳能板 发电量 E_p/(kW·h)
1月	4.7	196.695	54.6375	17.484
7月	10.53	440.6805	122.41125	39.1716
全年平均	86.93	3638.0205	1010.56125	323.3796
日均	9.967	2.7687	0.886	

通过计算,太阳能板全年平均发电量 291kW·h,平均每天发电量 0.886kW·h。即使在太阳辐射总量最低的一月,仅采用太阳能板充电,平均每天也能发电 0.583kW·h,完全满足设备用电使用要求。

查阅邻近区域气象资料可知,近 5 年来平均风速为 1.91m/s,其中,最大风速为 12.4m/s,最小风速为 0m/s,近 5 年各季、各月平均风速—日均风能发电量统计情况如表4所示。

表4　　　　　　　邻近气象站风能指标统计结果

站名	月份	月均风速/(m/s)	风能密度/(W/m²)	300W 风机日均功率/W
1		2.03	7.79	9.909	0.238
2		2.23	8.19	10.418	0.250
3		2.16	8.13	10.341	0.248

续表

站名	月份	月均风速/(m/s)	风能密度/(W/m²)	300W 风机日均功率/W
	4	2.21	9.14	11.626	0.279
	5	2.11	7.9	10.049	0.241
	6	1.78	4.96	6.309	0.151
	7	1.49	3.56	4.528	0.109
	8	1.60	4.24	5.393	0.129
	9	1.70	4.45	5.660	0.136
	10	1.77	4.91	6.245	0.150
	11	1.94	5.94	7.556	0.181
	12	1.91	6.21	7.899	0.190
	全年平均	1.91	6.25	7.950	0.191
	日均		6.29	7.991	0.191

由表 4 可知：从季节上看，近 5 年内，冬、春季风速相对较大，分别为 2.16m/s 和 2.06m/s，夏、秋季风速相对较小，分别为 1.63m/s 和 1.80 m/s；以风速最小的夏季为基准，春、秋、冬季的日平均风速分别为其的 1.33、1.10、1.26 倍。从月份上来看，1—5 月风速较大，其中 2 月最大，为 2.23m/s，7 月最小，为 1.49m/s。

年均风力发电量为：

$$EP = 10 \times P-3 \times H = 7.991 \times 24 \times 365 \times 10^{-3} = 70.001 \text{kW} \cdot \text{h}$$

式中，H 为小时数，一年为 8760h。

由此可知，五叶叶轮直径为 1.3m 的 300W 的风机一年平均的总发电量 70.001kW·h，日均发电 0.191kW·h。最低 7 月日均发电 0.109kW·h，与太阳能呈现良好的风光资源互补性。

5 风光互补视频综合管理平台

本方案风光互补视频综合管理平台采用软硬件一体化设计，部署方便。该平台将接入视频监视、报警检测等系统的设备，获取边缘节点数据，实现安防信息化集成与联动并对各系统资源进行了整合和集中管理，实现了统一部署、统一配置、统一管理和统一调度。

5.1 平台功能

（1）基础配置

实现对安保基础数据、用户权限、安保区域等平台基础数据的统一管理。

（2）综合管控

提供丰富的业务联动和集成应用，用于事件的监视、检索、查看，支持基于电子地图的图上监视以及基于人脸识别技术的智能应用。

(3)视频监视

通过对前端编码设备、后端存储设备、中心传输显示设备、解码设备的集中管理和业务配置,实现对视频图像数据、业务应用数据、系统信息数据的共享需求等综合集中管理。采用 B/S 架构配置、C/S 架构控制结合的方式,实现视频安防设备接入管理、实时监视、录像存储、检索回放、智能分析、解码上墙控制等功能。通过开放的体系架构,全面、丰富的产品支持,满足用户多样的视频监视需求。

(4)报警检测

通过接入报警主机、动环主机、紧急报警设备、消防设备,配合各种探测器和传感器,对区域进行防区布防和对环境量监测。平台采用 B/S 架构配置、C/S 架构控制结合的方式,通过报警设备接入,实现防区的入侵报警;通过动环设备的接入实现机房的环境量监视和控制;通过接入紧急报警设备,实现紧急事件的接收和处理;通过消防及消防环境设备的接入,实现消防的管理和消防环境的检测,适用于传统火灾监视、用电监视、燃气监视等,达成真正的消安一体。

(5)网络管理

提供对视频设备状态巡检、录像监视、视频诊断、告警查询及门禁设备的状态巡检,实现对视频监视系统和门禁系统的可视、可管理提升故障发现、处置效率,保证视频、门禁系统的可靠运行,实现对视频、门禁设备"全天候、全过程、全方位"的集中监视、集中展现、集中维护。

(6)运行管理中心

提供基础的运维能力,在设计上,除了考虑自身的稳定性和性能外,主要考虑的是提供快速定位问题的能力,主要展现在监视、告警和日志的相关功能上;作为后台服务的集成者,提供配置、日志、监视的集成能力,能够集成组件自有的监视和配置界面,提供运行管理中心的单点登录服务。

5.2 平台技术要求

(1)子系统统一集成

管理平台对各子系统进行统一的管理和控制,实现将分散的、相互独立的子系统用相同的环境、相同的软件界面进行集中管理,提供人员、组织、资源等基础数据的统一管理,保证同一个物理资源在一个产品或者多个产品中的唯一性,可关联并实现一处录入多处使用,为产品互相集成提供机制保障。

(2)平台运行统一监视

管理平台运行管理中心,给系统交付及维护人员提供一站式安装、运行、维护的服务。通过运行管理中心,实时获知软件的运行状态,根据运管中心提供的信息方便地定位并解决问题,保障系统的正常运行。

(3)业务弹性扩展

管理平台基于组件化设计,以新增组件的方式满足业务的横向扩展。只需在一套软件下通过增加相应的业务组件即可实现复杂项目的需求,避免以往一个项目部署多套平台的冗杂情况,彻底解决一线人员的痛点。

(4)智能化的应用

管理平台以各类功能与应用整合和集成为核心,实现单纯的图像监视向基于深度学习算法的车牌识别、人脸识别等智能应用领域的广泛拓展与延伸。

(5)应用接口开放

管理平台应基于软件集成框架和统一规范,通过 Web Service 及 http 接口提供基础服务,实现应用接口的开放,支持第三方应用快速集成,接口遵循 RESTful 规范。平台通过动态新增设备接入驱动,实现对第三方设备的接入。

6 设备安装方案

系统安装工艺如图 6 所示。

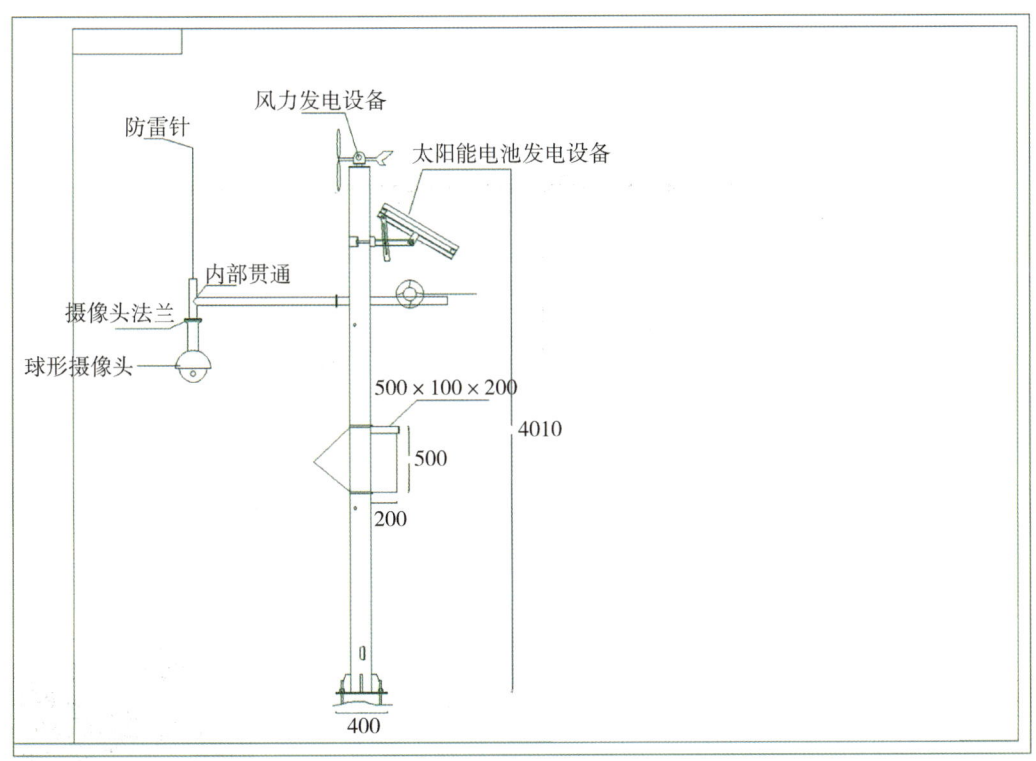

图 6 系统安装工艺

6.1 防雷接地

(1)避雷针

避雷针购买定型产品或按照《自动气象站场室防雷技术规范》(QX 30—2004)制作加工。避雷针(不锈钢)直径不小于25mm，长度不小于1500mm。避雷针安装在立杆顶部，避雷针与立杆之间绝缘处理。

(2)引下线引下线沿立杆内壁引下，由立杆底部穿出与防雷地网连接

引下线采用规格为截面积不小于16mm^{2}多股铜芯电缆线。

(3)防雷地网

防雷地网的埋设按查勘选定位置确定，埋设时尽量选择低凹、潮湿的地方，埋设时应在基础处预留一节扁铁，用作立杆与地网连接使用，所有连接点必须用电焊机焊接牢固，并在焊接处刷沥青漆或银粉漆，以达到防腐效果。

防雷地网接地电阻要求小于10Ω，向地下植入3根接地角钢，若接地电阻不达标，须再植入接地角钢，直到电阻满足要求为止，若附近有已建接地网，可以优先利用，将站点接地并入，但要求已建地网接地电阻小于4Ω，地网结构如图7所示。

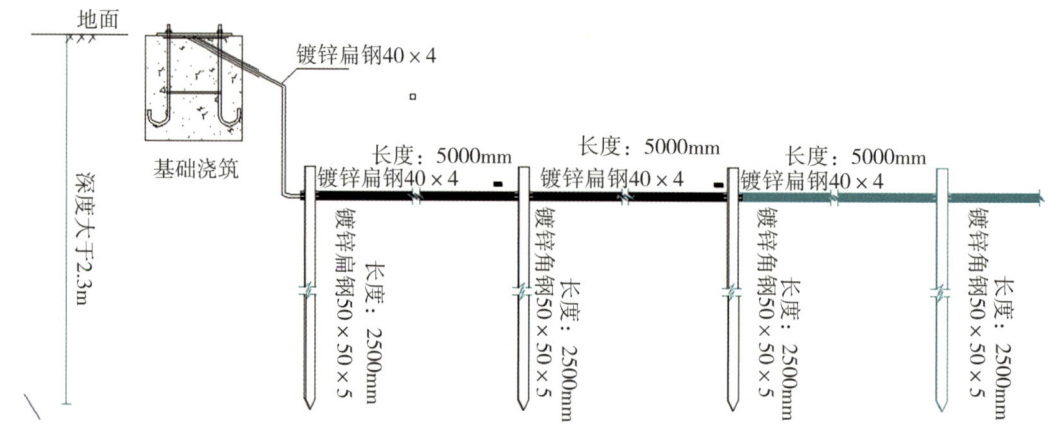

图 7　防雷接地示意图

6.2 典型监视点样板示例

前端视频监视点由红外高清网络球形摄像机、立杆、太阳能板、蓄电池、控制箱、传输终端、防雷接地系统、远程无线广播等部分组成。红外高清摄像机、太阳能板、控制箱、传输终端、远程无线广播等安装在立杆上，蓄电池采用室外防雨型箱体地埋在立杆边，必须做好防潮保温措施，站点示意图如8所示。

图 8　监视点安装示意图

泵站大容量卧式电动机型式与启动方式选型研究

樊智军　姜睿

(新疆水利水电勘测设计研究院,新疆乌鲁木齐,830000)

摘　要:以 SJZ 泵站为背景,介绍了大中型泵站工程电动机型式、电动机启动方式、变频器参数选择的基本思路和工程实现,并结合工程内外部需求因素,对满足工程需求的不同电动机的性能、电动机启动方式及变频器容量计算方法进行了探讨。

关键词:卧式同步电动机;变频软启变频器容量

1　工程概况

SJZ 泵站共安装了 6 台卧式水泵—电动机组,其中两台备用,单台水泵设计流量为 3.25m³/s,配套电机功率 8MW,转速 750r/min,泵站最高扬程为 187.60m,最低扬程为 178.07m,设计扬程为 186.00m,泵站设计静扬程为 176.97m。

2　问题的提出

水泵采用卧式电动机驱动,单机功率 8MW,泵站总装机容量为 48MW,最大运行总功率为 32MW。我国已建类似泵站卧式机组通常采用的拖动电机为励磁同步电动机和异步电动机,部分应用实例如表 1 所示。从表 1 中可以看出,国内同等规格卧式电动机两种型式应用不多,可借鉴经验不多。有必要从电网要求、泵站运行需求、电动机启动方式等方面进行研究。

表 1　　　　　　　　　　国内已建泵站卧式电动机应用实例

序号	项目名称	电动机类型	单机功率/kW	转速/(r/min)
1	东雷二级泵站	卧式同步电动机	8000	750
2	宁东供水工程金水源泵站、红山石泵站	卧式同步电动机	3500	750
3	红寺堡泵站	卧式同步电动机	3150	500
4	盐环定杨黄共用工程	卧式同步电动机	3550	750
5	水泊渡泵站	卧式同步电动机	2600	
6	惠南庄泵站	卧式异步电动机	7300	375
7	盐环定杨黄共用工程	卧式异步电动机	3550	746
8	密云水库调蓄工程	卧式异步电动机	4000	498
9	鲁地拉水电站水资源综合利用配套一期工程	卧式异步电动机	4000	994

3　电网及负载要求

3.1　电网要求

根据国家电网公司《电力系统电压质量和无功电力管理规定》，用户变电站均应装设足够容量的无功补偿装置，保证功率因数在电网公司规划的合格范围内，负荷高峰期功率因数不应低于 0.95。负荷性质属冲击负荷的，应配置动态无功补偿。

3.2　泵站调流要求

SJZ 泵站是给新疆哈密煤产业园供水的首级泵站，为适应各产业园不同的供水需求，并考虑各产业园达产时间不一，泵站供水流量应可大范围调节。

泵站设计扬程为 186.00m，静扬程为 176.97m，管路损失占设计扬程的比例仅不到 5%，因此水泵可调速的范围不大，水泵变频后流量调节范围也不大，采用全变频器进行流量调节的作用不大，需要采用增加水泵台数等其他措施满足泵站流量调节要求。

3.3　水泵对电动机的要求

水泵类负载属二次型负载，负载转矩近似与转速平方成比例。本泵站采用离心泵，闭阀启动方式，负载转矩很小，基本上是空载，属轻载启动。

泵站突然断电引起管道水锤现象对管道的破坏严重，为了减少水锤危害，电动机转动惯量需要增大，可以降低停泵后的压力波，同时可以在管道逆流时，延长电动机倒转时间。

4 电动机型式选择

4.1 两种电动机参数对比

泵站中一般采用的大中型电动机有励磁同步电动机和鼠笼型异步电动机两类。本工程水泵配套电机功率8000kW，转速750r/min，分别对两种电动机进行了参数计算，如表2所示。

表2   8000kW同步电动机和异步电动机参数对比

序号	型号	同步电动机	异步电动机
1	额定功率/kW	8000	8000
2	额定电压/kV	10	10
3	额定电流/A	527	541
4	转速/(r/min)	750	747
5	效率/%	97.37	97.1
6	功率因数	0.9（超前）	0.88（滞后）
7	最大转矩M_s/额定转矩M_n/(N·m)	2.0722	1.8
8	启动转矩M_s/额定转矩M_n/(N·m)	1.3116	0.6
9	启动电流I_s/额定电流I_e/I	6.2681	6.5
10	启动方式	全压启动	全压启动
11	接法	Y	Y
12	频率/Hz	50	50
13	相数	3	3
14	励磁电压/V	139	/
15	励磁电流/A	389	/
16	机座号	630	1000
17	无功补偿装置	无	有
18	安装方式	卧式	卧式
19	转动惯量/(kg·m^2)	4040	2037
20	总重量/t	46.6	38.8

4.2 两种电动机性能分析

4.2.1 结构和制造

异步电动机的转子结构较简单，没有滑环、磁极和励磁绕组，转子靠感应定子绕组在气隙中建立的磁场产生电流，并与气隙磁场相互作用产生电磁转矩，完成电能到机械能的转换,日常维护量较少。但异步电动机为了保证功率因数高,效率高,要求气隙尽量小。气隙小,电机运行时转子微小的偏摆就可能造成定转子刮擦,对大型卧式电动机,由于转子重量、电机轴挠度等问题,加工制造和工艺要求均较高。

同步电动机转子侧装有滑环、磁极和励磁绕组,滑环和电刷有少量的维护量。运行时转子侧由外部励磁装置输入直流电,气隙大,加工制造难度较小。且效率较异步电动机高0.3%～0.5%。

4.2.2 转动惯量

停泵后,泵组转动部分在惯性作用下减速旋转,其减速的快慢受到泵组转动部分惯性矩的影响。泵组的转动惯量越大,减速越慢,因此电动机转动惯量需尽量大,才能最大限度减小停泵产生的降压波。并且由于泵组转动惯量较大,管道出现逆流后,机组反向转速上升相对较慢,泵后止回阀关闭时间可相应延长,停泵产生的水锤波可泄压至进水池,保证管道的安全。

从表2中可以看出,同步电动机转动惯量为异步电动机的1.98倍,采用同步电动机可以相应减少管道调压设施。

4.2.3 功率因数

同步电动机功率因数高,一般为超前0.90～1.0可调,可进相运行,输出容性无功补偿电网中的感性无功。而异步电动机功率因数为滞后0.88,运行中需从电网吸收无功,而电网要求泵站负荷高峰期功率因数不低于0.95。本泵站水泵不需要调速运行,没有配置全功率变频器,因此,采用异步电动机需要配套设置相应容量的无功补偿装置以满足电网要求,

由于SJZ泵站水泵配套电机功率较大(卧式电机中国内并列第一),且水泵扬程较高,达到186m,从制造难度、泵站运行安全、维护管理等方面综合分析,水泵选用同步电动机配套。

5 电动机启动方式选择

5.1 电源引接方式与电气主接线

泵站总装机容量为48MW,设置6台额定容量8000kW同步电动机,4用2备,额定功率因数为0.9。本泵站最大运行方式为4台8000kW电动机,根据负荷性质和要求,泵站采用站变合一的供电方式,在泵站设置110kV降压站,其进线电源自石涧滩220kV变电站110kV侧引出2回110kV线路供电,线路长度约30km,以一级电压等级110kV接入系统,进出线回路为3进2出,110kV侧接线采用单母线分段接线形式(GIS),2台容量为40000kVA主变压器互为备用,为本泵站供电。10kV采用单母线分段接线,10kV的Ⅰ、Ⅱ段母线各带3台8000kW同步电动机和1台2000kVA站用变电站。

5.2 泵站中电动机启动方式选择

泵站电动机在条件具备时优先考虑全压启动方式,条件不具备时考虑采用辅助启动方

式。启动方式的选择需根据泵站的运行方式、机组型式及供电方案进行分析计算后确定。

根据泵站同步电机型式,机组启动压降按泵站第一台同步电机直接启动时工况进线计算,泵站10kV母线压降为14.5%,机端母线压降勉强满足《泵站设计规范》(GB 50265—2010)中15%的压降要求。石涧滩变电站110kV母线侧电压降为3%,不能满足其公共供电点电压波动2%的允许值要求,因此本工程电机启动需采用辅助启动方式,全压异步直接启动方式仅作为泵站备用启动方式。

对于大中泵站工程的电动机辅助启动方式,主要考虑采用高压变频器启动、热变电阻启动、磁控电抗器启动、自耦变压器启动、高压固态软启等方式,以下对这些启动方式进行进一步分析比较。

(1) 高压变频软启动

变频软启动方式的原理是利用可控硅元件的通断作用将工频电源整流为直流电源,再将直流电源逆变为电压频率可控的交流电源,其主要特点在于其启动电流调节灵活平滑,获得大的启动转矩的同时可将启动电流限制在电机的额定电流值以内,启动过程对机组以及系统的冲击很小,可以实现包括软停止在内的各种起停功能,同时因其属于静止设备、故障率低、启停次数不受限,在技术上具有很多其他方法不可比拟的优点,其主要缺点是设备价格较高,但可通过采用启动母线或采用仅用于机组启动的"有级变频"启动装置等方式,可大为降低设备投资比。

(2) 热变电阻启动

热变电阻启动装置是由传统的液阻启动系统改进而来,两者原理基本相同,主要通过在回路中串入可变电阻分担部分压降,调节可变电阻上的压降,从而使得电动机顺利启动,缺点是不适合在电机频繁启动的工况使用。热变电阻启动方式与传统液阻启动装置相比具有简单、可靠及基本免维护等优点,启动电流一般为$2\sim 4I_e$,启动时间一般为$15\sim 50s$,其经济性远优于变频启动方式,也比磁控启动装置略低,但其现阶段技术性能也远不如变频启动方式优越,与磁控启动装置相比也略低,装置布置占用建筑面积比变频启动装置及磁控启动装置大。

(3) 磁控电抗器启动

磁控启动是从普通电抗器启动方式衍生出来而优于普通电抗器启动的一种方式,是通过调节磁放大器控制绕组的激磁电流,进而改变饱和电抗器的电抗值来调节电动机启动电压。此启动方式启动电流一般为$2\sim 3.5I_e$,启动时间一般为$15\sim 50s$。其技术性能略优于热变电阻启动方式,但不如变频启动方式优越。其经济性能与热变电阻启动方式相比略高,但优于变频启动方式。设备布置占用建筑面积上比热变电阻启动方式装置略小,基本与变频启动方式的装置相当。磁控启动装置具有简单可靠、环境适应性好、体积小及免维护等优点。

（4）自耦变压器启动

自耦变压器启动利用自耦变压器来降低电机启动时的定子绕组电压,当电机启动后,分离自耦变,使电动机进入全压正常运行状态,启动电流一般可小于 $1.3I_e$,启动时间可控。其优点是可通过选择自耦变的不同抽头选择电机需要的启动转矩和启动电流,具有简单可靠、环境适应性好及免维护等优点。缺点是设备尺寸大,技术性能不如变频启动方式优越,其经济性能优于变频启动方式,但高于热变电阻启动及磁控电抗器启动方式。装置布置占用建筑面积大于变频启动装置。

（5）高压固态软启动

高压固态软启动通过改变晶闸管阀组的导通角,通过移相触发或过零触发,控制电机启动过程中的电压,以实现电动机的平滑启动,本质也属于降压启动的一种,与其他降压启动方式一样,是牺牲启动力矩为代价的,启动力矩受一定影响,但是其降压值平滑可调。技术性能不如变频启动方式优越,但优于热变电阻及磁控电抗器启动,其经济性能优于变频启动方式。

综上所述,相对于非静止启动设备,变频启动方式技术先进性、可靠性高、运行维护方便,本工程电动机运行工况无调速需求,采用变频启动方式不需要采用全功率变频器,选用仅用于机组启动的变频设备其成本与高压固态软启动相差不大,因而本泵站 6 台电动机最终选择采用两套变频装置并设置变频启动母线的启动方案,可同时运行又互为备用,同时兼顾了经济性,满足工程可靠性要求。

6 变频器软起容量计算选择

6.1 变频器软起容量计算经验公式

本工程泵组启动首选方式为变频器软启,变频器容量不需要保持和电动机同功率,满足泵组启动需要即可。由于变频启动设备容量计算与电动机拖动负载特性及运行工况紧密相关,目前尚没有相关规范对不同水泵、不同工况的变频器容量计算方面逐一进行详细规定,因而需根据具体项目特点对不同因素进行考虑。本工程通过以下 5 个不同公式分别进行综合计算,以选定适合工程需要的变频器容量。

1）根据水泵闭阀启动最大阻力矩计算：

$$P_m = \frac{n \times T_m}{9550 \eta_{变} \cos\varphi} \tag{1}$$

2）根据最大阻力矩和加速转矩计算：

$$P_m = \frac{n \times (T_m + T_{acc})}{9550} \tag{2}$$

3）根据泵组转动惯量和加速转矩计算：

$$P_m = \frac{n \times (J + T_{acc})}{9550} \tag{3}$$

4)按照《导体和电气设备选型指南丛书——变频器》中公式计算,式中 GD^2 为泵组总飞轮力矩,等于4J。

$$P_{CN} \geq \left(\frac{K_n}{9550\eta_{电}\cos\varphi}\right)\left(T_L + \frac{GD^2}{375} \cdot \frac{n}{t_A}\right) \tag{4}$$

5)根据水泵在关阀启动至额定转速时的功率计算:

$$P_m = 1.1 P_启 \tag{5}$$

式中,P_m 为变频器的额定功率,kW;P_{CN} 为变频器的额定容量,kVA;n 为电动机额定转速,r/min;T_L 为负载启动最大阻力矩,N·m;$\eta_变$ 为变频器效率;$\cos\varphi$ 为电动机功率因数;T_{acc} 为泵组加速转矩,N·m;J 为泵组总转动惯量(电动机转动惯量和水泵转动惯量之和);K 为电流波形的修正系数,一般取1.1;$\eta_电$ 为电动机轻载效率;T_L 为负载转矩,N·m,同 T_m;t_A 为电动机加速时间,s;$P_启$ 为水泵关死点扬程功率,kW。

根据式(1)至式(5)所需,整理SJZ泵站变频器容量计算所需数据,基础数据如表3所示。

表3　　　　　　　　　　SJZ泵站变频器容量计算所需数据

序号	度量	项目	单位	数据
1	P	电动机额定功率	kW	8000
2	n	电动机额定转速	r/min	750
3	M_n	电动机额定转矩	kN·m	101.87
4	$J_电$	电动机转动惯量	kg·m²	4040
5	$J_泵$	水泵转动惯量	kg·m²	458.6
6	$\cos\varphi$	电动机功率因数		0.9
7	J	泵组总转动惯量	kg·m²	4498.6
8	t_A	电动机加速时间	s	40
9	$\eta_电$	电动机轻载效率		0.956
10	$\eta_变$	变频器效率		0.965
11	$P_启$	水泵关死点扬程功率	kW	2830

无论是"一拖一"还是"一拖多"方式,从刚启动到切入电网的整个事件不宜过长或过短。将加速时间放长显然可以减小变频器选型,但对于非强迫润滑和强迫冷却系统,时间过长容易造成轴承磨损和系统过热,影响使用寿命。对于"一拖多"方式,较长的加速时间必然影响整个大系统全部启动的完成时间。相反,将加速时间减小会增大变频器选型,对于同步电机,时间过短有失步风险。

另外,本工程水泵型式为离心泵,采用闭阀启动方式,还需要提供水泵闭阀启动阻力矩曲线(如图1中虚线所示)。在电动机未转动前,由于受机械重力、轴承表面光滑程度、温度等因素影响,水泵通常比电动机转动的环境差,因此在电动机启动后的低转速范围内转矩呈递减或不变趋势。当电机转动到额定转速后,进入电网直接供电模式,逐渐开启泵后阀门,使电动机驱动较大负荷。对于软起要求的水泵,转矩—转速关系一般呈二次方型,由于静摩擦转矩大于动摩擦转矩,所以在10%~20%转速范围内有转矩最小值,而在70%~100%转速范围内转矩快速上升。整个启动过程中电机的电磁转矩必须大于曲线上任何一点的转矩,并有足够余量保证加速。

在给定的"闭阀启动阻力矩曲线"中,通常关注以下几个数据点:

1)零转速点所对应的转矩,即静摩擦转矩。从图1查出为18344N·m。

2)额定转速点所对应的转矩,即启动最大负载转矩。从图1查出为38000N·m,即T_m为38000 N·m。

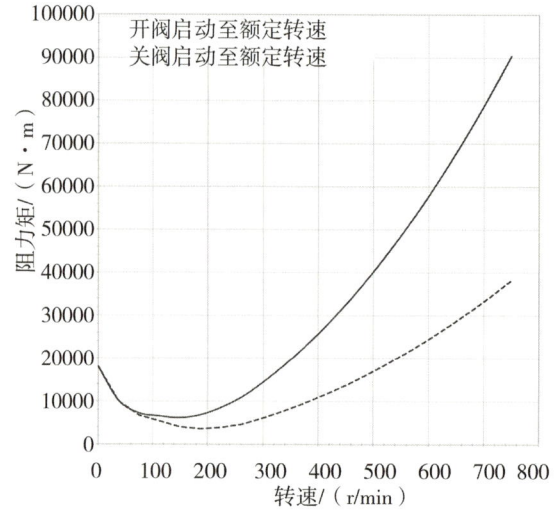

图1 水泵闭阀启动阻力矩曲线

根据式(1)计算变频器容量为:

$$P_m = \frac{n \times T_m}{9550 \eta_{变} \cos\varphi} = \frac{750 \times 38000}{9550 \times 0.97 \times 0.9} = 3418.43 \text{kW}$$

在式(2)中,加速转矩为:

$$T_{acc} = J \times \frac{2\pi}{60} \times \frac{n}{t_A} = 4498.6 \times \frac{2\pi}{60} \times \frac{750}{40} = 5888.65 \text{N·m}$$

则根据式(2)计算变频器容量为:

$$P_m = \frac{n \times (T_m + T_{acc})}{9550} = \frac{750 \times (38000 + 5888.65)}{9550} = 3446.75 \text{kW}$$

根据式(3)计算变频器容量为:

$$P_m = \frac{n \times (J + T_{acc})}{9550} = \frac{750 \times (44986 + 5888.65)}{9550} = 4226.62 \text{kW}$$

式(3)中加速转矩 T_{acc} 计算同式(2)。

根据式(4)计算变频器容量为：

$$P_{CN} \geq \left(\frac{Kn}{9550\eta_{电}\cos\varphi}\right)\left(T_m + \frac{GD^2}{375} \cdot \frac{n}{t_A}\right) = \frac{1.1 \times 750}{9550 \times 0.956 \times 0.9} \times$$

$$\left(38000 + \frac{44986 \times 4}{375} \times \frac{750}{40}\right) = 4817.37 \text{kVA}$$

根据式(5)计算变频器容量为：

$$P_m = 1.1 P_{启} = 1.1 \times 2830 = 3113 \text{kW}$$

从式(1)至式(5)的计算结果来看,考虑变频器功率因素为 0.95,变频器容量在 3113～4576.5kW 范围内,计算结果相差较大。分析各公式之间差异可以看出,式(5)可用于简单估算变频器容量,在前期设计中可以采用;式(1)至式(3)较类似,式(2)在式(1)的基础上增加了泵组加速转矩,式(3)又在式(2)的基础上增加水泵的转动惯量;式(4)里也包含了启动最大负载转矩、电动机转动惯量、水泵转动惯量、加速时间等参数,可认为是式(3)的另一种计算方法。

综上,变频器容量应在式(3)和式(4)中选取,由于变频器输出至电动机的脉冲电流的脉动值较工频供电时电流大,需为变频器容量留有适当余量,同时为兼顾不同制造厂技术水平,选取变频器容量为 4576.5kW。最终选择变频器容量为 4600kW。

7 结语

1)同步电动机和异步电动机均能满足 SJZ 泵站水泵的运行要求,通过比选论证,最终选择全部采用同步电动机。还可采用同步电动机和异步电动机混合配置的方式,但由于本泵站供水用户需水量不确定,供水量不恒定,采用混合配置的方式,增加了运行调度难度,泵站建成初期可能会出现同步电动机组运行时间较长等情况,最终没有推荐混合配置方案。

2)全压异步直接启动方式尽管作为工程条件具备时的优先考虑方案,但对于大型泵站而言,因装机容量较大,往往不能适应电力系统日益提高的电能质量要求,多需采用辅助启动方式,其中变频启动方式具有明显的技术性能优势。

3)变频软启动方式在先进性、技术性、可靠性方面优势明显,但由于其不同运行方式的容量计算不同,尚无针对各类负载、不同运行方式的专门规范对变频器容量计算方法作出规定。本工程根据负载特性采用不同公式进行综合计算,并根据工程运行方式进行了容量选取,希望通过不断的工程实践与研究积累,推动相关规程规范能够进一步提出细化指导,以适应快速发展的电力拖动技术。

参考文献

[1] 禹向东.泵站大容量变频器与电动机变速运行研究与实践[M].北京:中国电力出版社,

2014.

[2] 刘澜文,李力伟.万家寨引黄工程大型同步电动机启动方式分析与选择[C]//万家寨引黄工程勘测设计论文集.郑州:黄河水利出版社,2003.

[3] 周霞,袁艳,张泰山.同步电动机异步全压启动过程的转矩分析[J].机构制造与自动化,2009(38):139-140,153.

[4] 朱赫.同步电动机与异步电动机混合使用时的无功补偿[J].石油化工设计,2011,28(2).

[5] 李霞,何学芬.遵义灌区水泊渡泵站同步电动机启动方式探讨[J].水利规划与设计,2008(4):92-94.

[6] 段斌.柯坪县启浪乡排水泵站工程电动机选型探讨[J].陕西水利,2017(Sl):155-156.

水轮发电机碳刷选型研究

刘德龙　徐文峰　陈代祥　李学龙

(雅砻江流域水电开发有限公司,四川成都,610051)

摘　要:电站 A 在 2020—2021 年检修中,1 号发电机集电环碳刷由 E468 型碳刷全部更换为 D(GVL2)型碳刷。运行 10 个月后,检查发现碳刷磨损量大,碳刷与集电环接触面存在坑洼、滑环室碳粉堆积严重、发电机转子绝缘低等问题。针对更换碳刷后出现的现象与问题,对更换前后两种型号碳刷进行对比分析。通过对比两种碳刷的材料、集电环磨损后接触面的形貌和碳刷使用工况,分析得出导致该系列问题的原因,可为之后碳刷选型与使用提供参考。

关键词:碳刷;氧化膜;天然石墨;电化石墨;选型

水电能源是替代化石能源、减少碳排放的主要清洁能源,具有可再生、发电成本低、社会效益显著、发电效率高等特点和优势。水电能源作为当前技术最成熟、开发最经济、调度最灵活的清洁可再生能源,已经成为各国能源发展的优先选择。水力发电的核心设备是水轮发电机,水轮发电机中碳刷/集电环装置是将励磁电流引入励磁绕组的重要部件,水轮发电机通过碳刷与集电环滑动接触来实现励磁电流的输送。

电站 A 位于四川省盐源县、木里县交界的雅砻江干流,电站装机容量 3600MW,装机年利用小时数 4616h,多年平均年发电量 166.20 亿 kW·h。发电机集电环碳刷使用型号为某厂生产的 E468,由于该厂将停产 E468 型号碳刷,电站 A 发电机集电环碳刷需换型。2020—2021 年检修中,1 号发电机集电环碳刷(共 60 个)由某厂生产的 E468 型碳刷全部更换为该厂 D(GVL2)型碳刷,并于 2021 年 3 月 14 日全部更换完成。碳刷运行至 9 月(投入运行 6 个月)时,检查发现运行较为正常,但运行至 12 月(投入运行 10 个月)发现存在碳刷磨损量增大、碳刷与集电环接触面存在坑洼、滑环室碳粉堆积严重、发电机转子绝缘低等问题,而后又将碳刷重新更换为 E468 型碳刷,更换后发电机运行状况良好。

针对更换碳刷后的现象与问题,本文将对更换前后两种型号碳刷进行对比分析,通过分析两种碳刷的材料、与集电环磨损后表面的形貌和碳刷使用的工况,研究导致该系列问题的原因,为之后碳刷选型与使用提供依据。

1 碳刷换型后问题描述

该电站机组定子额定电压为 20kV,额定电流为 5027A,励磁额定电压为 400V,励磁额定电流为 3298.8A。集电环正、负极各 30 个横截面尺寸为 34mm×38mm 的碳刷。电站 A 发电机集电环相关参数如表 1 所示。

表 1　某型号 600MW 发电机集电环相关参数

参数	数值
励磁电流/A	3298.8
集电环外径/mm	2100
外圆线速度 m/s	15.7
碳刷尺寸/mm	34×38
碳刷数量	60
恒力弹簧正压力/N	28

2021 年 12 月巡检过程中发现,1 号发电机滑环室内碳粉堆积异常,碳刷磨损较快,对 1 号发电机转子绝缘进行了测试。测试结果为:清扫前转子绝缘电阻值为 9.72MΩ,清扫后转子绝缘电阻值为 1580MΩ,清扫前后转子绝缘电阻测试结果相差很大,其主要原因为新型号碳刷磨损严重,产生的碳粉量大,堆积在滑环室内(图 1),导致转子绝缘下降。

图 1　碳粉堆积滑环内壁

通过对两种碳刷不同位置的年磨损量的对比可以看出,下部(负极)D(GVL2)型碳刷的年磨损量为 15mm,下部(负极)E468 型碳刷年磨损量 12mm,上部(正极)(GVL2)碳刷 D 型的年磨损量为 20mm,上部(正极)E468 型碳刷年磨损量为 8mm。E468 型碳刷正极年磨损量远低于 D(GVL2)型碳刷正极年磨损量,E468 型碳刷负极年磨损量稍低于 D(GVL2)型碳刷正极年磨损量。

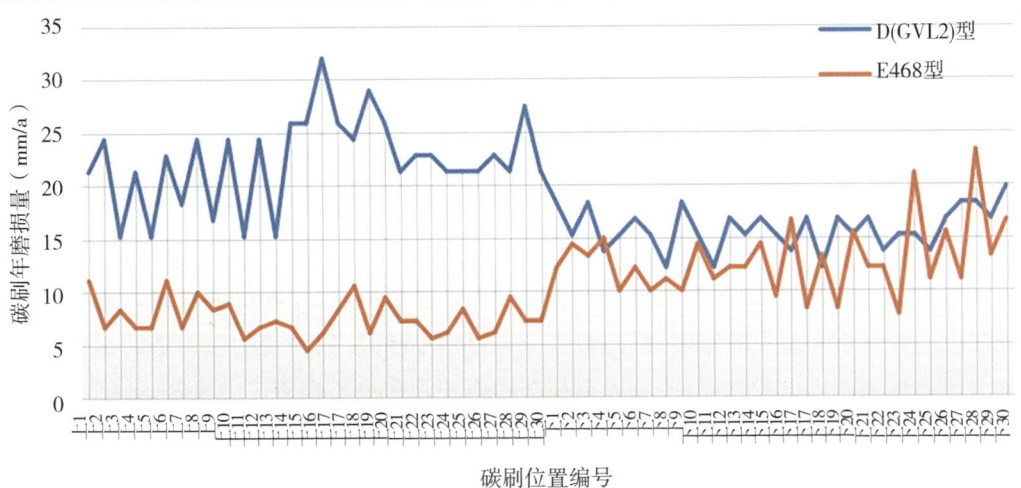

图 2　两种碳刷年磨损量对比

2　原因分析

石墨碳刷和光滑的集电环良好接触,是碳刷良好运行的关键。碳刷运行状态良好时,碳刷表面光亮,接触面有稳定的氧化膜镜面,此状态下摩擦损耗小,电气损耗小,温升低,碳刷使用寿命长。反之,碳刷运行状态差时,碳刷表面粗糙,接触面有不稳定的氧化膜镜面,如坑洼、沟痕等,此状态下碳刷和集电环不是良好接触,摩擦损耗大,电气损耗大,温升高,碳刷磨损快。

2.1　影响碳刷磨损原因分析

影响碳刷氧化膜形成及稳定的原因有很多,诸如运行环境、碳刷材质、集电环表面粗糙度、碳刷恒力弹簧压力、碳粉收集装置吸尘功率等。

碳刷和集电环之间的最佳运行温度在 60～90℃。在这个温度范围内运行,最易于碳刷与集电环之间氧化膜的建立。碳刷的最佳运行环境是空气的含水量为 8～15g/m^3,空气中的含水量或大或小,均会造成碳刷磨损严重。当空气的含水量在 25g/m^3 以上,碳刷的磨损量加快;当空气的含水量在 3g/m^3 以下时,运行环境非常干燥,碳刷的摩擦面就会破坏,加快碳刷的磨损。

集电环的表面粗糙度达不到要求,集电环表面过于粗糙,将破坏碳刷表面,难以形成氧化膜;集电环的表面粗糙度过高,集电环表面太过光滑,可能对碳刷造成粘带,破坏碳刷表面,也不利于在碳刷和集电环之间的表面建立氧化膜。除此之外,集电环通风槽倒角不合适,会对电刷形成了严重的切削损伤,使得电刷在运行过程中极易出现缺角,而且磨损量很大;另一方面,在机组运行时,同心度不佳和震颤现象容易使电刷与集电环之间出现短时拉弧,从而破坏集电环的表面光洁度,加剧电刷出现严重磨损和温度过高等状况。

碳刷主要材质为天然石墨和电化石墨。天然石墨碳刷的主要原材料是天然石墨粘结剂采用沥青或树脂,经过烘焙或烧结而成。这类碳刷有良好的润滑性能和集流性能,多数用于运行平稳的中小型直流电机和高速汽轮发电机集电环。电化石墨碳刷的主要原材料由碳黑、焦碳和石墨等各种碳素粉末材料组成,经高温处理,使其转化为微晶型人造石墨。这类碳刷具有优异的换向性和自润滑性能,广泛用于各类交、直流电机,不但寿命长而且对换向器的磨损小。

在机组运行过程中,刷握上的恒压弹簧必须保证压力恒定,才能保证碳刷与集电环表面良好接触。针对不同型号的碳刷,恒力弹簧压力也不尽相同,如弹簧的压力值满足不了碳刷与集电环接触表面压力的要求,或大或小都会加快碳刷磨损。弹簧压力过低,碳刷表面与集电环表面接触不良,将出现打火现象,破坏碳刷表面;弹簧压力过高,碳刷单位压力过大,超出了碳刷自身能够承受的压力值,将加快碳刷磨损。

2.2 两种碳刷对比分析

E468 型碳刷与 D(GVL2) 型碳刷参数如表 2 所示。从表 2 中可以看出,E468 型碳刷为天然石墨材质,硬度低,密度小。D(GVL2) 型碳刷为电化石墨材质,硬度大,密度高。天然石墨材质的 E468 型碳刷自润滑性优于电化石墨材质的 D(GVL2) 型碳刷,但 D(GVL2) 型碳刷在电阻率、额定电流密度、接触压降方面优于 E468 型碳刷。

表 2　　两种型号碳刷的技术参数

项目	E468	D(GVL2)
硬度(肖氏硬度)	17	50
抗弯强度/MPa	7.5	29
电阻率/($\mu\Omega \cdot m$)	17.8	13
体积密度/(g/(c·c))	1.28	1.65
摩擦系数	0.2~0.29	≤0.22
额定电流密度/(A/cm^2)	10	12.4
接触压降/V	1.7~3.4	1.2~1.7
圆周速度/(m/s)	81	50
碳刷长度/mm	60	60
牌号分类	天然石墨	电化石墨

将使用过的碳刷对比氧化膜形成情况,D(GVL2) 型碳刷异常磨损面和正常磨损面如图 3 所示。从图 3 中可以看出,异常磨损存在长条形坑洼带,正常磨损面相对光滑,但也存在细小毛细凹坑。E468 型碳刷磨损面如图 4 所示,磨损面光滑如镜,氧化膜形成效果好,因此其年磨损量不高。

(a) 异常磨损　　　　　　　(b) 正常磨损

图 3　D(GVL2)型碳刷异常磨损面与正常磨损面

图 4　E468 型碳刷异常磨损面与正常磨损面

为进一步了解两种磨损情况和其碳刷材质,对两种碳刷共计 5 个磨损面进行 SEM 和 EDS 分析。图 5、图 6 为 E468 型碳刷和 D(GVL2)型碳刷使用前后表面形貌对比。新碳刷使用前需进行预处理,用 2000 号砂纸打磨碳刷接触面使其与集电环接触面积超 3/4。从图 5、图 6 中可以看出,预处理后,在放大 5000 倍下观察,两种碳刷表面均存在可见凸起和划痕,但使用后的 E468 型碳刷表面存在鱼鳞状压痕,该压痕为集电环转动过程中形成。D(GVL2)型碳刷使用后未出现类似 E468 型碳刷压痕,主要原因为 D(GVL2)型碳刷硬度较高,不易形成鱼鳞状压痕。图 7 为 D(GVL2)型碳刷磨损异常表面形貌,可以看出,磨损异常碳刷表面存在凹坑,凹坑内碳刷侵蚀严重。

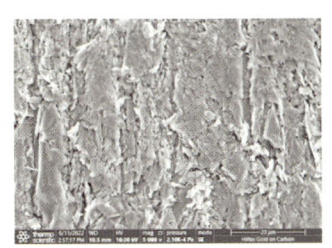 

(a) 预处理后　　　　　　　(b) 使用后

图 5　E468 型碳刷使用前后对比

 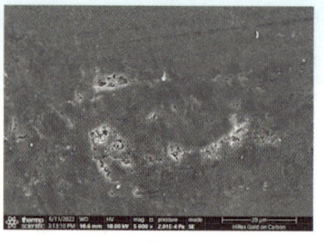

(a)预处理后　　　　　　　(b)使用后

图 6　D(GVL2)型碳刷使用前后对比

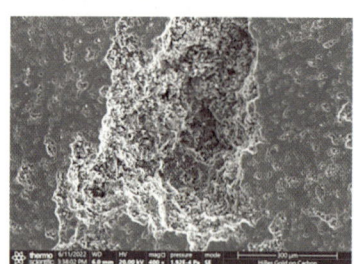

图 7　D(GVL2)型碳刷磨损异常表面形貌

进一步分析碳刷表面元素组成,E468 型碳刷和 D(GVL2)型碳刷使用前后元素分析对比如图8、图9所示。通过图8(a)、图9(a)可以看出,两种型号碳刷预处理后表面元素以碳含量为主,氧元素含量极低。但使用后,E468 型碳刷表面元素含量发生变化,氧元素含量提高明显,如图8(b)所示,氧元素原子百分比达到 1.3%,表面碳刷与集电环表面氧化膜形成良好。而 D(GVL2)型碳刷使用后表面各元素含量变化不明显,尤其是氧元素含量几乎没有变化,如图9(b)所示,虽然其表面形貌与使用前相比变得更加光滑平整,但氧元素含量没有发生很大变化,表明(GVL2)型碳刷表面氧化膜形成状态不佳。图 10 为 D(GVL2)型碳刷磨损异常表面元素分析,选取测试区域为碳刷表面凹坑内。从图 10 中可以看出,凹坑内氧元素含量明显提高,但凹坑没有与滑环直接接触,该氧元素不是碳刷表面氧化膜的组成部分,凹坑内氧元素应为电弧侵蚀碳刷过程中与碳刷和空气发生反应所得,进一步表明凹坑为电弧侵蚀导致。

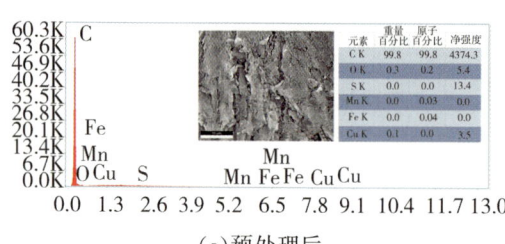 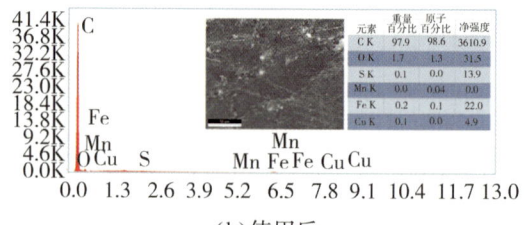

(a)预处理后　　　　　　　(b)使用后

图 8　E468 型碳刷使用前后元素分析对比

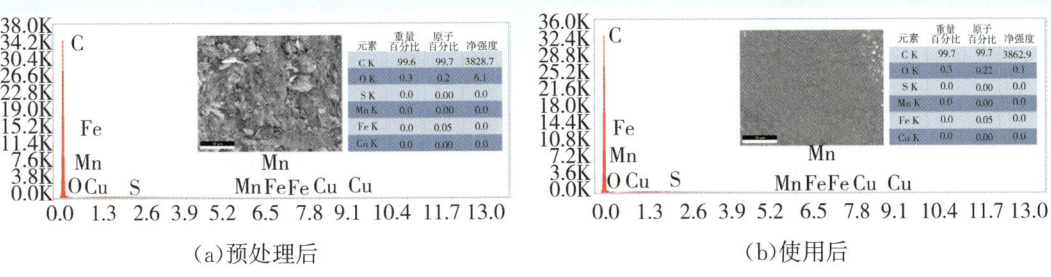

图 9　D(GVL2)型碳刷使用前后元素分析对比

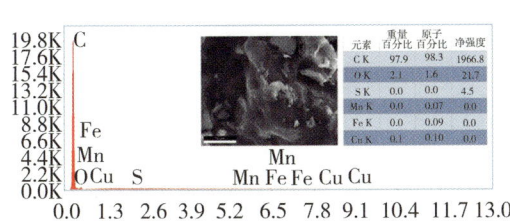

图 10　D(GVL2)型碳刷磨损异常表面元素分析

图 11　D(GVL2)型碳刷磨表面检查情况

结合碳刷使用过程中接触面变化进行分析,3月14日D(GVL2)型碳刷投入使用,9月碳刷表面检查过程中未发现碳刷表面侵蚀严重,表面如图11所示。12月巡检发现滑环室内碳刷存在异响,检查发现碳刷表面发生严重侵蚀,而后对所有D(GVL)型碳刷进行更换,更换为E468型碳刷。进一步分析碳刷年磨损量变化情况,如图12所示。从图12中可以看出,9月计算所得碳刷年磨损量普遍小于12月所计算碳刷年磨损量。由此可以得出,9—12月,碳刷磨损加剧,尤其是12月检查发现,碳刷运行过程中发热严重,碳刷表面发生严重电弧侵蚀。

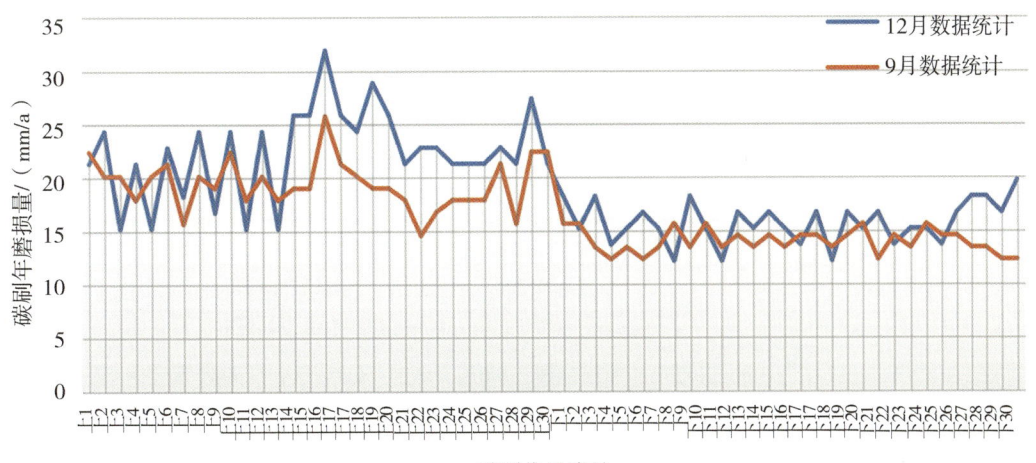

图 12　D(GVL2)型碳刷年磨损量计算

碳刷的最佳运行环境是空气的含水量在 8～15g/m³，当空气的含水量在 3g/m³ 以下时，运行环境非常干燥，碳刷的摩擦面就会破坏，加快碳刷的磨损。12 月，厂房环境温度 20℃，湿度为 20%，厂房海拔高度 1660m，经过计算，含水量为 4.6g/m³；9 月，厂房环境温度 25℃，湿度为 60%，含水量为 19.2g/m³，由此可知，汛期过后，厂房环境干燥，进一步加剧碳刷磨损。

碳刷长度统计如图 13 所示，9 月碳刷长度集中在 50mm 左右，12 月碳刷长度缩减至 40～45mm，抽检使用中的恒力弹簧，测试其弹力变化如图 14 所示。可以看出，当压缩量从 60mm 减少到 40mm 后，恒力弹簧压力下降 5N 左右。因此，恒力弹簧在碳刷缩短后压缩量减小，恒力弹簧压力降低，又因为 D(GVL2)型碳刷硬度远高于 E468 型碳刷，最终导致碳刷与滑环运行过程中产生跳动，接触面被电弧侵蚀，磨损量增大。

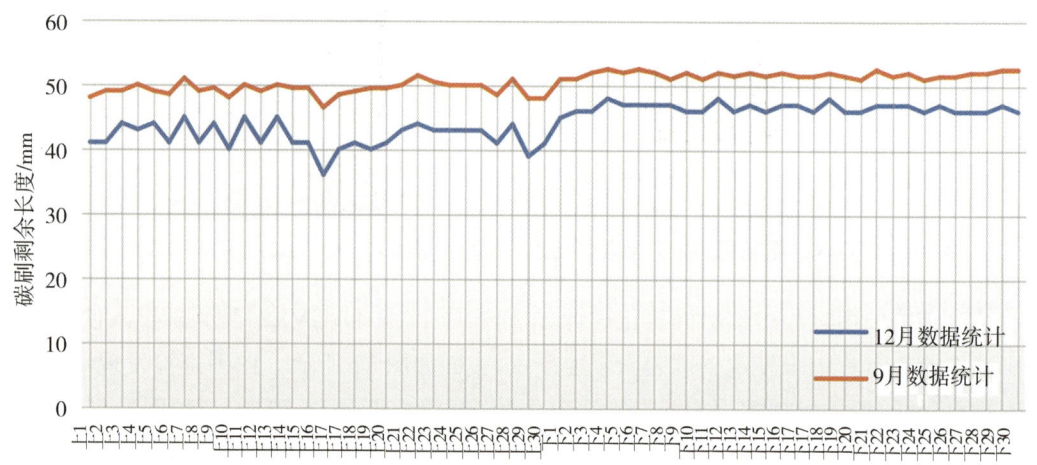

图 13　D(GVL2)型碳刷磨长度统计

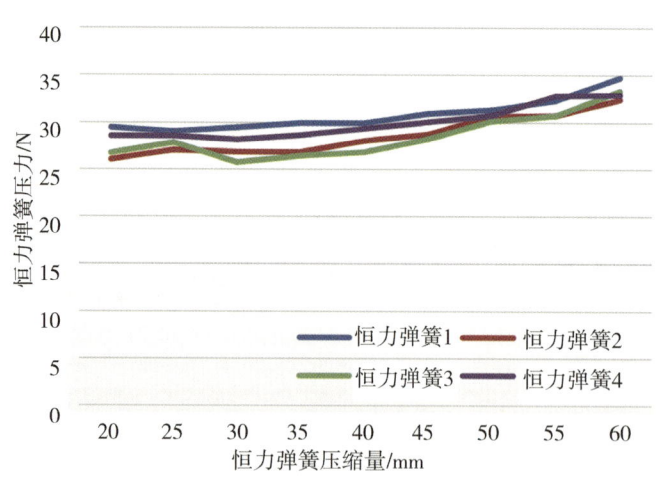

图 14　恒力弹簧变化曲线

除此之外，碳刷由E468型换成D(GVL2)型后，碳粉收集装置仍沿用之前的装置（两台碳粉收集装置，单台功率为1.15kW，风量为960m³/h）。但是D(GVL2)型碳刷与E468型碳刷相比，密度大，质量重，其产生的碳粉颗粒质量也更重，因此现有碳粉收集装置的吸尘效果欠佳，导致碳粉堆积在滑环室内。碳粉堆积容易导致油性碳粉污垢形成，污染碳刷，加剧碳刷磨损。

3 碳刷选型与使用建议

结合上述分析，对碳刷选型与使用提出以下几点建议。

1）碳刷换型前，需针对使用工况和碳刷性质做好研究，根据环境温湿度、集电环外圆线速度等因素选用合适材质的碳刷，天然石墨碳刷自润滑性能好，氧化膜易形成，电化石墨氧化膜形成条件比天然石墨要高，但其机械强度高，电流密度大。

2）碳刷换型后，要根据碳刷本身特点适配恒力弹簧，恒力弹簧压力要保持恒定，硬度高的碳刷要适配弹力更大的恒力弹簧，尤其是在集电环同心度不佳情况下，恒力弹簧压力不足将导致碳刷运行过程中跳动打火，破坏碳刷接触面。

3）碳粉堆积严重，不仅可能导致转子对地绝缘降低，还容易导致油性碳粉污垢形成，污染碳刷，加剧碳刷磨损。因此，如果碳刷换型后密度更大，其产生的碳粉颗粒质量也会增大，现有碳粉收集装置的吸尘功率可能就难以满足现在需求，若要保证吸尘效果，需更换更大吸尘功率的吸尘装置或增加吸尘装置数量。

4）集电环通风槽倒角不合适，也会对电刷形成了严重的切削损伤，使得电刷在运行过程中极易出现缺角，磨损量变大，必要时可对滑环通风槽及其表面进行打磨，改善滑环运行工况。

4 结论

本文针对电站A发电机集电环碳刷换型后出现的问题进行分析研究，对比两种碳刷使用前后接触面形貌、元素变化，结合碳刷使用工况，得出两种型号的碳刷使用过程中的差异和特点，为碳刷选型提供参考。研究发现，在电站A现有工况下，天然石墨碳刷相比于电化石墨碳刷更易形成氧化膜；天然石墨硬度较低，适配恒力弹簧压力较电化石墨碳刷适配恒力弹簧压力低，因此在碳刷换型后，要注意恒力碳刷弹力适配。除此之外，在碳刷换型后，还要注意碳粉收集装置吸尘效果，避免油性碳粉污垢形成，污染碳刷，加剧碳刷磨损。

参考文献

[1] 王仲颖，郑雅楠，赵勇强，等. 碳中和背景下可再生能源成为主导能源的发展路径及展望(下)[J]. 中国能源，2021，43(10):9.

[2] Poljanec D, Kalin M, Kumar L. Influence of contact parameters on the tribological behaviour of various graphite/graphite sliding electrical contacts[J]. Wear, 2018, 406: 75-83.

[3] 史德利, 李俊武, 赵博. 汽轮发电机集电环运行状态的评估方法[J]. 大电机技术, 2021.

[4] 汪岳安. 发电机碳刷发热的原因分析及处理[J]. 科学与财富, 2017(36).

[5] 白金祥. 发电机碳刷及滑环温度高原因分析及解决措施[J]. 区域治理, 2018(45): 1.

[6] 秦红玲, 付阳, 喻叶, 等. 水轮发电机碳刷/集电环无载流与载流干滑动摩擦磨损性能研究[J]. 摩擦学学报, 2019, 39(6): 10.

[7] 徐青彪, 熊荣, 刘锐, 等. 水轮发电机碳刷及滑环磨损分析与处理[J]. 水电与新能源, 2017(8): 63-65.

[8] 明野. 水轮发电机电刷磨损分析[J]. 科技创新与应用, 2013(20): 1.

[9] 王长兵. 碳刷选用及常见故障的处理[J]. 电机技术, 2016(1): 3.

[10] Xiu-zhou, Lin, et al. Tribological and electric-arc behaviors of carbon/copper pair during sliding friction process with electric current applied[J]. Transactions of Nonferrous Metals Society of China, 2011.

[11] 王梦卿. 碳刷汇流环的滑动电接触特性分析[D]. 北京: 北京邮电大学, 2021.

[12] 赵伟程. 发电电动机电刷磨损机理及降损策略研究[D]. 大连: 大连理工大学, 2016.

水轮发电机转子磁极绝缘低问题浅析

张超 徐文峰 陈代祥 王飞

（雅砻江流域水电开发有限公司，四川成都，610051）

摘　要：某电站在停机检修完成后，开机前绝缘测试时发现发电机转子绝缘较停机时有明显降低。通过二分法确定故障磁极后，该电站组织完成故障磁极更换。为查明磁极绝缘降低原因，通过对故障磁极外观检查、加热处理、绝缘工艺分析、结构设计分析，得出磁极绝缘降低原因为绝缘材料受潮。通过对检查分析过程的介绍，给出了后续磁极维护方法及磁极结构改进的建议。旨在为同类型发电机转子绝缘故障分析处理提供借鉴。

关键词：水轮发电机；转子磁极；绝缘降低

某水电站在停机检修完成后，进行开机前绝缘测试时发现发电机转子绝缘测试值仅为 6MΩ，较停机时转子绝缘测试值 1070MΩ 有明显降低。对转子回路检查后未见异常。通过二分法将 42 个磁极分段测量，最终发现 15 号磁极绝缘值为 6MΩ，其余磁极绝缘均大于 1000MΩ，因此确定 15 号磁极绝缘低。现场组织完成 15 号磁极更换。

为查明磁极绝缘降低原因，制定针对性的防控措施，保证发电机的安全可靠运行，该电站组织对更换下的 15 号磁极进行检查处理。通过对磁极的外观清扫、加热处理、拆解检查、结构分析，确定磁极绝缘降低原因为绝缘材料受潮。下面对磁极的检查分析过程进行介绍，旨在为后续同类型发电机转子磁极的绝缘故障及检修维护提供借鉴。

1　磁极外观检查

磁极表面线圈与铁芯之间缝隙使用玻璃丝套管及注射胶密封，经现场检查发现，密封位置存在多处裂缝（图1），其余无明显异常。

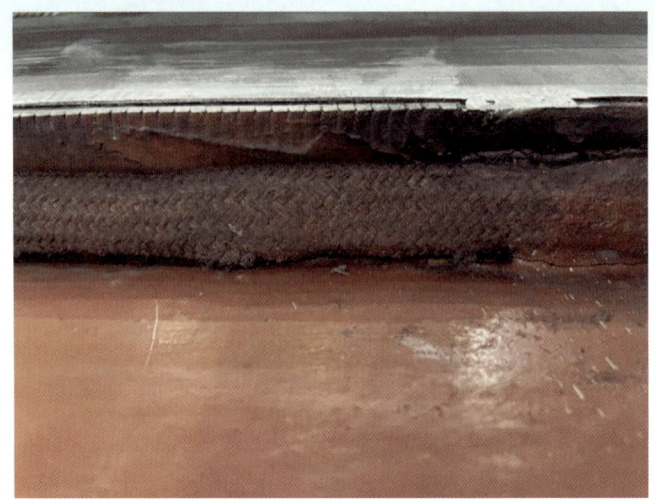

图 1　磁极表面玻璃丝套管裂缝

拆解玻璃丝套管后发现,该套管结构为嵌入式,且缝隙位置注射胶填充严密,因此该位置裂缝不是磁极绝缘降低的原因。

2　磁极加热处理

在保温棚内使用工业暖风机对磁极进行加热处理,持续加热保温48h,每2h记录磁极温度及绝缘电阻情况,磁极绝缘电阻随温度变化保持正相关的变化情况(图2)。

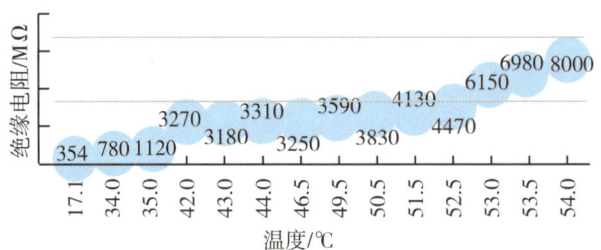

图 2　磁极绝缘电阻随温度变化曲线

磁极加热48h后,对磁极进行交流耐压试验、绝缘电阻测试、直流电阻测试、交流阻抗测试,测试结果均合格。停止加热后,在24h、48h和72h的时间节点分别测量磁极绝缘电阻,相关测试结果如表1所示。绝缘值随温度上升也呈上升趋势,主要原因为:加热后磁极内部潮气通过缝隙溢出,导致绝缘值上升。

表 1　　　　　　　　　　　　　　磁极绝缘试验情况

项目	磁极温度/℃	绝缘电阻 R_{60s}/MΩ	试验电压/V
吊出后	16.8	13.5	1000
加热前（静置后）	17.1	354	
加热 24h 后	53.5	5250	
加热 48h 后	52.5	7480（耐压前）	
	52.5	8000（耐压后）	
停止加热 24h 后（清扫前）	23	2800	
停止加热 24h 后（清扫后）	19.8	1500	
停止加热 48h 后	18.4	1220（耐压前）	
		1240（耐压后）	
停止加热 72h 后	18.1	1480	

3　磁极绝缘工艺分析

磁极绝缘材料及工艺要求如表 2 所示。由磁极绝缘结构表 2 可知，线圈与铁芯间绝缘分为对地绝缘及极靴侧绝缘两部分。

表 2　　　　　　　　　　　　　　磁极绝缘结构表

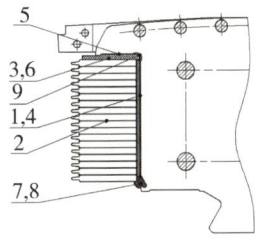

部位名称	图中代号	材料名称	型号	规格	层数	厚度
对地绝缘	1	改性聚酯薄膜聚酯纤维复合纸	HEC51701	0.25	3	8.0（见注 3）
	4	环氧玻璃布层压板	HEC3240	1.0,2.0,3.0	1	
		浸渍涤纶毡	HEC51402	1.0,2.0	2	
匝间绝缘	2	中温上胶聚芳香酰胺纤维纸	HEC51702	0.13	2	0.26（见注 1）
磁极绝缘托板	3	环氧浸渍玻璃坯布	HEC3242P	≥10	—	10（见注 4）
滑移层	6	聚四氟乙烯粘带	HEC51703	0.08	1	0.08

续表

部位名称	图中代号	材料名称	型号	规格	层数	厚度
磁极端部密封绝缘	—	玻璃丝绳	—	Φ10	2	(见注5)
磁极密封固定	7	玻璃丝套管	—	Φ16	1	—
	8	注射胶	HDJ－101	—	—	
L型附加绝缘	5	改性聚酯薄膜聚酯纤维复合纸	HEC51701	0.25	2	(见注2)
R区域涂层	9	室温固化涂刷胶	HEC56102	—	—	—

注：1.表2中匝间绝缘厚度按0.26mm计算,匝间绝缘向外侧伸出长约2mm。2.包扎对地绝缘时边包边刷室温固化涂刷胶HEC56102,首末端搭接长度不小于30mm。极身的极靴侧四边和角部加垫两层L型附加绝缘,爬电距离≥50mm,L型附加绝缘需刷室温固化涂刷胶HEC56102。3.磁极线圈与铁芯之间的间隙用两层浸渍涤纶毡中间夹一层HEC3240环氧玻璃布层压板分段塞紧,间距按图纸。填充完后在(130±5)℃下固化20h。4.托板与磁极线圈接触面贴一层聚四氟乙烯粘带。5.磁极端部密封用浸渍玻璃丝绳,浸渍胶用室温固化涂刷胶HEC56102。6.单个磁极装配后喷环氧酯晾干红瓷漆9130一遍,工地挂极后再喷一遍。

由表2可知,对地绝缘为3层改性聚酯薄膜聚酯纤维复合纸,且线圈与铁芯的缝隙使用两层浸渍涤纶毡中间夹一层HEC3240环氧玻璃布层压板分段塞紧。极靴侧绝缘为磁极绝缘托板＋L型附加绝缘的设计。这两种绝缘设计层数多,厚度大,不易出现破损导致磁极线圈绝缘低的情况。拆解磁极后发现,绝缘层包裹完好,无破损、灼伤痕迹。

4 磁极结构设计分析

发电机长期运行在潮湿、油雾、灰尘的工况中,易造成磁极内部受潮及油泥堆积。磁极绝缘降低与绝缘材料是否受潮、绝缘薄弱位置有无油泥堆积等情况有关。因此,分析磁极的结构设计对查找绝缘降低原因及制定防控措施至关重要。

对磁极结构分析可知,造成磁极绝缘薄弱点的位置共两处:一是阻尼环与磁极线圈间隙过小,易造成线圈对地短路。二是磁极线圈玻璃丝绳位置存在间隙导致密封不严。下面将对这两处薄弱点进行分析。

1)阻尼环焊接在磁极铁芯上,为接地状态。如图3所示,阻尼环与磁极线圈靠绝缘托板隔断,最小间隙仅8mm。发电机长期运行在油雾、灰尘环境中,该间隙位置极易堆积油泥,造成磁极线圈非金属性接地,从而导致磁极绝缘降低。

2)为保证磁极线圈首末端固定牢靠,为玻璃丝绳绑扎固定。但该固定方式使线圈与铁芯间存在缝隙(图4)。该缝隙易造成灰尘及潮气进入绝缘材料内部,导致磁极绝缘降低。

图 3　阻尼环与磁极线圈连接处　　　　图 4　磁极线圈玻璃丝绳位置缝隙

5　结论

1)磁极受潮是绝缘降低的主要原因,发电机长时间停运检修且空气湿度较大时,投入风洞加热器或使用暖风机对磁极做烘干处理。

2)磁极线圈与阻尼环间隙较小,后续应重点清理油泥,保证线圈表面绝缘漆完好无破损。

3)磁极线圈首末端使用玻璃丝绳固定的方式将使密封存在缝隙,易导致内部绝缘材料受潮。

参考文献

[1] 邓海刚,梁绍龙,付国宏,等.水轮发电机转子磁极装配绝缘偏低问题处理[J].水电与新能源,2021,35(7):61-64.

[2] 王建刚,王艳武.某水轮发电机转子磁极压板局部过热问题分析与处理[J].上海大中型电机,2020(3):44-46.

[3] 黄丽娟.发电机转子磁极绝缘损坏原因分析与处理[J].江西电力,2019,43(12):64-66.

[4] 彭桂有.浅析水轮发电机转子磁极线圈烧毁原因及安装处理[J].中国高新技术企业,2016(4):63-64.

[5] 王宝臣.发电机转子磁极故障分析及处理[J].贵州电力技术,2014,17(2):75-77.

[6] 柴方光,程振伟.50MW 水轮发电机转子磁极异常情况分析[J].华电技术,2011,33(2):55-57,80-81.

[7] 郭时珍.水轮发电机转子磁极绝缘降低的故障分析及处理[J].电网与清洁能源,2008,(8):51-54.

[8] 刘忠德.万安水电厂发电机转子磁极存在的问题与处理[J].江西电力,2002(5):4-5.

［9］廖艳安.一起水轮发电机转子磁极托板松动缺陷原因分析及处理［J］.红水河,2021,40(5):133-137,142.

［10］彭剑.大型水电站发电机转子检修磁极垫块焊接防护措施探讨［J］.科学技术创新,2018(30):69-70.

10kV 三相共箱 GIL 设计与应用

陈浩杰　陈晓鸣　杨涛　周秋文　李海强

(江苏安靠智能输电工程科技股份有限公司,江苏溧阳,213332)

摘　要:气体绝缘金属封闭输电线路(GIL)具有输送容量大、损耗低、安全性高等优点,广泛应用于大型电站、城市输电网等高压领域。随着新能源汽车、5G 基站、储能技术的不断发展,对向大中型电力用户端供电的中压输电网提出了更高要求,研制大电流、安全性高的中压输电技术具有重要的社会意义。从项目背景、设备结构与参数、总体布置、补偿方案等方面对国内首条应用的 10kV 三相共箱 GIL 输电线路进行阐述,同时提出中压 GIL 设备的发展前景以及当前需要重点关注和解决的问题,供行业技术人员参考。

关键词:三相共箱;架空敷设;补偿方案

由于工业化和城镇化的迅速发展,电网运行负荷持续增长,传统的架空线输电线已无法适应人们对环境安全、城市美观的需求,因此大容量、长距离的电力传输技术愈加得到关注。气体绝缘金属封闭输电线路(GIL)是一种采用气体作为绝缘介质的电力设备,具有传输容量大、损耗小、运行可靠、电磁辐射低等优点,能够代替架空线和电力电缆,已广泛应用于大型核电站、水电站、城市输电网等高压领域。

5G 基站、新能源汽车、数据中心、轨道交通、充电桩等新型基础设施的快速推广,对用户端的电能安全、高效输送提出了新的要求和挑战。GIL 因其具有独特优势,更贴合中压输电网的各种应用场景,将在未来城市电网发展建设中起到举足轻重的作用。

1　项目背景

项目用户是一家专业制备氧气、氮气的企业,日常用电负荷高,为了配套下游企业产线进行产能扩建,新增 3 回路厂内输电线路,由主变室输送至配电室,主变容量 50000kVA。

由于线路输送电流大,在对比多拼电缆和绝缘管母后,初始方案拟定为绝缘管母。随后业主单位开展了绝缘管母在钢铁行业的应用调研,了解到绝缘管母普遍使用寿命较短(6~10 年),且运行中易受外部环境影响,因此用户希望寻求一种长期运行稳定性更好的输电技术，与 GIL 厂家进行技术交流后，认为 GIL 更适合此应用场景，确定在本项目中开展 10kV GIL 的设计及应用。

项目 GIL 线路于 2022 年 1 月开始施工，3 月投入运行，线路电流约 2500A，运行至今一切正常。

2　设备结构与参数

10kV GIL 采用三相共箱紧凑化结构设计，既满足绝缘距离要求，又可大电流传输，并且可以降低设备制造成本和线路土建成本。

设备采用低压力的干燥氮气作为相间和相对地的绝缘介质，相比于传统 SF6 气体，干燥氮气制备简单、来源广泛、价格低，并且不会产生温室效应，更绿色环保。

2.1　关键部件

根据三相共箱紧凑化结构特点设计了三相共箱盆式绝缘子（图 1）和三相三支柱绝缘子（图 2），由于设备绝缘水平和充气压力较低，本次盆式绝缘子采用板式结构，在满足绝缘和机械强度的前提下降低了盆式绝缘子及其模具的制造难度。

图 1　三相盆式绝缘子

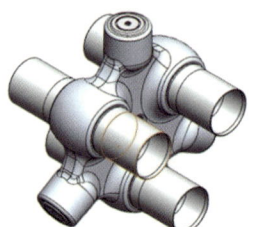
图 2　三相三支柱绝缘子

主变额定电流为 2886A，GIL 常用的触指均满足此通流要求，设备采用相应规格的 HM 触指，既能满足通流，又具备±2.5°的角度偏转补偿能力，结构如图 3 所示。

图 3　大容量 HM 触指

2.2 单元类型

GIL 由直线单元、补偿单元、转角单元、分支出线单元等组成,如图 4 所示。

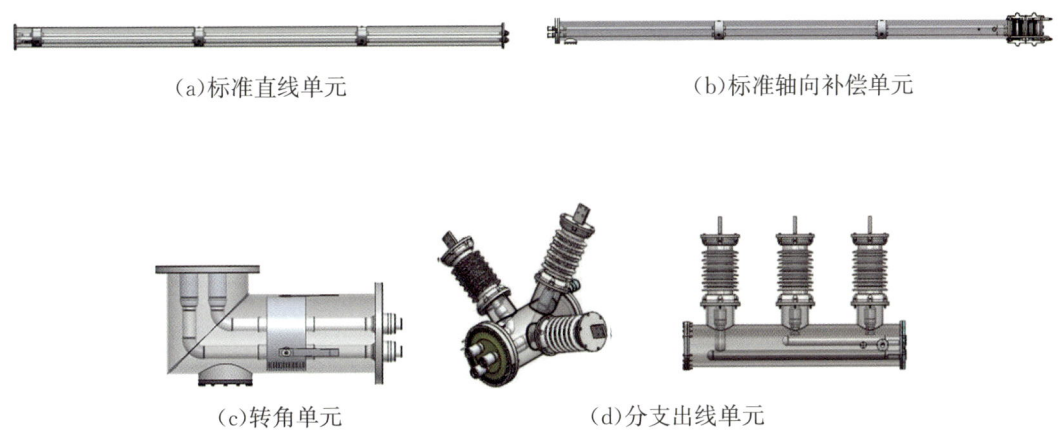

(a)标准直线单元　　　　　　(b)标准轴向补偿单元

(c)转角单元　　　　　　(d)分支出线单元

图 4　GIL 单元

标准直线单元主要进行线路长度方向的累积安装,用量最多,其长度一般为 12m。

相比于直线单元,轴向补偿单元增加了盆式绝缘子和波纹管,主要吸收温度变化时壳体的热胀冷缩,避免应力过大导致壳体变形、开裂,同时又能够分隔气室。

转角单元布置在线路的拐角位置,能够实现 90°~179°的角度变化,方便线路灵活布置。

分支出线单元包含盆式绝缘子、套管等部件,实现出线端的气室独立及外部接线端连接,根据不同的使用场景,可采用三角分支出线或水平分支出线。

2.3 设备参数

10kV 三相共箱 GIL 主要技术参数如表 1 所示。

表 1　　10kV 三相共箱 GIL 主要技术参数

项目		数值
额定电压/kV		12
额定电流/A		3150
N_2 气体压力(20℃)	额定压力/MPa	0.3
	低压报警压力/MPa	0.25
	闭锁压力/MPa	0.2
额定短时耐受电流/kA		40
额定短路持续时间/s		4
额定峰值耐受电流/kA		100

3 总体布置

项目共有 3 回路 10kV 三相共箱 GIL,其中 1、2 回路由主变室引至 1 号配电室,路径长度约 70m,3 回路由主变室引至 2 号配电室,路径长度约 200m。3 条线路均采用架空敷设,与厂内其他气体管道共用支架,对产品的安全性提出较高要求,属于比较典型的工业厂区输电线路布置。

3.1 平面布置

1、2 回路由主变室一楼顶部穿墙引至室外气体管道支架,线路整体呈 L 型敷设,架空高度 2.2m,沿路径方向跨越道路一处,跨越高度 5m。第 3 回路从主变室一楼顶部穿墙引至室外气体管道支架,线路整体呈 Z 型敷设,架空高度 8m,沿路径方向跨越主干道路、膨胀机房,跨越高度 12m。

GIL 在翻越主干道和膨胀机房时,采用架设钢桁架的方式进行跨越,桁架的最大跨距 20m,竖直段最大高差 9.5m。线路平面布置方案如图 5 所示。

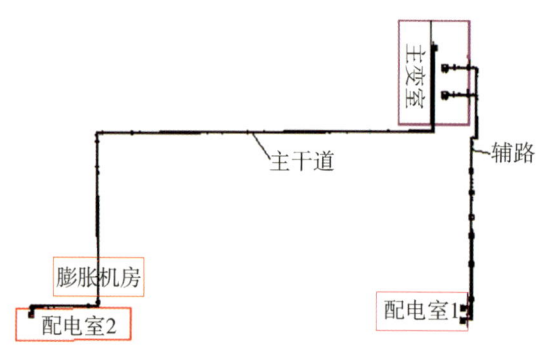

图 5　线路平面布置图

3.2 断面布置

GIL 的敷设方式灵活,针对不同的使用环境可采用单一或多种敷设方式组合。目前,国内外工程已运用的敷设方式主要有廊道敷设、敞开式沟槽敷设、地面敷设、架空敷设等。

基于项目已有的基础条件,综合考虑施工周期、土建成本、吊运及安装空间、线路运检,最终确定采用架空敷设方案。通过改制已有的气体管道支架,满足 GIL 的安装及运行要求,断面布置形式如图 6 所示。

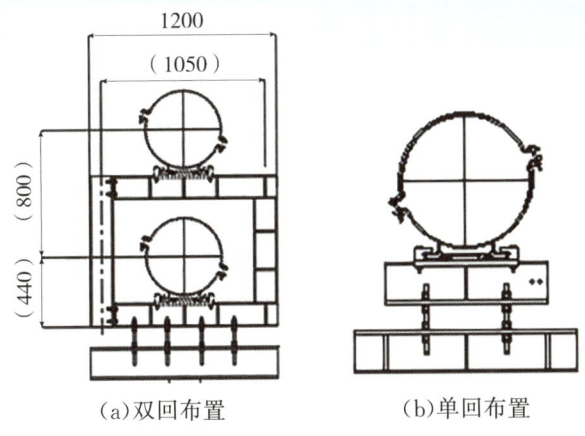

(a)双回布置　　　　(b)单回布置

图 6　GIL 断面图

4　补偿方案

GIL 的外壳采用铝合金,刚性较大,一定长度的 GIL 固定安装于基础上,当温度发生变化时,因金属的线膨胀系数大于地面基础的线膨胀系数,GIL 外壳必将产生更大的变形量,变形量的大小主要受环境温度、日照、通流大小等因素影响,若变形量无法被吸收,巨大的变形应力必将破坏 GIL 外壳或支架,从而导致线路故障。因此,GIL 线路设计时,需要重点考虑热胀冷缩的补偿。

由于项目 GIL 路径较短,本工程未采用轴向补偿单元,主要通过角向波纹管补偿以及自然补偿方式吸收线路热胀冷缩。

4.1　角向波纹管补偿方案

角向补偿单元由一对角向波纹管和一段外壳构成,通过角度偏转,实现单一平面的横向位移吸收,其补偿量大小主要由两个角向波纹管的铰链轴之间的距离以及允许的偏转角度决定,其在工程中的应用如图 7 所示。

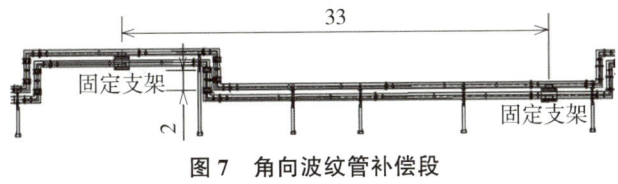

图 7　角向波纹管补偿段

1)环境温度 T_1:－40～40℃。

2)3150A 运行电流下的外壳温升 T_2:28K。

3)夏天日照温升 T_3:15K。

4)安装温度 T:20℃。

5)铝壳体线膨胀系数 a_1:23.9×10^{-6}(1/℃)。

极限温度下管道的变形量如下:夏天带电高负荷运行时最大变化值:$\Delta L = +49.7$mm,最低温度时停电检修对应的收缩量:$\Delta L = -47.3$mm。

同时,控制管道的制造误差在±10mm 以内,支架安装误差在±10mm 以内,则此段 GIL 的最大补偿量为 69.7mm。

角向波纹管补偿单元最大偏转角等同触指偏转补偿角度(2.5°),此时的横向补偿位移值:$L = 2000 \times \sin 2.5 = 87.2$mm。

4.2 L型自然补偿

L 型自然补偿方案如图 8 所示,以长段 L_1 为 23.5m,短段 L_2 为 11.5m 计算为例,L_1 为 GIL 热伸缩方向管道、L_2 为 GIL 翘曲,计算 GIL 的热伸缩量及弯曲应力。

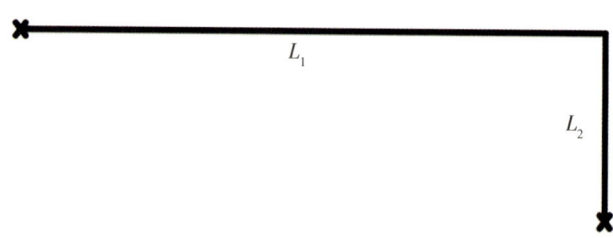

图 8　L 型自然补偿示意图

极限温度下管道的变化值如下:

(1)夏天带电高负荷运行时最大变化值

$$\Delta L_1 = +35.3\text{mm}, \Delta L_2 = +17.3\text{mm}$$

(2)最低温度时停电检修对应的收缩量

$$\Delta L_1 = -33.7\text{mm}, \Delta L_2 = -16.5\text{mm}$$

建立二维梁单元模型,对弯曲管道进行计算,施加边界条件为:

1)GIL 壳体的最大温差绝对值为 63K;

2)壳体直径 470mm,壁厚 8mm;

3)壳体两端固定,其余位置可沿轴向及径向自由滑动。

通过计算得出弯曲应力 σ 为 13MPa,该补偿方式下 GIL 筒体的应力值较低,满足安全运行要求。

5　中压 GIL 发展和应用前景

高压 GIL 设备几十年的运行经验证明了其高效的电能输送能力,是传统架空线路或电力电缆的有效替代品,但 GIL 在中压输电领域的应用仍有待发掘。笔者结合自身知识面提出未来中压 GIL 的发展前景。

(1) 更小型化

中压 GIL 一般应用于高耗能企业、电站、数据中心等场所的短距离输电,其输电走廊相对狭窄,对设备体积要求更高。通过设备小型化,进一步降低制造、土建成本。

中压 GIL 的尺寸主要由通流以及散热能力决定,相比于绝缘管母这类传统大电流输电设备,GIL 的散热系统受限,尺寸差异明显。因此,可研发更高效的 GIL 散热系统,从而进一步缩小 GIL 产品尺寸。

(2) 通流系列化

不同于高压 GIL,中压输电线路的电流分布范围更广,从几百安培至几万安培,因此,中压 GIL 尤其要注重电流系列化设计,针对不同应用场景推广对应的产品,实现产品性能最大化利用。

(3) 大电流通流装置

由于中压 GIL 最大应用电流可达上万安培,传统的各类型滑动触指均没有此类电流下的长期运行经验,需针对 GIL 结构研发适用的大电流通流装置,确保设备长期运行的稳定性。

6 结语

中压三相共箱 GIL 具有输送电流大、占地空间小、安全性高、使用寿命长等优点,适合应用于高耗能企业、大型数据中心、新能源充电站、水电站发电机出口等场景。

相比于传统绝缘管母,GIL 的制造工艺性更强,均为厂内模块化预制结构,降低了工程现场的安装难度,更容易保证产品质量。此外,GIL 的绝缘系统更可靠,不会出现绝缘劣化现象,通常能够保证 40 年以上的使用寿命。

本文从产品结构、总体布置、线路补偿等方面介绍了国内首条 10kV 三相共箱 GIL 输电线路,随着技术的进步与推广,未来中压 GIL 应用也将与时俱进,实现多样化,对产品设计提出更高要求。对于未来中压 GIL 设计,有以下建议供参考:

(1) 重视线路补偿

中压 GIL 可能是满负荷运行,热胀冷缩变形量大,不管是采用补偿器补偿还是采用自然补偿,均需计算极限条件下的变形量,并综合考虑设备公差、施工误差、安装调整以及维护时的拆解、重装。

(2) 设备连接多样性

中压系统设备种类多样,GIL 与其他设备的连接不能局限于铜母排,需根据 GIL 特点研究适用的连接方案。

(3) 气密性检测

现有中压 GIL 采用干燥压缩空气或氮气绝缘,在进行现场气密试验时,现有设备无法测量气体浓度,从而无法计算泄漏率,因此,工程应用时需考虑在气室中添加适当比例的示踪气体。

参考文献

[1] 阮全荣,谢小平.气体绝缘金属封闭输电线路工程设计研究与实践[M].北京:中国水利水电出版社,2011.

[2] 国网江苏省电力有限公司电力科学研究院.气体绝缘金属封闭输电线路(GIL)[M].北京:中国电力出版社,2018.

[3] 刘泽洪,王承玉,路书军,等.苏通综合管廊工程特高压GIL关键技术要求[J].电网技术,2020,44(6):2377-2385.

[4] 马兆国,韩浪.波纹管膨胀节对管道的力学影响浅析[J].化工设备与管道,2016,53(5):92-94.

[5] 《动力管道设计手册》编写组.动力管道设计手册[M].北京:机械工业出版社,2006:473-479.

[6] 南振乐,李振军,刘朋飞.复杂地形条件下的GIL工程设计[J].高压电器,2016,52(6):193-198.

[7] 宋邦申.针对GIL热胀冷缩问题的结构设计及应用[J].高压开关,2011,28(4):27-29.

[8] 杨勇,孙召红.基于Autopipe的柔性设计及仿真在GIL中的应用[J].电气时代,2019,(10):60-63.

[9] 齐波,张贵新,李成榕,等.气体绝缘金属封闭输电线路的研究现状及应用前景[J].高电压技术,2015,41(5):1466-1473.

[10] 吴泽华,田汇冬,靳守锋,等.252kV紧凑型GIL三相三支柱绝缘子绝缘结构设计与优化[J].高电压技术,2020,46(6):2030-2039.

水电站三维照明深化设计

苑正阳

（中国电建集团西北勘测设计研究院有限公司,陕西西安,710065）

摘　要:水电行业三维正向设计的大力推进和各类三维设计软件功能的不断开发及完善,使得从业人员对三维设计所带来的革新的期望不断提高。同时,随着人们生活水平的不断提高,对人工照明的质量要求越来越严格。传统照明设计中依靠典型方案和经验值来进行灯具布置的方式难以符合当今电站运行期各种使用环境的需求。详细介绍了将三维设计平台软件STD－R与照明仿真模拟计算软件DIALux evo相结合的设计方式,提高照明设计的准确性、实用性和高效性,并结合实际工程应用以体现照明设计中三维正向设计的优势。

关键词:DIALux evo;照明协同设计;三维设计;照度计算

在三维正向设计的浪潮下,水电行业各类相关三维设计软件的应用及二次开发逐渐趋于完善。照明设计作为电站电气设计的重要组成部分直接影响电站运行期工作人员办公、巡视和检修时的视觉质量工作效率和企业形象等,因此设计时应确保设计效率和照明设计质量。利用照明模拟仿真计算软件DIALux evo进灯具布置和照明效果仿真后再使用三维设计平台软件STD-R进行碰撞检查、导线连接和三维出图等以达到三维正向设计和最大限度保证照明质量要求的目标。使用DIALux evo照明仿真计算相较于利用系数法进行照度计算有更高的准确性和真实性。同时,利用系数法无法计算参考平面的均匀度和统一眩光值等参数,所以传统照明设计已满足基于人因工程的照明环境设计、电站运行期使用的需求和三维正向设计。

1　照明系统设计原则

建筑照明作为人工照明,具有安全可控、经济方便及照度稳定等优势,对于缺少自然光线的地下发电工程尤为重要。进行照明设计时,根据国家法律法规、强制性标准以及行业标准的要求,在满足基本照明使用的基础上结合有利于生产、工作、身心健康和企业形象等需求,做到技术稳定、经济合理、使用安全、节能环保、维护方便等目标,具体有3个方面的设计原则。

1.1 实用性

照明设计应从实用性出发,充分考虑水电站内各个照明部位的实际需要,确保各部位的照明要求可以满足水电站运行需求。设计人员需要根据水电站各区域或各房间的实际要求,结合建筑的整体结构,通过与各个专业之间进行配合,灵活地进行照明设计,旨在最大限度上提高设计质量和照明效果。设计人员还需要在充分满足使用需求的前提下,通过各类照明仿真计算软件选用合理的照明灯具和排布方式,优化照明配电设计和灯具控制方式,通过降低照明系统耗电量减少水电站厂用电率;明确照明灯具的数量及规格,避免出现后续增补照明灯具。

1.2 节能性

我国各类照明用电已占全国电力消费总量的14%以上,且每年仍在快速增长。《中华人民共和国国民经济和社会发展第十四个五年规划》中明确指出,节能减排依旧是现在和将来生产发展的着力点,并在2030年实现碳达峰,2060年实现碳中和。因此,照明设计中,应根据实际需求应采用单位光通量高、低耗能、高亮度、环境友好和寿命长的照明灯具,如目前广泛使用的LED灯具和不断研发和推广中的OLED灯具等;通过先进的智能照明控制系统来辅助决策建筑物内各区域照明灯具的工作模式;有针对性地选择合理的照明标准,根据标准内所要求的各个照明区域参考平面的标准照度、均匀度和功率密度进行照明灯具的布置和照明系统的设计。

水电站内的地面建筑和道路的照明设计应有效利用自然光,将照明系统与自然光进行合理搭配,结合建筑所在的地形、地势和气候条件等外部环境因素等保证照明效果,节约能源,遵循节能环保的原则,建立健康节能合理的建筑照明设计风格。

1.3 先进性

在水电站电气照明设计方面,在兼顾尝试使用先进的设备及技术手段的同时,选用优质、高效和命长的电光源及国内外先进的设计软件,制定保障人身安全、设备安全、保障供电可靠、电能节约、经济合理和技术先进的设计方案;尝试采用具备自我学习、智能决策和智能诊断等多种功能的智慧照明控制系统。

2 三维照明设计流程

三维照明设计流程主要由照度计算、设备布置、三维回路连线和三维出图组成。设计流程如图1所示。该设计流程可较大幅度地提高照明设计的准确度和设计效率。

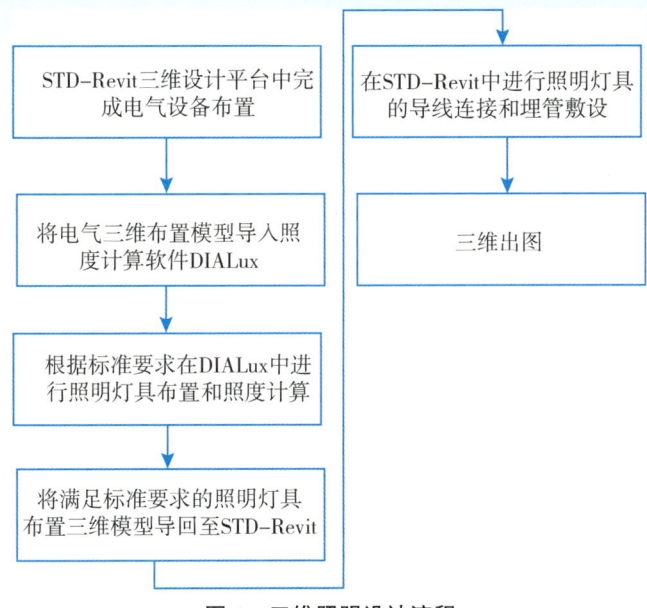

图 1　三维照明设计流程

2.1　参考模型

DIALux evo 作为专业照明计算软件支持软件内三维建模或导入 IFC 格式的三维模型两种方式进行照明区域的照度计算分析,极大地方便了二、三维照明设计。同时各设计软件之间数据的贯通,使得各专业协同设计时修改更方便。

2.2　设备布置及照度计算

对于大型水电工程尤其是地下厂房,房间数量多、面积跨度大、各个区域照明要求不一样以及照明区域不规则,导致照明灯具布置工作量大且效率不高。因此,如何提高效率的同时保证准确度是关键。将已与多专业配合完毕的三维布置模型导入 DIALux evo 中进行照明灯具布置和照度计算,可进行多种灯具布置方式,可适用于不同的设计需求。DIALux evo 是使用逐点计算法进行照明模拟仿真,可以清晰、直观、准确地反映灯具布置和选择是否合理,并可以生成计算书为设计提供依据。

2.3　三维回路连线与管理

首先,将 DIALux evo 仿真计算后的灯具布置模型导回三维设计平台 STD－R 中。然后,对各回路建立各个照明设备间的逻辑连接关系,从照明配电箱出发,依次连接各个照明灯具,并赋予回路工程属性信息,包括回路编号、照明类型、线路类型及额定电压等。其中,回路类型包括正常照明回路、备用照明回路、应急疏散指示回路以及插座回路。最后,软件根据框选后的回路导线自动绘制三维电缆埋管,其走线方式依据最短路径原则沿地板、天花板或墙壁敷设。实际工程设计中,灯具模型可能会与其他专业设备发生碰撞,或需要增减回路中的灯具。因此,给照明灯具类型和回路类别等进行属性赋值,方便后续在更改中统一管理、统计工程量和回路划分等用途。

2.4 三维出图

使用三维设计平台 STD—R 自带工具,调整 BIM 模型和平面视图模型的视图比例,在平面视图中进行调整照明回路、灯具详细程度、土建模型透明度、主要建筑轴网、各类标注文字大小和图纸布局等。完成上述工作后导出 dwg 格式图纸即完成出图工作。

3 两种照度计算方式的对比

以某一地下发电工程的主厂房发电机层为例,分别采用"利用系数法"和"逐点计算法"进行计算对比。

3.1 利用系数法

根据《水力发电厂照明设计规范》(NB/T 35008—2013),对灯具均匀布置、空间上无大型设备遮拦的区域推荐采用"利用系数法"计算平均照度。其计算公式为:

$$N = \frac{EA}{\Phi UK}$$

式中,Φ 为每盏灯发出的总光通量,根据经验采用 200W/150WLED 探照灯,光通量均为 100lm/W;N 为灯具个数,55 盏(200W)/74 盏(150W);E 为工作面平均照度,发电机层为 200lx;A 为工作面面积,110m×24m;K 为减光补偿系数,取 0.8;U 为利用系数,取 0.6。

根据《水力发电厂照明设计规范》(NB/T 35008—2013)中表 7.2.1 对均匀布置灯具的深照型灯具间距布置建议如表1所示。

表1 均匀布置灯具距高比选择表

分类名称	L/H_{js}
深照型	$0.5 \leq L/H_{js} < 0.7$

注:L 为灯具间距;H_{js} 为灯具计算高度。当靠墙有工作面时边排灯具与墙的距离宜取 0.25~0.4L。

本计算实例中,照明灯具安装高度不小于 18.8m。根据表1中灯具距高比要求,灯具间宜取 9.4~13.2m,边排灯具与墙面距离宜取 2.3~5.3m。结合上述对照明灯具数量的要求、照明区域尺寸和布置要求,两种照明布置方案如表2所示。

表2　　　　　　　　　　　　　　　灯具布置方式

序号	灯具规格/W	布置方式/(长×宽,mm×mm)	备注
1	200	14m×4m	横向布置间距约为7.9m且距离边墙为4m,纵向布置间距为6m且距离边墙3m
2	150	18m×4m	横向布置间距约为6.2m且距离边墙为3m,纵向布置间距为6m且距离边墙3m

将表2中两种不同规格的照明灯具布置方式使用DIALux evo进行验算,照明仿真效果图如图2所示,计算结果如表3所示。

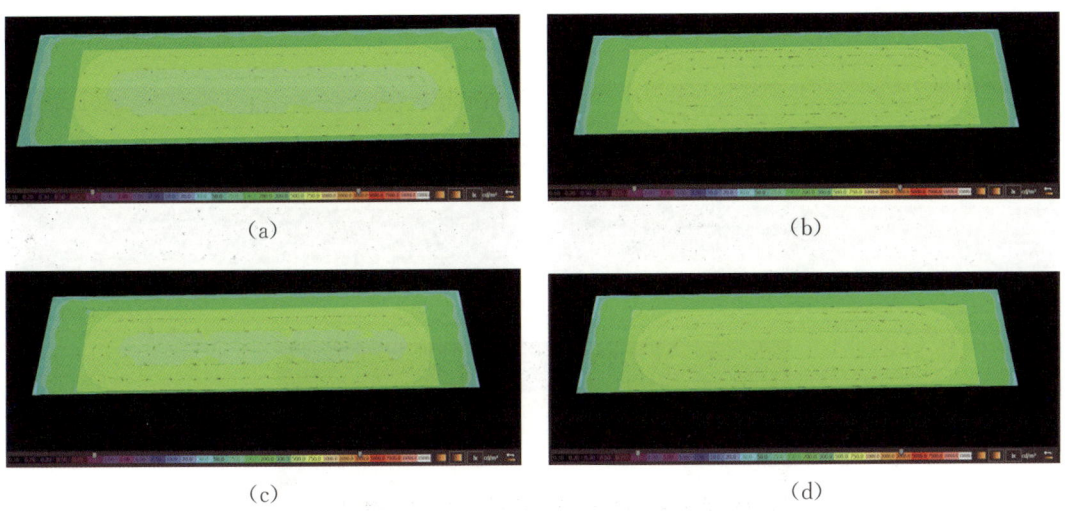

图2　DIALux evo验算"利用系数法"计算结果效果图

表3　　　　采用"利用系数法"的计算结果在DIALux evo中进行验算的数据

效果图	灯具参数/W	光束角/°	平均照度/lx	均匀度
图2-(1)	200	60	283	0.51
图2-(2)	200	90	254	0.56
图2-(3)	150	60	273	0.51
图2-(4)	150	90	243	0.56

由表3结果可知,采用"利用系数法"对工作面的平均照度计算可以达到标准值要求。但是,对照明区域的均匀度、照明灯具光束角和照明灯具的功率选择等重要指标需依靠设计经验来进行估算。

3.2　逐点计算法

采用DIALux evo对同一照明区域进行照明效果仿真,照明灯具选用150W光束角90°的深照型LED工厂灯,在软件内输入工作平面期望照度值后系统自动生成照明灯具排列方式(15×4,均匀布置),计算结果如表 4 所示,效果图如图 3(a)所示。

根据《水力发电厂照明设计规范》(NB/T 35008—2013)6.3.2 条 1 款中要求"中控室、发电机层等主要室内工作场所作业区域内的一般照明照度均匀度不宜低于 0.7"。根据图 3(a)中工作面的照度等值曲线,可知上下游墙对顶部照明灯具有一定影响,故在上下游墙各增加 11 盏 40W LED 壁灯,计算结果如表 4 所示,效果图如图 3(2b)所示。本次计算结果,照度提升 12lx,均匀度增加 0.05。

观察图 3(b)中工作面的照度等值曲线,可以明显看出,照明区域四角处照度值明显低于其他部位,在保留图 3(b)中灯具布置方式的基础上将顶部四角处 4 盏 150W 光束角 90°的深照型 LED 工厂灯替换成 200W 光束角 60°的深照型 LED 工厂灯,计算结果如表 4 所示,效果图如图 3(c)所示。本次计算结果较第一次计算,照度提升 19lx,均匀度增加 0.15。

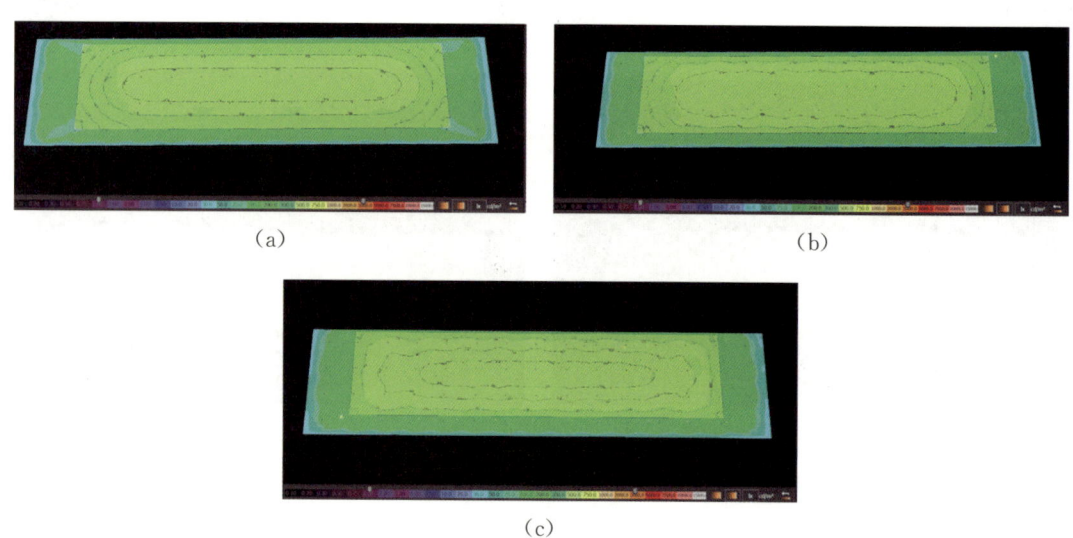

图 3　DIALux evo 各照明灯具组合方式仿真效果图

表 4　　　　　　　　不同照明灯具组合方式的 DIALux evo 计算结果

效果图	灯具参数	平均照度/lx	均匀度
图 3(a)	150W 90°光束角深照型工厂灯	203	0.56
图 3(b)	150W 90°光束角深照型工厂灯 40W LED 壁灯	215	0.61
图 3(c)	200W 60°光束角深照型工厂灯 150W 90°光束角深照型工厂灯 40W LED 壁灯	220	0.74

综上,DIALux evo 可以便捷地对重要区域的照度进行迭代计算,其方便程度和准确度是"利用系数法"无法达到的。对于中控室、发电机层等照明质量要求高的主要室内工作场所或有多种照明规格的灯具布置的空间宜采用 DIALux evo 照度计算软件,在保证设计效率

的同时，也确保了后期照明的使用效果。而对于一般工作场所或对照明质量要求不高的区域采用"利用系数法"即可满足使用要求。

4 三维照明设计工在程中的应用

以某抽水蓄能电站为例，简要介绍 DIALux evo 照度计算软件配合 STD－R 三维设计平台进行地下厂房母线层照明三维精细化设计工作。

将与土建专业配合后的全专业三维模型导入 DIALux evo 中进行照度计算，从而确定灯具的规格、功率、数量和布置方式，并生成 Word 格式照度计算书，为设计提供依据。主厂房母线层照明灯具布置效果图如图 4 所示。将 DIALux evo 的照明灯具三维布置导回到 STD－R 中，其效果图如图 5 所示。

根据已布置好的三维照明灯具创建三维电气回路，定义回路类型为正常照明、应急照明、疏散指示或插座回路。针对暗敷设类型回路输入埋深（埋墙、埋天花板或埋地板），进而确定电线及穿管高程。定义回路类型后，从图中配电箱出发依次点选灯具及插座等照明设备，并添加开关至回路中用于控制灯具。针对跨楼层供电情况，供电配电箱与灯具间通过引线连接，表明电气连接通路。本项目中创建的部分三维电线模型如图 6 所示。软件基于电线回路路径自动创建三维穿管模型，暗埋在天花板与墙体内，穿管型号根据导线根数自动或手动选择管径。

基于以上过程取得的三维设计成果，进行照明区域平面视图（图 7）的选择性显示、自动绘制配电箱系统接线图，一键生成统计材料报表和添加必要的文字性说明等，即完成该区域照明的设计工作。

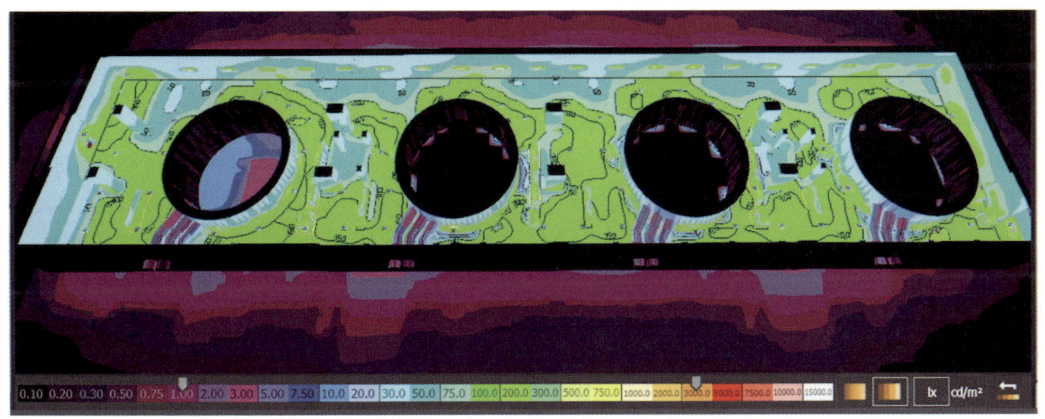

图 4　主厂房母线层照明灯具布置效果图

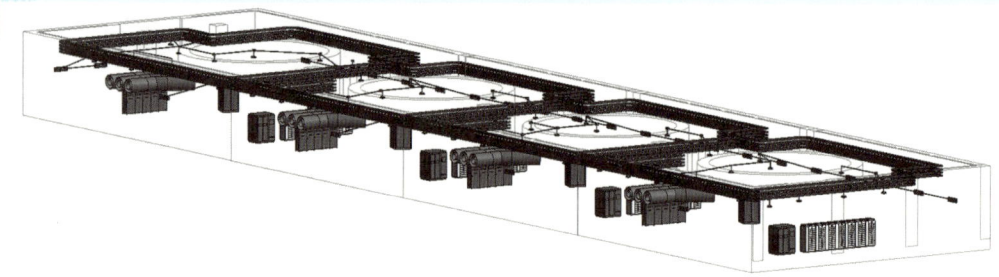

图 5　主厂房母线层照明灯具布置效果图

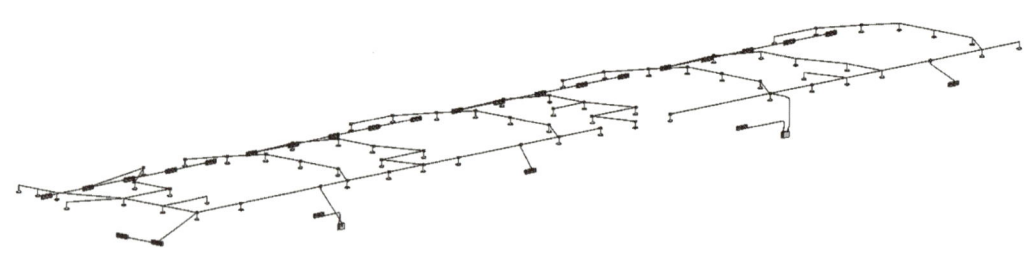

图 6　厂房母线层照明等级埋管概览图

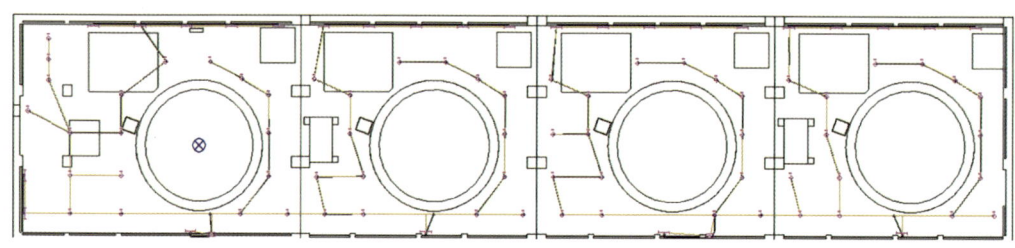

图 7　厂房母线层照明二维布置图

5　结论

根据工程中的应用以及软件计算结果验证，三维照明设计有以下优点：通过与其他各专业协同设计放置照明设备三维实体模型，使设备定位更加准确并可参与全专业碰撞检查，不仅可提高设计效率，还可以降低现场施工的返工率；相较传统的二维出图，直观的三维布置使设计优化和展示更便捷，设计人员可及时批量修改灯具空间布置、灯具属性和导线布置等；通过计算软件进行模拟照明计算和分析，充分考虑各种因素对照明结果的影响可以使设计产品更加贴近工程实际，满足后续使用。

建议在水电站人员活动较为频繁的区域如主厂房、开关站、中控室和较长的步行交通通道在满足规范要求的照明功率密度限制下，适当提高参考平面照度值或照度均匀度以达到更好的照明效果和良好的企业形象。

参考文献

［1］吴文苗.室内照度和色温对工作效率的影响研究[D].合肥:安徽建筑大学,2018.

［2］吴震,杨夏喜,席天阳,等.基于光健康的LED照明质量评价方法及照明方案综述[J].光源与照明,2019(1).

［3］王茜.不同色温白光LED对人体昼夜节律的影响[J].华中师范大学学报(自然科学版),2016(2).

［4］郑炳松,高飞,郭兴翠.我国照明用电量的调查分析[J].中国照明电器,2016(10).

滇中引水工程水源泵站电气主接线及主要电气设备参数研究

杨杰　刘登峰　胡勇

(长江勘测规划设计研究有限责任公司,湖北武汉,430010)

摘　要:滇中引水工程由水源和输水工程两部分组成,水源泵站装机12台、单台电机容量40MW、总装机容量480MW,是世界最大的提水泵站。因泵站地处云南西北部的水电电源区,在电力市场政策变化背景下,水源泵站接入电力系统方案在不同设计阶段并不相同,电气主接线的选择在考虑当地用电负荷条件下亦有变化。对水源泵站不同设计阶段的电气主接线选择及主要电气设备参数选型进行了深入分析研究,可供大型泵站的电气设计及运行参考借鉴。

关键词:提水泵站;电气主接线;主要电气设备;参数研究

1　工程概述

云南省滇中引水工程由水源工程和输水工程两部分组成,其中滇中引水工程水源在金沙江干流的丽江市石鼓镇设置水源泵站,采用无坝抽水提升扬程约226m后,主要通过输水隧洞自流引水至各受水区。滇中引水工程渠首段设计流量为135m³/s,水源泵站装机12台(10台运行,2台备用)单级、单吸立式离心水泵,单台电动机功率40MW,装机容量480MW。

水源泵站采用地下厂房洞室布置,主要由引水渠、泵站地下建筑物、泵站地面开关站等组成,泵站地下建筑物包括进水塔、进水流道(含进水隧洞、进水箱涵、调压室)、水泵进水检修蝶阀室、主变洞、地下主泵房、水泵出水检修球阀室、出水隧洞、出水池等,如图1所示。

◆ 滇中引水工程水源泵站电气主接线及主要电气设备参数研究

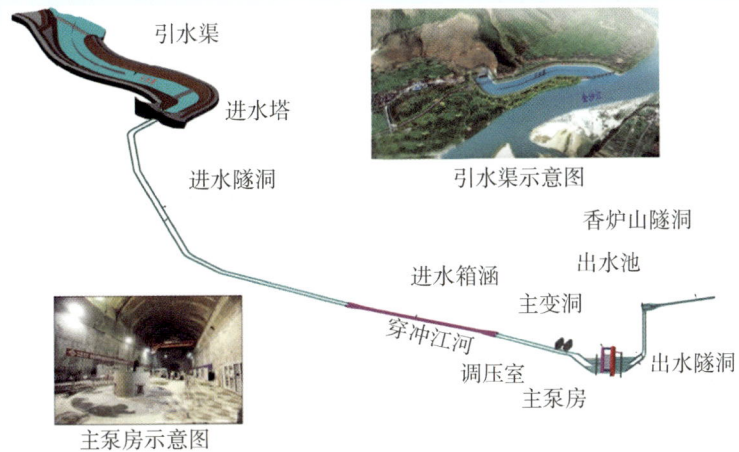

图 1　水源泵站布置示意图

2　泵站用电负荷

（1）用电时间

滇中引水工程已于 2017 年开工,根据最新建设进度,水源泵站预计 2024 年底进行有水调试,因此项目通电时间预计为 2024 年底。

（2）用电规模

水源泵站设计多年平均调水量 34.03 亿 m^3,设计流量 135 m^3/s,12 台水泵机组运行方式为 10 用 2 备,最大运行负荷 400MW,年平均运行 7002h,全年用电量约 27.3 亿 kW·h。

由于引水工程总调水量达产需要一定的年限,按初步设计经济评价中供水达效过程计算的年供水量平均值（非峰值）,初步计算水源泵站达产过程中,投产第 1~14 年水泵电机的平均开机台数及相应水泵电动机平均用电负荷需求,分别为 3（120MW）~9 台（360MW）,第 15 年完全达产为开机 10 台及平均用电负荷 400MW。考虑实际年调水量难以准确预测,往往受政策、气候等因素影响变化较大,如南水北调中线工程,实际达产年限比设计预测年限大大提前。因此,若滇中引水工程达产过程的年调水量受政策等因素发生变化,水泵电机的平均开机台数及平均用电负荷需求也会发生变化。

（3）用电负荷等级

滇中引水工程是云南省重大的战略工程、民生工程,其受水区是云南省经济社会的核心区,泵站的供电可靠性要求较高,中断供电会导致供水中断,将在政治、经济上造成较大损失,因此,水源泵站供电负荷确定为二级。

3 初步设计阶段电气主接线

3.1 接入系统方案

2015年6月,依据云南省"十三五"输电网规划以及云南省中长期目标网架结构研究,完成了滇中引水工程泵站供电方案专题研究报告。经过比选,接入系统方案推荐采用220kV一级电压。基于电力市场化改革及云南省工业和信息化委员会发布《2015年云南电力市场化工作方案和实施细则》等政策性文件,重点考虑电价因素及与发电企业直购电的方式,拟定了与中小水电购电模式、大水电购电模式、云南电网供电模式、购买中小水电站供电模式4类电价结算模式对应的供电方案,推荐采用大水电购电模式的供电方案:220kV进线3回,其中阿海水电站—泵站2回、太安变电站—泵站1回。

3.2 电动机与变压器的组合方式

根据石鼓水源泵站的运行方式、装机台数,泵站主电动机与变压器的组合方式考虑了以下5种方案:

(1)方案1

2机扩大单元接线,设置6台容量100MVA主变压器,电动机电压母线主回路三相短路电流不大于50kA,投资6986万元。

(2)方案2

3机扩大单元接线,设置4台容量135MVA主变压器,电动机电压母线主回路三相短路电流不大于75kA,投资7162万元。

(3)方案3

4机扩大单元接线,设置3台容量180MVA主变压器,电动机电压母线主回路三相短路电流不大于100kA,投资7978万元。

(4)方案4

联合(2机)扩大单元接线,设置6台容量100MVA主变压器,电动机电压母线主回路三相短路电流不大于50kA,投资6604万元。

(5)方案5

单元接线,设置12台容量50MVA主变压器,电动机电压母线主回路三相短路电流不大于30kA,投资8934万元。

经过经济比较,5种方案中,方案4最经济,方案1次之,方案5最贵。技术比较,方案1在1台主变压器及其高压侧220kV电缆检修或故障时,将同时造成2台水泵停机;方案5在1台主变压器及其高压侧220kV电缆检修或故障时,仅造成1台水泵停机;方案1和方案5

满足泵站机组"10用2备"运行方式要求。方案2在1台主变压器及其高压侧220kV电缆检修或故障时,将同时造成3台水泵停机;方案3在1台主变压器及其高压侧220kV电缆检修或故障时,将同时造成4台水泵停机;方案4在主变压器高压侧220kV电缆检修或故障时,将同时造成4台水泵停机;方案2、方案3和方案4不满足泵站机组"10用2备"运行方式要求。

水源泵站最大运行负荷10×40MW,年运行小时数7002h,占全年总时间约80%,供电可靠性、运行灵活性显得极为重要。鉴于方案1的经济性以及在运行上有较高的可靠性和较好的灵活性,且在1台主变压器及其高压侧220kV电缆检修或故障时,满足泵站机组"10用2备"运行方式要求,避免了电气设备检修或故障时造成超过2台水泵机组停机的可能,不会给工程运行造成大的影响。因此,泵站电动机和变压器的组合方式推荐方案1(2机扩大单元接线)。

3.3 220kV电压侧接线方式

在泵站电动机和变压器组合的接线推荐方案中,主变220kV侧出线回路数为6回;泵站接入系统推荐方案中,220kV系统侧进线回路数为3回,根据220kV侧进、出线回路数共计9回,220kV电压侧接线拟定了以下3种方案进行比选。

①方案一,双母线接线。
②方案二,单母线分段接线。
③方案三,3/2+双断路器接线。

各种方案的主要技术经济性能比较如表1所示。

表1　　　　　　　　　　　　　220kV电压侧接线方案比较表

项目	方案1(双母线)	方案2(单母线分段)	方案3(3/2+双断路器)
方案主要优缺点	1.接线简单、清晰,操作较简单,运行灵活。 2.母线故障时短时造成一半泵组停机;母联故障时,将造成全站停电;断路器检修,该回路停运。可靠性相对较低。 3.继电保护简单、典型。 4.各回路独立性强,能方便实施分期过渡。 5.设备故障影响面较大,对系统要求适应性较好	1.接线简单、清晰,操作简单,运行灵活。 2.母线及所连设备发生故障或检修,将造成全站停电,当分段开关打开后,另一段母线可恢复供电。 3.继电保护较简单、典型。 4.各回路独立性强,能方便实施分期过渡。 5.设备故障影响面最大,对系统要求适应性较差	1.接线较清晰,操作复杂,运行灵活。 2.母线发生故障或检修和断路器检修均不影响泵站的持续运行,可靠性高。 3.继电保护较复杂、典型。 4.各回路独立性强,能方便实施分期过渡。 5.设备故障影响面最小,对系统要求适应性好

续表

	项目	方案1(双母线)	方案2(单母线分段)	方案3(3/2+双断路器)
经济比较	220kV 断路器间隔	10	10	14
	220kV PT 间隔	2	2	2
	220kV 隔离开关/组	29	11	37
	设备投资/万元	2558	2162	3414
	设备投资差价/万元	0	−396	+856

通过经济比较,上述3种方案中,方案二的经济指标最优,方案一和方案二的经济指标差别不大,方案三最贵。

通过技术比较,方案一的可靠性和灵活性远优于方案二,方案一和方案三接线的技术性能基本相当。方案一母联故障时,将造成全站停电,方案三母线故障或检修和断路器检修均不影响泵站的持续运行,可靠性高,但任一回路故障,需同时开断两组断路器。

由于泵站220kV电气设备采用GIS,220kV电气设备运行可靠性很高,因此,综合技术、经济比较,泵站220kV侧电气接线选择方案一(双母线接线)。

4 招标设计阶段电气主接线

(1)接入系统方案

2021年5月,在电力市场化交易和"过网费"已实施的背景下,完成了《滇中引水石鼓水源泵站接入系统设计报告》,主要考虑供电可靠性及经济性,推荐的供电方案为:采用2回220kV线路接入云南省电网,均引自太安变电站。与滇中引水工程泵站供电方案专题研究报告推荐方案相比,该推荐方案线路更短、工程量更小、投资更省,供电能力及可靠性均能满足项目需求及相关规程规范。

(2)电动机与变压器的组合方式

设计比选条件同初步设计阶段,推荐方案仍为两机一变扩大单元接线。

(3)220kV电压侧接线方式

2022年2月,云南电网调度提出,根据丽江地区经济社会的发展,预计到2024年丽江市全社会用电负荷为840~1200MW,如果采用初步设计推荐的220kV侧双母线接线方案,在水源泵站受政策、气候等因素影响需开机10台,220kV侧单条母线最大接6台机时,这条单母线故障最大减供负荷240MW,占丽江全社会用电低谷负荷的28.57%,达到电力系统一般事故风险等级,因此,建议水源泵站采用双母线单分段接线。

双母线单分段接线,与表1双母线接线比较,增加了1个220kV断路器间隔、1个220kV PT间隔、2组隔离开关,增加设备投资324万元。

水源泵站采用双母线单分段接线,在投产初期,遇到水源泵站需开机10台工况时,220kV三段母线,每段最多接2个主变回路、4台机,这条母线故障最大减供负荷160MW,占2024年丽江全社会用电低谷负荷的19.05%,小于电力系统一般事故风险等级。

综合分析,为避免丽江市负荷发展不及预期、降低泵站单母线故障造成的负荷损失比例、降低电力系统事故社会风险,并提高水源泵站投产初期供电适应性及供电灵活性,推荐220kV侧选择双母线单分段接线,推荐的220kV侧双母线单分线接线示意图见图2。

(4)电气接线运行分析

泵站接入太安变的2回220kV线路,采用单回路架设,导线截面均选择2×300mm²,单回线路输送容量400MW。正常运行方式下,2回220kV线路均投入运行,任1回220kV线路故障或检修时,另1回220kV线路可输送泵站全部用电负荷,不影响向水源泵站220kV供电。

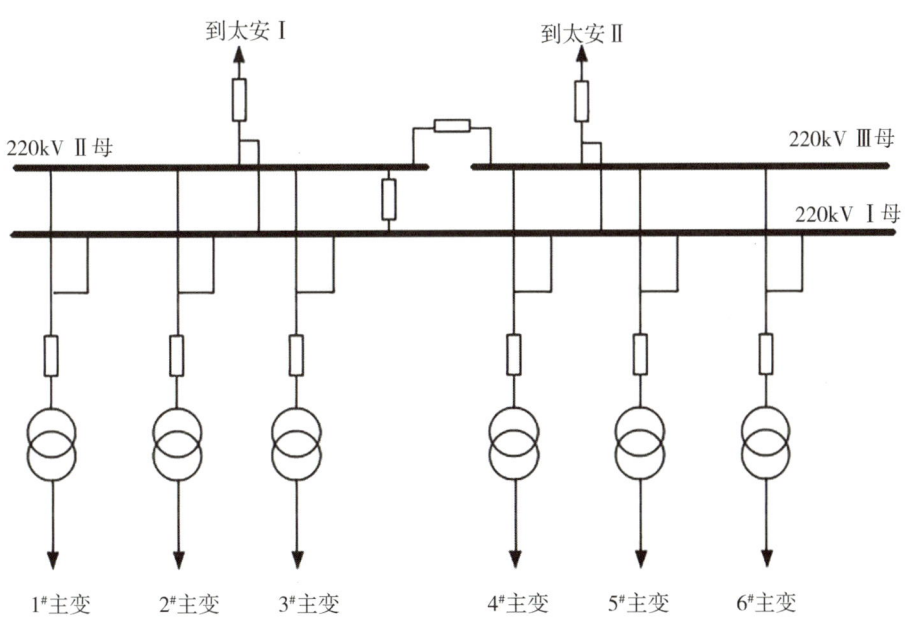

图2 220kV侧双母线单分段接线示意

水源泵站在投产初期,若达产年限大大提前,水源泵站10台机组运行时,220kV电压侧采用双母线单分段运行,运行母线分3段,每段最多接2个主变回路、4台机。随着丽江全社会用电负荷的增长,水源泵站10台机组运行时,单段母线最多接3个主变回路、5台或6台机运行时,这条母线故障最大减供负荷占丽江全社会用电低谷负荷的20%时,220kV电压侧可采用双母线运行,与泵站水工结构采用两条进出水隧洞、正常工况每条进出水隧洞开机5台相对应。

水源泵站如果按规划的达产年限第15年完全达产,则在达产前的14年大部分时间,特别是在投产初期,220kV电压侧可采用双母线运行。

5 主要电气设备关键参数

(1)同步电动机额定电压

本工程交流同步电动机额定容量为40MW,其额定电压可选择10kV或13.8kV,本电动机与变压器的组合方式推荐了两机一变扩大单元接线,电动机端短路电流水平较高。经过计算,若电动机额定电压为10kV,电动机端变频启动装置回路三相短路电流值为69.4kA,主回路三相短路电流值为56.1kA;当额定电压提高到13.8kV,电动机端变频启动装置回路三相短路电流值为50.3kA,主回路三相短路电流值为40.6kA。从水泵电动机端开关柜设备选择、布置、投资等考虑,应适当提高机端额定电压,控制断路器短路电流额定值主回路小于50kA、变频启动装置回路小于63kA,因此,推荐同步电动机额定电压选择13.8kV。

(2)同步电动机额定功率因数

初步设计阶段,考虑同步电动机额定功率因数不易选择过低,推荐为0.95。招标设计阶段,根据接入系统计算,按照《电力系统电压和无功电力技术导则》,在电网要求水源泵站220kV侧功率因数不低于0.95的运行方式下,同步电动机负荷的功率因数需为1.0。考虑本项目电动机负荷在各运行方式下波动较小,但无功调节也需留一定裕度,招标阶段推荐同步电动机额定功率因数为0.975。

(3)同步电动机次暂态电抗与暂态电抗

次暂态电抗X_d''的大小主要影响短路电流的数值,涉及电气设备的选择。从电气设备选择来说,希望X_d''大些,这样短路电流会小一些。然而,X_d''主要决定于电动机漏抗。从目前收集的参数来看,此参数范围一般在0.18~0.26。根据本工程短路电流计算,由于短路电流较大,为限制短路电流,X_d''不应太小,因此,推荐电动机X_d''为不小于0.2(饱和值)。次暂态电抗X_d'的大小主要影响电力系统暂态稳定,本工程接入太安500kV枢纽变电站的220kV线路距离较短,且泵站用电负荷提高了太安变以北地区盈余电力的消纳水平,减轻了太安与主网的联络通道送电潮流,也减轻了线路故障情况下系统潮流转移。经过稳定计算,在太安变和泵站的500kV、220kV线路发生三相短路故障时系统均能保持稳定,电力系统暂态稳定状况较好,系统稳定对X_d'值基本没有要求,从设备制造保持X_d'和X_d''差值范围,推荐电动机X_d'为不大于0.4(不饱和值)。

(4)主变压器额定容量

变压器额定容量为电力潮流输入侧的容量,水电站升压变压器额定容量可以等于发机的视在功率，本泵站工程电力潮流输出侧连接电动机，主变压器额定容量不能采用所连接电动机的视在功率值，应考虑电动机的视在功率值，加主变压器的无功消耗。经计算，本项目2台电动机满载运行时主变最大无功消耗约9Mvar，考虑变频装置特殊启动运行方式下油浸变压器的过载能力，推荐主变压器额定容量为100MVA。

（5）主变压器调压方式

初步设计阶段，考虑本泵站降压变为用户工程，主变压器选用有载调压。在招标设计阶段，接入系统设计进行了调相调压计算。由于本项目各运行方式下用电负荷波动较小，经过计算，水源泵站220kV侧在电网丰水期大运行方式下电压为224kV、小运行方式下电压为222kV，在电网枯水期大运行方式下电压为223kV、小运行方式下电压为222kV。据此分析，本泵站主变压器调压方式采用无载调压可满足电网在各种运行方式下的电压要求，故尽管本工程为220kV降压变电站用户工程，主变压器调压方式还是推荐无载调压。

6 结束语

世界最大提水泵站——滇中引水工程水源泵站，目前正在施工建设中，其主水泵采购招标文件已对外发布，主电动机采购招标文件已咨询审查，即将对外发布。通过对水源泵站电气主接线及主要电气设备关键参数研究，我们认为在类似大型泵站的电气主接线及关键电气参数设计研究中应注意如下问题：

1）大型泵站作为用电工程，其接入电力系统，对安全可靠性的要求大于同规模水电站接入系统，需要结合电网选择供电电源方案。

2）大型泵站电气主接线比选，除考虑泵站自身运行方式、装机台数、进出线回路数外，还需在极端的地区电力系统社会用电负荷工况下，分析单条母线故障最大减供负荷对地区电力系统一般事故风险等级的影响。

3）主要电气设备关键电气参数，需结合接入系统电气计算分析和设备制造技术经济，进行具体计算后合理选择。

白河水电站电气设备选型及布置方案研究

洪玮　董政华

（长江勘测规划设计研究有限责任公司，湖北武汉，430010）

摘　要：白河水电站站用电负荷数量多，种类复杂，供电距离长，可靠性要求高。结合白河水电站工程实际情况，对电气主接线、厂用电系统、主要电气设备选择布置、220kV 高压电缆敷设等进行了论述，提出合理的技术方案。所有设备技术参数均完全满足运行要求，为今后同等规模电站设计提供参考和借鉴。

关键词：电气设备；设备选择；设备布置；三维设计；白河水电站

白河（夹河）水电站工程是《长江流域综合规划（2012—2030 年）》和《汉江上游干流综合利用规划报告（黄金峡—夹河口）》推荐的汉江上游干流 7 级开发方案中最后一个梯级，上接蜀河水电站，下临孤山水电站。工程位于陕西省安康市白河县和湖北省十堰市郧西县境内的汉江干流上，坝址下距白河县城 13km。白河县东距湖北省十堰市 78km，西距陕西省安康市 146km。

工程等别为Ⅱ等，工程规模为大（2）型。水库调节性能为日调节，电站装机容量为 180MW，采用 4×45MW 灯泡贯流式机组，多年平均年发电量 5.57 亿 kW·h。推荐通航建筑物采用 500 吨级船闸方案，设计单向年最大通过能力约 235.7 万 t。

1　电气主接线

电站装机 4 台，单机容量 45MW，发电机和变压器组的接线方式考虑了扩大单元接线。4 台发电机连接成两段母线，每段母线接 2 台发电机和 1 台主变压器，共设置 2 台主变压器，每台主变压器容量为 100MVA。发电机和变压器之间装设断路器。这种接线方式接线简单、清晰，继电保护简单，维护方便，不受设备运输限制，一台主变故障或检修最多只影响两台发电机组电能的送出，可靠性与灵活性也相对较高。本方案主变压器只需 2 台，电气设备投资及年运行费用、维护工作量等均较小，便于 220kV 高压电气设备的布置。

电站 220kV 侧电气接线选择单母线接线方案,接线简单、清晰,进线回路相对独立,互不影响,供电可靠性较高。虽母线及连接设备故障、检修及出线断路器开断、故障造成全厂停电,但由于母线短,而且 220kV 配电装置采用 GIS,运行可靠性高、故障概率小,排除故障时间较短,且水库具有日调节能力,损失电能较小。

白河(夹河)水电站新建 1 回 220kV 架空线路至 220kV 郧西变电站,线路长度约 52km,导线型号 LGJ－400。

2 电站厂用电、大坝用电及船闸用电

电站厂用供电范围包括厂房、鱼道、大坝(泄水闸)和船闸区域。厂房区域主要有技术供水、油压装置、渗漏排水、空压机、检修排水泵、厂房桥机、进口门机、尾水门机、暖通空调、照明和检修等。鱼道区域主要有上下游启闭机及房间照明等。大坝(泄水闸)区域主要负荷包括泄水闸各启闭机、坝顶门机以及照明等。船闸区域主要负荷有上闸首工作门、下闸首检修门、下闸首人字门、排水泵、照明和检修等。

电站站用电设计了 3 回电源,其中 2 回分别取自 2 段发电机出口电压母线,组成 13.8kV 站用电母线,再由站用电母线出 2 回站用电、2 回坝区用电及 1 回船闸用电,正常情况下,即使机组停运,主变也不会全部断电。另一回电源来源于地方电网,由 10kV 线路引入,作为站用电备用电源和船闸的 1 回电源。另外,电站尾水平台和大坝变电所分别设有 1 台 600kW 柴油发电机以备用。

2.1 电站厂房供电

厂用 13.8kV(10kV)及 0.4kV 配电装置布置在副厂房 194.5m 层,0.4kV 配电装置从厂用 13.8kV 配电装置不同的两段母线引接 2 回电源,经 2 台 2500kVA 的变压器降压至 0.4kV,组成 2 段 0.4kV 母线,并由外来 10kV 电源经过单独 1 台 2500kVA 变压器至 0.4kV 提供 1 回备用电源。通过 0.4kV 电缆向厂内及鱼道供电。

2.2 大坝(泄水闸)变电所的供电

泄洪坝段设置了 9 孔泄水闸门,承担着电站的防洪保坝的重要任务,所以,在泄洪坝段设置了 1 座 13.8kV 变电所,10kV 电源采用 2 回,分别从厂用 13.8kV 配电装置不同的两段母线引接,对应 2 回 13.8kV 电源设置 2 台 1600kVA 变压器,降压至 0.4kV,组成 2 段 0.4kV 母线,由 2 段 0.4kV 母线各引接 1 回电源至每孔泄水闸门液压泵站。此外,大坝渗漏排水泵电源也由 0.4kV 母线提供。为确保大坝泄洪安全,在泄洪坝段变电所设置了 1 台容量为 600kW 的柴油发电机组作为保安电源。

2.3 大坝(泄水闸)变电所的供电

船闸坝段设置了 1 座 13.8kV(10kV)变电所布置在上闸首变电所内,通过 0.4kV 电缆

向船闸区供电。电源采用2回。1回从厂用13.8kV配电装置母线引接,另1回电源来源于地方电网,由10kV线路引入。对应电源设置2台630kVA变压器,降压至0.4kV,组成2段0.4kV母线,由2段0.4kV母线向船闸区用电设备提供电。

3 主要电气设备选择

3.1 主变压器

主变压器选用三相、油浸、双卷、铜芯升压变压器,台数为2台,额定容量为100MVA,额定电压高压侧为242±2×2.5%kV,低压侧为13.8kV,阻抗电压≥12%,联接组别为YN,d11。

变压器铁芯采用高质量的冷轧硅钢片叠装而成,绕组的材料为高电导率的铜导体。变压器高压侧通过电缆与220kV GIS相连,低压侧通过绝缘母线与发电机电压配电装置相连。

3.2 发电机主引出线

发电机主引出线额定电压为13.8kV,发电机至发电机电压配电装置回路、发电机电压配电装置至主变压器回路,均采用管型绝缘母线。

根据本电站及系统参数计算,13.8kV侧通过母线的最大短路电流为58.49kA,发电机至13.8kV配电装置额定电流不小于2196A,13.8kV配电装置至主变压器回路额定电流不小于4392A。

故13.8kV配电装置母线选型参数为:额定短时耐受电流(有效值)63kA,额定峰值耐受电流160kA,额定电流5000A,冷却方式采用自冷。

3.3 发电机断路器

根据本电站的实际情况,13.8kV发电机断路器应选用户内型、中置式、真空灭弧、自冷、三相机械联动操作。

根据本电站及系统参数计算,13.8kV侧通过发电机断路器的最大短路电流为45.89kA,最大工作电流2196A。本工程经调研比较,最终选用EVH4-15型户内高压交流发电机断路器。EVH4-15型断路器是天水长城开关厂有限公司为我国小容量水电机组配套使用的发电机出口断路器,额定电流3150A,额定开断电流50kA,可满足工程安全可靠运行的需要。

3.4 220kV GIS

白河水电站220kV配电设备有4个间隔,若采用室外常规设备,敞开式布置,占地面积约45×22m²,现场没有如此大的场地可以布置。因此体积小、占地面积小,不受外界环境影响及安全可靠、维护简单的气体绝缘金属封闭开关设备(即GIS)作为220kV高压配电装置成为必然选择,其布置房间尺寸仅为 12m×20.4m,大大节约了占地面积,满足了现场红线范围内的布置要求。

220kV GIS 为单母线接线型式,包括 1 个断路器架空出线间隔、2 个断路器变压器进线间隔和 1 个测量间隔。根据本电站及系统参数计算,220kV 侧通过断路器的最大短路电流为 44.53kA,母线最大工作电流为 551A。根据 GIS 产品样本最终选型为:额定电压 252kV,额定电流 3150A(该额定电流为中标厂家对应 220kV GIS 最小额定电流水平),额定短时耐受及短路开断能力 50kA。

220kV GIS 主母线为金属封闭三相共箱母线,进出线分支回路为单相母线,外壳为铝合金。GIS 母线除了引至厂房顶出线套管的少部分母线为户外型之外,其他均为户内型。GIS 隔室划分原则上以安装单元为单位。主母线、断路器、隔离开关、空气/SF6 套管、GIS/电缆终端均采用单独隔室。GIS 外壳采用多点接地方式。

4 主要电气设备布置

主厂房除安装了 4 台水轮发电机组外,电站电气设备均布置在副厂房内(图1)。下游副厂房 190.00m 高程设置电缆层,在 1~4 号机组段各高程之间设有垂直电缆通道。194.50m 高程副厂房为中、低压盘柜室、蓄电池及直流电源室、厂用变压器室及电气实验室;200.80m 高程副厂房内布置中控室、辅助盘室、通信设备室、通信蓄电池室、UPS/EPS 等;电缆层下方 183.00m 有励磁变压器、励磁 PT 柜及单元控制室。发电机主引出线引出后,在发电机竖井及母线廊道内通过绝缘铜管母线连接引出,引出线连接下游副厂房励磁变及励磁 PT 柜、发电机断路器柜等设备后,经向上的母线垂直通道引出至 207.20m 高程布置在尾水平台的主变压器低压侧套管上。

两台主变压器布置于副厂房下游尾水平台高程 207.20m,变压器附属设备和中性点等设备布置在变压器旁边。变压器低压侧与厂内引出的 13.8kV 绝缘铜管母线连接。高压侧采用 220kV 电缆沿主厂房下游墙桥架引至 GIS 室。

值得一提的是,220kV GIS 原计划布置在下游副厂房主变上方,GIS 与主变通过 GIS 油/气套管连接。可研设计审查阶段有专家提出需考虑机组流道振动对设备运行的影响并建议另选场地调整 GIS 布置,经与总图专业多次协商并经现场实地考察,最终将 GIS 室调整到右非坝段下游侧。

GIS 室为一层框架结构,尺寸为 20.4m×12m×13.4m(长×宽×高),GIS 室地面高程 207.50m,布置有 GIS 设备与电缆沟等,GIS 室屋顶高程 219.40m,布置有出线门构、避雷器、电容式电压互感器等,GIS 室设备通过桥机起吊,桥机吊车梁采用钢筋混凝土预制构件,断面尺寸为 0.4m×0.7m(宽×高)。主变压器高压侧至 GIS 之间采用 220kV 电缆连接,高压母线电缆从主变接出穿过上游侧防爆墙上的孔洞后沿机组段和安装场段下游侧墙外墙面敷设,再经门字型门构连接至 GIS 室,GIS 出线套管经线路 PT、避雷器后与 220kV 外送线路相连接。GIS 室外下游侧设置钢楼梯可达 GIS 室屋顶,对机电设备进行安装、检修和维护。

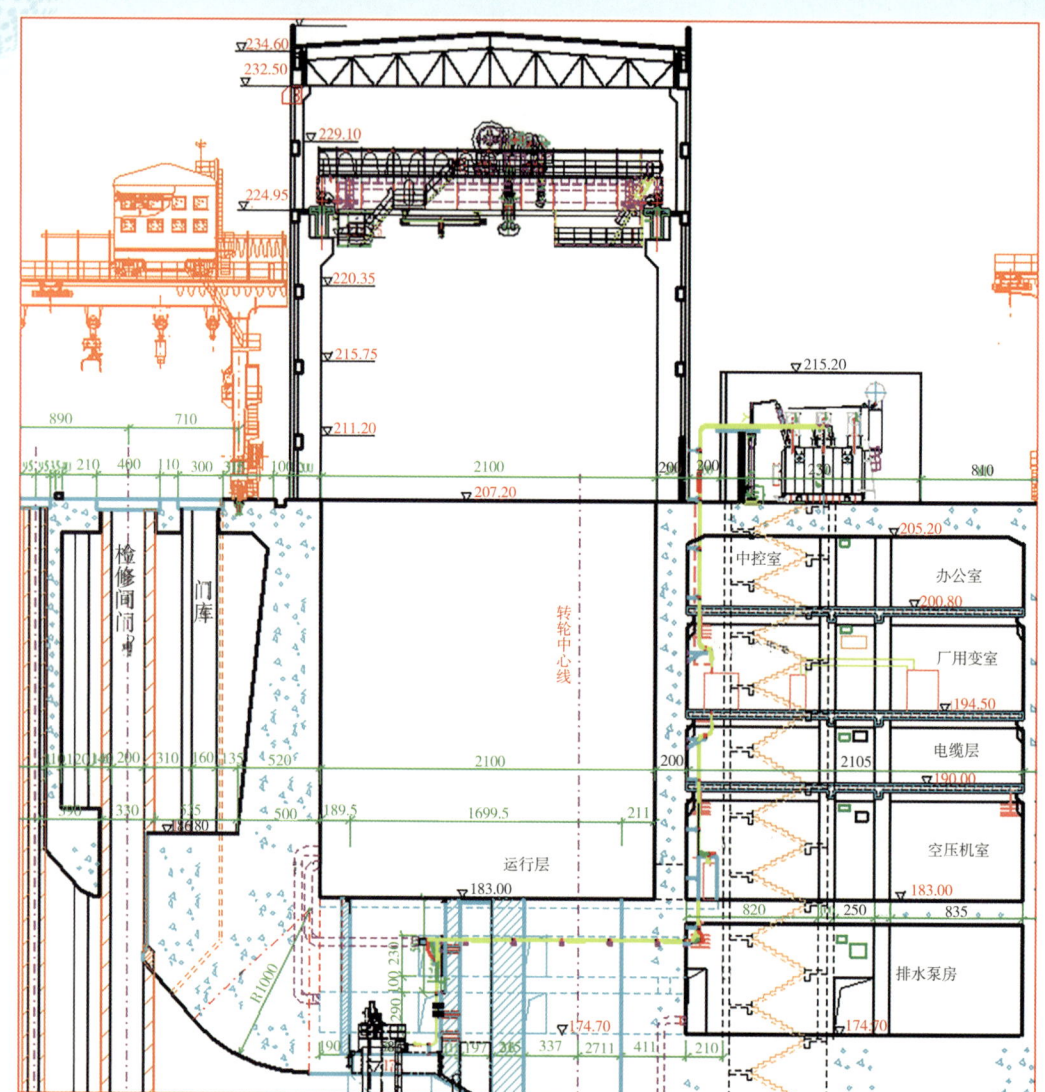

图 1 厂房电气设备布置图

5　220kV 电缆敷设及三维设计

变压器高压侧采用 220kV 电缆沿主厂房下游墙桥架引至 GIS 室。高压电缆的使用相比 GIL 在形式上更为简便灵活,成本更低,但对现场的电缆布置设计、安装施工工艺提出了更高的要求。

本工程 220kV 电缆共有 6 相,最短相长度为 120m,最长相长度为 142m。经计算,各相电缆金属护套上任一点的正常感应电压都在规程规定值范围以内。故采用一端直接接地、另一端护层电压限制器接地的方式,如图 2 所示。

电缆整体走向平面图如图 3 所示。为便于指导施工,特别为 220kV 电缆及支架进行了全三维设计。

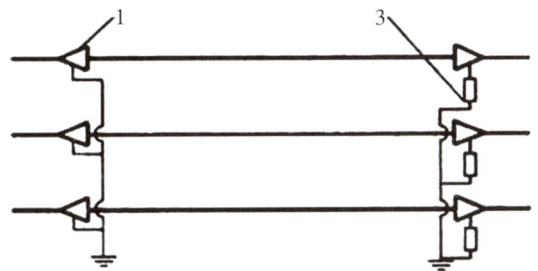

图 2　电缆接地方式示意图

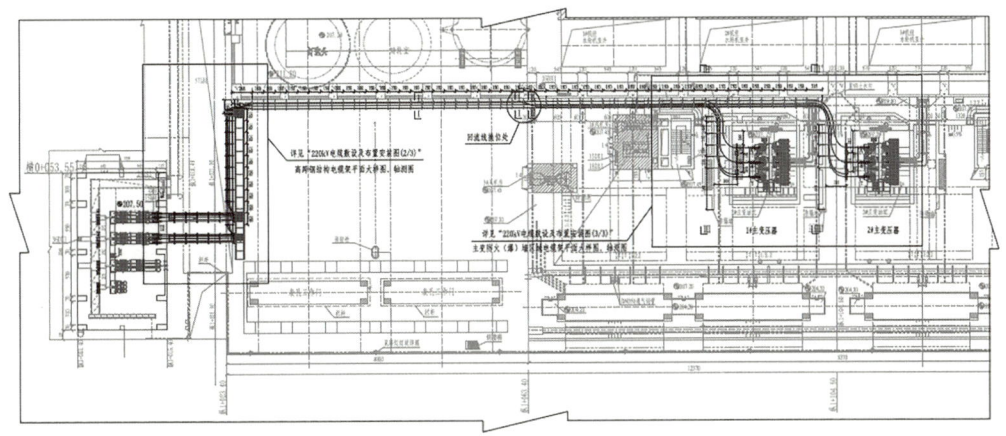

图 3　220kV 电缆走向平面图

为了确保电缆转弯半径满足 20 倍电缆外径的要求,在与变压器侧连接的地方设置了专用电缆升高固定支架,如图 4 所示。

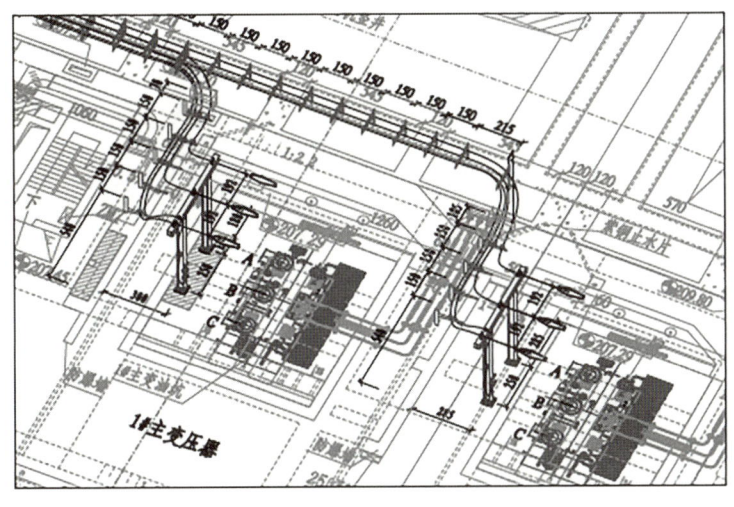

图 4　220kV 电缆主变区域连接图

在主厂房与GIS室之间的进厂通道，由于此处路径限制，采用特殊设计的钢结构门型电缆支架，如图5、图6所示。

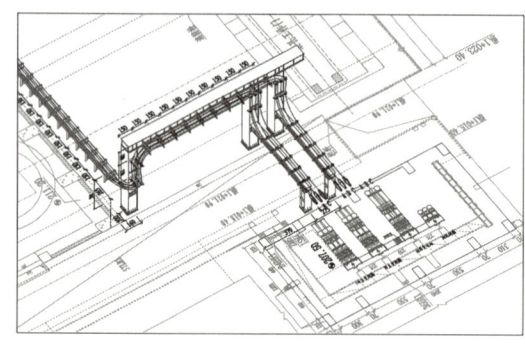

图 5　220kV 电缆门型支架连接图　　　　图 6　电缆门型支架现场图

6　结论

本文根据白河水电站的特点，有针对性地设计了一套可靠性高，且经济合理的电气主接线系统，所有设备技术参数的选择均完全满足运行要求。工程中创新性地运用了三维设计来指导 220kV 电缆的布置安装，大幅减少了设计交底和施工安装时间，整体布置美观、紧凑，很好地贯彻了设计意图，可为后续类似工程提供一定的参考借鉴。

参考文献

［1］水电站机电设计手册编写组.水电站机电设计手册[M].北京：水利电力出版社，1982.

［2］水利电力部西北电力设计院.电力工程电气设计手册[M].北京：水利电力出版社，1989.

［3］刘渝，李颉，胡勇.江口水电站地下厂房电气设备布置及特点[J].人民长江，2001，32（3）：48-49.

［4］电力工程电缆设计标准：GB 50217—2018[S]. 北京：中国计划出版社，2018.

构建新型电力系统水电电气面临的挑战与机遇

王耀辉

(中国电建集团成都勘测设计研究院有限公司,四川成都,611130)

摘　要:主要介绍了新型电力系统的特征,现有电力系统向新型电力系统的技术演变,提出现有电力系统面临的挑战和水电电气在新型电力系统构建过程中的发展机遇。

关键词:新型电力系统;水风光一体化;电力电子技术

1　新型电力系统的提出

实现碳达峰、碳中和目标,能源是"主战场",电力是"主力军"。当前,电力行业 CO_2 排放约占我国 CO_2 排放总量的四成;未来"终端用能电气化+电力系统脱碳"是实现碳中和的主要途径。因此电力系统转型升级是关乎我国"双碳"目标实现的决定性因素。新型电力系统是未来以新能源为主的我国能源系统的主体,将根本改变目前以化石能源为主的发展格局。它以低碳、清洁、高效、安全为基本特征,以高比例可再生能源和电气化、新型储能、氢能、分布式能源、智能电网、先进输发电技术、数字技术和新型商业模式、灵活的电力市场等为支撑,是实现经济社会高质量发展和应对气候变化的重要解决方案。由于新能源具有随机性、波动性、间歇性等特点,电网在持续可靠供电、安全稳定等方面面临重大挑战。

2　工业革命的发展历程

回顾工业革命的发展历程,从战略的眼光来看,新能源本身就是一个经济发展方向。促进新能源经济的发展,可以推进能源结构乃至经济结构的转变,对国民经济产生深远影响,也是未来世界各国的竞争重点,能源工业未来的方向将是从能源资源型走向能源科技型。

18世纪60年代中期,从英国发起的技术革命,开创了以机器代替手工工具的时代,发起"机械化"第一次工业革命。19世纪最后30年和20世纪初,科学技术的进步和工业生产的高涨,被称为"电气化"的第二次工业革命;世界由"蒸汽时代"进入"电气时代"。从20世纪

40、50 年代以来,在原子能、电子计算机、微电子技术、航天技术、分子生物学和遗传工程等领域取得的重大突破,标志着新的科学技术革命的到来。这次科技革命被称为"自动化"的第三次科技革命。第四次科技革命(智能化)以 20 世纪后期系统科学的兴起到系统生物科学的形成为标志,系统科学、计算机科学、纳米科学与生命科学的理论与技术整合,形成系统生物科学与技术体系,包括系统生物学与合成生物学、系统遗传学与系统生物工程、系统医学与系统生物技术等学科体系,并将导致转化医学、生物工业的产业革命。发展新能源被看成是第四次科技革命的核心任务。

3 新型电力系统的主要特征

3.1 动态特性

(1)传统电力系统

动作时间常数大(秒一分钟级),"慢速"的系统机电特性,稳定性高。

(2)新型电力系统

电力电子弱惯性特点,动作时间常数小(微秒级),频域分布广(DC-数百赫兹),波动性和随机性强。

3.2 安全稳定理论

(1)传统电力系统

机电同步过程,模型等效,基于机电转动惯性的稳定理论。

(2)新型电力系统

数据同步过程,数据驱动,基于数字化的信息与物理系统融合,基于"电力+算力"的系统平衡理论。

3.3 系统规模特征

(1)传统电力系统

集中式,单体规模大(100MW 级),数量较少。

(2)新型电力系统

分布式,单体规模少(kW/MW 级),数量庞大。

3.4 系统形态和生态

(1)传统电力系统

面向功能、界限分明,以模型和预测为核心的仿真系统,面向集中式架构,存在功能割裂、信息封闭、技术受限的问题。

(2)新型电力系统

"网源荷储"融合变换,"能量和信息"交织互动,基于全局的数据是电力系统研究纽带和基础。

3.5 负荷侧格局和用户

(1)传统电力系统

负荷可预测可计划,相对稳定,用户是电力消费者。

(2)新型电力系统

负荷侧包括新能源和储能,客户从单一的消费者转变为"生产者+消费者",负荷不确定性强,用户融入系统。

3.6 系统安全

(1)传统电力系统

确定性强,功能单一,易控制。

(2)新型电力系统

不确定因素多,功能复杂,构建系统和元件的新型网络安全体系。

3.7 电力系统构架

(1)传统电力系统

大电网,同步电网。

(2)新型电力系统

能源电力一体化,泛电气化,大电网+主动配电网+微电网。

3.8 新型电力系统的数字化、信息化、智能化——透明电力系统

(1)传统电力系统

依靠模型,着眼于物理电网本身特性。

(2)新型电力系统

不完全依靠电网模型,数字数据海量,动态变化;以软件计算为基础。

4 现有电力系统向新型电力系统的技术演变

4.1 从确定性系统演变为强不确定性系统

(1) 电源端具有强不确定性

我国电源结构将从以传统火电机组为主导，逐步演变为未来的以新能源机组为主导。未来风电和光伏发电的装机容量将呈现持续上升趋势，预计 2060 年两者装机容量占比之和达到约 60%，发电量占比之和达到约 35%。现有常规火电、水电或者核电出力呈现一定的规律性和可控性；而风电与光伏等新能源出力具有多时空的强不确定性和不可控性。

(2) 负荷端具有强不确定性

未来，电能逐步成为最主要的能源消费后，将取代煤炭在终端能源消费中的主导地位。现有电力负荷变化相对有规律，整个电力系统的运行方式相对固定。例如，在电力系统规划时，只需要选取不同季节的典型日或时的负荷曲线便可以进行预测。而高度电气化下负荷结构多元化，电动汽车充电与电供暖等用电行为的时空随机分布，以及用户侧的有源化特征凸显，都会加剧负荷的不可预见性。目前，我国电网负荷的峰谷差正在逐渐加大。

(3) 电力潮流具有强不确定性

在较少新能源并网时，由于负荷变化相对有规律，传统电力系统"源随荷走"的运行方式相对固定。而在高比新能源电力系统中，由于在源端和荷端存在较大的不确定性，电力系统运行的"边界条件"将更加多样化。输电网的联络线潮流可能跟随新能源的出力波动而大幅变动(甚至双向流动)，配电网的分布式新能源与虚拟电厂也会改变电力潮流。

4.2 从机电装备主导向电力电子装备主导的演变

新能源的并网、传输和消纳在源—网—荷端引入了更多电力电子装备，电力系统呈现显著的电力电子化趋势问题。因此，电力系统基本特性从以旋转电机主导的机电稳态过程为主演变为以电力电子装备的电磁暂态过程为主。现有火电、水电等传统机组采用同步电机，具有较强的机械惯性，因此，电力系统具有较大的时间常数(秒—分钟级)，系统频率以工频(50Hz)为主。而电力电子装置具有低惯性、低短路容量、弱抗扰性和多时间尺度响应特性，导致电力电子化电力系统时间常数更小(毫秒级)、频域更宽(几百赫兹)、安全域更复杂。在多种扰动情形下系统的机电暂态和电磁振荡等多重因素交互影响。例如，目前新能源基地出现的暂态电压支撑不足、风电机组并网的高/低电压穿越停机脱网、宽频振荡、多馈入直流换相失败等都是电力电子化系统的具体表现。

4.3 从单一电力系统向综合能源系统演变

能源互联网需要建设以新能源电力系统为基础，与天然气、交通、建筑等多个领域互联互通的综合能源网络。因此,现有的电力系统将与热力管网、天然气管网、交通网络进行互联互通,构成综合能源系统。而且,天然气与氢能源的储备与传输将与电力系统深度融合,发挥重要的调峰作用。

5 现有电力系统技术体系面临的挑战

在现有技术条件下,新能源出力不确定性强,具有随机性、波动性、反调峰特点,"极热无风""晚峰无光""大装机、小电量"成为行业弊端。现有电力系统向新型电力系统演变,将会面临重要的技术挑战。

(1) 电源和电网规划统筹协调不够

送端配套电源建设滞后和受端电网承载能力不足。电网结构尚不能完全满足大范围资源配置以及分布式广泛接入的需要。

(2) 电力系统平衡能力严重不足

新能源机组尚不具备与传统电源机组相当的电网安全稳定支撑能力,耐受电网扰动能力较低。现有火电灵活性改造和抽水蓄能的电源灵活调节能力不足,无法完全满足与高比例新能源接入情况下的系统调峰调频需求。

(3) 电力系统调节控制能力不足

系统运行中已经出现了动态无功支撑不足、频率调节和稳定不足、短路电流超标、传统同步稳定和新形态稳定交织等安全问题。此外,大量新兴的分布式发电的"弱调度"或"无调度"特点,导致电力系统协调运行控制难度持续增大。

(4) 电力装备支撑能力不足

面向新型电力系统电力电子化的特性,现有输变电设备的适应性亟须升级,需要向更敏捷、更智能、更高承载能力方向发展。特别是现有电力系统的电力电子器件过载承受能力低,这在物理上决定了装备与系统的脆弱性,亟须提升器件水平。此外,大容量储能系统的实用化水平亟须提高,成本、安全和效率仍是大规模推广储能的主要障碍。

(5) 电力系统基础理论体系亟须提升

传统电力系统技术体系不适应大规模新能源和电力电子装备发展的问题逐步显现。在规划层面,电力电量平衡以及容量充裕度的概念与方法应由目前确定性的思路向概率性的思路转化。在运行层面,需要深入掌握电力电子动态特性,提高复杂环境下的系统分析手段。

6 水电电气的机遇

6.1 水风光一体化

由于风电与光伏出力的随机波动性,特别是短时间内发电出力变化较大时,会对电力系统短时间的有功功率平衡及频率稳定、无功功率平衡及电压稳定产生影响。为保证融合多能资源电网的有功功率平衡及频率稳定、无功功率平衡及电压稳定,需要电网配备充足的有功、无功快速反应容量。风光电站与水电站打捆送出,通过水电站机组负荷增减和水库库容调节,可以实现弥补风光电站负荷的波动,削减风能的不稳定性、平抑光能的波动性,实现水电、风电和光电的互补。同时能充分利用水电的送出通道资源,加快新能源的建设。

6.2 水电可再生能源开发迎来新机遇

水电作为可再生的清洁能源,随着新能源的大量接入,其具有的快速调节和大容量储能的特性,在新型电力系统的作用发生了变化,迎来大力开发新机遇。主要体现在抽水蓄能得到大力开发;流域水电开始了再规划,部分水电进行扩机,混蓄电站得到有序开发。

6.3 电力电子技术的发展助力新型电力系统的构建

新型电力系统除具有高比例可再生能源(新能源)外,还有高比例电力电子设备。水电电气除应研究传统的交流输电和直流输电技术外,还需要研究掌握以电力电子器件为主的柔性直流输电、柔性交流输电和低频交流输电等技术。

6.4 电力数字化

建设能源互联网数字化技术体系,持续进行能源数字新基建,奠定数字化基础,水电电气任重道远。已建水电站的建设基本没有考虑数字化,新建的水电尚未按照统一的标准建设。因此应开展智能传感、边缘计算、区块链和人工智能算法等关键核心技术攻关。开展量子通信研究与应用,基于光纤、5G与北斗卫星等建设"空天地海"一体化通信网,实现能源场景全覆盖与网络快速传输;打通行业数据壁垒,深度实现云端智能管控;构建以全息感知的数据基础、开放共享的知识体系、融合创新的智慧应用为特征的能源人工智能架构,实现共享高效利用;研发自主可控的国产化行业操作系统。

6.5 机电设备的适应性研究

(1)主机

新型电力系统希望水电机组能快速可调0~100%的负荷,但是水轮发电机组固有性能,以及已建的机组根据试验结果和机组运行振动、摆度值,要求将机组运行分为稳定运行区、

限制运行区和禁止运行区3个区域。为保证机组长期安全稳定运行,应采取措施避开振动区运行。建议:

1)与电网协商,避免机组在振动区带负荷运行;

2)机组并网时,快速增加机组有功,使机组在振动区停留的时间最短;

3)优化AGC程序,合理设置机组稳定运行区域。

(2)电力设备

电力电子化系统可能引发的宽频振荡、低惯性、弱抗扰性给电力设备带来的影响有待进一步研究。

全功率变频抽水蓄能机组工程设计与认识

杨梅　梁国才　易忠有

（中国电建集团北京勘测设计研究院有限公司，北京，100000）

摘　要：本文对全功率变频抽水蓄能机组技术的发展现状、性能优势、设备选型、工程设计等进行了较全面论述，为新建和升级改建全功率变频机组的业主和设计人员提供论证参考和设计指导。

关键词：全功率变频器；变速；抽水蓄能机组；工程设计

1 引言

建立以风电、光伏等新能源为主体的新型电力系统是当前迫切的战略任务。因风电、光伏出力具有随机、间歇性的特点，大规模的新能源并网对电网的安全稳定运行将带来前所未有的挑战。随着电力电子技术的发展，采用变速技术的抽水蓄能机组，水泵工况入力可调，发电和抽水时都能快速响应电网频率，独立的有功功率和无功功率控制，能适应更宽水头变幅，提高机组运行效率和调度灵活性；同时具备大范围无功补偿能力。因此变速蓄能机组日益成为高比例消纳新能源的有效手段。

目前国际上连续变速的抽水蓄能技术有交流励磁变速和全功率变频两种技术路线。交流励磁变速抽水蓄能技术采用异步化电机配置交流励磁装置，在国际上广泛应用于大中容量抽水蓄能机组；全功率变频抽水蓄能技术采用同步电机配置全容量的变频器，主要应用于中小容量抽水蓄能机组，该项技术原理清晰、系统设计成熟，电力电子技术的发展使变频器的应用更高效、安全和可靠，在新型电力系统中优势明显。因此，全功率变频技术的研究和应用工作在我国也应加速按需求开展，并具备推广可行性。

2 全功率变频抽水蓄能技术应用背景

全功率变频抽水蓄能技术采用常规的同步发电电动机，全功率变频器与主变压器相连，通过改变发电电动机定子三相磁通的频率改变机组的转速,实现变速运行。全功率变频抽水蓄能机组系统配置如图1所示。

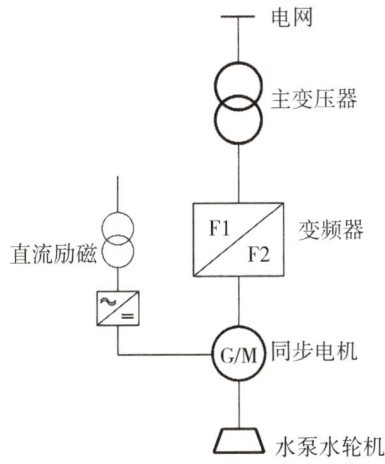

图1 全功率变频抽水蓄能机组的基本结构示意图

全功率变频抽水蓄能机组的性能优势主要体现在以下方面。

1)水泵工况能够实现入力可调,提高整个电站输入功率的灵活性和可控性,具备自动跟踪电网频率、匹配新能源随机性和间歇性运行的能力。

2)发电和抽水时都能快速响应电网频率。

3)能够实现独立的有功和无功功率控制,而且可作为静止无功补偿器STATCOM运行,在电机转速为0时也可发出无功,具有更大的无功补偿能力。

4)水泵工况时启动迅速、无需压水。

5)水轮机工况输出功率调节范围更大,并通过转速调节使水轮机运行在最优工况,效率更高,稳定性也更优,尤其是低水头工况和部分负荷工况下效果明显。

6)机组适应水头变幅能力更强。

国际上全功率变频抽水蓄能机组及变频设备供货商品工程业绩如表1所示。目前仅有瑞士和奥地利的5个改造升级或新建项目,共8台机组,单机容量为45～100MW,主要参与欧洲高度动态电力市场,用于支持德国和奥地利新能源消纳。由此可见,全功率变频抽水蓄能技术主要用于中小容量的抽水蓄能机组,在欧洲电力系统中应新能源的消纳需求不断兴建和发展,同时体现了在发电和抽水工况时都能提供调频容量以获取更高的经济效益。

表 1　国际上全功率变频抽水蓄能机组及变频设备供货商和工程业绩表

工程序号	电站/机组	机组台数	国家	项目性质（新建/改造）	业主公司	额定容量/(MVA/MW)	转速范围/(r/min)	发电电动机供货商	水泵水轮机供货商	变频器类型—供货商	投运时间/年
1	Grimsel 2	1	瑞士	变频器更换	KWO	100/100	600~750	Escher Wyss	Escher Wyss	PCS 8000(3L—ANPC) HITACHI—ABB	2013
2	Malta Oberstufe U1/U2	2	奥地利	整机更换	Verbund	80/80	224~560	GE	ANDRITZ	Hydro SFC Light(M3C) HITACHI—ABB	2021/2022
3	Kuhtai 2 U1/U2	2	奥地利	新建	TIWAG	95/95	343~479	ANDRITZ	ANDRITZ	Hydro SFC Light(M3C) HITACHI—ABB	2026
4	Kaprun/Limberg U1/U2	2	奥地利	整机更换	Verbund	85 MVA	G:480~660, P:560~725	Voith	Litostroj	MV7000(3L) GE PC	2021/2022
5	Reißeck 2＋U1	1	奥地利	新建	Verbund	50 MVA	G:175~475, P:225~550	GE	GE	MV7000(3L) GE PC	2024

3 全功率变频抽水蓄能机组系统配置

全功率变频抽水蓄能机组系统配置如图2所示。

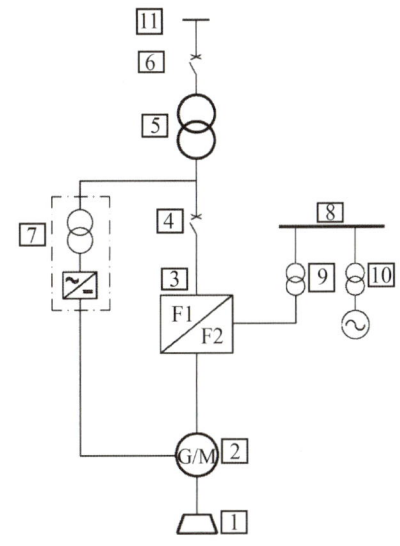

图 2　全功率变频抽水蓄能机组系统配置图

全功率变频抽水蓄能机组系统中主要配置的设备有：1为水泵水轮机，2为同步发电电动机，3为变频器，4为变频器网侧断路器，5为主变压器，6为高压断路器，7为直流励磁装置，8为厂用电系统，9为预充电单元，10为黑启动单元，11为电力系统。其中，直流励磁装置用于启动同步电机；黑启动单元为可选单元，可通过配备柴油发电机实现黑启动功能；预充电单元用于变频器预充电。

4 全功率变频抽水蓄能机组工程设计与认识

4.1 全功率变频水泵水轮机工作特性

（1）水轮机工况工作特性

对于可逆式水泵水轮机，转轮不可能同时满足水轮机工况和水泵工况都在最优范围内运行。因此水力开发设计时，一般以水泵工况设计为基础，在保证水泵主要性能参数的前提下，再根据水轮机工况进行复核优化。由此，水泵工况一般运行在最优区，而水轮机工况偏离其最优运行区。图3中A—B—C—D—E虚线范围为某抽水蓄能电站水轮机工况定转速方案运行范围图。

如果采用变转速水泵水轮机，由于机组转速的变化，机组实际运行工况点将发生偏移，具体变化关系为：

$$n_{11} = nD/\sqrt{H} \tag{1}$$

$$Q_{11} = \frac{Q}{D^2\sqrt{H}} \tag{2}$$

式中，n_{11}、Q_{11}、n、D、H、Q 分别为单位转速、单位流量、机组实际转速、转轮直径、水头、流量。

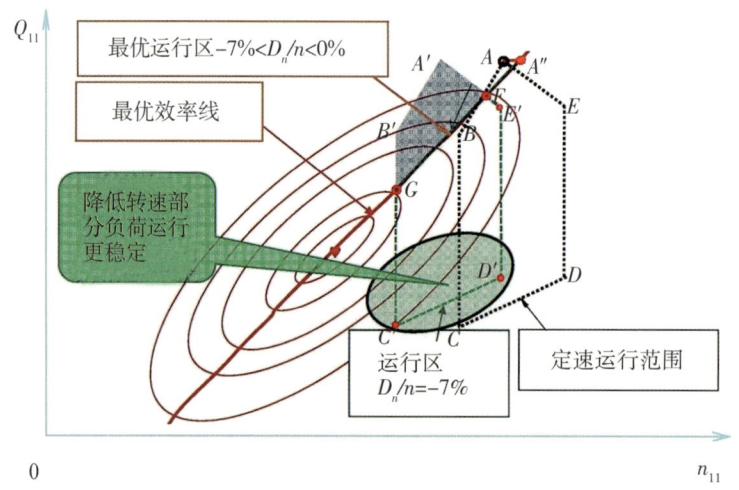

图 3　变速可逆式水泵水轮机工况工作特性

根据式(1)、式(2)可知，当机组在某水头带一定的负荷运行时，通过转速的变化，机组单位转速将相应变化，而单位流量几乎不发生变化，即流量几乎不发生变化。根据可逆式水泵水轮机特点，水轮机工况一般在高于最优单位转速区运行，所以通常采用降低机组转速，使其运行工况点向最优区方向平移。比如图 3 中 $A'—B'—C'—D'—E'$ 为机组转速降低 7% 后的可运行范围，而在实际运行中，由于全变频变速范围更大，为使机组效率高，同时减小压力脉动，改善空化性能，可使水泵水轮机基本处于最优区运行。当然，也存在水轮机工况增速运行的情况，如图 3 中 $A—A''—F$ 区域内部的效率较 $A''—F$ 线上的效率低，可通过增速运行使机组原来该区域内的运行工况平移到沿 $A''—F$ 线上运行，使机组效率最优。

(2) 水泵工况特性

根据水泵水轮机特性，水泵工况的流量 Q、扬程 H、入力 P 与机组转速有如下关系：

$$H = \frac{\psi_1}{2g}\left(\frac{\pi D_n}{60}\right)^2 \tag{3}$$

$$Q = \varphi_1\left(\frac{\pi D^2}{4} \times \frac{\pi D_n}{60}\right) \tag{4}$$

$$P = \lambda_1 \rho \frac{\pi}{8} D^2 \left(\frac{\pi D_n}{60}\right)^3 \tag{5}$$

式中，ψ_1、φ_1、λ_1 分别为压力系数、流量系数、功率系数。

从式(3)、式(4)、式(5)中可以看出，对于同一台机组某个水泵工况下，水泵扬程与机组转速的二次方成正比，流量与转速成正比，而水泵入力与转速的三次方成正比。由此，随着机组转速的增大或减小，水泵工况下扬程、流量和入力将相应增大或减小。图2为水泵工况工作特性。

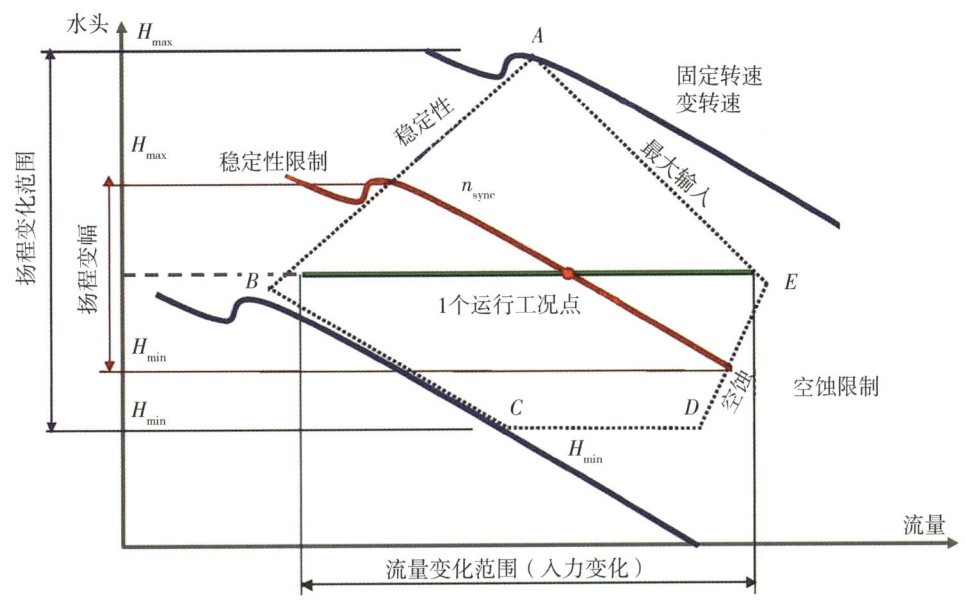

图 2　水泵工况运行扬程—流量工作特性图

从图2中可以看出，转速升高时，扬程—流量特性向高扬程、大流量方向平移；当转速降低时，扬程—流量特性向低扬程、小流量方向平移。但是，根据水泵扬程—流量特性，在高扬程时存在二次回流不稳定区，所以当转速降低时，在高扬程区还应受到水泵稳定特性限制（如图2中 A—B 限制线）；同时由于水泵入力与转速的三次高成正比，一般水泵工况在最低扬程入力最大，如果转速增加较大，势必要大大地增加机组容量和变频容量，这是不经济的，由此当机组转速升高时，水泵扬程特性还受水泵最大入力限制（如图中2中 A—E 限制线）。另外，水泵低扬程区流量大，容易产生叶片正面脱流，空化性能变差，故在低扬程区还受到空化特性的限制（图2中 D—E 限制线）。C—D 为电站物理扬程限制。所以在实际运行中，水泵将在 A—B—C—D—E—A 范围内运行，即水泵运行范围由原来的特性曲线上运行变为一个区域内运行。

4.2　水泵水轮机

全功率变频水泵水轮机具有扩大机组适应的水头变幅范围、提高水轮机工况运行效率和稳定性、增大水轮机工况运行范围、提高机组整体空化性能、水泵工况可灵活调节入力等优势,工程设计中应对以下问题重点关注。

(1)水力研发

水力研发时一般以水泵工况设计为基础,在保证水泵主要性能参数的前提下,再根据水轮机工况进行复核优化。如何在给定的水力研发条件下,协调好水轮机运行区域及水泵运行调节能力将是关系到机组综合效率、运行稳定性的关键问题,同时也直接关系基准转速的确定和机组的设计。

另外,水力研发的重点不仅要有良好的能量指标,同时还要求有优秀的空化性能,以其获得良好的水泵入力调节能力,以及机组长期可靠地运行。

对于变速机组来说,虽然驼峰区余量、S区余量等可以通过变转速满足要求,但良好的驼峰区特性及S区特性,本质上将大大改善水泵工况入力调节范围及过渡过程特性。

(2)水力共振分析

由于全变频水泵水轮机的运行转速范围大,其产生的水力激振频率相应范围要比定速机组、交流励磁变频机组要宽得多。如何做好水力设计与激振分析、做好机组结构设计,防止机组主要结构部件与水力激振共振,将是较其他机组要难得多的问题。

(3)输水系统过渡过程研究与分析

与常规定转速机组及交流励磁变速机组相比,全变频水泵水轮机过渡过程的初始条件要复杂得多,同一扬程下有着众多不同的转速、流量,过渡过程计算工况复杂,对变速机组过渡过程,尤其是全变频机组的过渡过程计算研究分析经验不足,如何在取得良好的水力研发成果的基础上,在众多工况中找出控制工况,选择合理的导叶关闭规律,确保蜗壳进口压力、机组尾水管压力、机组最高转速等指标满足规程规范要求,将是全变频机组的关键技术问题之一。

4.3 全功率变频器

根据目前国际上全功率变频抽水蓄能机组应用的变频器技术调研,有以下3种变频器可供不同单机容量的机组配套选择,分别命名为全功率变频器Ⅰ型、Ⅱ型和Ⅲ型。

4.3.1 Ⅰ型—M3C矩阵式模块化多电平"交—交"直接变频器

基于IGCT或IEGT两种功率元件,"矩阵式模块化多电平"交—交"直接变频器(M3C)"(以下简称"Ⅰ型变频器")均能应用于抽水蓄能机组,其主要特点如下:

1)转换效率达到98.7%;

2)功率器件、功率单元数量较少,功率密度大,占地面积小;

3)无需升压降压变压器,可直连主变压器和电机;

4)冗余设计,器件故障时连续运行不停机,支持在线旁路运行365天;

5)器件故障时具备内在的承受大故障电流能力,不破裂、不爆炸;

6)输出电压波形较为平滑,谐波含量较低,无需滤波器。

该变频器基于矩阵式模块化多电平变频器(M3C,Matrix Modular Multilevel Converter)的拓扑结构,其基本单元是功率单元,多个功率单元串联起来形成一个相支路,9条相支路组成3×3的矩阵式结构,由网侧A、B、C三相电分别经过一条相支路变换并汇聚成机侧的A相、B相、C相电,从而将网侧50Hz转换为机侧所需频率,电路结构如图3所示。

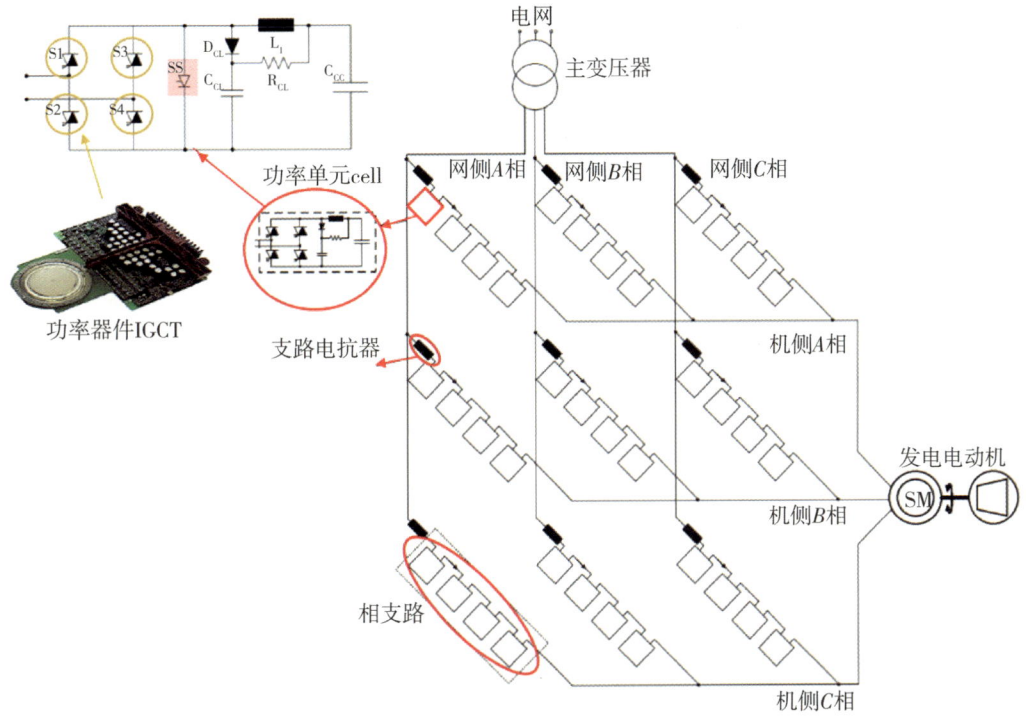

图3 M3C变频器原理图

M3C拓扑结构要求电机侧电压和频率均需要低于电网侧电压和频率,否则输出电压波形、转换效率、运行稳定性都受到影响,因此发电电动机的额定电额定频率需要,小于35Hz,额定电压也需要根据变频器容量采用非常规发电电动机电压的设计。

4.3.2 Ⅱ型—模块化多电平MMC+五电平5L"交—直—交"间接变频器

基于IEGT功率元件的"模块化多电平MMC+五电平5L"交—直—交"间接变频器(MM7D45)"(以下简称"Ⅱ型变频器")充分利用了MMC+5L的组合型式优点,可应用于80～150MW的抽水蓄能机组,其主要特点如下:

1)电机侧逆变器启动能力强,可以输出0～300Hz,避免了MMC的低频输出能力受限和M3C的输入输出不同频的特性;五电平加正弦滤波器,对电机绝缘无额外要求,谐波电流小,对电机不产生额外损耗,可直接驱动 50Hz 机组。

2)电网侧采用基于半 H 桥的模块化多电平变频器 MMC。网侧 MMC 只需运行在 50Hz 附近,不存在低频运行带来的电容电压波动,且其输出波形更接近正弦波,无需或只要求很小的滤波器,减少了滤波器损耗,对变压器绝缘无额外要求,谐波电流小。

3)转换效率可达到 98.6%。

MM7D45 变频器的系统组成如图 4 所示(以两组变频器并联为例)。

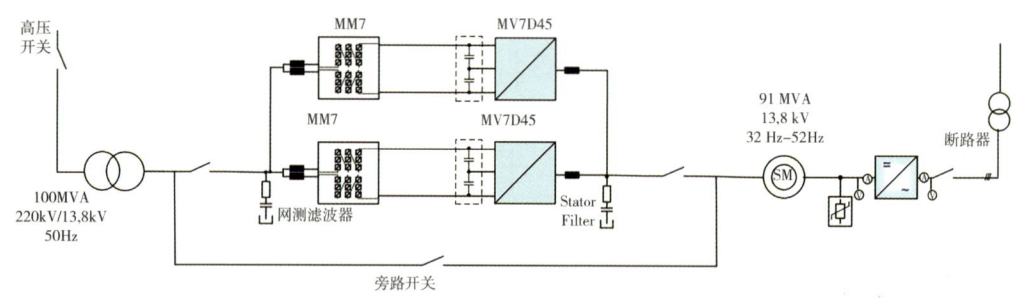

图 4　MM7D45 变频器在抽水蓄能机组的应用系统图

4.3.3　Ⅲ型—基于 3L—NPC 的"交—直—交"间接变频器

基于 IEGT 功率元件的"三电平 3L—NPC"交—直—交"间接变频器(MV7616)"(以下简称"Ⅲ型变频器")可应用于小容量抽水蓄能机组,其主要特点如下:

1)该逆变器产品采用了适用于石油、天然气、船舶、金属、铁路等电力应用的技术、控制和保护方法,可在苛刻和敏感的工业生产中防止停电和确保电能质量,在全功率变频能机组中的性能及可靠性也已得到验证。

2)变频器电压输出为 6.6kV 适用于 80MW 及以下中小机组。由于电压较低且输出配置 du/dt 滤波器,可直接使用 10kV 的绝缘系统应用于 6.6kV 的电机,变频器输出对于电机绝缘的问题就得以解决。

3)变频器并联输出,可采用并联变频器之间的 PWM 调制波(Interleaving)错开相位的方法消除谐波。

4)转换效率可达到 98.5%。

全功率变频抽水蓄能机组(以 80MW 为例)单线图如图 5 所示。

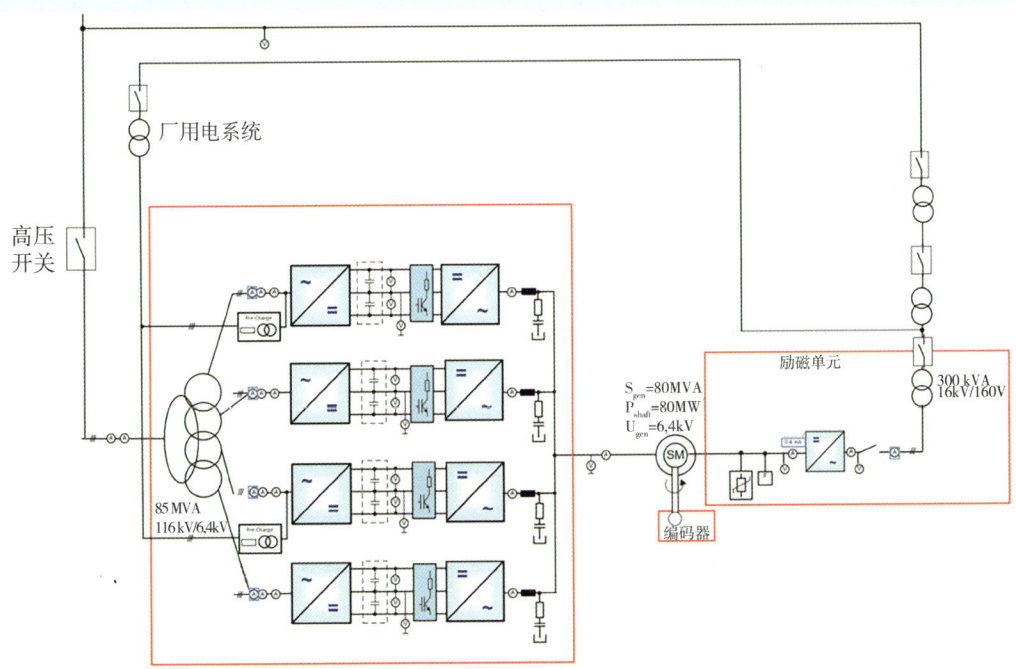

图 5　80MW 全功率变频抽水蓄能机组单线图

变频器基于成熟的三电平 NPC 技术。同样，对于更高的电压，可以使用五电平 NPP 配置。三电平 NPC 全功率变频器的拓扑结构如图 6 所示。

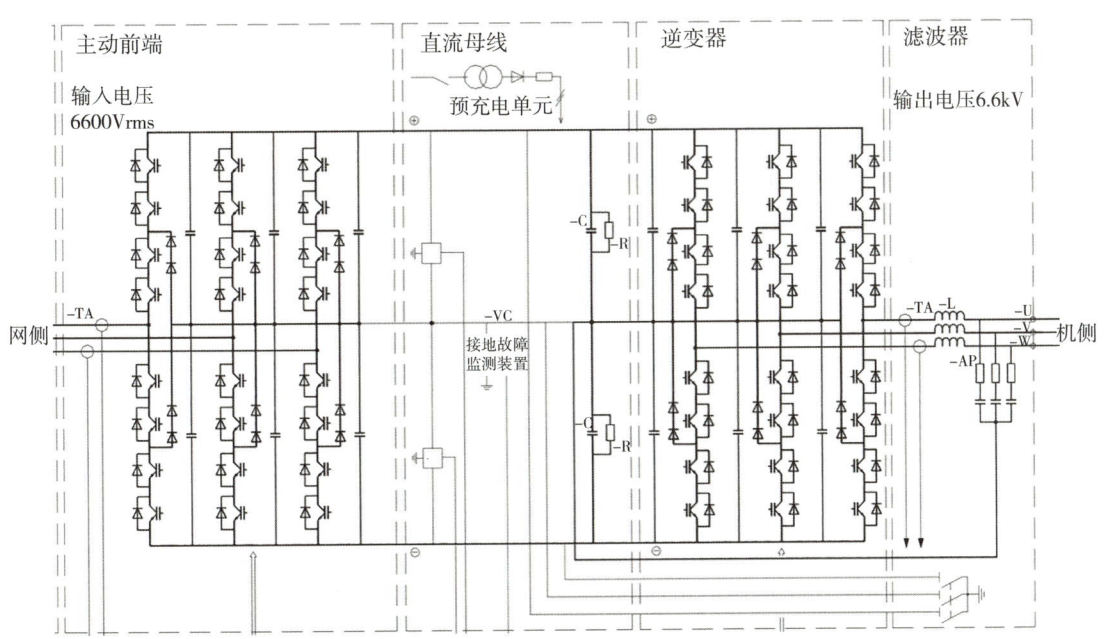

图 6　三电平 NPC 全功率变频器拓扑结构图

4.4 发电电动机

全功率变频发电电动机为同步电机,型式通常与定速发电电动机相同。

对应于Ⅰ型变频器,即 M3C 矩阵式模块化多电平"交—交"直接变频器,此种变频器需要机侧频率为 30～35Hz,且对应不同的发电电动机容量,根据变频器的选型,对机侧和网侧的额定电压都有不同要求,如表 2 所示。因此发电电动机额定频率和额定电压都需要进行不同于常规系列的特殊设计,即机组的额定频率需要选择为 30～35Hz,要求发电电动机的电磁设计、结构设计、通风冷却设计、工艺控制等都需要进行非常规设计,需要积累长期的设计、制造、运行和维护经验,并考虑机组的研发时间和工程投资。由于机组不同于电网的频率,因此发电电动机在发电工况无法旁路运行,必须通过变频器进行发电运行。

对应于Ⅱ型基于 MMC+5L 的变频器和Ⅲ型基于 3L—NPC 的变频器产品,该两种变频器的机侧频率和额定电压都能与不同容量等级同步发电机的常规设计相匹配,如表 3 所示。因此,采用Ⅱ型或Ⅲ型变频器,对发电电动机的主要参数和结构设计无特殊要求,且发电电动机在发电工况可以实现旁路运行。

由于发电电动机与全变频直接相连,还应重点关注以下问题:

(1)全功率变频运行对发电电电动机定子绕组的影响

1)变频器输出电压波形分析。

2)定子绕组绝缘场强和防晕性能分析。

(2)全功率变频运行可能出现的定子谐波振动

1)不同工况下的旋转(力)波计算分析。

2)定子固有频率计算分析。

(3)全功率变频运行可能出现的机械振动

1)轴系扭振频率计算分析。

2)其他结构部件固有频率计算分析。

(4)发电电动机变速运行工况点参数的确定

发电电动机变速运行工况点参数的确定包括绕组、容量、机端电压和频率等。另外,发电电动机全功率变频运行需要进行转速实时测量,因此需要增设速度编码器。速度编码器位于发电电动机轴的上端,其安装应与顶轴和集电环等带电部件的设计相协调。速度编码器可进行热冗余配置,如果编码器出现故障,控制系统将在两个编码器之间执行热切换。

表 2　I 型变频器（M3C）应用于 50MW、80MW、100MW、150MW、200MW 级抽水蓄能机组设计参数表

项目	50MW	80MW	100MW 方案一	100MW 方案二	100MW 方案三	150MW	200MW
变频器容量/MVA	50	80	100	100	100	150	200
单个模组功率/MVA	50	80	100	50	50	75	67
模组数量	1	1	1	2	2	2	3
功率单元数量	72	126	144	144	144	216	324
网侧电压/kV	13.8	18.7	28	13.8	12	20.96	20.99
机侧电压/kV	10.5	18	19	10.5	12	15.75	15.75
网侧频率/Hz	50	50	50	50	50	50	50
最大机侧频率/Hz	<38	<40	<35	<38	<40	<40	<40
额定机侧频率	考虑最大转速变化范围，电机额定转速可根据合理的极对数设计在 25~35Hz 范围内						
额定转换效率/%	>98.8	>98.8	>98.8	>98.8	>98.5	>98.8	>98.8
不降容冗余	支持	支持	支持	支持	支持	支持	支持
功率元件在线旁路	支持	支持	支持	支持	支持	支持	支持
发电工况旁路运行	不支持	不支持	不支持	不支持	不支持	不支持	不支持
占地面积/m² (长×宽×n=m²)	20×6=120	27×9=243	24×11=264	20×6×2=240	20×6×2=240	27×9×2=486	20×8×3=480
	1 套	1 套	1 套	2 套	2 套	2 套	3 套
高/m	4	4	4	4	4	4	4

注：功率因数不为 1 的机组可参照变频器容量选择。

表3 Ⅱ型(MM7D45)、Ⅲ型(MV7616)变频器于50MW、80MW、90MW、100MW、150MW级抽水蓄能机组设计参数表

项目	50MW(Ⅲ型) MV7616	80MW(Ⅲ型) MV7616	90MW(Ⅱ型) MM7D45	100MW(Ⅱ型) MM7D45	150MW(Ⅱ型) MM7D45
变频器容量/MVA	50	80	90	100	150
单套变频器功率/MVA	20	20	45	35	40
并联数量	3	4	2	3	4
网侧电压/kV	变压器输出6.6	变压器输出6.6	13.8	13.8	20.96
机侧电压/kV	6.6	6.6	13.8	13.8	15.75
网侧频率/Hz	50	50	50	50	50
机侧频率/Hz	额定50Hz,全转速范围可变速,最终以水力设计选定				
额定转换效率/%	>98	>98	>98.7	>98.7	>98.7
N-1不降容冗余	不支持	不支持	支持	支持	支持
功率元件在线旁路	支持	支持	支持	支持	支持
发电工况旁路运行	支持	支持	支持	支持	支持
占地面积/m² (长×宽×n=m²)	11×2×3=66	11×2×4=88	20×6×2=240	20×6×3=360	20×6×4=480
高度/m	2.7	2.7	4	4	4

注:功率因数不为1的机组可参照变频器容量选择。

4.5 电气系统接线

针对发电电动机能配套变频器型式的不同,有两种系统接线形式。当采用变频器Ⅱ和变频器Ⅲ型式时,机组可以旁路运行。该种接线可以实现机组发电工况不通过变频器运行,减小损耗。当采用变频器Ⅰ型式时,机组不可以旁路运行,发电和抽水都必须通过变频器运行。

另外,采用Ⅲ型变频器的工程,主变压器需采用多分裂(根据机组容量确定分裂数)的变流变压器(图5)。

4.6 控制和保护

1)由于全功率变频机组转速与系统频率完全解耦,因此相对于定速机组,全功率变频机组控制更加灵活复杂。如何利用对全功率变频机组的转速(转动惯量)以及调速器的控制来更好地实现对系统功率的快速及最优响应、抑制电网功率扰动以及稳定电网频率的控制策略需要深入研究。

2)全功率变频机组在主变压器和机组之间主回路串有全功率变频器。对全功率变频机组,特别是配有旁路开关的全功率变频机组,其发变组继电保护配置合理性、继电保护无死区以及不同工况下继电保护的切换不会误动等问题需要深入研究。

4.7 其他辅助设备

全功率变频器需要设置预充电单元。如图1所示,无论是发电工况还是抽水工况,预充电单元首先将变频器预充电;完成此操作后,合上变频器网侧断路器,变频器即开始在电网侧运行。预充电单元可以从厂用电系统取得电源,容量在100kW左右。

4.8 水工建筑物

全变频可变机组可扩大机组适应的水头变幅范围,从而在抽水蓄能电站选点规划时,放宽抽水蓄能电站建设条件,更为广泛地优选站址;在相同的建设条件下,也可通过放宽选点水头变幅要求,增加电站建设规模,提高电站经济效益;或是在电站相同的建设规模的前提下,减小开挖。尤其是对全变频抽水蓄能机组,由于其转速变速范围大,适应的水头变幅宽,对于同一座抽水蓄能电站,允许水头变幅的扩大,可以增加电站上下水库的工作水深,从而减小水库开挖,进而大大减小工程投资。

以100MW级配置为例,全功率变频器的全套设备需要占用约 $400m^2$ 的布置空间,且净高度不低于5m。因此无论电站的主厂房是采用地下式还是地上式,都需要考虑与每台机组配套的上述空间,且应位于机组和主变压器之间的合适位置,同时布置合理,便于运行、维护。

5 全功率变频抽水蓄能技术特点

1) 全功率变频抽水蓄能机组的变频器容量是与发电电动机采用 1∶1 进行容量匹配，且发电电动机为常规的同步电机，结构相对简单、成熟。

2) 全功率变频器连接主变压器与同步电机，因为变频器能产生非常大的转矩电流，所以电机在发电及电动模式下均能实现从零到额定转速（或更高）的变化，启动迅速、无需压水。

3) 机组在电动与发电模式间切换时，电机可一直保持与电网的连接，模式转换时间快，无需定子短路开关。全变频机组在低电压穿越时能够根据电网电压输出相应的有功/无功电流到电网侧，可以使变频器发出无功支持电网电压并使网侧端电压保持在安全的范围内。同时，全变频机组在机组静止时（或全转速范围内）可以按 STATCOM 模式运行支持电网电压。

4) 由于变频器技术路线的不同，采用不同的拓扑结构会带来发电电动机和电气系统接线设计以及机组运行方式的差异，即发电电动机的额定电压、额定频率，以及电气系统接线是否可以设置发电旁路、机组发电工况是否可以不通过变频器运行等，具体工程需要具体选择。对于需要改变发电电动机常规设计的工程，需要重点关注发电电动机由于参数的特殊要求带来的各项关键技术设计。

5) 就机组本身来说，在不改变发电电动机常规设计的情况下，机组尺寸与定速机组基本相同；如果采用 M3C 类型拓扑结构，发电电动机需要采用非常规设计时，机组尺寸和厂房布置设计需要重点关注。

6) 全功率变频机组无需配置换相开关、电气制动开关以及启动压水系统设备等，附属系统配置相对简单。

7) 对于不设置旁路运行的全功率变频机组，其励磁系统仅承担保证机组输出的功率因数为 1，机组在稳态运行时不需要由外部来控制调节励磁系统，电网需要的无功功率由全功率变频装置完成。所以全功率变频机组的控制相对于交流励磁变速机组控制要简单。

8) 与同容量的交流励磁变速机组相比，全功率变频同步电机的转子损耗比较低。但是，考虑到较高的全容量变频器损耗，全功率变频抽水蓄能机组效率整体上比交流励磁变速机组低，这些因素限制了 150MW 以上的全功率变频类型变速抽蓄的应用。随着半导体技术的进步和换流器拓扑结构的发展，期待可以提高该限制。

6 小结与展望

1) "双碳"目标下，在以新能源为主体的新型电力系统中，中小容量的全功率变频抽水蓄能机组可应用于大规模工业园区、百万级新能源基地、离岸岛屿、末端电网、孤立电网等场景，最大化实现运行灵活性。

2) 全功率变频抽水蓄能技术在国外虽有所研发和应用，但工程应用案例有限，国际上还未形成统一成熟的技术体系；国际设备供货商虽积累了一定的经验，但尚无全功率变频蓄能技术的系列国际标准；中国的变速抽水蓄能技术还处于研发试用的初级阶段。因此，全功率变频抽水蓄能机组在国际上还有待形成更系统、成熟的建设和运营体系。

3) 目前对于交流励磁变速技术，已有相关科研、建设、设计、制造、安装、调试、运行、维护等全产业技术实施工作的部署。国家能源局发布的《抽水蓄能中长期发展规划（2021－2035年）》，提出"积极探索抽水蓄能发展新模式，因地制宜推进中小型抽水蓄能电站建设，探索与分布式发电等结合的小微型抽水蓄能示范建设"。全功率变频抽水蓄能技术多应用于中小容量蓄能机组，因此，建议相应全功率变频技术的全产业技术研究和应用工作也应加速按需求开展。

4) 合理布局变速蓄能机组，突破国产化变速机组工程设计、研发制造、安装调试与运行维护的技术瓶颈，为新型电力系统提供安全可靠、灵活稳定的储能技术，将有效助力新型电力系统建设，进而加快实现双碳目标。打造的变速抽水蓄能技术"中国名片"，也将更好地带动变速机组全套技术和装备以及相关产业"走出去"，引领国际产业发展。

参考文献

[1] 吕项羽，李德鑫，郭欢，等. 含风力－抽蓄发电的电力系统经济运行方式优化[J]. 电力建设，2014，2：28-35.

[2] 韩民晓，Abdalla Othman Hassan. 可变速抽水蓄能发电技术应用与进展[J]. 科技导报，2013，31(16)：69-75.

[3] 郭海峰. 交流励磁可变速抽水蓄能机组技术及其应用分析[J]. 水电站机电技术，2011，2：1-4，64.

[4] 畅欣，韩民晓，郑超. 全功率变流器可变速抽水蓄能机组的功率调节特性分析[J]. 电力建设，2016，4：95-101.

[5] 张韬，王焕茂，覃大清. 可变速水泵水轮机水泵选型特点分析[J]. 大电机技术，2020(2)：64-69.

[6] 陶高周. 全功率变流器机械结构关键技术研究[D]. 安徽：合肥工业大学，2010.

[7] Abdalla Othman Hassan. 基于级联式 H－桥多电平变流器的可变速抽水蓄能系统[D]. 北京：华北电力大学，2014.

[8] 王婷婷，张正平，赵杰君，等. 变速机组对我国抽水蓄能规选点的影响分析[J]. 水力发电，2018，44(4)：60-63.

宗格鲁水电站电气一次设计简介

黄福超　陈文斌

（中国电建集团昆明勘测设计研究院有限公司，云南昆明，650051）

摘　要：本文从电气主接线、厂用电接线、主要电气设备选型、高压配电装置布置、防雷接地设计、照明系统等几个方面对宗格鲁水电站电气一次设计进行了简要介绍，并对设计特点进行了总结。

关键词：主接线；厂用电；高压配电装置；滚球法；接地

1　工程概况

宗格鲁水电站位于尼日利亚宗格鲁镇东北17km的卡杜纳河上，其上游77km为已建成运行的希罗罗水电站。电站距首都阿布贾直线距离约150km，距离泰吉纳镇22km。

宗格鲁水电站总装机容量700MW（4×175MW），电站以发电为主，电站建成后将成为尼日利亚电网的骨干电源之一，可以有效缓解当地供电不足，对促进当地经济社会发展发挥举足轻重的作用。同时电站还承担峰荷、基荷和调相运行，并兼有防洪、灌溉、航运等其他效益。

宗格鲁水电站大坝总长2.36km，正常蓄水位230m，水库总库容101.87亿 m^3，调节库容26.12亿 m^3。工程枢纽由拦河大坝、右岸溢洪道及消力池、左岸引水发电系统、主副厂房、户外开关站等建筑物组成。

电站于2022年3月28日顺利实现首台机组发电。

本电站为国际工程项目，在设计标准方面以IEC、IEEE、美标及当地标准为主，以国标作为参考。

2　电气主接线

（1）接入系统方案

电站以330kV及132kV两级电压接入电网，330kV出线2回，π接希罗罗至杰巴已建成的330kV线路，送电距离约34km。132kV出线2回，接入扩建的132kV泰吉纳变电站，送电距离约 25km。电站同时采用 33kV 及 11kV 电压向近区供电。

(2) 电气主接线方案

电站装设 4 台 175MW 水轮发电机组,发电机与主变压器的组合采用单元接线。发电机出口设置 SF6 发电机专用断路器。发电机与主变间采用离相封闭母线连接。发电机中性点采用经接地变压器接地。图 1 为电气主接线图。

电站发电机通过主变升高电压为 330kV,330kV 侧采 3/2 断路器接线,共 4 串,8 回进出线,其中 4 回为主变高压侧进线,2 回 330kV 出线,2 回接 2 台 330/132/33kV 自耦变压器高压侧。132 侧也采用 3/2 断路器接线,共 3 串,5 回进出线,其中 2 回为 132kV 出线,2 回与 330/132/33kV 自耦变压器中压侧连接,另 1 回与三绕组变压器高压侧连接。132/33/11kV 三绕组变压器 33kV 侧接 33kV 母线,33kV 母线共配置 7 面 33kV 开关柜,11kV 侧接 11kV 母线,共配置 7 面 11kV 开关柜,用于近区供电。2 台自耦变压器第三绕组引接厂用电工作电源。

为限制单相接地故障电流,三绕组变压器 33kV 侧中性点经 67Ω 电阻接地。11kV 母线经接地变接地,接地变中性点串接 22Ω 电阻。高压侧设备采用敞开式配电装置,布置在户外开关站。

(3) 小结

1) 根据装机规模,进出线回路数,330kV 侧接线采用 3/2 断路器接线为常见做法。132kV 侧接线通常采用单母线、双母线或角形接线。本电站 132kV 侧接线进出线 5 回,再加 1 回备用出线,回路数较多,采用 3/2 断路器接线,提高了 132kV 侧供电的可靠性。

2) 33kV 及 11kV 供电系统国内通常采用不接地运行方式,国外采用直接接地比较常见。本电站 33kV 及 11kV 供电系统采用小电阻接地方式,相比直接接地方式可以有效限制单相故障电流,又能提供足够电流使继电保护装置可以快速切除故障。

3 高压配电装置选型及布置

(1) 高压配电装置选型

高压配电装置常见型式有 GIS 设备、户外敞开式开关设备。高压配电装置的选型应根据电站枢纽区地形地貌特征,经土建、电气方面技术、经济综合比较确定。宗格鲁水电站为坝后式厂房,坝后左岸距厂房不远处有一块面积较大的平缓空地,土建开挖工作量小,征地费用少,高压配电装置采用敞开式开关站,技术经济效益较好,同时尼日利亚当地已建成水电站也较多采用敞开式开关站。开关站与主变高压侧出线通过 4 回架空导线连接。

(2) 户外敞开式开关站布置

敞开式开关站占地面积长 240.6m,宽 159.5m。开关站内布置 330kV 设备区域,132kV 设备区域,2 台 330kV 自耦变压器,1 台 132kV 三绕组变压器,一栋控制楼,一栋近区配电开关柜楼。330kV 开关设备区域包括 4 串 3/2 接线间隔设备,132kV 开关设备区域包括 3 串

3/2接线间隔设备,主要设备包括高压断路器、隔离开关、接地开关、互感器、避雷器等,采用常规中式布置方案,2回母线采用铝合金管母线。为便于巡视、检修,站内设宽度3.5~5.5m的数条环形道路,确保每个间隔均能靠近站内道路。

(3)小结

随着GIS设备价格下降,加上水电站通常建设在高山峡谷,一般很难找到大面积地势平坦的区域布置敞开式开关站,GIS设备因此得到广泛应用。但是本电站在高压配电装置选型时,结合项目自身情况,从技术、经济等方面综合比较,同时考虑到当地运行人员缺乏GIS设备运行管理经验,最终选择户外敞开式开关站方案(图2)。

4 主要电气设备选择

(1)发电机

水轮发电机为三相立轴半伞式同步发电机,采用全空气冷却方式。发电机可作为同步调相机运行。

发电机的额定容量:197MVA;额定电压:16kV;额定功率因数(滞后):0.9;额定电流:7018.4A;额定频率:50Hz;额定转速:107.14r/min。

(2)发电机断路器(GCB)

GCB采用为SF6发电机断路器成套组合装置,该装置由三相联动的3台单相断路器组成。断路器、隔离开关、接地开关以及电压互感器、电容器均安装在一个离相封闭的、有共同外壳的整体单元内。

GCB的额定电压:17.5kV;额定电流:8000A;开断交流分量有效值:80kA(系统侧),50kA(发电机侧);直流分量百分数:75%(系统侧),110%(发电机侧);额定频率:50Hz。

(3)发电机电压母线

发电机与变压器间采用全连式离相封闭母线连接。主母线的额定电压:24kV;额定电流:8000A;额定短时耐受电流/时间:100kA/2s。

(4)主变压器

电站装设4台主变压器。型式为三相、油浸式、铜线圈、强迫油循环水冷、双绕组、无励磁调压、湿热型、升压电力变压器。

变压器的额定容量:197MVA;额定电压:345±2×2.5%/16kV;连接组别:YNd11;阻抗电压:12%;中性点接地方式:直接接地。

(5)330kV自耦联络变

电站330kV与132kV系统间通过自耦联络变连接。型式为三相、油浸式、三绕组、有载调压、铜线圈、风冷、湿热型、自耦电力变压器。

联络变的额定容量：150/120/50MVA；额定电压：330±8×1.25%/132/33kV；连接组别：YN,a0,d11；阻抗电压：12%，26%，14%；中性点接地方式：直接接地。

(6) 132kV 降压变压器

电站通过一台三绕组变压器，向 33kV 及 11kV 母线供电。型式为三相、油浸式、三绕组、有载调压、铜线圈、风冷、湿热型、降压变压器。

降压变的额定容量：30/20/10MVA；额定电压：132±8×1.25%/34.5/11kV；连接组别：YN,yn0,d11；阻抗电压：12%，18%，6.5%；中性点接地方式：132kV 侧直接接地，33kV 侧经小电阻接地。

(7) 户外高压配电装置

330kV 及 132kV 配电装置采用户外敞开式开关设备。主要包括 SF6 高压断路器、隔离开关、接地开关以及互感器、避雷器等。

330kV 户外开关设备额定电压：362kV；额定电流：3150A；额定短时耐受电流：50kA/3s；132kV 户外开关设备额定电压：145kV；额定电流：2000A；额定短时耐受电流：40kA/3s。

(8) 小结

电气设备选型合理，技术参数符合相关标准规定，设计性能和各项技术指标均满足系统和电站运行要求。

5 厂用电接线

厂用电接线图如图 3 所示。

(1) 厂用电供电电压

本电站枢纽规模较大，电站厂用电负荷分布在坝区溢洪道、进水口、冲沙底孔、厂房及户外升压站等枢纽建筑。各枢纽建筑间距离较远，尤其是厂坝与升压站间距离超过 1km，厂用电系统具有用电负荷分散、供电范围广、供电距离远、部分电动机负荷较大等特点。为了减小厂用电供电电压降，降低损耗，减少电缆投资，电站采用 10kV 和 400V 两级电压供电。

(2) 厂用电电源及接线

因本电站 330kV 系统与 132kV 系统通过 2 台自耦变压器连接，为确保供电的可靠性，结合电站的实际情况，厂用电工作电源从 2 台高压自耦联络变的第三绕组引接。2 回 33kV 电源经 33/11kV 有载调压变压器降压至 11kV，分别接入 11kV 母线Ⅰ段及Ⅱ段。11kV 母线Ⅰ段及Ⅱ段布置在 330kV 开关站控制楼内。11kV 母线Ⅰ段及Ⅱ段各引出 1 回 11kV 电缆，沿电缆沟敷设至厂房 11kV 母线Ⅲ段及Ⅳ段。11kV 母线Ⅰ段及Ⅱ段给开关站 2 台 11/0.415kV 站用变提供电源，厂房 11kV 母线Ⅲ段及Ⅳ段给每组机组自用电、第一组公用电、第二组公用电、坝区用电的 2 台 11/0.415kV 站用变提供厂用电源。每组 2 台厂用变各带一段 0.415kV 母线，设母联断路器互为备用。

此外,引接一回外来电源,接入 11kV 母线Ⅰ段及Ⅱ段作为厂用电备用电源。另配置 2 台 1000kW,0.415kV 柴油发电机(一主一备)作为电站应急保安电源及黑启动电源。柴油发电机接入一段 0.415kV 母线,从该母线引出数回电缆,直接接至每组自用电、公用电 0.415kV 母线上。柴油发电机油罐储油量可以满足 14 天连续发电。

(3)小结

本电站厂用电主要特点有:①水电站厂用电工作电源通常取自发电机出口,本电站厂用电工作电源取自高压自耦联络变的第三绕组,简化发电机出口配电设备,当有任意一台发电机正常发电时,或者即使全厂停机,只要 330kV 或 132kV 侧与系统正常连接,都不影响自耦联络变正常供电,不用随着运行机组的变换频繁切换供电电源开关,避免厂用电动机多次启停,保证厂用电供电的连续性。②柴油发电机不接入 11kV 供电母线,直接接入每组 0.415kV 母线,避免当柴油发电机供电回路故障时,无法给全厂提供应急保安电源。分别接入每组 0.415kV 母线,任意一回线路故障,不影响柴发机对其他母线提供电源。

6 防雷接地系统

6.1 开关站防直击雷设计

户外开关站长 240.6m,宽 159.5m,布置有 2 台 150MVA 自耦变压器及 4 个间隔 330kV 和 3 个间隔 132kV 开关设备,设备数量多,价格昂贵,且布置在户外空旷场所,防直击雷保护尤其重要。根据设备及构架布置情况,本开关站主要采用避雷线进行直击雷保护。

考虑到本项目为国际工程,在进行避雷线保护范围计算时,未采用《水力发电厂过电压保护和绝缘配合设计技术导则》(NB/T 35067—2015)中推荐的折线法进行计算,而是按照规范 IEEE Std 998—2012 的滚球法进行计算。该计算方法第一步先算出滚球半径,第二步根据避雷线的安装高度,计算出被保护物高度下的保护范围。经计算,330kV 配电装置区域滚球半径取值为 39m,根据相邻避雷线的间距,避雷线的安装高度分别取值 23.5m、27m、33m 可以满足保护范围要求。132kV 配电装置区域滚球半径计算值为 27m,避雷线安装高度为 15.5m 可以满足保护范围要求。

6.2 接地系统

接地采用 IEEE Std 80—2013 标准要求进行设计。本电站接地系统主要包括坝区接地网和开关站接地网两个部分。

6.2.1 接地电阻

坝区土壤电阻率为 311.4Ω·m,接地网敷设在开挖面上,总面积 60000m^2,主接地体采用 95mm^2 铜绞线,总长度为 6400m。

开关站土壤电阻率为 127.4Ω·m,接地网埋设深度为 0.8m,按等间距布置均压接地体,网孔间距为 10m,接地网四周均匀布置数支 3m 长的垂直接地极。水平接地体采用 95mm² 铜绞线,垂直接地体采用 Φ17.2mm 的铜包钢接地极。接地网尺寸 242.6m×161.5m,接地体总长 8556m。

两个接地网距离大约 1km,采用 3 根 150mm² 铜绞线连接在一起,形成全厂统一接地网。接地电阻计算值为 0.204Ω,小于 1Ω,满足标准要求。

6.2.2 跨步电势差及接触电势差

按 IEEE Std 80,跨步电势差及接触电势差允许值影响因素主要有:①表层电阻率 ρ_s,开关站内铺碎石层 ρ_s 取 5000Ω·m;②表层衰减系数 C_s,由计算得到 0.775;③故障电流持续时间 t_s,考虑断路器固有动作时间及二次后备保护时间,取值 0.45s;④人的体重,体重越轻,允许值要求越严格,计算按 50kg 考虑。经计算跨步电势差允许值为 4194V,接触电势差允许值为 1178V。根据开关站均压网布置情况,经计算最大跨步电势差 197V,最大接触电势差 401V,均小于允许值。

6.3 小结

鉴于本电站为国际工程,相关计算均按照 IEC、IEEE 标准进行,防雷保护采用滚球法,接地计算也遵循 IEEE 标准的规定。

7 照明系统

本电站照明系统分为正常照明系统、必要照明系统、应急照明系统 3 个部分。正常照明系统为工作照明,电源取自交流系统 0.415V 公用配电盘。必要照明系统相当于备用照明,在正常照明失电时,为重要场所提供事故照明。必要照明系统在事故情况下由柴油发电机提供电源。应急照明系统为安全出口、疏散通道提供安全照明、疏散照明、指示照明,使电站运行人员可以安全撤离,应急照明在正常交流电源失去时自动切换由直流系统提供的逆变电源供电。应急时间不小于 90min。

电站各场所照度基本参照《水力发电厂照明设计规范》(NB/T 35008—2013)执行。此外,外方咨询工程师在审图时,对照明均匀度提出较为严格的要求。其要求最小照度与平均照度的比值,室内场所为 0.7,室外场所为 0.4。由于工业厂房内布置大量设备,加上电缆桥架、风管、水管等挤占灯具布置空间,要满足上述均匀度要求极为困难。在设计时借助 DIALUX 照明设计软件,进行大量调整工作后基本达到要求。

灯具光源没有选择传统的荧光灯、金卤灯、高压钠灯,而是全部采用 LED 灯,LED 灯具有光效高、寿命长、工作电压范围广(110~270V)、显色指数高、节能效果好等一系列优点。

小结:①本电站直流系统为 110V,如果备用照明也从直流系统逆变电源供电将会极大增加蓄电池容量,经济上不够合理。改为由柴油发电机供电,几乎没有增加柴油发电机容量,而且本电站柴油发电机为自动启动,可以在极短时间内为备用照明提供电源。②照明计算除了关注平均照度,也应重视均匀度的要求,才能达到最佳照明效果。

8 结语

本电站在电气主接线型式、中压系统中性点接地方式、厂用电工作电源引接方式、厂用电接线方案、高压配电装置选型及布置等方面与国内常规水电站项目设计上均存在一定差异。防雷保护及接地计算按照 IEEE 有关标准要求进行，与国标算法也有所不同。本文可供同类型国际水电工程项目电气一次设计参考借鉴。

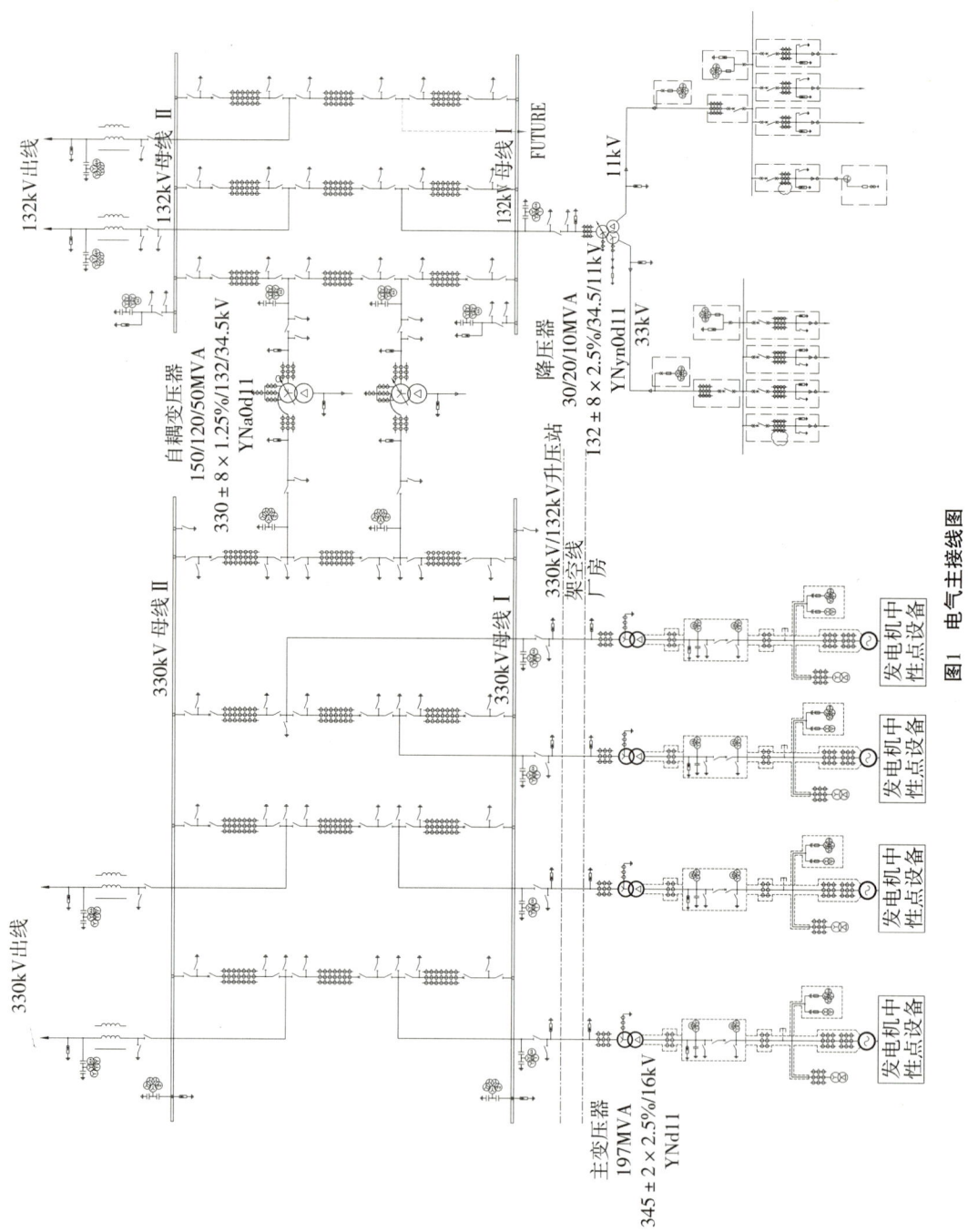

图1 电气主接线图

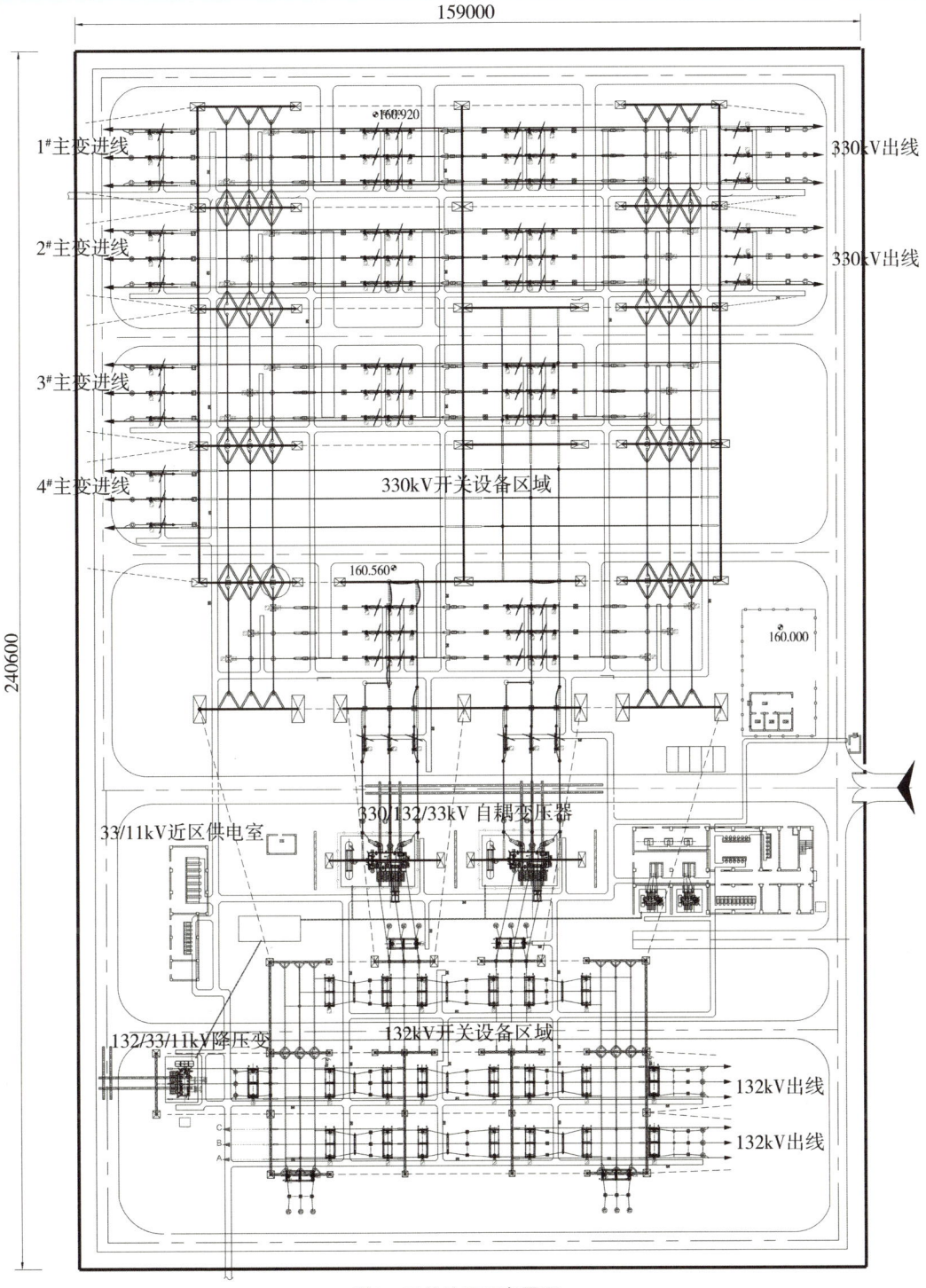

图2 开关站平面布置图

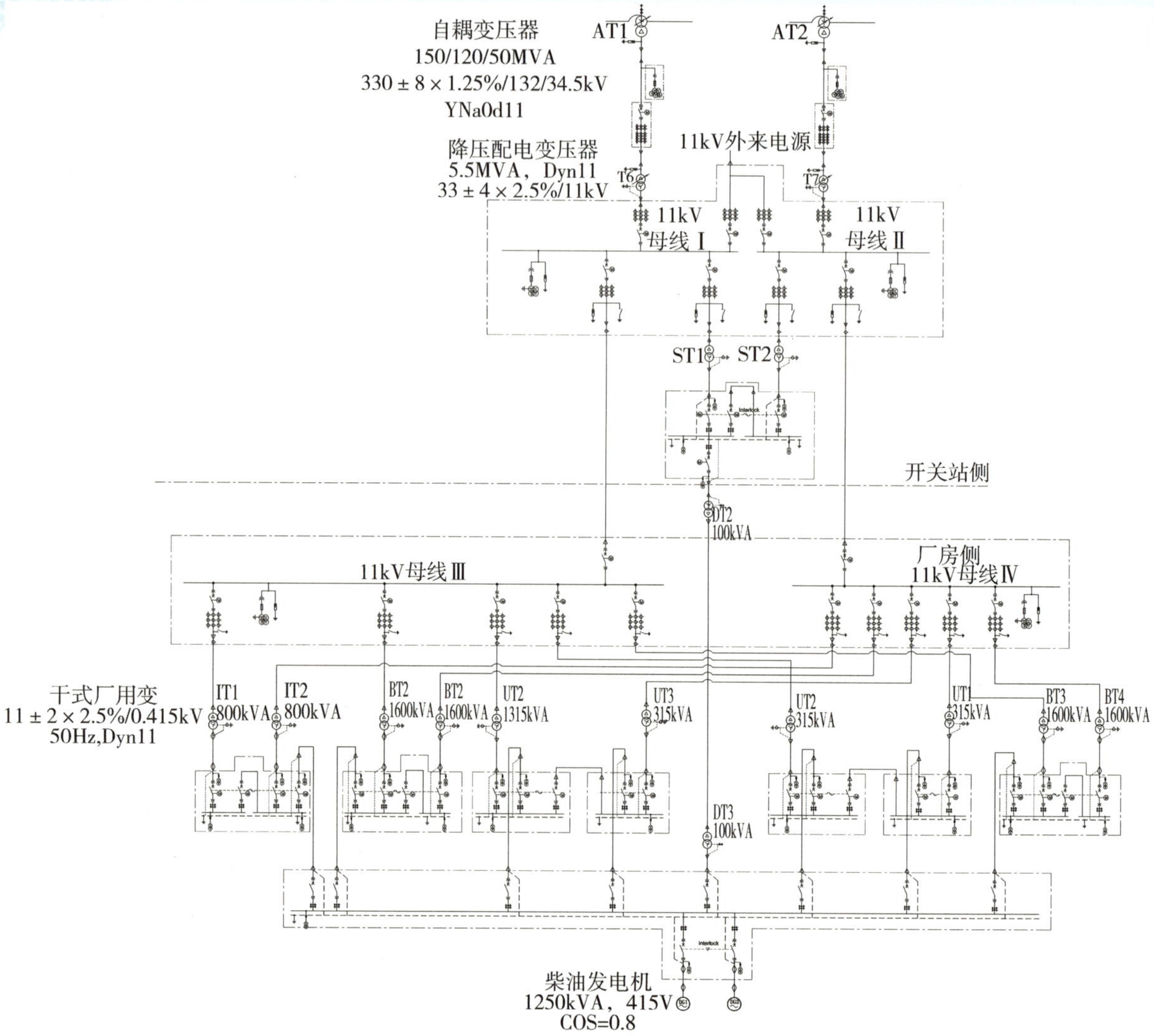
自耦变压器
150/120/50MVA
330 ± 8 × 1.25%/132/34.5kV
YNa0d11
AT1
AT2
降压配电变压器
5.5MVA，Dyn11
33 ± 4 × 2.5%/11kV
T6
T7
11kV外来电源
11kV
母线Ⅰ
11kV
母线Ⅱ
ST1
ST2
开关站侧
DT2
100kVA
11kV母线Ⅲ
厂房侧
11kV母线Ⅳ
干式厂用变
11 ± 2 × 2.5%/0.415kV
50Hz,Dyn11
IT1
800kVA
IT2
800kVA
BT2
1600kVA
BT2
1600kVA
UT2
1315kVA
UT3
315kVA
UT2
315kVA
UT1
315kVA
BT3
1600kVA
BT4
1600kVA
DT3
100kVA
柴油发电机
1250kVA，415V
COS=0.8

图 3　厂用电接线图

水力发电厂消防应急照明设计

陈文斌　王晨凯

（中国电建集团昆明勘测设计研究院有限公司，云南昆明，650000）

摘　要：本文主要根据《消防应急照明和疏散指示系统技术标准》(GB 51309—2018)的要求，对水力发电厂消防应急照明的定义、系统设计、灯具选择、照度要求、系统配电及系统线路选择做了分析介绍。给出了某中型水电站消防应急照明的简易系统构架。本文对水力发电厂的应急照明设计有一定的借鉴作用。

关键词：水力发电厂；消防应急照明

1　引言

水力发电厂厂房及通道比较复杂。当水力发电厂发生火灾时烟雾弥漫，能见度极低，给消防作业和人员疏散造成很大困难，尤其是大中型水力发电厂的地下厂房，情况更加复杂。若没有应急照明和疏散指示标志引导，不利于消防作业的开展，会造成人员伤亡和设备损坏。设计合理的消防应急照明和疏散指示系统对水力发电厂至关重要。

《消防应急照明和疏散指示系统技术标准》(GB 51309—2018)制定实施以前，我国尚无一部全面、系统阐述消防应急照明和疏散指示系统（以下简称"系统"）的技术标准。现行国家标准《建筑设计防火规范》(GB 50016—2014)和《水电工程设计防火规范》(GB 50872—2014)对系统做出了一些规定，但缺乏系统性设计、施工、调试、检测、验收和维护保养相关要求。《消防应急照明和疏散指标系统技术标准》(GB 51309—2018)作为住建部发布的工程技术标准，其中有部分条款为强制性条文，水力发电厂消防应急照明和疏散指示也需按此执行。

2　消防应急照明定义

根据《水力发电厂照明设计规范》(NB/T 35008—2013,以下简称《水电厂照明规范》)规定,水电站应急照明为正常照明的电源失效而启用的照明,包括疏散照明、安全照明和备用照明。疏散照明作为应急照明的一部分,用以确保安全出口通道能被有效地辨认和应用,使人们安全撤离建筑物。安全照明作为应急照明的一部分,用于确保处于潜在危险之中的人员安全的照明。备用照明作为应急照明的一部分,用于确保应急活动继续进行的照明。

《消防应急照明和疏散指示系统技术标准》(GB 51309—2018)对消防应急照明和疏散指示系统的定义为:为人员疏散和发生火灾时仍需工作的场所提供照明和疏散指示的系统。

《建筑设计防火规范》(GB 50016—2014)对消防应急照明的定义为:火灾时的疏散照明和备用照明。

根据以上规范定义,可以把水电厂消防应急照明和疏散指示系统分为疏散照明、疏散指示和消防备用照明。系统主要由消防应急照明灯具、消防应急标志灯具及相关装置构成,主要功能为在火灾等紧急情况下,为人员的安全疏散和灭火救援行动提供必要的照度条件及正确的疏散指示信息。

3 消防应急照明和疏散指示系统

《消防应急照明和疏散指示系统技术标准》(GB 51309—2018)将系统分为:集中电源集中控制型(含分区集中电源集中控制型)、集中电源非集中控制型、自带电源集中控制型及自带电源非集中控制型4类系统。集中控制型系统由应急照明控制器、集中控制型灯具、应急照明集中电源或应急照明配电箱(仅用于自带蓄电池灯具供电)构成。非集中控制系统由非集中控制型灯具、应急照明集中电源或应急照明配电箱等系统部件组成。

关于采用集中控制还是非集中控制,《消防应急照明和疏散指示系统技术标准》(GB 51309—2018)规定:设置消防控制室的场所应选择集中控制型系统;设置火灾自动报警系统,但未设置消防控制室的场所宜选择集中控制型系统;其他场所可选择非集中控制型系统。

《水电工程设计防火规范》(GB 50872—2014)规定大、中型水电工程应设计火灾自动报警系统,宜采用集中报警系统。《水力发电厂火灾自动报警系统设计规范》(NB/T 10881—2021)规定,水力发电机应设置火灾报警系统,消防控制室可与电站中控室合并设置,也可独立设置。水力发电厂大多采用"无人值班(少人值守)"及集中监控设计,部分电厂设有单独的消防控制室,部分电厂消防控制室与中控室合并布置。考虑到水力发电厂枢纽布置复杂、建筑物分散广,进水口、坝区、上下水库等附属建(构)筑物除可采用非集中控制系统外,主要生产场所如厂房、开关站、出线场及控制楼等应采用集中控制系统。水电厂设置集中控制系统时,应急照明控制器可根据火灾发生、发展及蔓延情况按设定好的逻辑和时序控制其所配接灯具的光源应急点亮,并且应急照明控制器还能够实时监测所配接灯具、集中电源或应急照明配电箱的工作状态,及时提示电厂消防安全管理人员对存在故障的部件进行维护、更换,确保系统可靠。

由以上可以看出，水力发电厂中重要的建(构)筑物适合集中电源集中控制型系统，非重要的建(构)筑物可采用自带电源非集中控制型系统。

4 消防应急照明灯具的选择

4.1 消防应急照明灯具分类

消防应急照明灯具分类如图1所示。

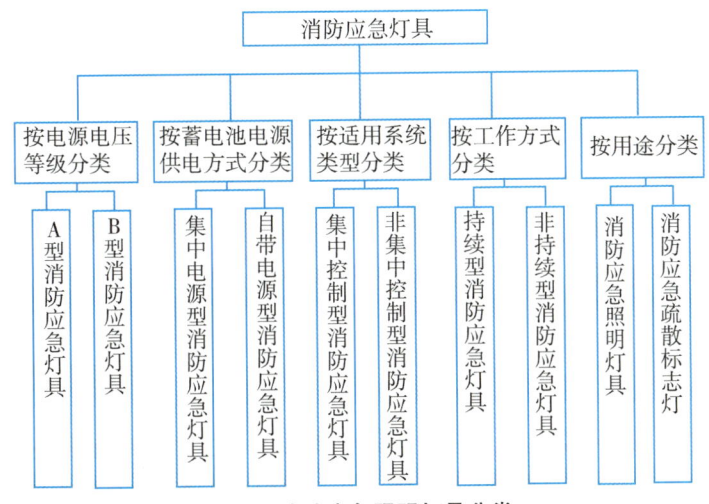

图1 消防应急照明灯具分类

4.2 消防应急灯具蓄电池供电持续时间

对于消防应急灯具的蓄电池连续供电时间，《水电工程设计防火规范》(GB 50872—2014)第13.1.3条规定"消防应急照明、疏散指示标志，可采用直流电源、EPS电源或应急灯自带蓄电池作备用电源，其连续供电时间不应少于30min。"《消防应急照明和疏散指示系统》(GB 17945—2010)第6.3.1.2条规定"系统的应急工作时间不应小于90min"。《消防应急照明和疏散指示系统技术标准》(GB 51309—2018)是按建筑物类别及建筑面积划分，如水电站按建筑面积划分，供电时间一般不会超过60min。考虑到《消防应急照明和疏散指示系统》(GB 17945—2010)整个第6章为强制性条文，同时蓄电池在使用中要不断地进行充放电，蓄电池容量会随着充放电的次数衰减，要保证蓄电池组达到使用寿命周期后标称的剩余容量仍满足以上供电时间规定，而水力发电厂特别是地下厂房，疏散路径较长，对连续供电时间要求较高，故建议水力发电厂消防应急照明灯具蓄电池连续供电时间不小于90min。

5 消防应急照明灯地面水平最低照度

建(构)筑物设置消防应急灯的场所疏散路径地面水平最低照度根据场所的性质要求不

同。水力发电厂可依据《消防应急照明和疏散指示系统技术标准》(GB 51309—2018)相应规定,建议水电厂敞开楼梯间、封闭楼梯间、防烟楼梯间机及其前室、室外楼梯、消防电梯间的前室或合用前室按不低于 5.0lx 设计,其他场所按不低于 1.0lx 设计。需要设计人员特别注意的是,疏散照明照度检测范围如下:对于走道、楼梯间为中心线两侧,宽度为走道、楼梯间宽度的一半;当区域内疏散路径明确时,检测范围为疏散路径范围;当区域内疏散路径不明确时,检测范围为该区域四周均缩小 500mm 的范围。

6 系统配电的设计

6.1 集中电源的设计

灯具的电源应由主电源和蓄电池电源组成。当灯具采用集中电源供电时,灯具的主电源和蓄电池电源应由集中电源提供,灯具主电源和蓄电池电源在集中电源内部实现输出转换后由同一配电回路为灯具供电。集中电源额定输出功率不应大于 5kW,设置在电缆竖井中的集中电源输出功率不应大于 1kW。应急照明 A 类集中电源(输出电压为 DC24V 或 DC36V)电池容量一般不大于 1kVA,B 类集中电源(输出电压为 AC220V 或 DC216V)电池容量一般不大于 5kVA。灯具总功率大于 5kW 时可分散设置集中电源。对于水力发电厂集中控制型系统,集中设置或分散设置的集中电源应由消防电源配电箱或盘供电,消防电源配电箱或盘可由水力发电厂正常工作电源和消防电源(如柴油发电机或 EPS)互投后供电。非集中控制型系统中,集中电源应由正常照明配电箱供电。

6.2 应急照明配电箱设计

当灯具采用自带蓄电池供电时,灯具的主电源应通过应急照明配电箱一级分配后为灯具供电,应急照明配电箱的主电源输出断开后,灯具应自动转入自带蓄电池供电。集中控制型系统中,应急照明配电箱应由消防电源配电箱供电。非集中控制型系统中,应急照明配电箱应由正常照明配电箱供电。

6.3 灯具回路的设计

集中电源的输出回路不应超过 8 路。A 型应急照明配电箱的输出回路不应超过 8 路,B 型应急照明配电箱的输出回路不应超过 12 路。对于电气竖井(电缆竖井),集中电源及应急照明配电箱每个输出回路不宜超过 8 层。

任一配电回路配接灯具数量不宜超过 60 只,隧道内灯具的范围不宜超过 1000m。

任一配电回路配接灯具的额定功率总和不应大于配电回路额定功率的 80%。

A 型灯具配电回路的额定电流不应大于 6A;B 型灯具配电回路的额定电流不应大于 10A。

6.4 应急照明控制器的设计

应急照明控制器的主电源应采用消防电源供电,控制器自身所带的蓄电池应至少使控制器在主电源中断后工作 3h。

7 系统线路的选择

对于系统线路,水电防火规范没有规定,水力发电厂照明规范做了简易规定,其中规定应急照明线路宜采用耐火电线、电缆。建筑设计防火规范对消防配电线路阻燃、耐火及矿物绝缘电缆,主要是从敷设方式做出相应选择,主要目的还是保证消防供电的可靠性。

《消防应急照明和疏散指示系统技术标准》(GB 51309—2018)则对系统线路的导体材质、电压等级及线路防火要求做了详细规定。

其中电缆防火要求规定如下:
1)地面上设置的标志灯线路应采用耐腐蚀橡胶线缆;
2)在集中控制型系统(除地面标志灯外)中,配电线路应采用耐火线路,通信线路应采用耐火线缆或耐火光纤;
3)在非集中控制型系统(除地面标志灯外)中,灯具采用自带蓄电池供电时,可选择阻燃或耐火线缆,灯具采用集中电源供电时,线路应采用耐火线缆。

对于集中控制型系统 A 型消防应急灯具,其连接灯具的电源线与控制线可以采用二总线(电源线与控制线合二为一),当电源线与控制线不采用二总线时,电源线与控制线分开设置,但可以共管敷设。

对于水力发电厂,系统线路的选择应执行《消防应急照明和疏散指示系统技术标准》(GB 51309—2018)的如上规定。

8 系统的控制设计

8.1 集中控制型系统

系统设置了多台应急照明控制器,应规定其中一台控制器起集中控制的功能。大型水力发电厂一般可以选择在控制室(地面或者地下)、开关站、安装场及主变洞等设置应急照明控制,但起集中控制功能的控制器一般设置在消防控制室内。

应急照明控制器应通过集中电源或应急照明配电箱配接灯具,能控制灯具的启动和蓄电池电源的转换。

非火灾状态下,系统内所有非持续型照明灯应保持熄灭状态,持续型照明灯应保持节电点亮状态。

火灾状态下,应由火灾报警控制器的火灾报警输出信号触发应急照明控制器自动启动系统,应急照明控制器控制系统所有非持续性灯具应急点亮,持续型灯具由节电点亮转入应急点亮模式;A 型集中电源或 A 型应急照明配电箱保持主电源输出,如接收到主电源断电信号,则自动转入蓄电池输出;应急照明控制器控制 B 型集中电源转入蓄电池电源输出,B 型应急照明配电箱切断主电源输出。

8.2 非集中控制型系统

非火灾状态下,非持续型照明灯在主电供电时可由人体感应(如红外)、声控感应等方式感应点亮。

火灾状态下,手动控制系统应急启动,设置区域火灾报警的场所,还应能自动控制系统的应急启动。灯具采用自带蓄电池供电时,手动操作切断应急照明配电箱的主电源输出,同时控制所配接的所有非持续性灯具应急点亮,持续型灯具由节电点亮转入应急点亮模式。灯具采用集中电源和区域火灾自动报警的控制方式在此不展开论述。

9 消防备用照明设计

水力发电厂配电室、消防控制室(与中控室合用则为中控室)、消防水泵房、自备发电机房等火灾时仍需工作、值守的区域应同时设置消防备用照明、疏散照明和疏散指示,也就是说上述区域消防备用照明不能取代疏散照明和疏散指示。这里的消防备用照明与正常备用照明(非消防备用照明,与消防作业无关)应进行区分。消防备用照明是为保证与消防作业有关的区域在火灾时有效工作,其照度值应与正常照明相同,灯具可与正常照明兼用相同的灯。消防备用照明灯具应由正常照明电源和消防电源专用应急回路互投后供电,在正常照明电源切断后转入消防电源专用回路供电。

10 某中型水力发电厂消防应急照明设计方案

某中型水力发电厂装机容量 2×100MW,引水式地面厂房布置,水电厂消防应急照明系统采用集中电源集中控制型,消防应急照明系统构架示意图如图 2 所示。

水力发电厂中控室照明示意图如图 3 所示。

11 结语

本文对水力发电厂消防应急照明系统类型和系统部件的合理选择、系统部件的合理设置及灯具、线路供配电的合理设计提供了参考性意见和建议,可供设计人员更好开展水力发电厂消防应急照明和疏散指示系统设计工作。

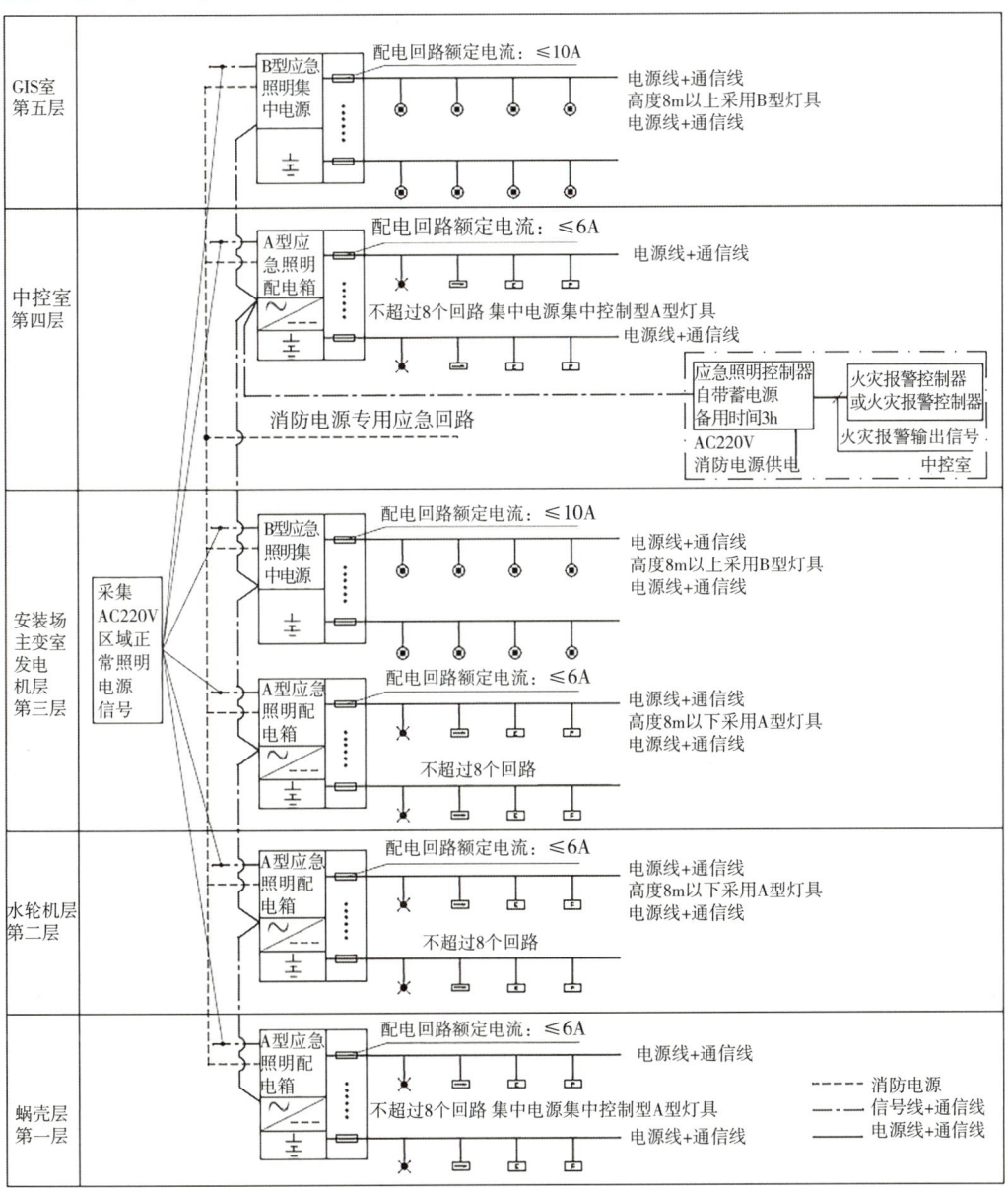

图 2 水力发电厂消防应急照明系统构架

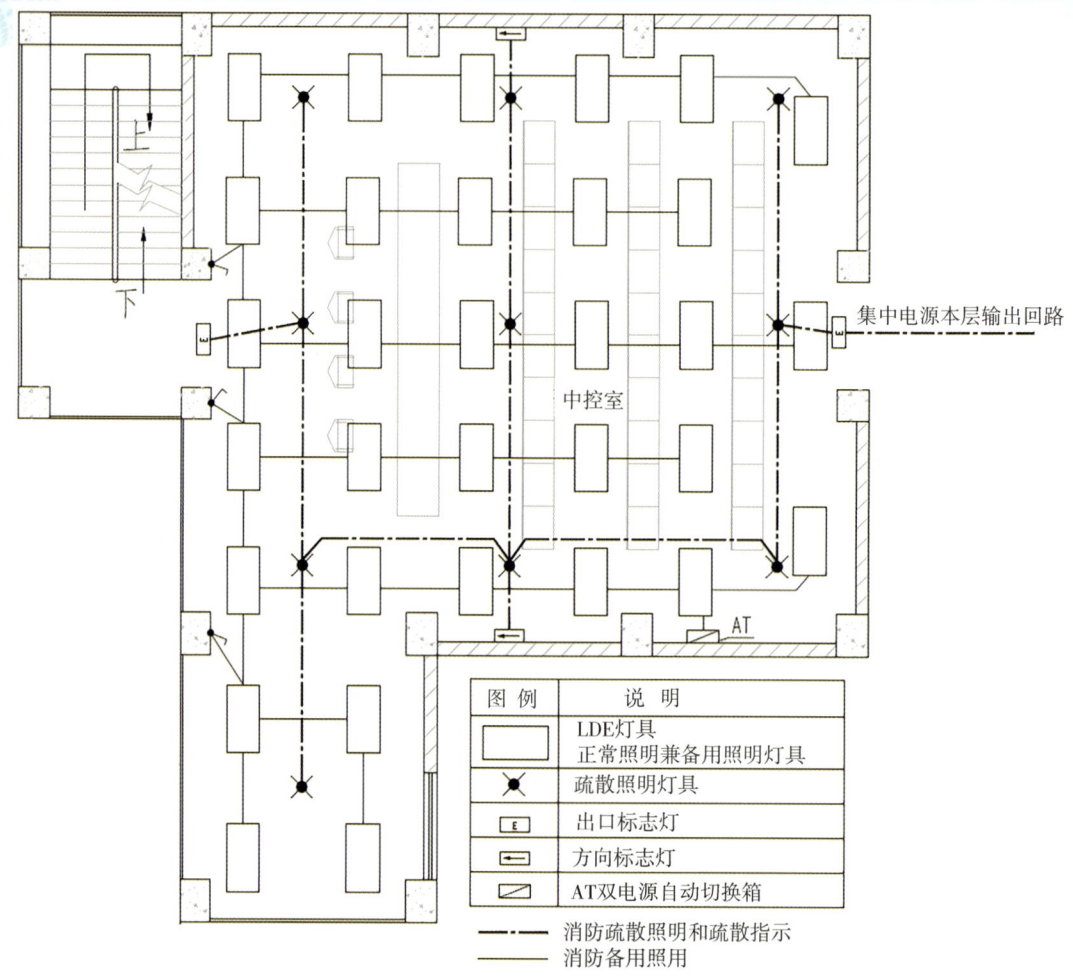

图 3 水力发电厂中控室照明布置图

参考文献

[1] 消防应急照明和疏散指示系统技术标准:GB 51309—2018[S]. 北京:中国计划出版社,2018.

[2] 水力发电厂照明设计规范:NB/T 35008—2013[S]. 北京:中国电力出版社,2013.

[3] 水电工程设计防火规范:GB 50872—2014[S]. 北京:中国计划出版社,2018.

[4] 应急照明设计与安装:19 D02—7[S]. 北京:中国计划出版社,2019.

水电工程电气设计标准化和智能化实施

辛杨　吴胜　唐波　邓双学

(中国电建集团中南勘测设计研究院有限公司,湖南长沙,410014)

摘　要:本文针对水电工程(抽水蓄能电站)三类电气设计成果,从实施路线、实施方案和实施效果三方面简要介绍电气工程所标准化和智能化历程,以期与电气同仁共同探讨、共同进步。

关键词:水电工程;电气设计;标准化;智能化

1　前言

为实现国家"碳达峰、碳中和"目标,构建新能源为主体的新型电力系统成为迫切需求。围绕"双碳"战略,常规水电、抽水蓄能电站建设明显提速,水电工程(抽水蓄能电站)设计任务也随之井喷,电气设计人力资源紧缺的矛盾日益加剧。十年来,电气工程所持续贯彻和落实设计标准化和智能化的方针,针对主要设计成果进行了标准化和智能化实施,有效地缓解了人力资源不足和提升了产品质量。本文将从实施路线、实施方案以及实施效果三方面介绍电气工程所实施历程。

2　实施路线

水电工程(抽水蓄能电站)电气设计成果总体而言分为三大类,即报告类、计算类、图纸类。根据工程阶段不同,设计任务侧重点不同。在预可行性研究阶段、可行性研究阶段,电气设计任务主要是研究报告、电气接线图、重要计算书。在招标设计阶段和施工图设计阶段,电气设计任务则是施工图、招标设计文件、计算书等。

根据成果类别的不同,标准化和智能化实施的路线不同。报告类成果实施路线是基于标准化的模板实现"填空"或"选项"式编制,让编制人员快速完成报告,校审人员只需要关注设计人员填空的部分即可。计算类成果实施路线是大型计算通过引进国内外广泛认可的仿真程序实施,小型计算则通过自主开发的小程序实现,并实现一键出计算书的功能。图纸类成果中涉及多专业协同设计的采用 Bentley 协同设计平台进行的多专业联合设计，其他图纸则通过自主或者外委开发软件实现智能化出图，或者基于标准化模板实现快速出图。

主要设计成果和实施路线如表 1 所示。

表 1　　　　　水电工程(抽水蓄能电站)主要设计成果和实施路线

设计阶段	成果类别	成果名称	实施路线
预可研阶段	报告类	预可行性研究报告	标准化模板
	计算类	发电机参数和尺寸计算	自主开发程序
	计算类	短路电流估算	自主开发程序
	计算类	主变容量计算	自主开发程序
	图纸类	电气主接线图	标准化接线
	图纸类	机电设备布置图	协同平台
可研阶段	报告类	可行性研究报告	标准化模板
	报告类	各类设计专题报告	标准化模板
	计算类	主要设备选型计算书	自主开发程序
	计算类	主接线可靠性计算	引进软件
	计算类	雷电侵入波过电压计算	引进软件或外委计算
	计算类	短路电流计算	引进软件
	计算类	电站接地电阻计算	引进软件或外委开发
	图纸类	电气主接线图	标准化接线
	图纸类	厂用电接线图	外委开发
	图纸类	机电设备布置图	协同平台
招施阶段	计算类	操作过电压保护计算	引进软件或外委计算
	计算类	短路电流计算	引进软件
	计算类	电站接地计算	引进软件或外委开发
	计算类	低压短路电流计算	自主开发程序
	计算类	厂用变压器容量选择计算	自主开发程序
	计算类	柴油发电机组容量选择计算	自主开发程序
	计算类	高、低压动力电缆选择计算	自主开发程序
	计算类	主要场所照度计算	自主开发程序
	计算类	变压器油坑深度计算	自主开发程序
	计算类	接地体热稳定计算	自主开发程序

续表

设计阶段	成果类别	成果名称	实施路线
招施阶段	计算类	灭火器配置计算	自主开发程序
	计算类	主变压器牵引力计算	自主开发程序
	图纸类	机电设备布置图	协同平台
	图纸类	电气接线图	标准化接线
	图纸类	电气设备布置安装图	协同平台
	图纸类	照明布置图	外委开发或标准化
	图纸类	接地敷设图	外委开发或标准化
	图纸类	埋管埋件图	外委开发或标准化
	图纸类	动力电缆清册	外委开发
	图纸类	桥架走向及电缆敷设图	外委开发

3 实施方案

3.1 报告类成果实施方案

报告类成果主要包括预可行性研究报告和可行性研究报告。根据《水电工程预可行性研究报告编制规程》(NB/T 10337—2019)及《水电工程可行性研究报告编制规程》(DL/T 5020—2007)的要求,电气部分的报告编制内容及深度非常明确,报告架构较为固定,章节划分较为明确。因此非常适合编制标准化模板,作为实施方案。

在具体实施过程中,我们针对常规水电站和抽水蓄能电站分别编制了标准化的报告。

对于常规水电站,考虑到单机规模和机组台数差异较大,标准化工作主要是将报告内文字描述框架化、接线配图统一化,机组和变压器参数、尺寸标准化,GIS 及出线平台设备参数和尺寸标准化。设计人员只需要根据机组台数和出线回路数选择相应的主接线比选方案和相关文字描述;根据单机容量,选择相适应的机组参数和型式;根据运输条件,选择相适应的变压器参数和型式;根据地形条件,选择相适应的高压设备型式和布置方式。

对于抽水蓄能电站,目前主流装机规模为 4×300MW 及 4×350MW 两种。因此,标准化报告主要分为 300MW 单机、350MW 单机两大类,每类又按照国网新源、南方电网、网外等不同业主的标准化要求有针对性地进行了修改。由于抽水蓄能电站单机台数和出线回路数较为固定,电气设备型式和参数也较为固定,因此相比于常规水电站,抽水蓄能电站报告标准化程度将更高。在常规水电站报告标准化的思路上,考虑在报告上增加选项卡式的模块,方便设计人员直接选取内容,比如说机组转速、并联支路数、机组结构型式、消防型式等内容。

3.2 计算类成果实施方案

水电工程电气设计的核心是电气计算，所有设备选择均是基于电气计算结果而来。根据阶段不同，大型电气计算主要分为短路电流计算、接地计算、绝缘配合计算、电气主接线可靠性计算。小型电气计算主要有厂用电系统设备选型计算，如柴油发电机组容量选型、厂用变压器容量选型、中低压断路器选型、中低压动力电缆选型等，接地分流系数计算、主变油坑深度计算等。

根据计算规模的不同，我们采取的实施方式不同。考虑到大型计算通常市面上有成熟的计算仿真程序，较少通过传统的数值计算得到结果。而小型计算通常水电工程针对性强，市面上没有针对水电工程开发的电气计算软件，并且采用数值计算即可得到满足工程精度的结果。所以，电气计算的实施方案整体而言是采用"自主开发"+"外委开发"+"购买引进"三种方案。通过对每类电气计算特点的分析，每种计算具体的实施方案如表2所示。

表2　　　　　　　　　　电气计算实施方案

成果名称	实施路线
短路电流估算	采用.NET自主开发程序
主要设备选型计算	采用.NET自主开发程序
发电机参数和尺寸计算	采用C++自主开发程序
短路电流计算	购买ETAP仿真计算软件
主接线可靠性计算	购买ETAP仿真计算软件
雷电侵入波过电压计算	与高校外委开发
电站接地电阻计算	与高校外委开发
操作过电压保护计算	外委计算
低压短路电流计算	采用.NET自主开发程序
高低压厂用变压器容量选择计算	采用.NET自主开发程序，一键出计算书
柴油发电机组容量选择计算	采用.NET自主开发程序，一键出计算书
高、低压动力电缆选择计算	采用.NET自主开发程序，一键出计算书
主要场所照度计算	采用.NET自主开发程序
变压器油坑深度计算	采用.NET自主开发程序，一键出计算书
接地体热稳定计算	采用.NET自主开发程序
灭火器配置计算	采用.NET自主开发程序
主变压器牵引力计算	采用.NET自主开发程序

3.3 图纸类成果实施方案

根据水电工程（抽水蓄能电站）工程阶段不同，预可研及可研阶段电气图纸主要为电气接线图、机电设备布置图。招施阶段主要是各类电气接线图、电气设备布置安装图、接地布置图、埋管埋件图等。

电气主接线图由于接线形式相对固定，通过标准化发变组接线和高压侧接线很容易提高设计效率。机电设备布置图和电气设备布置安装图则通过协同平台多专业联合制图以及典型工程布置标准化，如抽水蓄能电站，亦可较大提高效率。根据我们对设计工日统计分析发现，最耗时耗力的部分主要集中在厂用电接线图、桥架布置和电缆敷设图、照明布置图、接地布置图等。因此，我们选取厂用电接线图和电缆敷设图进行智能化实施，以期提升设计效率和质量。

针对厂用电接线图，我们联合软件开发公司，基于 Bentley 的 substation 平台对水电站厂用电系统设计流程进行标准化实施，定制开发适用于水电工程的厂用电标准化设计系统，通过导入负荷清单实现了自动出图和生成电缆清册等功能。

针对电缆桥架布置和电缆敷设图，我们同样采用外委开发的方式，基于 Bentley 的 substation 平台开发设计模块。基于桥架元件库绘制电缆桥架布置，赋予设备编码和桥架编码，然后导入电缆清册，根据选定的敷设算法进行自动敷设电缆，生成适用于现场施工的电缆敷设图。

4 实施效果

通过采用以上实施方案，电气工程所完成了预可研和可研报告标准化，抽水蓄能电站报告实现了选项卡式设计，并配套编制了相关设计手册和自查清单，方便设计人员进行问题自查；实现了所有电气计算通过软件计算，部分计算一键出计算书的目标；实现了大部分设计图纸标准化，部分设计图纸智能化的目标。部分实施成果如表 3 所示。

表 3　　　　　　　　　　　部分实施效果展示

成果名称	实施效果
预可研报告	

续表

成果名称	实施效果
短路电流计算	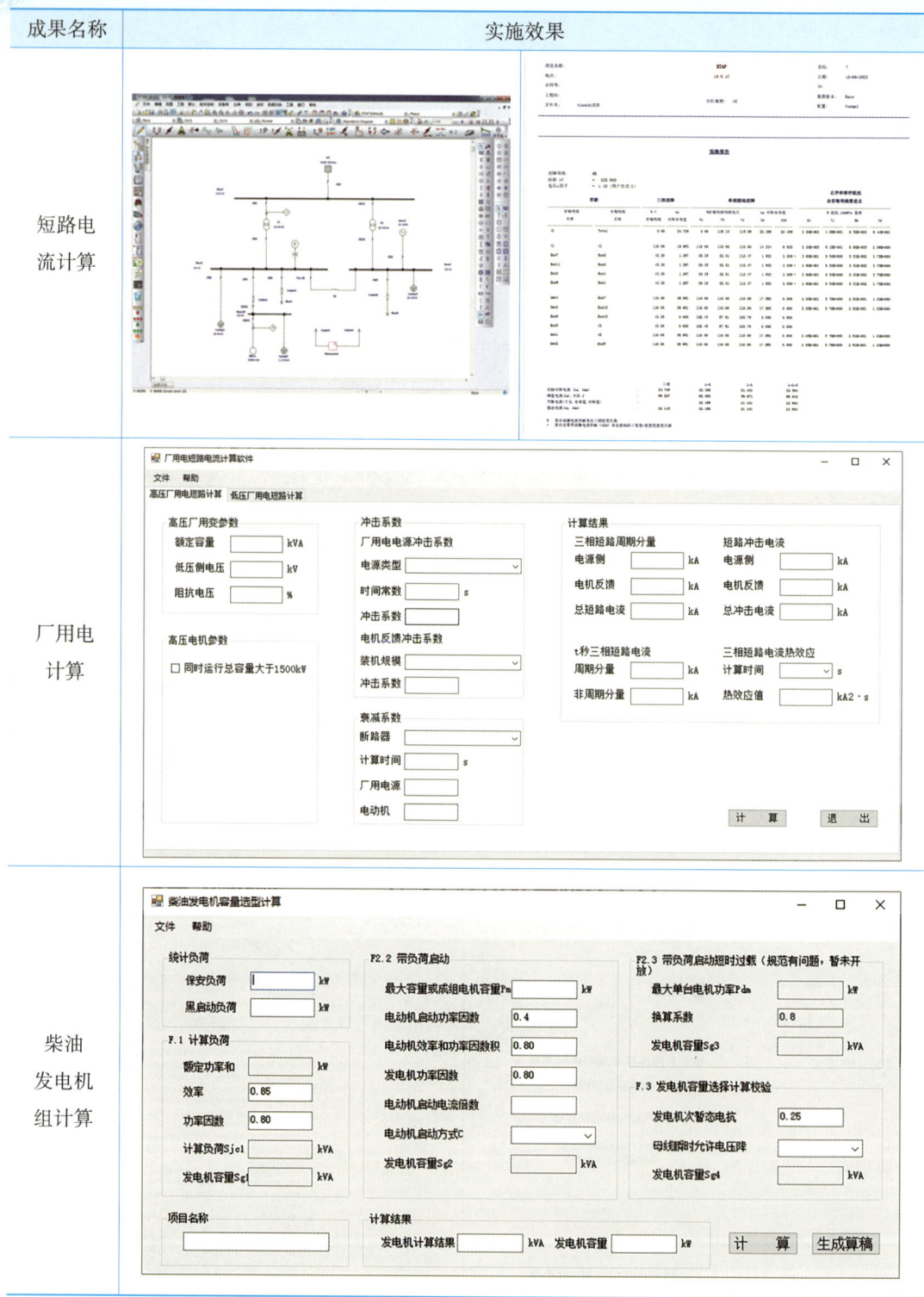
厂用电计算	
柴油发电机组计算	

续表

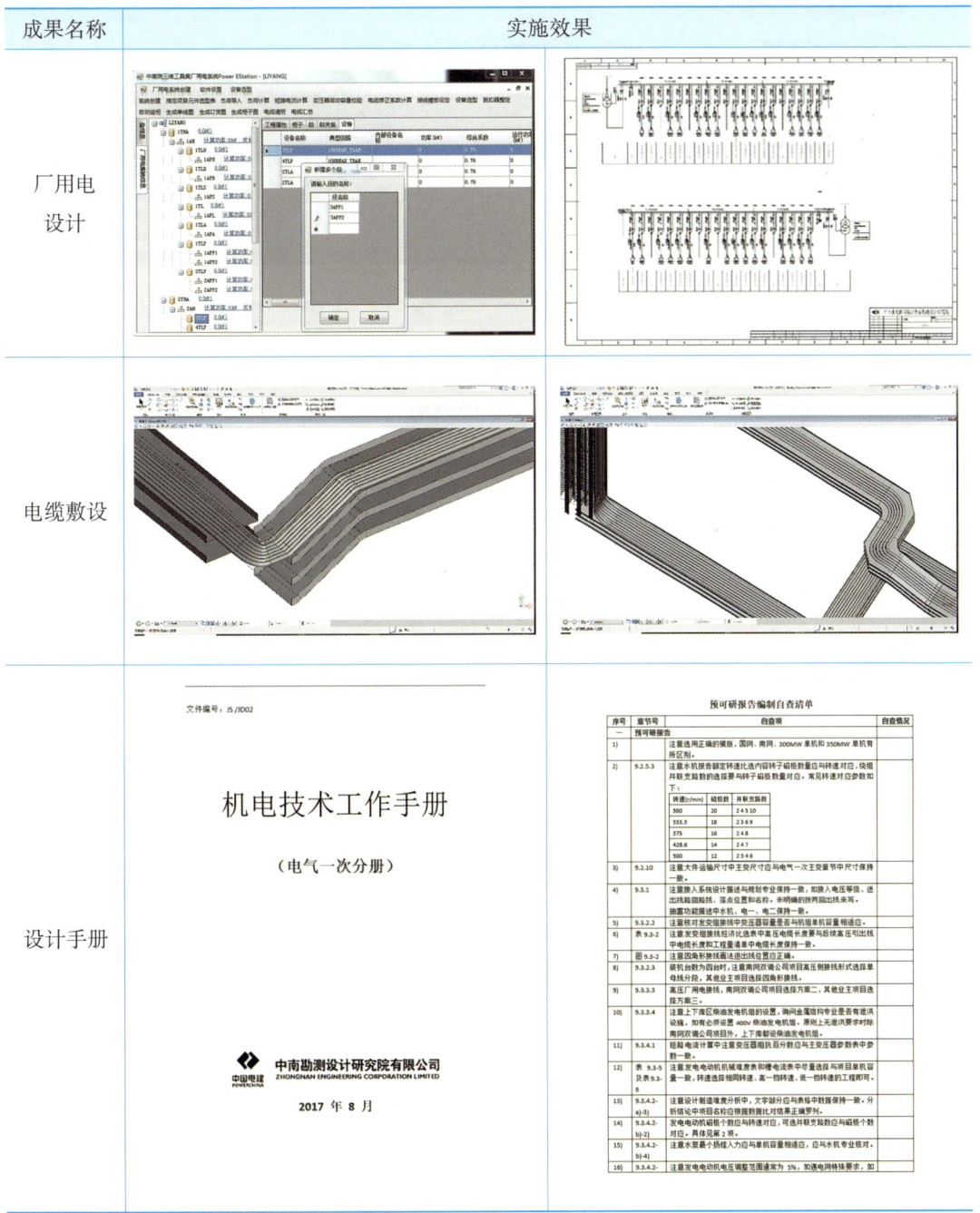

电气工程所基于标准化和标准化实施成果,建立了"两个平台",即电气计算平台和电气设计数据库平台,如图1和图2所示。

图 1　电气工程所计算平台

图 2　电气工程所设计数据库平台

"两个平台"的建立,统一了电气设计工具,提供了电气设计成果共享或发布平台,为设计人员提供了快速应用和快速查询的通道。通过统计分析发现,平台建立后,各项工作设计效率提升效果显著。其中预可研报告编制提升效率75%,电气计算提升效率85%,厂用电系统图和电缆敷设图设计提升效率76%,其他标准化图设计提升效率约66%。除了设计效率提升外,设计质量也得到了进一步提升,尤其是计算类成果质量。自平台运行以来,尚未出现各类设计质量问题。

"两个平台"的建立,为新进员工快速成长提供了通道,实现了新进员工快速掌握设计流程、设计工具、设计重点和难点的目标。

5 结语

经过十年的努力，电气工程所基本完成了电气计算平台和电气设计数据库平台的建立，实现了电气设计标准化和智能化。两个平台的建立极大提高了设计人员的工作效率，提高了设计成果质量。在面对水电工程（抽水蓄能电站）设计任务激增的情况下，两个平台的建立极大缓解了人力资源不足带来的负面效应。有效降低了新进员工的学习成本，达到快速上手的目的。未来电气工程所将进一步开展智能化实施，进一步提高设计成果标准化、智能化程度，不断完善两个平台的建立。

±800kV 锡泰线特高压直流输电线路迁改设计要点

胡凯[1]　陈嘉龙[2]　刘耀湘[1]　王小兵[1]

(1. 中国电建集团中南勘测设计研究院有限公司,湖南长沙,410014；
2. 湖南华菱湘潭钢铁集团有限公司,湖南湘潭,411101)

摘　要：锡盟—泰州±800kV 特高压直流输电线路山东沾化段跨越在建沾临高速公路,通过相关资料,对其导地线、绝缘、防雷接地、杆塔及基础、交叉跨越距离等要点进行研究,提出技术可行、经济合理的迁改设计方案。

关键词：±800kV；特高压；直流输电线路；迁改设计

1　工程概况

锡盟—泰州±800kV 特高压直流输电线路工程起于内蒙古自治区锡林浩特市境内锡盟换流站,止于江苏省盐城市泰州换流站,输送容量10000MW。线路全长约1622km。本工程线路途经内蒙古、河北、天津、山东、江苏 5 省(自治区、直辖市),沿线海拔为 0～1700m。

±800kV 锡泰线山东沾化段 1894#～1895# 档跨越在建沾临高速公路,导线至路面设计高程的垂直距离不足 21.5m,根据国家电网设备〔2020〕444 号《国家电网有限公司关于印发架空输电线"三跨"反事故措施的通知》等文件及规范的要求,需对该处跨越档进行改造。

2　气象条件

原锡泰线设计基本风速 30m/s,设计覆冰 10mm。迁改段位于滨州市沾化区,高程在 100m 以下,地形起伏小。根据原线路运行经验,并结合典型气象区取值,本次改造按原线路气象条件设计,具体设计气象条件如表 1 所示。

表 1 设计气象条件

设计工况	气温 /℃	风速 /(m/s)	覆冰厚度 /mm
基本风速	−5	30	0
设计覆冰	−5	10	10
最高气温	40	0	0
最低气温	−20	0	0
年平均气温	10	0	0
雷电过电压	15	17.9	0
操作过电压	15	15	0
安装情况	−10	10	0
雷电日/(日/年)	40		

3 极导线、地线选择

3.1 极导线、地线型号

改造段导线选型与原线路保持一致,即导线采用 8×JL1/G3A-1250/70 钢芯铝绞线;原线路一根地线为 JLB20A-150 铝包钢绞线,另一根为 OPGW-24B1-154 光缆,本次改造两根地线,一根采用 JLB20A-150 铝包钢绞线和另一根 48 芯 OPGW-48B1-154。

3.2 导、地线应力及防振

一般线路导线 JL1/G3A-1250/70 的破坏应力为 211.41MPa,按设计规程要求安全系数不小于 2.5,其最大使用应力取 84.5MPa。地线 JLB20A-150 安全系数取 4.0。

根据原线路设计原则,线路位于 1 级舞动区,700m 以下档距导线采用线夹回转式间隔棒防振,大于 700m 的档距增设防振锤。本次改造段档距小于 600m,故不安装导线防振锤。普通地线 JLB20A-150 采用预绞式防振锤防振,防振锤型号为 FRYJ-3U、FRYJ-2U。

3.3 导线间隔棒

锡泰线改造段地点位于山东省滨州市沾化区,根据《国家电网公司电网舞动区域分布图》,线路所经地区属于 1 级舞动区,本次跨越改造段安装线夹回转式间隔棒。

4 绝缘设计

参照原线路设计条件,并结合现场的调查情况,本工程所处地区为重污区。本次改造绝缘子配置型式如表 2 所示。

表 2　　悬垂串及跳线串采用复合绝缘子技术参数值

海拔(m)	重污区(0.15mg/cm^2)
	复合绝缘子串长度(m)/爬距(m)
1000	10.6/40.81

改造段耐张串采用六联三挂点 550kN 直流钟罩型盘式瓷绝缘子,绝缘子串联间距为 650mm。导线悬垂串采用 V 型复合绝缘子串,强度采用双联 420kN。跳线绝缘子采用 V 型复合绝缘子串,强度采用双联 160kN。耐张塔跳线型式采用鼠笼式硬跳线。绝缘子串组装型式的配置如表 3 所示。

表 3　　绝缘子串组装型式

组装型式	代　号	组　装　方　式
导线耐张串	8N63-5565-55P	6×85 片 U550BP/240T
导线跳线串	8GSTV-55-16H-1A	2×2 支 FXBZ-±800/160-2
导线悬垂串	8V2-5065-30H	2×2 支 FXBZ-±800/420-2
地线耐张串	BN1BG-21	

考虑绝缘子风偏后,导线对杆塔构件的空气间隙应分别符合工频过电压、操作过电压及雷电过电压的要求。本工程±800kV 线路直线塔采用"V"型绝缘子串,不同海拔空气间隙要求如表 4 所示。

表 4　　带电部分与杆塔构件最小空气间隙值

海拔/m	500	1000
工作电压间隙值/m	2.1	2.3
操作过电压间隙值/m	5.2	5.5
带电作业间隙值/m	6.6	6.9

5　防雷和接地

本段线路途经地区,年平均雷电日为 40 天,属中雷区,主要采取的防雷措施如下:

1)本次改造段采用双地线,铁塔地线对外侧导线的保护角不大于 0°。

2)杆塔上两根地线之间的距离,不超过地线与导线间垂直距离 5 倍,以保证两地线联合保护作用。

3)+15℃,无风时,在档距中央,导线与避雷线间距离满足《±800kV 直流架空输电线路设计规范》(GB50790—2013)的规定:$S \geqslant 0.015L + U_m/500 + 2$,其中,$S$ 为导线与避雷线在档距中央的距离(m),U_m 为系统最高电压(kV),L 为实际档距(m)。

4)每基杆塔均接地,接地装置的工频电阻值满足规范要求。

本次改造接地装置接地体采用铜覆钢，接地引下线采用$\Phi 10$镀锡铜覆圆钢，采用四点引下线型式。接地装置采用接地框加水平接地射线的型式，接地体推荐采用$\Phi 10$镀铜圆钢。在一般地区，接地体埋深不小于0.6m，对耕种土地要达到0.8m。在靠近埋地电缆通信线的杆塔接地装置施工中，注意接地射线埋设，接地射线必须距离电缆50m以上。

6 杆塔与基础选型

6.1 杆塔

跨越改造采用了原锡盟—泰州±800kV特高压直流输电线路工程设计规划塔型，改造段采用Z30103A直线塔和J30101A转角塔。铁塔使用条件如表5所示。

表5　　　　　　　　　　　　铁塔使用条件

杆塔型号	呼称高/m	水平档距/m	垂直档距/m	转角/°	备注
Z30103A	36～57（58～75）	590	750	0～2	60～75m塔高缩档验算
J30101A	33～57	550	900	0～20	

6.2 基础

根据地勘成果，本工程塔位地质主要为粉质黏土、粉土及粉砂，地下水对混凝土结构和钢筋混凝土结构中的钢筋均具微腐蚀，地基土对混凝土结构具微腐蚀性。基础型式采用灌注桩基础，无需采用防腐措施。

7 导线对地及交叉跨越距离

极导线对地及交叉跨越距离一般由操作过电压间隙、地面综合场强以及电力部门与其他行业的技术协议确定。

±800kV特高压直流线路的被交叉跨越物包括其他电压等级的输电线路、低压配电线路、通信线路、河流、公路、铁路、树木和山坡等。对于这些物体的跨越距离一般通过计算操作过电压间隙、地面合成场强等予以确定。表6至表8给出了±800kV直流线路的主要的交叉跨越值。

表6　　　　　　　　　　　导线对地面的最小距离

线路经过地区	最小距离水平V串/m 海拔1000m以下	备注
居民区	21.0	

续表

线路经过地区	最小距离水平 V 串/m 海拔 1000m 以下	备注
非居民区	19.0（北方）	农业耕作区
	16.0	人烟稀少的非农业耕作区
交通困难地区	15.5	
步行能到达的山坡	13.0	
步行不能到达的山坡、峭壁、岩石的净空距离	11.0	

表 7　　导线对树木的最小净空距离

线路经过地区	最小净空距离/m	备注
对林区考虑树木自然生长高度	13.5	最大弧垂时
与树木之间净空距离（公园、绿化区或防护林带）	10.5	最大风偏时
与果树、经济作物、城市绿化灌木及街道树木之间垂直距离	15	最大弧垂时

表 8　　对各种设施及各种障碍物的最小垂直距离

被跨越物名称		最小垂直距离/m	计 算 条 件
铁　路	至轨顶	21.5	导线温度＋70℃时的弧垂
	至承力索或接触线	15	＋40℃时的弧垂
公　路	至路面	21.5	1 级公路按 70℃时计算，其余按 40℃计算
通航河流	至 5 年一遇水位	15	＋40℃时的弧垂
	最高航行水位桅顶	10.5	＋40℃时的弧垂
不通航河流	至 100 年一遇水位	12.5	＋40℃时的弧垂
	冬季至冰面	18.5	＋40℃时的弧垂
电力线	档距内	10.5	＋40℃时的弧垂
	杆顶	15	＋40℃时的弧垂
弱电线	至被跨越物	17	＋40℃时的弧垂
特殊管道	至管道任何部分	17	＋40℃时的弧垂
索道	至索道任何部分	10.5	＋40℃时的弧垂

8　结语

本文根据±800kV 锡泰线的原设计方案和沾临高速公路的在建方案，并结合实际地勘情况和特高压直流线路的运行经验，进行迁改设计，技术方案合理，满足±800kV 锡泰线的安全运行要求。

国内某水电站发电机出口设备改造选型设计

吴胜[1]　潘娇[1]　左成[2]　黄璜[1]

(1. 中国电建集团中南勘测设计研究院有限公司,湖南长沙,410014；
2. 国网新源湖南平江抽水蓄能电站有限公司,湖南长沙,410014)

摘　要:电站绝缘管母线等发电机出口设备寿命到期,故障频发,还造成几次非停。在本次改造中,发电机电压回路接线形式维持原设计不变,发电机电压回路设备基本保持原路径,在有限空间实现将绝缘管母线改造为离相封闭母线,在电气性能参数要求及布置空间上证明均是可行的,解决了电站安全隐患问题并降低了运维成本。

关键词:绝缘管母线;离相封闭母线;狭小空间布置;安全性

1　工程概况

电站位于滇东罗平县和黔西南兴义市交界的黄泥河上,电站于1982年11月开工,1985年11月截流,1988年12月第一台机组并网发电,1991年6月第四台机组投产发电。电站主要机电设备分别从德国、挪威、日本、瑞士等8个国家进口。

2　发电机出口设备改造必要性

2.1　项目现状

2.1.1　电气主接线

电站共装设4台单机容量为150MW的水轮发电机组,总装机容量600MW。发电机额定电压为15.75kV,发电机—变压器组合采用单元接线,220kV侧采用双母线接线。

2.1.2　主要设备参数

电站共装设4台单机容量为150MW的水轮发电机组,发电机主要参数如表1所示,主变压器主要参数如表2所示。

表1　　发电机参数表

项　目	参　数
发电机型号	W41(1DH6952-6W09-Z)
额定容量/MVA	172
额定电压/kV	15.75
额定电流/A	6305
功率因数	0.875
频率/Hz	50±1％
转子电压/V	275
转子电流/A	1475
绝缘等级(定、转子)	F级
定子接线	Y
额定转速/(r/min)	333.3
制造商	西门子&哈尔滨电气

表2　　主变压器参数表

项　目	参　数
额定容量/MVA	172/三相变
额定电压/kV	220/15.75
阻抗电压/％	12
连接组别	$Y_0/\Delta-11$
接地方式	经刀闸接地
冷却方式	强迫油循环水冷
调压方式	无励磁调压
空载/负载损耗/kW	67.9/428.4
制造厂	日本富士

电站发电机电压回路母线为绝缘管母线,绝缘管母线主要参数如表3所示。

表3　　绝缘管母线参数表

项　目	参　数
额定电压/kV	15.75
额定电流/A	7250(主母线)/1710(分支母线)
频率/Hz	50
母线外径	269(主母线)/90(分支母线)

续表

项 目	参 数
法兰盘外径/mm	570
短时耐受电流/(A/1s)	64(主母线)/118(分支母线)
峰值耐受电流/kA	123(主母线)/230(分支母线)
额定电流下的平均温升/K	45(主母线)/40(分支母线)
母线重量/(kg/m)	42(主母线)/ 9(分支母线)
制造厂	瑞士 Moser Glaser

2.1.3 发电机电压设备布置

发电机电压回路母线从发电机出口连接至主变低压侧,路径如下:发电机风洞—主厂房母线层下游压侧设备运输廊道—励磁设备平洞(图1,图2)—母线竖井—母线斜井—主变室。

图1 1#、3#机励磁平洞设备布置

图2 2#、4#机励磁平洞设备布置

2.2 项目改造必要性

2.2.1 存在的主要问题

1)发电机出口母线运行年限已超过30年,已达厂家设计寿命,设备老化、性能下降,运行可靠性降低,近年发生多起故障,导致机组非计划停机。仅2021年就发生两起母线故障导致机组停机,1#发电机母线因电老化使环氧树脂绝缘水平下降,发生绝缘瞬间击穿,导致发电机定子接地保护动作跳闸停机;3#机组第二节套筒内第一段、第二段软连接板、小母线端部、第二段母线端部烧损,造成3#机组事故停机。

2)负荷开关联锁机构卡涩缺陷;负荷开关无三相机械联动,三相分合闸的不同期性部分达不到要求。

3)目前在运机组出口设备运行年限较长,多数设备已停产,备品备件采购困难。

4)近年来检修试验过程中多次发现机端电压互感器绝缘电阻不合格缺陷,运行中出现了机端电压互感器因绝缘击穿对地放电导致机组跳机的事件。

5)电气制动开关本体支撑绝缘子有裂纹缺陷,严重影响了机组的安全稳定运行等。

2.2.2 技改准入条件分析

电站发电机出口设备的更换改造满足《中国南方电网生产技术改造指导原则》中相关条款的要求"发电机附属设备运行年限超过 20 年,经评估认为需要更换的,应进行更换","发电机附属设备元器件老化、无法购置备件、性能下降、可靠性降低的,经评估修复的技术经济性不合理的,应进行改造"。

3 项目技术方案

3.1 发电机出口母线改造方案

3.1.1 可用母线方案简介

(1)离相封闭母线

根据对厂家的咨询,本次采用铝导体离相封闭母线时,每相外径约 700mm,相间距建议不小于 950mm,含支撑高 H 约 400mm;采用铜导体铝外壳离相封闭母线时,每相外径约 650mm,相间距 S 建议不小于 900mm,含支撑高 H 约 375mm。

(2)共箱封闭母线

共箱封闭母线尺寸约为 1700mm×700mm(宽×高)。

(3)绝缘管母线

目前国内常用的全绝缘管母线主要分为复合屏蔽绝缘管母线(绕包式)及挤包屏蔽绝缘管母线(浇注式)两种,本项目仅考虑浇注式。据询厂,母线单相尺寸约为 Φ215mm(铜导体)或 Φ265mm(铝导体)。

根据设计规范相关要求,为杜绝发生相间短路的可能性,结合发电机额定电流大小以及现有布置条件,电站发电机出口母线不推荐采用共箱母线。

3.1.2 方案一:离相封闭母线改造方案

根据对现场土建结构以及现有设备布置复核情况(图 3),部分区域 IPB 布置时可能需对现有土建结构进行少量修改,主要集中在 3# 机母线的竖井段;IPB 横穿过主厂房母线层下游侧设备运输廊道处,需要对现有电缆桥架进行局部改造。从总体上来看,电站现场土建结构满足离相封闭母线的空间布置要求。

布置方案中,离相封闭母线主母线路径基本沿用原绝缘管母线路径,在水平方向上,离相封闭母线主母线 B 相中心线与原母线 B 相中心线保持相同位置。

图 3　3# 机母线竖井进口段现场情况

经过 4 次现场实测查勘,与国内主流 IPB 厂家交流后确定,本次改造可不改变电站建筑物主体结构,在原设备安装场所布置铝导体 IPB 方案是可行的。改造后 1#、3# 机发电机出口设备布置三维模型如图 4 所示,2#、4# 机发电机出口设备布置三维模型如图 5 所示。

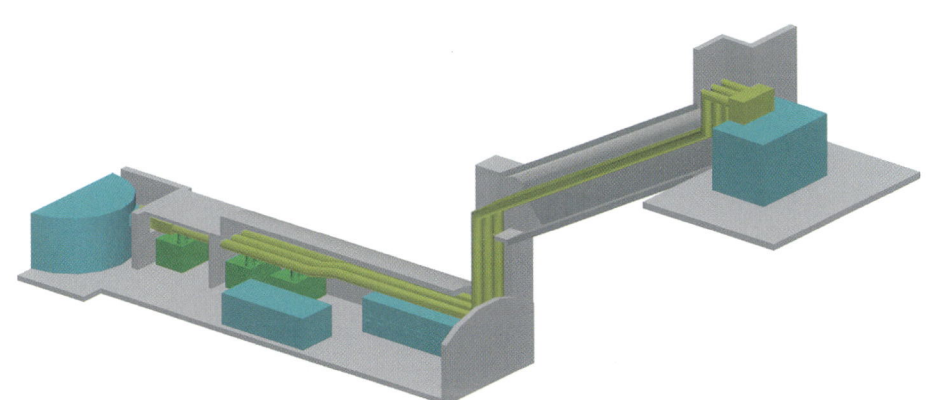

图 4　1#、3# 及采用 IPB 改造三维示意图

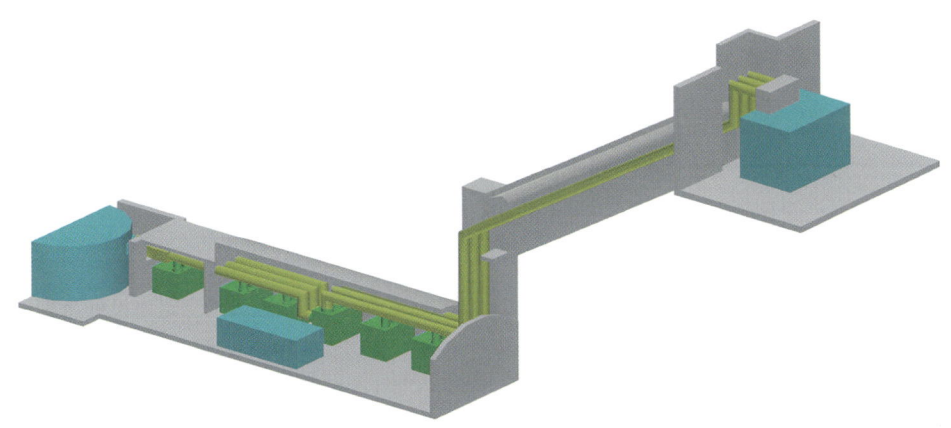

图 5　2#、4# 及采用 IPB 改造三维示意图

3.1.3 方案二:绝缘管母线改造方案

经调研,目前能制造 15.75kV,7000A 绝缘管母线(浇筑式)的制造商有:大连第一互感器集团、上海西邦电气、湖北兴和、瑞士 Moser Glaser 等。

根据现管母线制造情况,不同制造厂家生产的绝缘管母线(浇筑式)的外形尺寸及弯曲半径均不大于电站原有绝缘管母线,因此,改造后的绝缘管母线布置可与原有绝缘管母线保持一致。

3.1.4 母线改造方案比选

根据中国电建集团中南勘测设计研究院有限公司现场调研以及与制造厂交流的情况,确认电站发电机出口母线改造采用绝缘管母线或离相封闭母线两种方案布置上均是可行的。相关技术参数对比如表 2 所示,相关的经济性对比如表 3 所示。

表 2 　　　　　　　　　　母线技术性综合对比表

项目	离相封闭母线 (铝导体)	离相封闭母线 (铜导体)	绝缘管母线 (浇筑式、铜导体)
额定电压/kV	15.75	15.75	15.75
额定电流/A	7000	7000	7000
外径(单相)/mm	700	650	215
相间距/mm	950	900	600
与现有空间环境的适配情况	外形尺寸较大,在进行部分土建少量调整后可以满足布置要求		外形尺寸小,完全适应现有土建结构及设备布置。
适用范围	广泛应用于水电站 100MW 以上机组发电机电压回路中		多用于额定电流不大于 6300A 的场合,6300A 以上大电流场合应用较少
母线结构	结构较简单、空气绝缘、自带磁屏蔽		绝缘结构较复杂、固体绝缘机械强度高、无磁屏蔽
制造工艺	制造过程较简单;制造工艺成熟,无特殊要求;国内配套厂家较多		制造过程较复杂;制造工艺上要求真空浇筑;能生产大电流绝缘管母线的厂家少
国内应用业绩	多	少	少
运行维护量	日常免维护、免预防性试验;故障率低,故障后现场可更换部件或局部修复消除缺陷		日常免维护、每年需开展预防性试验;故障后现场无法完全修复,需整段更换母线段
推荐使用年限	40 年		30 年
发电机电压回路设备改造范围	为匹配改造后的封闭母线接口,在本次改造中发电机电压回路设备需整体一并更换		其他部分发电机电压回路设备可根据需要灵活安排技术改造,但其余主要设备也多达到设计使用寿命

续表

项目	离相封闭母线（铝导体）	离相封闭母线（铜导体）	绝缘管母线（浇筑式、铜导体）
相关规范及发文	《水力发电厂机电设计规范》(NB/T 10878—2021) 4.6.5 机组容量在 100MW 及以上则应采用全连式离相封闭母线		南网 2020 版反事故措施，2.9.8 新建、扩建及技改工程变电站 10kV 及 20kV 主变进线禁止使用全绝缘管状母线

表 3　　　　　　　　　　　母线经济性对比表

项目	离相封闭母线（铝导体）	离相封闭母线（铜导体）	绝缘管母线（浇筑式、铜导体）
主母线单价/(元/m)	5200	12000	15000
分支母线单价/(元/m)	3600	5000	6500
母线总投资/万元	491	1100	1377.5
总投资差额/万元	0	609	886.5

结合技术性、经济性比选以及相关规范条文的要求，推荐电站发电机出口母线改造采用离相封闭母线。对于铝导体 IPB 和铜导体 IPB，铜导体 IPB 在布置上具有一定优势，铝导体 IPB 在造价上具有明显优势，现阶段初拟选用铝导体 IPB。

3.2　发电机出口开关设备及盘柜改造方案

3.2.1　2#、4# 机发电机出口开关改造方案

目前电站 2#、4# 机组发电机电压回路上设有厂用分支回路以及单极负荷开关，在停机时，厂用电需通过主变压器由系统倒送电，因此设置发电机出口开关是必需的。在 2#、4# 机设置发电机出口断路器和负荷开关的方案各有以下优劣势：

(1) 发电机出口断路器方案

优势：发电机出口断路器可用于开断发电机电压回路的短路电流，最大程度保证和机组、主变压器的安全。

劣势：适用于本改造项目的发电机出口断路器为进口设备，设备交货周期较长，设备造价高；电站现有的监控、保护系统需要进行配套改造，同步改造的工作量较大。

(2) 发电机出口负荷开关方案

优势：适用于本改造项目的发电机出口负荷开关有国内制造商可以生产，设备交货周期较短；电站现有的监控、保护系统无需进行配套改造。

劣势：发电机出口负荷开关无法开断发电机电压回路的短路电流，仅能在非短路类故障

时切断回路,短路类故障时仍需高压侧断路器开断短路电流。

考虑到电站对负荷开关的使用有丰富的经验,发电机出口负荷开关方案可以满足当前电站运行和维护的需求,且本改造项目的工期较为紧张,推荐开关采用负荷开关方案。

3.2.2 1#、3#机发电机出口回路改造方案

目前,电站1#、3#机组发电机电压回路上未设置厂用分支回路,未设置发电机出口开关,是否增设发电机出口开关不会影响电站厂用电的可靠性和灵活性。

(1)优势

在1#、3#机发电机电压回路增设发电机出口开关具有以下优势：

1)全厂彻底解决220kV GIS动作频繁问题,可避免开机过程发生开关非全相动作。减少系统对主变压器的冲击,有利于主变压器的安全稳定运行。

2)如果发电机出口开关选用发电机出口断路器方案,可实现快速开断短路故障电流,有利于1#、3#机组和主变压器的安全稳定运行。

(2)劣势

在1#、3#机发电机电压回路增设发电机出口开关存在以下劣势和问题：

1)需配套对现有与1#、3#机组相关的发变组保护、机组LCU、交直流电源、故障录波、调速器电柜、励磁调节柜等盘柜接线进行改造,工程规模较大,改造工作量较大,停电时间较长。

2)现有同期装置需增加同期点,对于现有设备和系统较难实现,需对机组同期装置进行改造。

3)1#、3#机增设发电机出口开关需占用1、3#机励磁廊道内的低压厂用变压器的位置,低压厂用变及配套电缆需调整。需增设主变侧PT&LA柜,仅在主变室防火墙外母线廊道顶部平台的狭小空间适宜于布置PT&LA柜。

4)1#、3#主变更长时间空载运行导致综合厂用电率升高,两台主变一年因空载新增消耗的电量为576647.54kW·h。

由于电站1#、3#号机发电机电压回路并未设置厂用分支回路,无系统倒送电的功能需求增设发电机出口开关具有一定的优越性而并不具备必要性,因此推荐1#、3#机发电机电压回路不增设发电机出口开关。

4 主要结论及建议

本次改造,电站发电机电压回路接线保持原设计不变,发电机电压回路设备基本保持原路径。在电气性能参数要求以及布置空间方面,将现有绝缘管母线改造为离相封闭母线、将现有单相单极发电机出口负荷开关改造为三相机械联动负荷开关均是可行的,项目已经完成业主组织的可研审查。

三板溪水电站低温水治理隔水幕墙试验工程供电方案

黄璜[1]　王翔[2]　廖辉[1]　吴胜[1]

(1. 中国电建集团中南勘测设计研究院有限公司,湖南长沙,410014；
2. 三板溪水力发电厂,贵州锦屏,556700)

摘　要：本文主要介绍了三板溪水电站低温水治理隔水幕墙试验工程供电方案设计的特点,对设备用电负荷及供电电源、隔水幕墙启闭机系统供电方案、电缆敷设方式等设计做了介绍。

关键词：三板溪水电站；低温水治理；隔水幕墙；供电方案

1　项目概况

三板溪水电站位于沅江上游清水江中下游,坝址在贵州省锦屏县境内,电站装机容量1000MW,是沅江干流15个梯级水电站中的龙头水电站。三板溪水电站最大坝高185.5m,水库建成后,库区水温沿深度分层,下泄水温低于天然情况下水温,为能使鱼类在4月和5月具备适合的产卵水温条件,需要通过新增坝前隔水幕墙提高三板溪水电站的下泄水温。

隔水幕墙布置在坝前约200m位置,隔水幕墙总体由索塔系统、浮箱系统、锚固系统和幕墙组成。索塔布置在两岸,并在水面上张拉主缆悬索,主缆固定在两岸索塔内的浮箱上,可随水位变化在445～475m自动升降；中间浮箱固定在主缆悬索上,浮于水面,形成浮箱系统,并在浮箱上设置卷扬机,每年对幕墙进行一次升降。通过调整不同时段幕墙顶部过流高度,可以改善鱼类繁殖时段下泄水温,减小其他时段幕墙承受的荷载。供电方案设计需满足系统供电可靠性要求,同时连接导体需能适应水面设备随水位变幅的落差。

隔水幕墙总体形式如图1所示。

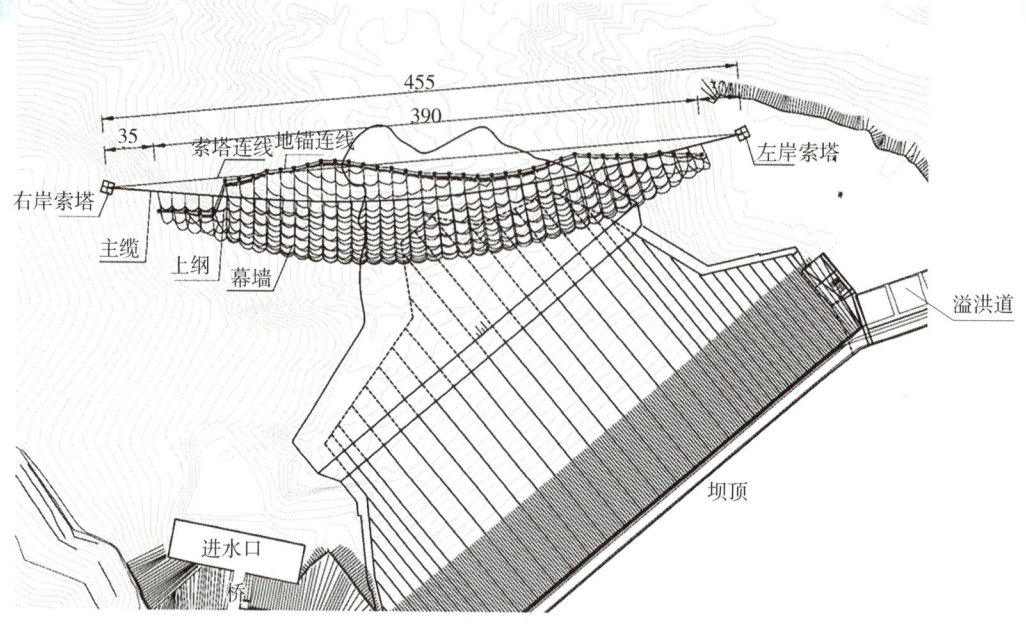

图 1　隔水幕墙布置平面示意图(单位:m)

2　用电负荷及供电电源

2.1　用电负荷

低温水治理隔水幕墙工程共设置 28 台启闭机,总供电负荷约为 400kW,另设一套隔水幕墙监测系统,负荷共约为 6kW。每一台启闭机均安装在漂浮于水面上的浮箱上,浮箱会随着水位的高低上下变动,由正常蓄水位至死水位最大水位差 50m 左右。启闭机的启动方式均为变频启动。

2.2　供电电源

根据隔水幕墙系统的运行要求,系统仅在每年 4 月及 6 月各运行一次,其他时间不运行,设计隔水幕墙启闭机系统除运行时间外不带电,而隔水幕墙监测系统长期带电运行,启闭机系统与监测系统采用不同电源分别供电。

隔水幕墙监测系统分别在两端的启闭机浮箱上分别设置监测电源柜,由电站坝顶进水口配电间低压配电系统单独引一回 400V 电源为启闭机监测系统电源柜以及启闭机控制柜提供供电电源。

隔水幕墙启闭机系统由于运行次数较少,且基本为按计划运行方式,供电可采用单电源供电进行设计,供电电源引自厂用 10kV 系统。如需提高供电可靠性,提高系统的应急运行能力,也可采用双电源接入。

3 隔水幕墙启闭机系统供电方案

3.1 可选供电方案

工程共设置28台启闭机,均匀布置在河道内的浮箱上,浮箱及启闭机设备平面布置如图2所示。

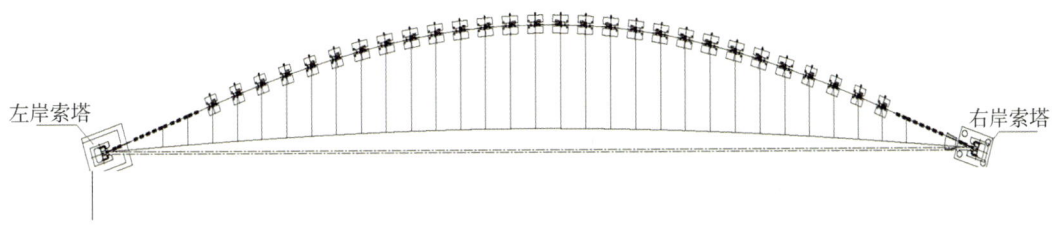

图2 浮箱及启闭机设备平面布置图

其中16kW的启闭机共18台,8kW启闭机共10台,启闭机电机负荷为368kW,同时考虑变频器、电控柜、浮箱照明等负荷,隔水幕墙工程浮箱启闭机系统总供电负荷约400kW。为保证整个隔水幕墙的同步上升或下降,需保证所有启闭机同时运行。启闭机的供电方式主要考虑以下4种方案。

(1)方案一:0.4kV双侧环网式供电

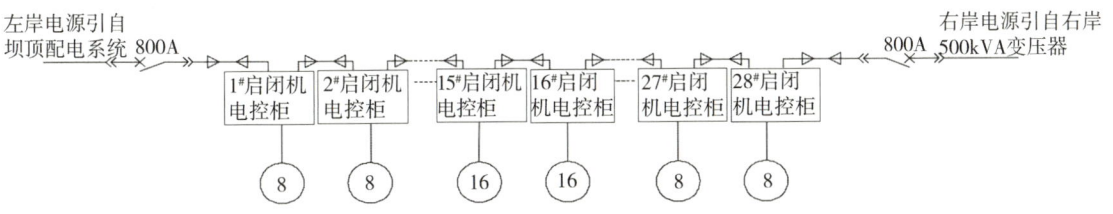

图3 双侧环网式供电示意图

供电电压为0.4kV,采用双电源供电。两侧电源分别引自左岸坝顶配电系统以及厂房配电系统。供电方式如图3所示,电源接入1#启闭机电控柜后再由1#启闭机电控柜接入2#启闭机电控柜,如此环网串联28台启闭机。正常运行时可采用双电源1主1备的供电方式,也可以采用两路电源同时供电,在中间某一处断开开环运行。

(2)方案二:0.4kV多动力柜联合供电

供电电压为0.4kV,采用双电源供电。双电源的引接位置同方案一。供电方式如图4所示,根据28台启闭机的布置情况,选择4个启闭机浮箱平台设置4面动力柜,每面动力柜均采用双电源供电,设置双电源自动切换装置,根据启闭机负荷分布,每面动力柜分别就近为6~8台启闭机供电。

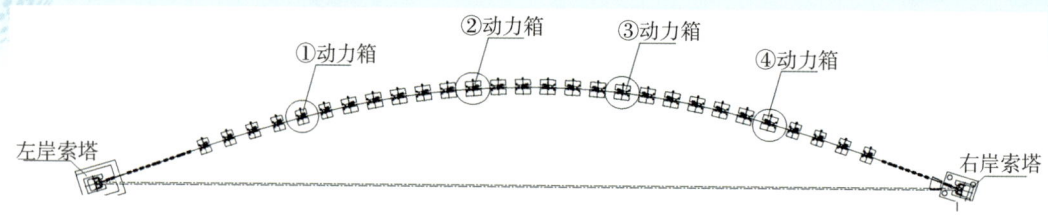

图 4 多动力柜联合供电示意图

(3)方案三:水上10kV箱式变电站供电(双电源)

供电电压为10kV。采用双电源供电。供电方式如图5及图6所示,在隔水幕墙主缆中心位置设置水上配电平台,布置10kV双变压器箱变,每台变压器容量均满足对全部启闭机供电的要求。电源引自厂用10kV系统不同母线段。启闭机平台根据启闭机的分布设置4面动力柜,每一面动力柜均采用双电源供电。

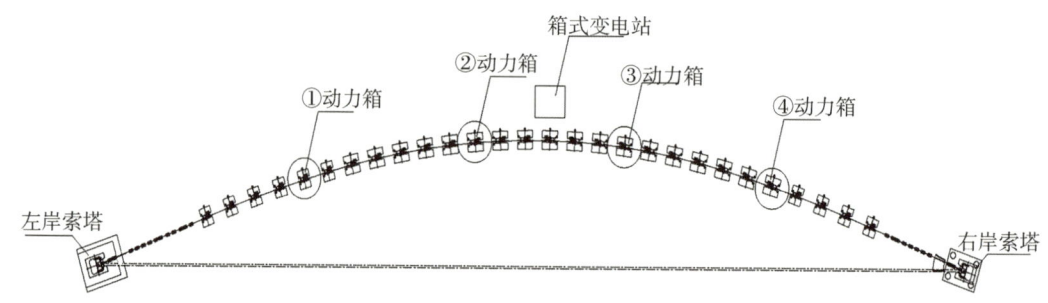

图 5 方案三布置示意图

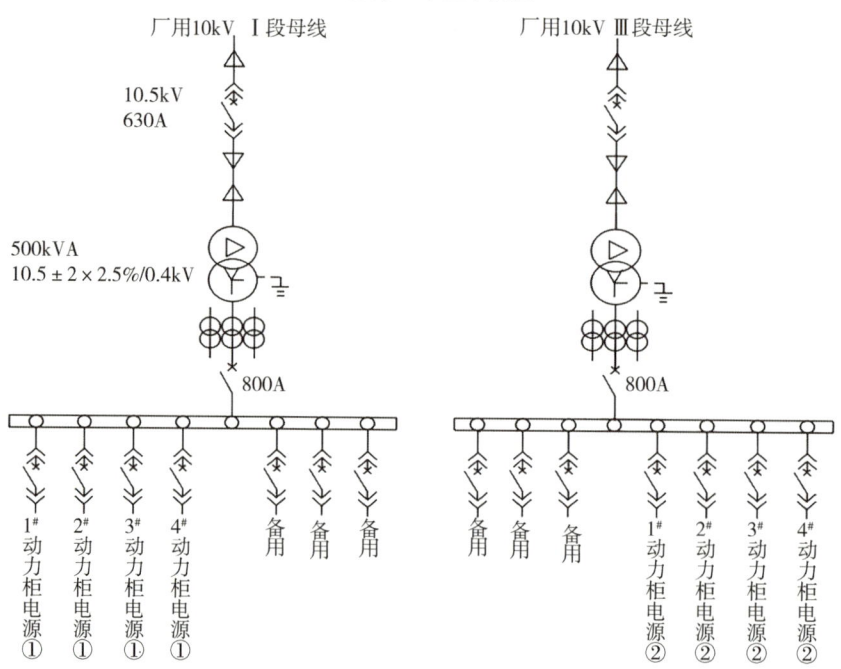

图 6 双电源箱式变电站接线示意图

(4)方案四:水上 10kV 箱式变电站供电(单电源)

供电电压为 10kV,采用单电源供电。供电方式与方案三类似,区别为仅采用单电源供电,水上配电平台设置 1 套单变压器的 10kV 箱变。

3.2 供电方案比选

(1)方案技术比较

方案一:接线简单清晰,采用串联供电电缆数量少,便于电缆布置。缺点是:此方案可靠性较差,虽采用环网两端供电的方式,但串联的设备多达 28 个,串联点过多影响整体供电的可靠性;同时串联设备总负荷较大,使得额定电流大,每一回电源电缆均需按全部启闭机负荷进行考虑,且供电距离长线路压降大,导致所需要的供电电缆截面大。

方案二:每一面动力柜仅需考虑对就近的 6~8 台启闭机供电,负荷相对较小,所需要的电源电缆截面较方案一小,便于电缆的敷设施工。缺点是:每一面动力柜均需从左岸及右岸各引一回供电电缆至动力柜,4 面动力柜至少需要敷设 8 根动力电缆,且每一面动力柜至启闭机又需要敷设 6~8 根动力电缆,电缆多,距离长,在电缆通道不足的水面平台内敷设困难,同时由于采用低压供电,也存在供电距离长、线路压降大、电缆线径较粗的问题。

方案三:采用 10kV 供电,相较于方案一的 0.4kV 供电方案,虽然供电距离相同,但采用 10kV 供电电流较小,可采用截面较小的 10kV 电缆,方便电缆敷设。缺点是需增加一套双变压器的 10kV 箱式变电站系统,增加了相应设备的投资和维护工作量。

方案四:采用 10kV 供电,优点与方案三相同,相比于方案三,由于仅 1 回 10kV 电源进线,减少了设备投资及设备维护的工作量。缺点是单电源供电,供电可靠性不如双电源供电高,但考虑到电站厂用母线、供电电缆及变压器等设备故障率较低,同时隔水幕墙系统为仅在每年的 4 月及 6 月计划运行的运行方式,在加强系统平时的维护和运行前的检修情况下,单电源供电也满足供电要求。

(2)方案经济比较

根据各方案的设备选型,在经过设备询价后,各方案的主要供电设备投资如表 1 所示。

表 1   各方案设备投资比较表

方 案		方案一:双侧环网式供电	方案二:多动力柜联合供电	方案三:箱式变电站供电(双电源)	方案四:箱式变电站供电(单电源)
供电电压/kV		0.4	0.4	10	10
主要供电设备投资/万元	0.4kV 电缆	219.65	279.6	40.63	21.77
	10kV 电缆	12.43	12.43	47.97	19.49
	箱式变电站	34.5	34.5	152	50.5
	动力柜	/	30	30	30
	电缆转接箱	2.4	2.4	2.4	1.2

续表

方　案		方案一：双侧环网式供电	方案二：多动力柜联合供电	方案三：箱式变电站供电（双电源）	方案四：箱式变电站供电（单电源）
主要金属结构设备投资/万元	电缆导向卷筒和托架	7	7	7	7
	电缆浮筒	4	4	4	4
	钢丝绳及附件	1.2	1.2	1.2	1.2
	箱式变电站浮箱	/	/	34.5	34.5
	锚板和植筋	11.5	11.5	11.5	11.5
	架空钢丝绳	0.5	0.5	0.5	0.5
	架空塔	17.25	17.25	/	/
可比设备投资合计/万元		310.43	400.38	324.7	186.15
各方案与推荐方案的价格差/万元		+124.28	+214.23	+138.55	0

从设备运行维护、工程施工难度以及设备投资等方面综合考虑，方案三及方案四的10kV供电方案优于方案一及方案二的0.4kV供电方案，考虑到供电电缆、箱式变等供电设备故障率较低，同时隔水幕墙基本仅在每年的4月和6月运行，为可预见的计划运行方式，非计划的应急运行需求低，采用方案四"水上10kV箱式变电站供电（单电源）"作为隔水幕墙启闭机系统的供电方案。

4　电缆敷设方式

本工程的10kV电源由厂内10kV系统引接，由于施工时左岸索塔四周已完全被水淹没，电缆敷设不便，因此10kV电缆经由右岸索塔进入水库中新增的水上配电平台。

本工程电缆敷设路径主要包括3个部分，主要敷设方式如下：

(1)厂内至右岸索塔电缆敷设

供电电缆由厂内10kV母线敷设至右岸索塔。此部分采用常规敷设方式，电缆沿进水塔顶电缆沟敷设。

(2)索塔至第一台启闭机浮箱的电缆敷设

右岸索塔至右岸第一台启闭机浮箱之间的电缆敷设，电缆需由岸上引至水面，由于水库正常蓄水位到死水位之间有50m的水位差变化，因此此段电缆长度需适应在不同水位下的浮箱位置。在索塔内部电缆采用软电缆，电缆由索塔顶部通过索塔内部空间引下，用钢铝链式电缆托架引至索塔内部浮箱，并由索塔内部浮箱与主钢缆绳平行位置引出索塔。通过在索塔内浮箱与第一台启闭机浮箱之间拉设的钢丝绳，将电缆固定于钢丝绳上引至启闭机。钢丝绳采用浮筒保护，浮箱和浮筒使电缆与主缆一样电缆始终悬浮在水面之上，即保证在高水位时电缆悬浮于水面上,也保证在低水位时电缆不会落在库底受到磨损。由于在索塔内部空间有限,为保证钢铝链式电缆托架的弯曲半径,同时由于索塔内部充水,内部电缆会长期在水中工作,需提高电缆的防水性能,因此供电电缆在进入索塔之前需使用电缆转接箱将原铠装电缆转换为防水性能更佳且弯曲半径更小的船用电缆(图7)。

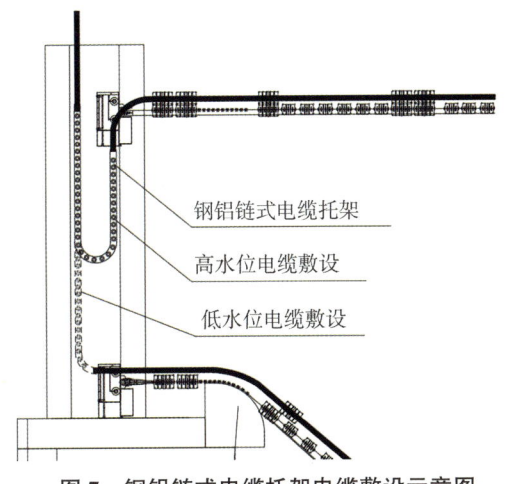

图7　钢铝链式电缆托架电缆敷设示意图

(3)水库内启闭机浮箱间电缆敷设

启闭机浮箱之间敷设的电缆包括1根10kV电缆、变电站至动力柜0.4kV电缆以及动力柜至启闭机0.4kV电缆。电缆由10kV箱式变电站为中心沿启闭机浮箱往两边敷设,在电缆最密集的地方约为6根动力电缆(1根10kV电源电缆为箱式变电站进线电缆,2根0.4kV动力电缆由箱式变电站至动力柜,3根0.4kV动力电缆由动力柜至启闭机),电缆直接在浮箱之间架空敷设,两个相邻浮箱之间的距离约为5m,考虑到电缆直接在浮箱之间架空敷设的跨距,为保护电缆在浮箱之间设置2~3根钢丝绳,将电缆分别固定在钢丝绳上。

5　结语

三板溪水电站低温水治理隔水幕墙试验工程为创新的试验性项目,国内外可供借鉴的经验极少。配套供电方案设计结合试验工程情况,因地制宜地选取供电设计方案及电缆敷设方式,能为后续水电站类似工程的设计提供一定的借鉴。

供电线路安全与节能
——固体绝缘铜包铝管母线

提高供电线路的可靠性的四大要素：

降低母线额定电流温升：将温升从 50K 降低至 30K（降低 40％）；

提高抗短路能力：5min 电流短路，母线温度小于 100℃。

提高绝缘水平：10kV 母线由 42kV/1min 提高至 60kV/5min；

　　　　　　　20kV 母线由 65kV/1min 提高至 84kV/5min；

　　　　　　　35kV 母线由 95kV/1min 提高至 120kV/5min。

固体绝缘铜包铝管母线（温升低于 30K，降低 45％）彻底改变传统母线及电缆在输电、配电过程中发热严重、耗电严重的现象，并大幅提高绝缘水平。

固体绝缘铜包铝管母线已运行多年，获得专利授权 106 项，荣获国家专利优秀奖，产品通过了团体标准（姚良忠院士参与评审），纳入了国家发改委节能推广目录第六批、国家工信部节能推广目录，并获得了国家电网新技术评估、中节能新技术新产品鉴定。鉴定结论：填补国内空白，技术居国际先进水平。该成果得到周孝信、顾国彪、刘燕华等多位院士专家的认可。

固体绝缘铜包铝管母线

顺利通过国家电网有限公司新技术（新产品）评估

序号	新技术名称	申请单位
15	固体绝缘铜包铝管母线	广东日昭电工有限公司

颠覆传统保护范围的智能综合接地保护系统

☆集多年研究、试验、运行经验，创新综合接地保护系统、颠覆传统保护范围
☆独创接地判据、适应各种中性点接地、消除高阻保护盲区、实时故障预警
☆瞬时、永久、间歇性接地故障智能分类、可靠保护，选相选线准确率大于99％
☆故障相主动接地、全频率灭弧，可靠性100％

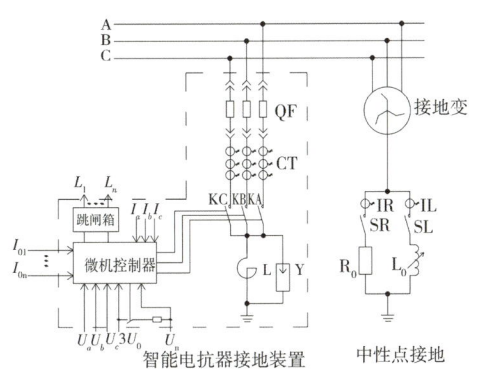

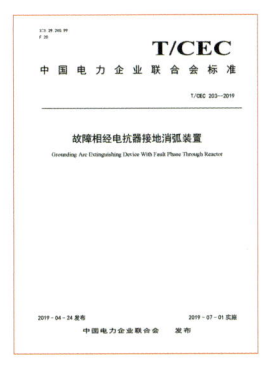

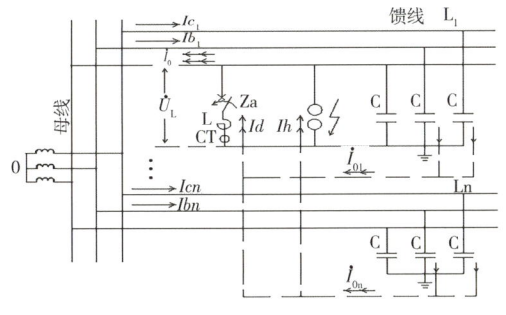

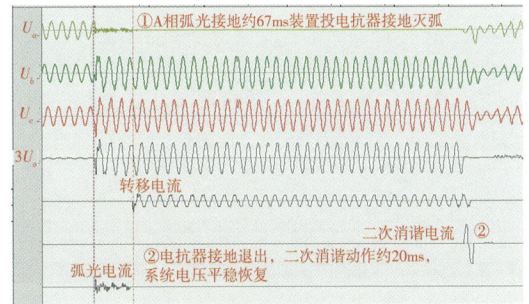

新型的 mA 级电流在线绝缘监测

☆判别高阻大于 30000Ω，预警母线及线路绝缘故障
☆对各种接地故障全范围精准选线及故障定段保护，准确率大于99％
☆消除高阻盲区，适应各种中性点接地方

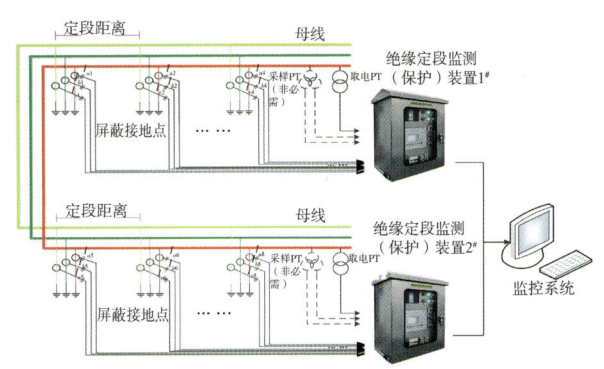

广东日昭电工有限公司
邮　箱：gdrzdg@163.com
网　址：http://www.gdrzdg.cn